Hans Werthmüller
Tausend Jahre Literatur in Basel

Hans Werthmüller
Tausend Jahre Literatur in Basel

1980
Birkhäuser Verlag
Basel · Boston · Stuttgart

Frontispiz
Sebastian Brant. Holzschnitt von Dürer zu den *Varia Carmina* von Brant.
Seite 7
Holzschnitte zu Sebastian Brants *Narrenschiff*.
Seite 8/9
Basel vor dem Erdbeben. Dieses wahrscheinlich älteste Bild von Basel wurde von J.R. Huber 1807 im Auftrag des Rats nach einem inzwischen verschollenen «alten gemähld der statt Basel copirt».
Seite 15
Eigenhändiges Konzept des Erasmus aus den Scholien (Erklärungen) zur Ausgabe der Hieronymus-Briefe. Der Kopf links oben ist ein Verweis-Zeichen, das aber auch als Selbstkarikatur des Erasmus gedeutet werden darf.

CIP-Kurztitelaufnahme der Deutschen Bibliothek

Werthmüller, Hans:
Tausend Jahre Literatur in Basel/Hans Werthmüller.
– Basel, Boston, Stuttgart: Birkhäuser, 1980.
ISBN 3-7643-1173-8.

Grafisches Konzept, Einband- und Umschlaggestaltung:
Albert Gomm swb/asg, Basel
Reprotechnik: Marcel Jenni, Basel
Lithos: Steiner + Co AG, Basel
Herstellung:
Birkhäuser AG, Graphisches Unternehmen, Basel
ISBN 3-7643-1173-8

Vorwort

Lässt sich ‹L'esprit bâlois – Basler Geist› erfassen? Einheimische und Zugewanderte prägen das geistige Leben Basels und werden ihrerseits durch unsere Stadt geprägt.
Es ist verlockend, ein Teilgebiet näher zu durchleuchten und den Versuch zu unternehmen, ein Jahrtausend Literatur- und Geistesgeschichte im Brennspiegel zu reflektieren; es ist verlockend, Heutiges aus Vergangenem verständlich zu machen und Vergangenes in heutiger Sprache wachzurufen.
Basel ist nicht der Nabel der Welt, aber ein Ort, wo sich verschiedene Kulturen überschneiden. Basel ist nicht Weimar – aber was wäre selbst Weimar gewesen ohne die Zugewanderten?
Spötter behaupten, Basel sei ein Holzboden für Literatur. Wer Werthmüllers Buch liest, stellt mit Verwunderung fest, dass sich viele Dichter und Schriftsteller durch die Jahrhunderte hindurch hier die Füsse gewärmt haben.
Kein nostalgisches oder gar völkisches Heimatbuch wird vorgelegt. Für nostalgischen Lokalpatriotismus besteht kein Grund, da zu viel Allzumenschliches, zu viel Kleines neben Grossem gezeigt wird. Und schliesslich: auch diese Literaturgeschichte verdanken wir einem Zugewanderten, einem Zugezogenen, der im Innersten Basler geworden ist: Hans Werthmüller.
Basel lebt auch von denen, die von auswärts kommen oder gekommen sind; geistig und wirtschaftlich. Bemerkenswert ist eben, dass die Zuzüger doch nach Basel ge-

kommen sind und sich kürzere oder längere Zeit hier aufgehalten haben.
Von der baslerischen Skepsis sich selbst gegenüber führt ein geheimer Weg zu jener Geisteshaltung, um deretwillen Basel hie und da in der Schweiz Kopfschütteln erregt, führt ein schmaler Weg zur christlichen Lebensbejahung, führt ein Weg zur Weltoffenheit.

Basel, im April 1980

Vorsteher des Erziehungsdepartements

Der ist eyn narr / der nit verstot
So jm vnfal zů handen gat
Das er sich wißlich schick dar jn
Vnglück will nit verachtet syn

Verachtung vngfelles

Manchem ist nit mit glück wol
Vnd ryngt dar noch doch yemer tol
Dar vmb sol er nit wunder han
Ob jm das schiff würt vndergan

Basel der statt Wie sie vor zÿten gsehen

VOR alten Zÿten vnd vil jaren · Eeh darin klöster vnd stifft waren
Dis ist

Inhalt

Das sechzehnte ist das goldene Jahrhundert

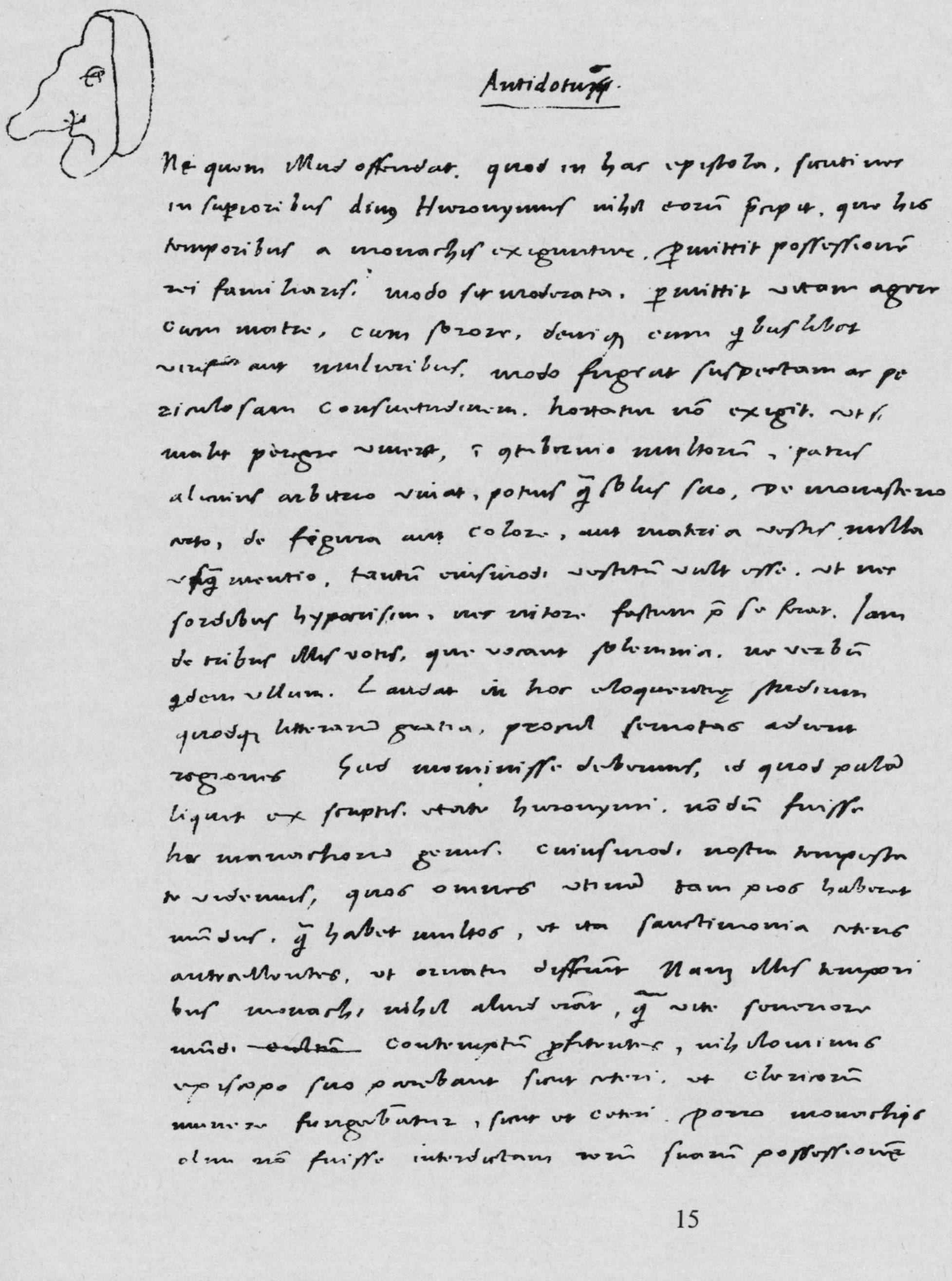

Anfang des handbůchlinſz eins chriſtenlichen Ritters.

Eraſmus Roterdam

entbüt ſeim fründ Johanni german/
eim hoffman ſyn grůß.

In Basels Literatur spiegelt sich der Geist und der Genius Basels

Gisilbertus kommentiert die Werke des Boethius. Initiale in einer vermutlich oberrheinischen Handschrift (um 1200) aus der Sammlung von Remigius Faesch.

Die Basler haben ein reserviertes Verhältnis zur Literatur

Für einen Basler, der ‹festgewurzelt im heimatlichen Boden› steht, gehört sein Kapital, sein verschwiegenschöner Garten, seine Bilder-, Münzen- oder Antikensammlung zur Intimsphäre. Man hat's, aber man zeigt's nicht. Und falls man literarische Interessen hat, gehören auch die dazu. Sie gehören erst recht dazu, wenn man selber dichtet. Falls man dabei mehr als familiäre oder fasnächtliche Poesie hervorbringt, wird man sie in den seltensten Fällen veröffentlichen. Und wenn man es doch tut, dann anonym oder unter einem Pseudonym. ‹Qui bene latuit bene vixit› (Nur wer im Verborgenen lebt, lebt gut): das war für Jacob Burckhardt, aber keineswegs nur für ihn, eine Lebensregel. Selbstverständlich hat Burckhardt sein *Hämpfeli Lieder* seinerzeit ohne Namensnennung herausgegeben; ebenso selbstverständlich hat (oder hätte) er ‹auf literarische Erfolge von Herzen gern verzichtet›. Weil nur ein halber Basler, nahm sich Spitteler nur halbherzig vor: «Suche unbekannt zu bleiben!» Ausdrücklich hat dagegen Bachofen ‹die Liebe zur Schweigsamkeit und Verborgenheit› gepriesen.
Wen wundert es, dass Basel unter solchen Umständen keine ausgesprochene Literaturstadt geworden ist? Schon Äneas Silvius hat behauptet: «Poetik und Rhetorik sind den Baslern fremd.» Vermutlich haben ihm das die damaligen Basler eingeredet. Die seitherigen und die heutigen werden jedenfalls nie müde, die Geltung und Bedeutung baslerischen Literaturschaffens einzuschränken. Wenn wir dabei von der urbaslerischen Lust am Untertreiben für einmal absehen, erhebt sich die Frage, ob man das literarische Licht vielleicht aus Gründen der Sparsamkeit unter den Scheffel stellt, nämlich um neben der Kirche, der Universität, dem Theater, den Museen, den bildenden Künsten und der Musik nicht auch noch die Literatur angemessen fördern zu müssen.

Appello ad papam melius informandum

Die vorliegende Darstellung geht von der Annahme aus, dass eine ‹der Pulsadern Europas›, wie Jeremias Gotthelf Basel nannte, trotzdem eine Literatur, und mithin eine Geschichte der Literatur, anzubieten hat, die sich neben der bernischen oder zürcherischen sehen lassen kann. Denn es wäre doch mehr als seltsam, wenn in einem so eigenartigen, originellen, geistreichen Gemeinwesen wie Basel nicht eine entsprechend eigenartige, originelle, geistreiche Literatur hervorgebracht worden wäre.
‹Appello a papa male informato ad papam melius informandum› hat Luther einen Bericht über das Augsburger Religionsgespräch überschrieben. Mit einer ausführlichen Information über die Literatur, die seit ihren Anfängen in Basel entstanden ist, appelliert die vorliegende Geschichte an ein unzureichend oder falsch informiertes Publikum.
Zweck der Untersuchung ist nicht allein, Aufmerksamkeit für die Eigenart und Bedeutung der in Basel entstandenen Literatur zu wecken; sie möchte wenigstens ‹die Gebildeten unter ihren Verächtern› zu entsprechender Lektüre und direkter

Auseinandersetzung mit dieser Wortkunst anregen. Denn der Basler, der sich mit diesen Dokumenten auseinandersetzt, lernt u. a. sich selber dadurch besser kennen: er findet heraus, wie er wurde und was er als Basler ist.

Alle Geschichte ist Geschichte der Gegenwart

Neben den Schwierigkeiten, die Literaturgeschichte einer Stadt aus ihren regionalen, nationalen, sprachgeschichtlichen Zusammenhängen herauszuschälen, stellt sich als ein Vorteil heraus, dass dabei die drei Einheiten der Handlung, des Ortes und des kontinuierlichen Zeitablaufs gewahrt bleiben. In den Literaturgeschichten der deutschen Schweiz (etwa von Baechtold und Ermatinger) stört gelegentlich, dass sie Namen aus einer Zeit einbeziehen oder ausklammern, in der es staatsrechtlich eine schweizerische Eidgenossenschaft noch nicht gab. Die baslerische Literatur dagegen ist unabhängig davon baslerisch, ob die Stadt derweil zum Königreich Burgund, zum deutschen Kaiserreich, zu den dreizehn Alten Orten, zur Helvetischen Republik oder zum heutigen Bundesstaat gehörte.
Dieser Wandel der Zugehörigkeit ist ein wesentlicher Bestandteil nicht nur der politischen Geschichte Basels: er schlug sich mindestens inhaltlich in der baslerischen Literatur nieder. Und sicher hat er die kennzeichnend baslerische Neigung zur Geschichtsschreibung geweckt und gestärkt. Zu welchem Ende haben die Basler jedoch, unabhängig von der inhaltlichen Substanz, Geschichte geschrieben und verstanden?
Für Wurstisen, den Vater der baslerischen Historiographie, ging es darum, Gottes Wege im Geschichtsprozess auszumachen, ausdrücklich aber nicht darum, mit Gott über dessen Ratschlüsse zu rechten. Für Sebastian Franck war die Historie ein Ort wortloser Gottesoffenbarung. Isaac Iselin, der optimistisch-rationalistische Aufklärer, begriff Geschichte als den Fortschritt in der Entwicklung des Vernunftgebrauchs. Bachofen nannte sie den ‹Baum der Erkenntnis des Guten und Bösen› und begriff sie als einen Prozess der Befreiung aus der menschlichen Naturgebundenheit. Jacob Burckhardt deutete die Geschichte aus der Gegenwart und die Gegenwart aus der Geschichte, ‹denn unser Geist lernt sich nur kennen durch die Vergleichung mit dem, was er, der ewig gleiche, in allen Zeiten gewesen ist›. «Wir brauchen Geschichte, aber wir brauchen sie anders als der verwöhnte Müssiggänger im Garten des Wissens», meinte Nietzsche. «Was der Mensch sei», versicherte Dilthey, der ‹Philosoph des Historismus›, der seine akademische Laufbahn in Basel begonnen hat, «das lernte er allein durch die Geschichte kennen.» «Wir sind aber nicht die Gottheit, die richtet, sondern Menschen, die ihren Sinn öffnen», mahnte Jaspers, «um Anteil zu gewinnen am Geschichtlichen, das wir daher, je mehr wir es begreifen, um so betroffener immer noch suchen.» Und ein heutiger Historiker, Herbert Lüthy, stellte fest: «Alle historische Forschung ist Vergegenwärtigung dessen, was aus der Vergangenheit uns betrifft, denn nach anderem wüssten wir gar nicht zu fragen.»

Es geht nicht allein um Belletristik

Worum geht es substantiell in unserer Literaturgeschichte? Eindrücke und Wertungen, die auf ausgedehnter Lektüre der Originalwerke beruhen, bestimmen Ordnung und Gewichtsverteilung in einer Darstellung, hinter der in erster Linie nicht philologischer, sondern ordnender und sinnerschliessender Ehrgeiz steht: die Bemühung um eine der Geschichte und dem Geist der Stadt adäquate Verlebendigung. Wo es möglich ist, wird der kultur-, schweizer- und weltgeschichtliche Kontext der baslerischen Literaturszene angedeutet. Wenn nutz- und fassbar, ist das biographische, zuweilen auch das anekdotische Moment berücksichtigt: die Verwirklicher überpersönlicher Aufträge werden so in ihren menschlichen, oft allzumenschlichen Verstrickungen sichtbar; wenn auf diese Weise die Rätsel der literarischen Produktivität auch nicht zu lösen sind, so wird doch auf sie hingewiesen. Dass und wie der Genius loci in den Baslern wirksam war, wird nicht nur an der Bevorzugung oder Vernachlässigung bestimmter Dicht- und Denkformen, nicht nur an der Machart und am Inhalt der jeweils zeitgenössischen schönen Literatur nachgewiesen. Da nach Spitteler ‹ein bedeutender Mensch, ob er will oder nicht, auch eine bedeutende Sprache spricht›, erfassen wir als Literatur auf breitester Basis nicht nur die Werke der Dichter und Schriftsteller im engeren Sinn, so wie für die klassischen Philologen ‹historiographische, philosophische, technische Schriften (z.B. über Landwirtschaft, Architektur, Medizin, Jurisprudenz) ebenso dazugehören wie die in Gerichtsverhandlungen, in der Volksversammlung, vor dem Kaiser gehaltenen Reden, die Prosaerzählung, die gesamte Poesie› (Jos. Delz).

Wir achten auf das Gleichbleibende im geschichtlichen Wandel

«Es ist der athenische Wein ein anderer als der Wein im Elsass», hat Paracelsus gesagt. «Denn anders ist ein Land denn das andere, die Erde anders, die Steine, die Weine, Brot, Fleisch und alles, so in derselbigen Region wächst.» Und Bachofen, ein ‹Eingeweihter› wie Paracelsus, hat ‹das demütigende Geständnis› hinzugefügt: «Jeder Mensch ist ein Produkt seines Bodens, ein Sohn seiner Zeit, ein Kind seiner heimatlichen Sitten.»

In dieser Hinsicht werden wir nicht nur Wechsel und Wandel, sondern immer auch das Gleichbleibende zu beachten haben, ‹das sich Wiederholende, Konstante, Typische als ein in uns Anklingendes und Verständliches› (Burckhardt): das ganz Selbstverständliche des Baslerseins, das wir, weil es so selbstverständlich ist, nur selten in flagranti ertappen.

Das ‹Geheimnis der Erde›, das solchen Stereotypien zugrunde liegt, ist jedoch ‹kein Spass und kein Paradoxon›, lesen wir bei C.G. Jung. «Man muss in Amerika gesehen haben», lesen wir weiter, «wie schon in der zweiten Generation die ... europäischen Rassen sich indianisieren. Das ist ein Geheimnis der amerikanischen Erde. Jeder Boden hat so sein Geheimnis. Davon besitzen wir ein unbewusstes Bild in der Seele: eine Beziehung des Geistes zum Körper, wie dieser zu seiner Erde.»

Auf solche Urmächte des Ortes, der so vieldeutig ‹Basel› heisst, ist also zu achten, wenn und wie sie die vielfach auseinanderstrebenden Seelenkräfte der Neubürger mit der Zeit auf einen gemeinsamen Nenner bringen. Diese Urmächte sind auch am Werk, wenn sie zum Beispiel von den nach Basel berufenen Professoren die einen festhalten, andere rasch wieder ziehen lassen.

Basel liegt dort, wo die Hügel auseinandertreten

Es ist zu achten auf geomantische, geognostische, geomorphologische, geopolitische Einflüsse, auf die Wirkungen des Luftdrucks, des Wassers und der Grundwasserströme, auf die Bodenbedeckung (bei Istein wachsen Gräser, deren nächste Verwandte am Schwarzen Meer spriessen). Es ist zu achten auf ein tiefsitzendes Erdbebentrauma, neuerdings auf die Bedrohung durch eine Vielzahl von Kernkraftwerken in der Region, auf ein Klima mit Wintern ohne Frost und Schnee, mit chronischer Gewitterneigung ohne erlösende Entladung im Sommer. Nicht zu vergessen ist der Windsumpf an einer Stelle, wo die Hügel auseinandertreten: wo sich in der ‹Suppenschüssel zwischen Jura, Schwarzwald und Vogesen› (Hebel) der Blick in die Rheinebene plötzlich frei auftut und wo uns und unserer Literatur eine Ahnung des Meeres aufgeht, dem der Rhein durch fruchtbare Ländereien entgegenstrebt.
In der extrem verkehrsgünstigen, aber auch extrem exponierten Lage am Rheinknie, ‹einer Wetterecke sondergleichen›, haben die Basler notgedrungen die Gabe der Vermittlung entwickelt. Im Bundesbrief von 1501 ist dem als Verpflichtung zum ‹Stillsitzen› Rechnung getragen. Auf Machtverlagerungen in Europa hat Basel später mit seismographischer Empfindlichkeit reagiert; war man hier einerseits ‹in hohem Masse an der Neutralität der Gesamtschweiz interessiert› (Bonjour), verhielt man sich anderseits auch der neutralen Eidgenossenschaft gegenüber immer irgendwie neutral. Und mit der einträglichen Verkehrslage, verbunden mit einer gefahrbringenden Grenzlage, hängt unzweifelhaft auch jene baslerische Ambivalenz zusammen, die seit je zwischen grossbürgerlich-liberaler Weltoffenheit und erzkonservativer Schneckenhaus-Mentalität spielte.

Basel ist ein Stadtstaat par excellence

Der Geist einer Stadt, ihre Urbanität, drückt sich ganz anders aus, wenn es sich um eine länderbeherrschende Metropole wie Paris handelt oder um einen mehr oder weniger reinen Stadtstaat wie Basel (vergleichbar mit dem Geist gewisser Hansestädte). Die Reichweite des politisch-expansiven Ehrgeizes war in Basel nie gross; stärker als es zur Beherrschung des schmalen Juranordfusses, des ‹Bryssgows› und des ‹Suntgows› nötig war, ist er in seinen besten Zeiten (unter den Bischöfen wie unter dem Ratsregime) kaum je geworden. Die Expansionsmöglichkeiten nach Norden wurden aber 1324 von Österreich endgültig verrammelt; die Gelegenheiten zur Erweiterung des Landbesitzes im schweizerischen Nordwesten waren durch die

Konkurrenz Solothurns eingeschränkt. Und nach der Kantonstrennung, 1833, war Basel ein nahezu reiner Stadtstaat. (Dass es als Kanton auf seine 37 km² auch in Zukunft beschränkt bleiben soll, haben 1969 die Baselbieter und 1980 die Laufentaler beschlossen.)
Das Charakteristikum der urbanen Inzucht, das aus dieser Isolierung resultierte, finden wir nicht allein in den Sitten und Bräuchen vornehmer Basler, sondern auch in dem Bild ausgeprägt, das man sich (ganz abgesehen von der sprachlichen Eigenart) in der Eidgenossenschaft vom Basler macht. Und man findet es, mitunter deutlich bis zur Wunderlichkeit, in der baslerischen Literatur.

In Basel ist man von weit her

Johanna Von der Mühll hat 1944 die grossbürgerliche Lebensordnung Basels, so wie sie sich bis Ende des 19. Jahrhunderts ausgebildet hatte, in ihren *Basler Sitten* geschildert. Mit kritischen Akzenten ausgestattet, aber keineswegs in Frage gestellt hat sie Carl J. Burckhardt in seinen *Memorabilien.* Die bewährten Grundsätze der tonangebenden Geschlechter (des ‹Daigs›) werden denn auch heute noch befolgt im Umgang mit dem Geld und mit der Kirche, bei der Gattenwahl und sonstiger Familienpolitik. Und aus diesem ‹Daig› waren nicht nur Isaac Iselin, Jacob Burckhardt, J.J. Bachofen, sondern (mit allerlei Zutat aus den Niederlanden, aus Frankreich, aus Deutschland) auch die Bernoulli, die Buxtorf, Bauhin usw.
Bei der Nennung dieser und weiterer gutbaslerischer Namen wie Sarasin, Merian, Christ (Chrétien), Miville, Forcart, Passavant, de Bary, Paravicini, Socin, Werthemann (Vertemata) usw. wird nicht nur in Zürich, sondern in Basel selber vorwurfsvoll deutlich gemacht, der Ruhm dieser Stadt gründe vorwiegend in der ständigen Zuwanderung von Neubürgern, in der Auffrischung mit neuem Blut.
Nun, waren vielleicht die Pestalozzi Ureinwohner von Zürich? Stammte Justinger, der Verfasser einer berühmten Berner Chronik, nicht aus Rottweil? In Gottfried Kellers Ahnentafel sind Vorfahren aus den Kantonen Zürich, Waadt, Aargau, Neuenburg und Bern verzeichnet; fünf Ahnen stammten aus Erlach am Bielersee.
Alle Städte wachsen, wenn sie wachsen, infolge eines fortwährenden Zuzugs von aussen. Dass die ‹Inclyta Basilea› dank ihrer unvergleichlich günstigen Verkehrslage und dank ihrem beneidenswerten Reichtum Menschen aus einem weit grösseren Einzugsgebiet in sich versammelte als andere Schweizer Städte (vielleicht Genf ausgenommen), ist kaum ein Einwand gegen Basels kulturelle Potenz. Im Gegenteil. Jedenfalls meint eine Redewendung, die man nicht nur in Basel kennt: Etwas, das nicht weit her sei, tauge nicht viel. Und Spitteler, der sich als Dichter auf den ‹fremdländischen Dialekt› seines unzerstörbaren Seelenkerns verstand, vernahm von diesem (wie es in seinen *Frühesten Erlebnissen* heisst): «Wir kommen von weitem her.»

Der Basler will mehr sein als scheinen

Der Basler will mehr sein als scheinen (‹esse quam videri›); das hat schon Äneas Silvius beobachtet. Bei J.P. Hebel hat Wilhelm Altwegg Züge festgestellt, die er als typisch baslerisch empfand: das Streben nach Unscheinbarkeit, die Freude am Familienhaften, das Parteilosbleiben in Welthändeln, das Fehlen elementarer Leidenschaften, das lehrhaft Erziehliche und das christlich Moralisierende, einen Zug zur Idylle.

Karl Barth hat in seiner *Protestantischen Theologie im 19. Jahrhundert* den Basler Theologen Samuel Werenfels als ‹geradezu monumentalen Exponenten› einer wahrscheinlich ‹chthonisch bedingten› Tradition baslerischer Eigenart folgendermassen charakterisiert: Er ist «von Haus aus und im Grunde konservativ, ein im Grunde scheuer Mann des ‹quieta non movere› ... Er hat aber daneben eine geheime... Lust an den Radikalismen und Extravaganzen anderer, z. B. aufgeregter Ortsfremder, die er darum von David Joris bis zu F. Nietzsche und Fr. Overbeck nicht ungern und schon um der Kontrastwirkung willen in seinen Mauern sieht. Er wird sich aber, indem er sie furchtbar interessant findet, wohl hüten, sie sich zu eigen zu machen. Vor dem Katholizismus, aber auch vor einer allzu strengen Orthodoxie, ist er gefeit durch eine sozusagen angeborene, mild humanistische Skepsis. Vor allzu grossen Verirrungen nach links beschützt ihn eine durch immer wieder geübtes Zuschauen erworbene Lebensweisheit. Irgendwo in der Mitte dieser Extreme wird er sich also niederlassen, vielleicht im Stillen (sich) einer kleinen Freigeisterei, vielleicht (sich) auch ... einer kleinen frommen Schwärmerei ergeben, aber nach aussen... das Bild einer gesunden Vereinigung von Freiheit und Mässigung bietend, nach aussen unter allen Umständen nichts Unpraktisches bejahend und erstrebend, in aller allzu grossen Grundsätzlichkeit ironisch eine Verstiegenheit vermutend, immer geneigt, den Kern aller Diskussionen in einem blossen Streit um Worte zu suchen, siegreich in der Methode, immer anderen das erste und letzte Wort zu überlassen und sich seine Sache dabei zu denken, ohne sich selbst in dem Handel offenkundig kompromittiert zu haben.»

Die Philosophie Basels ist ein ‹offenes System›

Dieser typische Basler ist (mit einem Wort von C. G. Jung über die Schweizer) ‹keine Zufallsbildung›, sondern in Jahrhunderten als ‹eine sinnvolle Reaktion auf die widerspruchsvollen, auflösenden und darum gefährlichen Einflüsse der Umgebung› aufgebaut worden. Im gleichen Sinn hat der Historiker Bonjour die baslerische Neigung und Nötigung zur Neutralität auf die geopolitische Situation Basels zurückgeführt. Und in einem berüchtigten Buch (*Das Reich und die Krankheit der europäischen Kultur*, 1938 erschienen) hat ein gewisser Chr. Steding Neutralität geradezu als europäische Entartungserscheinung aufgefasst und Basel dafür als den Hauptsündenbock an den Pranger gestellt.

‹Bei genauer Prüfung› der schlimmsten ‹Reichsfeinde› fielen Steding zunächst die vielen Schweizer auf; bei noch genauerer

Betrachtung zeigte sich, ‹dass Basler oder basilianische Denker schon rein... zahlenmässig ein Übergewicht› behaupteten. «Burckhardt, Bachofen, Barth, Thurneysen, Heusler, C.G. Jung sind Basler. Nietzsche, Overbeck, Wölfflin sind in entscheidender Weise von Basler Geist geprägt, weil sie dort diejenige Atmosphäre vorfanden, die ihrer spezifischen Geistigkeit am meisten adäquat war.»
‹Die in mannigfachen Hinsichten symbolhafte Stadt Basel›, die ‹Gegen-Reichshauptstadt›, steht für Steding ganz und gar ‹unter dem Gesetz der Neutralität›. Typisch erscheint ihm dafür die Art, wie Karl Barth wirklichen Entscheidungen ausweicht mit einer Theologie des ‹In-der-Entscheidung-Stehens›. Wenn Basler sich für eine Philosophie entscheiden, dann für ein ‹offenes System›, in dem man nicht fertig werden kann und will (wie übrigens Steding selber, in einer Art Hassliebe, mit den Baslern). Um den Tod kreist baslerisches Denken so häufig, weil dieser nicht neutral ist, sich nicht neutralisieren lässt. Präzis zugreifende Begrifflichkeit ist dem Basler eher fremd; seine Sympathie (nicht nur diejenige Bachofens oder Spittelers) gehört den Bildern, Allegorien und Symbolen. Um zu keinem Ende kommen zu müssen, flüchten sich diese ‹Erzneutralen› mit Vorliebe in den Skeptizismus und in die Resignation, ‹die fast immer Begleiterscheinungen des Ästhetizismus sind›. Und nicht von ungefähr war es ein Basler, Spitteler, der in der berühmten Rede *Unser Schweizer Standpunkt* 1914 für die unbedingte Neutralität der Schweiz eintrat.

Basel ist die Stadt des ausgleichenden Witzes

Beobachtungen verwandter Art sind in der Literatur, die in Basel entstanden ist, seit spätestens dem 16. Jahrhundert bezeugt. Interessante Beiträge zu einer Typologie des echten Baslers hat Rolf Hartmann in seiner Dissertation *Das Autobiographische in der Basler Leichenrede* gesammelt. Er erwähnt u.a. den sprichwörtlichen Reichtum der Basler, der auf zähen Fleiss, kaufmännisches Können, ‹Sorge und Achtung für Erwerb und Eigentum› zurückzuführen ist. ‹Der kritisierende, spottende Basler› denkt und spricht nach Hartmann ‹ebensosehr aus tieferer Erkenntnis wie aus der Furcht heraus, bei der ihm eigenen Sensibilität von einer Rührung überfallen zu werden und ihr Ausdruck geben zu müssen›. Dies trägt «ihm ausserhalb der Stadt wenig Sympathien ein. Aber solche sucht er auch nicht, indem er das Glück geniesst, im grossen und ganzen sich selbst zu genügen.»
Neben der Neigung zur Schwermut und zu Totentanzstimmungen war ‹la médisance› schon vor Erasmus ‹l'esprit des Bâlois›. Als Menschen des Sowohl-Als-auch, abhold dem rigorosen Entweder-Oder, wählten sie offenbar aus reiner Ironie Schwarz und Weiss als ihre Farben (bzw. Nichtfarben). Ins Glaubensbekenntnis des gut angepassten Baslers gehört der Satz, dass die Mission ein Geschäft und das Geschäft eine Mission sei. Obwohl er den Lebensunterhalt aus den Zinsen seines Kapitals (womöglich aus den Zinseszinsen) zu bestreiten

versucht: dort, wo ihm Hilfe wichtig und richtig erscheint, ist er ohne Phrase und Getöse wohltätig und spendefreudig. Bekannt ist ferner, dass Männer, die über mehrere Titel verfügen, sich in Bern Herr Oberst, in Zürich Herr Generaldirektor, in Basel Herr Professor nennen lassen.

So ist Basel eine Stadt des Geistes, nicht der Seele, eine Stadt der Mathematik, nicht der Lyrik, eine Stadt des Witzes, nicht des Humors, wobei erstens an die häufig bemerkte Verwandtschaft des baslerischen mit dem jüdischen Witz zu erinnern ist, zweitens an die Bemerkung von Rudolf Kassner, den Witz gebe es, weil oder soweit in der Welt etwas nicht stimme: weil und soweit diese Welt zweideutig, doppelsinnig sei. In diesem Sinn ist Basel, wo gleichzeitig Aufputschmittel und weltberühmte Beruhigungsmittel fabriziert werden, eine Stadt des vermittelnden, ausgleichenden Witzes.

Der Geist ist ein Wühler und arbeitet weiter

Im Mittelalter war Basel etwa halb so gross wie die Altstadt von Paris; im baslerischen Mauerring von 1398 hätte man sämtliche Schweizer Städte jener Zeit unterbringen können. Das Münster, das Spalentor und andere Überbleibsel dieser Vergangenheit geben der Stadt noch heute ihr Gesicht. Wie aber aus diesem alten Basel nach und nach das heutige Gemeinwesen Gestalt gewonnen hat, wird uns richtig fasslich erst in der Literatur, die damals und seither in Basel entstanden ist.

Um neue Bücher zu schreiben, müssen wir nicht vorher die alten verbrennen. Dabei stehen uns heute nicht (wie in unserem Stadtbild) nur isolierte Monumente zu Gebot, nicht nur der *Trojanerkrieg* Konrads von Würzburg, die *Colloquia* von Erasmus, Brants *Narrenschiff*, Wurstisens *Chronick*, Bachofens *Mutterrecht*, Burckhardts *Weltgeschichtliche Betrachtungen*. Seit 1118 ist manches und seit dem 16. Jahrhundert sind sozusagen alle Werke noch greifbar, in denen man sich in Basel über Basel und mit einiger Relevanz über Gott, die Welt, das eigene Dasein und das der Mitbürger ausgesprochen hat.

Auf diese Weise überblicken wir das Wesen des Baslerseins, jedenfalls unser Wissen darum, in seiner historischen Entfaltung. Und die Widersprüchlichkeiten der Tradition, beispielsweise der Grundpositionen Iselins, Bachofens und Burckhardts, bieten uns in beispielhaften Formulierungen Entscheidungshilfen an für unsere eigenen Widersprüche. In diesem Hinblick sah Burckhardt seine Aufgabe darin, in seinen Schülern und Lesern ‹die Überzeugung und den Wunsch› zu stärken, ‹man könne und dürfe sich dasjenige Vergangene, welches jedem individuell zusagt, selbständig zu eigen machen, und es könne hierin etwas Beglückendes liegen›.

Mit unserer Literaturgeschichte wird auch versucht, den Basler Autoren eine Ortsbestimmung ihrer Situation in der Gegenwart zu erleichtern. Informationen über literarische Traditionen verhelfen uns zwar sicher nicht zu der Erkenntnis, wie und wer wir selber sind; möglicherweise wird uns aber mit ihrer

Hilfe deutlicher, inwiefern wir gleich, ähnlich oder anders sind als andere schreibende oder beschriebene Basler vor uns: wie wir uns von der Vergangenheit absetzen, wie und wo wir sie fortsetzen könnten.
Denn soviel steht fest: Basel ist nicht nur eine traditionsreiche, sondern auch eine lebendige, lebenskräftige Stadt. Was auf sie bestimmt nicht zutrifft, ist jene ‹stille Bestimmung›, die ihr Alfred Bürgin, ein Ciba-Geigy-Mann, zugedacht hat (National-Zeitung, 2.1.74): die Bestimmung der reinen Chemiestadt Wilmington in Delaware, USA. Basel ist keineswegs ‹an die Chemie ausverkauft›, und das ‹dichte kulturelle Leben›, das nach Bürgin aus Mitteln der Chemie-Multis ermöglicht werden soll, bringt die Stadt mit Vorteil aus ihrem eigenen, in zwei Jahrtausenden gewachsenen Kulturbestand hervor, aus dem unter anderem auch die Basler Chemie hervorgegangen ist. Denn so steht geschrieben, bei Jacob Burckhardt: «Der Geist ist ein Wühler und arbeitet weiter.»

Contrafactūr Basel der statt Wie sie vor zyten gsehen hatt Vor alten zyten und vil jaren Gehört in kloster und stifft waren
S Krischonen
Dis ist kanne
Vō dem recht nit wich
Richt glich arm und Rich
bilz nit ze fast grim
Hör s ouch des andrē stim 1519

PRIM ACCO TEI
LIB AVN XVI ET
SOROR ILLATVS
ARAVRICA ANNIS
ET MENS VI H S S
PATRONVS PO

Basels Literatur setzt spät im frühen Mittelalter ein

Baßler Chronick/

Dariñ alles/was sich

in Oberen Teutschē Landen/nicht nur in der Statt vnd Bistumbe Basel/ von jhrem Vrsprung her/nach Ordnung der Zeiten/ in Kirchen vnd Welt händlen/ biß in das gegenwirtige M. D. LXXX Jar/ gedenckwirdigs zůgetragen: Sonder auch der Eydtgnoschafft/Burgund/Elsaß vnd Breißgow/als beyligender Landtschafften/ mit eingemischte Historische sachen/ warhafftig beschrieben: sampt vieler Herrschafften vnd Geschlechtern Wapen vnd Stam̃bäumen.

Neuwlich auß vnzalbarlicher menge Scribenten/Briefen/Bůchern/ Schrifften vnd Verzeichnussen mit fleiß vnd mühseliger Arbeit/ weit her zůsamen getragen.

Durch

Christian Wurstisen/ Freyer Mathematischer Kunsten Lehrer/ bey der Löblichen Hohen Schůl zu Basel.

Mit Key. May. Gnad vnd Freyheit.

Dritte Auflage nach der Ausgabe des Daniel Bruckner 1765

Gedruckt zu Basel bey Emil Birkhäuser
M·D·CCC·LXXXIII

Die Dichter lassen auf sich warten

Der erste Basler Dichter ist für das Jahr 1118 bezeugt. Was aus früherer Zeit datiert, steht in keinerlei Zusammenhang mit Literatur. Schon gar nicht der Hafen Arialbinnum der keltischen Rauriker, dort, wo zweitausend Jahre später die alte Gasfabrik stand, oder, etwas näher bei uns, das von Drusus (dem Stiefsohn von Augustus) errichtete Kastell auf dem Münsterhügel. Als Gründer Basels gilt seit der Renaissance Munatius Plancus. Erstmals wurde Basilia, der befestigte Platz der Römer am Rheinknie, 374 n. Chr. vom Geschichtsschreiber Ammianus Marcellinus (in seinen *Res gestae*) erwähnt; Anlass dazu bot der Besuch des Kaisers Valentinian I., des Herrschers über den westlichen Teil des damaligen Römischen Reiches.
Hundert Jahre vorher waren Augusta Raurica und Basilia von den Alemannen zerstört worden; nur Basilia, die Befestigung auf dem Münsterhügel, war inzwischen wieder aufgebaut worden. Ob der legendäre Pantalus dort 238 n. Chr. erster Bischof von Basel war, ist mehr als fraglich; nach Wurstisen ein englischer Adliger, nach Sudanus ein Froburger, wird von ihm (im Legendenbuch des Jacobus de Voragine) berichtet im Zusammenhang mit der Geschichte der heiligen Ursula und der 11000 Jungfrauen. Später, um 455, kamen die Alemannen ein zweites Mal; als Eroberer wurden sie, noch später, von den christlichen Franken abgelöst. Ragnacharius hiess, im Jahr 618 nachgewiesen, ein Bischof ‹von Basel und Augst›; nach 740 sind die Namen der Basler Bischöfe in mehr oder weniger lückenloser Reihenfolge datierbar bekannt.
Im Vertrag von Verdun, 843, der die Teilung des Karolingischen Reiches regelte, fiel Basel dem Kaiser Lothar I. zu. Als deutschsprachige Ausbuchtung war die Diözese Basel ein Bestandteil der Erzdiözese Besançon (Bisanz). 917 machten die Ungarn die Stadt ‹dem Erdboden gleich›; im Jahr 1000 erwartete Basel, wie das ganze Abendland, den Weltuntergang. 1019 wurde das Münster von Bischof Adalbero II. in Gegenwart Kaiser Heinrichs II., Basels spendefreudigen Stadtheiligen, geweiht; als einziger Monarch jener Zeit ist Heinrich heiliggesprochen worden. Seine Spendefreudigkeit, von der vorab das Münster profitierte, entsprang freilich handfesten weltlichen Hoffnungen. Heinrich bemühte sich um den Besitz des Königreichs Burgund, und Basel, an der ‹Kreuzstrasse zwischen Burgund, Deutschland und Frankreich› gelegen, gehörte zu Burgund. Aber erst unter dem Nachfolger Heinrichs, unter Konrad II., gelangte Basel tatsächlich ans Kaiserreich; auf seinem Umritt durch dieses Reich kam Konrad 1024 auch nach Basel. «Die grösste Kraft des Reiches», schrieb damals der Chronist Otto von Freising, «befindet sich in dem Landstrich zwischen Basel und Mainz.» 1061 fand in Basel eine Reichsversammlung und Kirchensynode statt, an der Heinrich IV., ein elfjähriger Knabe, gekrönt und Honorius II. als Gegenpapst ausgerufen wurden (ein Vorgang, der sich, mit Absetzung und Neuwahl, mit Papst und Gegenpapst, am Basler Konzil 1439 wiederholen sollte). 57 Jahre später, im

Jahr 1118, wurde dann die Existenz eines Dichters aus und in Basel erstmals für die Nachwelt festgestellt, sechs Jahre bevor der heilige Bernhard im Lützeltal den Grundstein zur Abtei Lucelle legte, von der heute nur noch die Ruine einer Ruine zu sehen ist.

Basler Rezepte sind nicht St. Galler Rezepte

Lang vorher, um das Jahr 900, galt Basel, wie heute noch, als eine Stadt von altem Reichtum. Aber das Schrifttum jener Epoche war Sache der Klöster: der Kleriker, der Litterati. So ist uns eine *Vita S. Germani* erhalten geblieben, ein Lebenslauf des heiligen Germanus, der dem Klösterchen Granfelden (Grandval) bei Münster (Moutier) im Bistum Basel vorstand; er wurde um das Jahr 650 von heidnischen Alemannen erschlagen. In Basel selber wird man, wie in den anderen Städten jener Zeit, Fest-, Hochzeits-, Spott- und Streitlieder gekannt haben, Merkverse, Rätsel, Zaubersprüche in der Art des Strassburger Blutsegens oder des Wiener Hundesegens.
Im Kloster St. Gallen, wo eine Hausbesegnung von dieser Art bereits als Kuriosität registriert wurde, tat gleichzeitig ‹die Dichtkunst den grössten und wichtigsten Schritt, den sie überhaupt im Mittelalter getan hat› (Wilhelm Meyer). Sie tat ihn mit Notker dem Stammler, der für Samuel Singer ‹der grösste Dichter und Komponist›, ist, ‹den die Schweiz je besessen hat›. Für Wolfram von den Steinen, den Basler Mediävisten, der sich um Notker besonders als Übersetzer grosse Verdienste erworben hat, ist er ‹einer der grossen Dichter zwischen dem Evangelium und Dante; auch ist er der einzige aus dem Boden der heutigen Schweiz, der einmal, und immerhin für sechs Jahrhunderte, universale Bedeutung gewann›.
Wahrscheinlich vor 800 und vielleicht in Fulda entstanden, aber in Basel aufbewahrt, sind die sogenannten *Basler Rezepte:* ein lateinischer und zwei althochdeutsche Texte, die gedruckt vorliegen bei Wilhelm Wackernagel: *Die altdeutschen Handschriften der Basler Universitätsbibliothek.* Im lateinischen Text wird ein Fiebermittel empfohlen, das im ersten der beiden deutschen Stücke übersetzt ist. Der zweite deutsche Text gibt unter dem Titel *uuidhar cancur* ein Mittel gegen bösartige Hautgeschwüre an. Bei den beiden deutschen Stücken handelt es sich um die vermutlich ältesten zusammenhängenden deutschen Texte.

Der erste Dichter heisst Warnerius

Ausgangspunkt Basler Literaturgeschichte ist, 1118 bezeugt, Warnerius, ‹auctor Basiliensis›, wie er sich selber bezeichnete. Für die gesamte abendländische Bildungs- und Frömmigkeitsgeschichte sind seine zwei Werke, der *Synodicus* und der *Paraclitus,* von grosser Bedeutung gewesen; man hat sie im Mittelalter nicht nur in Basel gut gekannt und sehr geschätzt. Später sind sie, selbst in Basel, in Vergessenheit geraten. Erst Wolfram von den Steinen hat 1933 in einem Aufsatz über ‹literarische Anfänge in Basel› (in der ‹Basler Zeitschrift für Geschichte und Altertumskunde›) wieder auf sie aufmerksam gemacht.

Werner von Basel, dessen Lebensdaten urkundlich nicht zu erfassen sind, hat nach Wolfram von den Steinen zur Zeit der Bischöfe Burchard von Hasenburg (1072 bis 1107) und Rudolf III. von Homberg (1107 bis 1123) als Weltgeistlicher in baslerischem Pfarrdienst gestanden; als Angehöriger des Domklerus hat er möglicherweise als Lehrer gewirkt. Wolfram von den Steinen schliesst das unter anderem aus einer schulmeisterlich dozierenden Stelle im *Paraclitus:* «Über Tiere stellst du den Menschen auf Grund seiner Vernunft. Aber im Hinblick auf Gott sind die Menschen Esel.» Im lateinischen Original: «Respectu Domini sunt homines asini.» Im ‹Lexikon für Theologie und Kirche› ist die Vermutung geäussert, Warnerius sei in Basel Abt gewesen und sei nach 1050 gestorben. Das erste Kloster in Basel, St. Alban, wurde 1083 gegründet; entweder ist Warnerius also nicht Abt gewesen oder er ist gegen 1100, nicht schon nach 1050, gestorben.

Die Warnerius-Ausgabe von Hogterp (Archives d'histoire ... littéraire du moyen-âge, 1933) ist nach E. R. Curtius «mit Kritik zu benutzen». Nebenstehend: Konventsiegel von St. Alban.

Warnerius lebt um die Mitte des 11. Jahrhunderts

Nach Heinz Rupp, dem Basler Germanisten, ist die Entstehungszeit der beiden theologisch-allegorischen Dichtungen des Warnerius um die Mitte des 11. Jahrhunderts anzusetzen. Damals löste frühes Mittelhochdeutsch das Althochdeutsche ab. Von einem Notker aus Einsiedeln stammt in dieser Zeit die erste Memento-mori-Dichtung, die mit eindrucksvoller Gegenüberstellung der Kürze irdischen Daseins und jenseitiger Ewigkeit, mit seelsorgerischem, Busse predigendem Eifer, ‹ein neues, in der bisherigen deutschen Dichtung nicht vorhandenes Form- und Strukturprinzip› (Heinz Rupp) verband. Unter epikureisch gestimmten geistlichen Herren, im sogenannten Loire-Kreis, blühte wenig später in Frankreich eine heiterverhaltene Art Dichtung auf, die sich, keineswegs nur stilistisch, an römischen Vorbildern orientierte und humanistisch war, lang vor der Zeit des Humanismus. Als Abt in der Normandie und als Erzbischof in England lehrte Anselm von Canterbury (1033 bis 1109), der aus Aosta stammende Vater der Scholastik und Mystik. 1049 hat Papst Leo IX. aus dem elsässischen Geschlecht der Grafen von Egisheim die achteckige Kirche von Ottmarsheim geweiht. Um 1050 wurden auf der Reichenau St. Maria in Mittelzell, in Payerne die romanische Abteikirche gebaut, in Hildesheim und Parma der Dom, in Konstanz das Münster. Robert Guiskard gründetete in Unteritalien ein normannisches Reich, Wilhelm der Eroberer machte sich England untertan. 1077 tat König Heinrich IV. Busse in Canossa; begleitet war er vom Basler Bischof Burchard von Hasenburg, seinem vielleicht treuesten Anhänger; um 1080 hat dieser die Talstadt Basel mit einer Mauer befestigt: neben dem Burghügel auch die Birsigniederung und den am jenseitigen Hang emporsteigenden Spalenberg; 1083 hat er, ‹als Busse für Nachlässigkeiten›, das Cluniazenserkloster St. Alban gegründet.

Die erste Basler Dichtung heisst ‹Synodicus›

Der *Synodicus* des Werner von Basel umfasst 600 gereimte Hexameter. Solche sogenannte leoninische Hexamter hatte es schon im frühen Mittelalter gegeben, im Waltharius-Epos oder bei Hrotsvit von Gandersheim. Damals hatte man sich jedoch mit einem einsilbigen Gleichklang der Zäsur (des Einschnitts nach einem Wortende ungefähr in der Versmitte) und des Versschlusses zufriedengegeben. Jetzt, im 11. Jahrhundert, war man anspruchsvoller geworden: Der heroische Langvers Homers und Vergils begann jetzt mit Zweisilbenreimen zu klingeln.

Vorbild für den *Synodicus* war eine *Ecloga Theoduli,* ein geistlicher Dialog des Theodulus Italus, der im 10. Jahrhundert gelebt hatte; in diesem Gespräch vertreten Pseutis (die Lüge) einen heidnischen Standpunkt, Alithia (die Wahrheit) die christliche Lehre, und Phronesis (die Einsicht) entscheidet als Richterin, selbstverständlich für Alithia.

Auch der *Synodicus* ist als Ecloge zurechtgemacht: als ein bukolisches Gespräch in einer idyllischen Landschaft ausserhalb der Stadt Basel, die, wie ähnliche Szenerien später bei Erasmus (die *Antibarbari* u.a.), an die antiken Beispiele bei Plato, Cicero oder Horaz erinnert. Sophia, die Weisheit in Person, lässt darin zwei Männer, Thlepsis und Neocosmus mit Namen, in diesem liebevoll geschilderten Rahmen einander Rede und Antwort stehen. Der eine vertritt das Alte Testament, der andere das Neue Testament; abgesehen von zahlensymbolischen Vergleichen wird abwechselnd, allemal mit sieben gereimten Hexametern, einem Bild oder Ereignis des Alten Bundes ein solches des Neuen Bundes oder aus der Kirchengeschichte entgegengesetzt. So steht dem Bericht über die Sprachverwirrung beim Turmbau zu Babel das Pfingstwunder kontrastierend gegenüber: die Geschichte jener Apostelpredigt in der Sprache Galiläas, die von den versammelten anderssprachigen Zuhörern unmittelbar, ohne Dolmetsch, verstanden wird.

Sophia, die Weisheit, leitet, ab und zu freundlich eingreifend, diesen erbaulichen Austausch frommer Legenden und geschichtlicher Reminiszenzen. Unverzerrt, aber bukolisch drapiert, spiegelt sich in ihnen, fünfzig bis hundert Jahre nach der Jahrtausendwende (und nach einem ausgebliebenen Weltuntergang), das geistige und geistliche Klima Basels. Und wie eine Ekloge Vergils, eine Idylle Theokrits oder eben die *Ecloga Theoduli* endet das Kolloquium mit einem Sonnenuntergang: *weil* die Sonne jetzt untergeht.

Theodulus Italus: *Ecloga,* ed. J. Osternacher, Linz-Urfahr 1902.
Warnerius von Basel, *Synodicus,* hg. J. Huemer, Erlangen 1886/87 und Wiener Studien 14, Wien 1892.

Der ‹Paraclitus› ist ein Lehr- und Trostgedicht

Werners *Paraclitus* ist ein Lehr- und Trostgedicht in leoninischen Distichen: in gereimten Doppelversen, in denen Hexameter und Pentameter regelmässig abwechseln. Vom Versbau her ist er demnach schwieriger, künstlicher, auch ermüdender als der *Synodicus.* Für humanistische Ohren klingt dieser Leonismus abscheulich, hat Wolfram von den Steinen an anderer Stelle bemerkt, wo er, auch als Übersetzer, Verständniswege zum ältesten Basler Dichter suchte: «Wie soll man ihn überhaupt lesen? Betont man metrisch-skandierend, so fallen sämtliche Reime unter den Tisch. Liest man mit Wortbetonung, so verliert man die in aller Freiheit doch vorhandenen Hexameter und Pentameter.»

Im 13., vielleicht im 14. Jahrhundert wurde dem *Paraclitus* ein Kommentar beigegeben. An der Auseinandersetzung des Warnerius wurde dabei eine ‹forma tractatus› und eine ‹forma tractandi› unterschieden. «Mit der Form des Traktates», hat E.R. Curtius diesen Kommentar kommentiert, «ist die literarische Form gemeint, in diesem Fall leoninische Verse. Die Form des Traktierens wird als Überredung bezeichnet. Tractare ist ein Kunstausdruck der mittelalterlichen Philosophie und heisst: philosophisch abhandeln.»

Vom geistesgeschlichtlich Inhaltlichen her sind für uns Heutige die 800 Verse des *Paraclitus* bei weitem anregender und ertragreicher als die 600 Verse des *Synodicus.* Ohne landschaftliche Staffage, ohne Sonnenuntergang, auch ohne Leitung und Einleitung der Wechselrede, bietet der *Paraclitus* eine gedankenreiche Zwiesprache zwischen der göttlichen Gnade (Gratia) und einem Büsser (Paenitens): einem in der antiken Literatur bewanderten Gelehrten, der über seine bisherigen Studien bittere Reue zeigt.

Auf diese Weise wird im *Paraclitus* schon im frühen Mittelalter der Gegensatz zwischen Humanismus und Antihumanismus ausgetragen. «Wir wundern uns nicht», hat Wolfram von den Steinen ausserdem zum *Paraclitus* angemerkt, «dass dieses Werk des Basler Dichters grade am Abend des Mittelalters, kurz vor Luthers Zeiten, viel gelesen und kommentiert wurde. Es geht hier ja um die Kernfrage der Reformation, deren Schüler dann gegen Luthers bessere Einsicht die Behauptung dogmatisierten, das Mittelalter sei in die Tiefe der Rechtfertigungslehre nicht eingedrungen.»

Paraclitus (Teil-Ausg.) von B. Hauréan in *Notices et extraits,* Paris 1892.

Das frühe Mittelalter gliedert sich in drei Abschnitte

«Es waren schöne glänzende Zeiten, wo Europa *ein* christliches Land war, wo *eine* Christenheit diesen menschlich gestalteten Weltteil bewohnte.» Mit diesen Worten beginnt die Schilderung des Mittelalters in ‹Christenheit und Europa› von Novalis. Nach allem, was wir heute über die Welt von damals wissen, war sie weder übermässig glänzend noch aussergewöhnlich dunkel. Und was heute ganz selbstverständlich Mittelalter heisst, war für die Menschen von damals ebenso selbstverständlich Gegenwart, Neuzeit, oder, wie Wolfram von den Steinen in seinem ‹Kosmos des Mittelalters› präzisierte: Endzeit, die jeweils letzte «Periode der dem Jüngsten Gericht entgegenreifenden Welt.»

Literaturhistorisch ist das frühe Mittelalter bequem in drei Abschnitte zu gliedern:

Zwischen 750 und 900 entfaltete sich die karolingische Renaissance (Heinz Rupp zöge vor, von ‹karlischer Reform› zu sprechen); neben ihrem antik-christlichen Bildungsprogramm schloss sie eine Sammlung germanischer Heldenlieder, *barbara et antiquissima carmina,* nicht aus; auch hat Karl eine Grammatik seiner rheinfränkischen Muttersprache abfassen lassen.
Zwischen 900 und 1025 wirkte sich die ottonische Renaissance aus, in der ausschliesslich das Latein als literaturfähig galt; aus dieser Zeit ist keine einzige deutschsprachige Dichtung überliefert.
Die dritte Periode, die gregorianische (in der Warnerius hervorgetreten ist), reichte von 1025 bis 1170. Erst seit Gregor VII., dem früheren Mönch Hildebrand, galt der Papst in Rom allgemein als Oberhaupt der gesamten Christenheit. Der nach ihm benannte Zeitraum war einerseits eine Epoche asketisch-weltverneinender Reformen, die vom Kloster Cluny ausgingen und ihren gewaltigsten Verkündiger in Bernhard von Clairvaux hatten (1090 bis 1153). Daneben trat jetzt immer stärker der Adel hervor. Und immer kräftiger begann sich die deutsche Muttersprache gegen die lateinische Vatersprache zu behaupten und zu entfalten.
Im anschliessenden Hochmittelalter, ‹dem Gipfelpunct, der Blüte und Krone des mittelalterlichen Lebens› (Wilhelm Wakkernagel), lösten der Ritter den Geistlichen als Träger, die mittelhochdeutsche Volkssprache das Mittellatein als Medium der Entwicklung zusehends ab.

Ein unbekannter Basler schreibt ein bekanntes Epos

An der Grenze zwischen frühem und hohem Mittelalter hat ein mit Namen nicht greifbarer Autor die beiden Epen *Solimarius* und *Ligurinus* verfasst. Mancherlei Indizien deuten darauf hin, dass der Unbekannte aus Südwestdeutschland und noch genauer aus dem Sprengel des Basler Bischofs stammte. Der damalige Bischof, Heinrich von Hornberg, nahm unter Kaiser Barbarossa am dritten Kreuzzug teil; wie der Kaiser selber, der 1190 in Kleinasien ertrank, ist er aus dem Morgenland nicht wieder nach Hause zurückgekehrt. Ob der Verfasser des *Solimarius* und des *Ligurinus,* der dem Kaiser als Prinzenerzieher persönlich nahegestanden ist, an dem Kreuzzug teilgenommen hat, wissen wir sowenig wie seinen Namen.
Sein *Solimarius,* ein Kreuzfahrerepos, ist 1186 entstanden und Prinz Konrad, einem Sohn Barbarossas, zugeeignet. Im Jahr zuvor, 1185, fiel in Basel das Heinrichsmünster einer Feuersbrunst zum Opfer. Der Winter war ungewöhnlich warm; im Dezember hatten die Vögel Junge, im Januar blühten die Obstbäume, Ende Mai wurde das Getreide eingebracht. Eine Frucht dieses so aussergewöhnlichen Jahres ist der *Solimarius;* leider ist er uns nur in Fragmenten erhalten.
Im *Ligurinus* werden in zehn Gesängen die Kriegstaten Barbarossas in Italien verherrlicht. Das Werk, das uns vollständig erhalten ist, wurde im Hochmittelalter als Schullektüre geschätzt; jedenfalls figuriert es in einer Liste von Eberhard

dem Deutschen, in dem Werke aufgezählt sind, die im 13. Jahrhundert als mustergültig für den Unterricht in der lateinischen Grammatik galten (die, als erste unter den sieben freien Künsten, ‹septem artes liberales›, damals unvergleichlich viel wichtiger war als heute).

Beide Epen, *Solimarius* und *Ligurinus,* sind also, im Widerspruch zu einem damals neuen Trend in der Literatur (Kaiserchronik, Alexanderlied, König Rother, Herzog Ernst usw.), noch in lateinischer Sprache abgefasst. Mit ihren reimlosen Hexametern ist jedoch unverkennbar altrömischen Vorbildern nachgeeifert; auch deshalb hat man später den *Ligurinus* als eine Fälschung aus der Humanistenzeit betrachtet. Erst 1870 haben, unabhängig voneinander, der Deutsche A. Pannenborg und der Franzose G. Paris, dieser im belagerten Paris, den *Ligurinus* als ein Gedicht des 12. Jahrhunderts nachgewiesen.

Ebenfalls im 12. Jahrhundert sind schliesslich die sogenannten *Basler Predigten* entstanden, die, wie die *Basler Rezepte,* in den *Altdeutschen Handschriften der Universitätsbibliothek* von Wilhelm Wackernagel herausgegeben worden sind.

Im Hochmittelalter sind die Dichter Ritter

Bild des Grafen Wernher von Honberg aus der Manessischen Handschrift

Gewinner der Kreuzzüge sind die Ritter

Der Kirchenvater Cyprianus, um 850 Bischof in Karthago, hat gesagt: «Begeht der einzelne einen Mord, ist es ein Verbrechen. Tapferkeit nennt man es, wenn das Morden im Namen des Staates geschieht.» Den Mord im Namen und Auftrag der Kirche hat er, als offensichtlich undenkbar, nicht vorgesehen. Diese Möglichkeit als Wirklichkeit, der erste Kreuzzug also, war nach Jacob Burckhardt deshalb hochbedeutend, ‹weil die wirklichen, welthistorischen, bleibenden Folgen sich auf einem ganz anderen Gebiet als in dem ersehnten Palästina offenbarten›; es müsse dabei, meinte er, ‹in den Massen ein kurioses irdisch-himmlisches Phantasiebild mitgespielt haben›.
Immerhin: der erste Kreuzzug, 1096 bis 1099, endete mit der Eroberung von Jerusalem. Im Basler Heinrichsmünster predigte Bernhard von Clairvaux 1146 den zweiten Kreuzzug, der jedoch, 1147 bis 1149, ergebnislos verlief, obwohl sich der Basler Bischof Ortlieb unter Konrad III. dabei auszeichnete. Für treue Gefolgschaft wurde Ortlieb das Recht verliehen, eigene Münzen zu schlagen. Am dritten Kreuzzug, 1189 bis 1192, waren unter Bischof Heinrich von Hornberg neuerdings Basler beteiligt; dieser Zug wurde von Kaiser Barbarossa geführt, der jedoch 1190 im kleinasiatischen Fluss Saleph ertrank; Bischof Heinrich starb auf der Heimfahrt an der Pest.
Auch am vierten Kreuzzug nahmen Basler teil unter Leitung des Abtes Martin von Pairis; ihre Schicksale wurden erzählt von Gunther von Pairis in der *Geschichte der Eroberung von Konstantinopel.* Der fünfte Zug endete mit einem zehnjährigen Waffenstillstand, auf dem sechsten geriet Ludwig IX., der Heilige, in Gefangenschaft. Als siebenten Kreuzzug bezeichnet man die Kriegsabenteuer Ludwigs IX. in Tunis, wo der König einer Seuche erlag.
Diese ganze ‹Operation Heiliges Grab›, die das Abendland zwei Jahrhunderte lang in Atem hielt, war sicher eine christliche Reaktion auf den Siegeszug des Islam, ebenso sicher aber ein handfestes macht-, kolonial-, handels- und verkehrspolitisches Unternehmen. Und dazu der Ausdruck eines abenteuerlichen Drangs aus der mittelalterlichen Enge ins orientalisch Wunderbare. Eine der welthistorischen Folgen, von denen Burckhardt sprach, war schliesslich, dass die Schranken zwischen den verschiedenen Völkern abgebaut wurden.
Auch ein welthistorisches Ereignis, vergleichbar der Reformation oder der Französischen Revolution, war in dieser Zeit der Platzwechsel zwischen den Geistlichen und den Rittern. Der Ritterstand, nun tonangebend, wurde gleichzeitig, wie vordem der Klerus, international. Die Grundsätze seiner Formkultur formulierte man in Frankreich; die politischen Ideale wurden in der Machtentfaltung des staufischen Kaisertums spruchreif. Das Vulgärlatein, die völkerverbindende Vatersprache der europäisch-christlichen Gesamtkultur, trat zurück hinter die erstarkenden Volkssprachen. Auf ritterlich bestimmten Grundlagen nahmen neue, säkularisierte, wenn auch fraglos christliche Kultursysteme eine immer deutlichere Gestalt an. Und

was im frühen Mittelalter die Klöster gewesen waren, was im ausgehenden Mittelalter die Städte sein werden, Zentren der Ausbildung, der Bildung und Bildungspolitik, das wurde jetzt die Aufgabe und das Vorrecht der Fürstenhöfe.
Gunther von Pairis: *Die Gesch. d. Eroberung von Konstantinopel.* (Geschichtschr. d. dt. Vorzeit Bd. 75, Leipzig 1940)

Dichtung ist die führende Kunstübung des Zeitalters

Das Hochmittelalter ist, nicht allein für das deutsche Sprachgebiet, die Zeit der Staufer. Ihr Reich, das sein Zentrum in Schwaben, im Elsass und in Franken hatte, grenzte an die Nord- und Ostsee; Arles gehörte dazu, Ungarn, Italien bis hinab nach Sizilien.
Eine monumentale Selbstdarstellung suchte diese Zeit in der romanischen Baukunst und Plastik: in den Kaiserdomen von Speyer, Worms und Mainz, in der Romanik des Basler Münsters, wie sie im Mittelschiff und an der Galluspforte erhalten ist.
Die Kultur der staufischen Kaiserzeit gipfelte in der ritterlich-höfischen Dichtung; diese war Inbegriff, gültiger Ausdruck und führende Kunstübung der Epoche. Ihre Vorbilder fand sie in der Provence (Bertran de Born, um 1180). Gegen Ende des 12. Jahrhunderts entzündete sich, zunächst an Übersetzungen provenzalischer Troubadour- und französischer Trouvère-Lyrik, der Minnesang im deutschen Sprachgebiet.
Träger dieser neuen, von der Dichtkunst ausstrahlenden Kultur waren nicht mehr Geistliche; mit dem Minnesang, als Minnesänger kamen die kleineren, ritterlichen Lehensträger, die sogenannten Ministerialen, zum Zug. Während der Kreuzzüge hatten diese Dienstleute fürstlicher Herren Gelegenheit, sich mit den Waffen auszuzeichnen; ihrem Stand gehörten die meisten höfischen Lyriker und Epiker an.
Zwei der grössten Epiker der Zeit waren Ministerialen, Hartmann von Aue und Wolfram von Eschenbach. Der dritte, Gottfried von Strassburg, der kenntnisreichste und raffinierteste, vermutlich bürgerlicher Herkunft, verfasste zwischen 1205 und 1213 sein unvollendet gebliebenes Epos *Tristan und Isolt;* sehr eingehend und aufschlussreich hat sich mit ihm der Basler Germanist Friedrich Ranke beschäftigt.
Vermutlich ein ritterlicher Dienstmann war auch Walther von der Vogelweide. Er ist der bedeutendste Minnesänger überhaupt und darüber hinaus einer der ganz grossen, zeitlosen Dichter deutscher Zunge. Ein bayrischer Ministeriale, Neidhart von Reuental, hat sich als erster Realist über den zeitgenössischen, höfischen Idealismus in bissigen, die Bauern und sich selber verspottenden Satiren lustig und Luft gemacht.
Grundsätzlich haben die höfischen Dichter immer wieder überlieferte Stoffe aufgegriffen. ‹Dichterisch schaffen› heisst im Mittelalter, ‹dem Vorgegebenen und Gültigen eine angemessene und schöne Form geben› (de Boor). Mit dem, was so von Fall zu Fall entstand, unterhielt der Dichter die höfische Gesellschaft; zugleich bildete er sie. Dafür wusste er durch sie sein Auskommen mehr oder weniger hinlänglich gesichert. So

ist für Walther von der Vogelweide ein Geschenk von fünf Schillingen des Bischofs von Passau urkundlich belegt; es diente zur Anschaffung eines Pelzmantels. Von Kaiser Friedrich II. hat Walther 1220 ein kleines Lehen in der Nähe von Würzburg erhalten.
Was uns Heutigen fast immer fehlt, wenn wir uns mit höfischer Dichtung beschäftigen, ist die zugehörige Musik: die vom Dichter selber komponierte Begleitmelodie für ein Saiteninstrument. Und immer fehlt uns der persönliche Vortrag durch den Dichterkomponisten.

Ein Fünftel aller Minnesänger sind Schweizer

Etwa ein Fünftel aller deutschsprachigen Minnesänger, deren Namen wir kennen, gehört nach Karl Bartsch (*Die Schweizer Minnesänger*) der Schweiz an: dem Gebiet der heutigen Eidgenossenschaft. Der älteste unter ihnen ist Rudolf von Fenis, ein Graf von Neuenburg; er ist zwischen 1158 und 1196 nachgewiesen und noch unmittelbar abhängig von den provenzalischen Troubadouren.
Sehr viel bescheidener als bei den Minnesängern nimmt sich, wenigstens quantitativ, der Anteil der Schweiz an der höfischen Epik aus. Wie andere vor ihm, hat aber Samuel Singer (*Die Literatur der deutschen Schweiz im Mittelalter*) Hartmann von Aue für die Schweiz in Anspruch genommen; dass er aus dem heute zürcherischen Eglisau stammt, hat selbst nach de Boor (*Die höfische Literatur*) ‹die meiste Wahrscheinlichkeit für sich›.
Als Dichter ‹zweiten Grades›, hinter Hartmann, Wolfram und Gottfried, ist der Kaplan Ulrich von Zatzikhoven (heute Zezikon, im Thurgau) zu nennen: ein typischer Autor des höfischen Unterhaltungsromans. Sein *Lanzelet* (um 1194) ist ein zwar unbeholfener, aber volkstümlich anschaulicher Abenteuerroman, in dem der Held, ein Frauenliebling, schliesslich in die Arme seiner Gattin zurückfindet.
Rudolf von Ems (ca. 1200 bis 1254) war für Friedrich Ranke der bedeutendste Epiker der späthöfischen Generation; er hat Verslegenden, Ritterromane und eine unvollendete *Weltchronik* verfasst, die von Adam und Eva bis zum König Salomo hinaufführt. Baechtold hat Rudolfs bündnerische Herkunft nachzuweisen versucht, und auch Samuel Singer, der österreichische Germanist in Bern, hat ihn als Bündner bezeichnet. Wenn er dennoch vorarlbergischer Herkunft gewesen sein sollte, kommen zum schweizerischen Anteil an der höfischen Epik wenigstens zwei gewichtige Epiker, beide Träger des Namens Konrad. Beide sind sie zugleich der baslerischen Literaturgeschichte zuzurechnen: Konrad Fleck und Konrad von Würzburg.
Das letzte höfische Epos, das in der Schweiz um 1300 entstanden ist, der *Reinfried von Braunschweig*, stammt von einem Schüler Konrads von Würzburg; ohne seinen Namen zu verraten, hat er vermutlich in bürgerlichen Verhältnissen in der Bodenseegegend gelebt.

Konrad Fleck schreibt eine Liebesgeschichte

Über die ausserliterarische Existenz von Konrad Fleck haben wir fast keine Belege. Aus Bescheidenheit hat er am Schluss seines Versromans auf die dort üblichen Erklärungen zur eigenen Person verzichtet. Seinen Namen erfahren wir an zwei Stellen bei Rudolf von Ems, wo er als ‹der Flec, der guote Kuonrât› erwähnt ist.

Flecks Heimat hat man seit je im Bistum Basel vermutet. «Man wird nicht fehlgehen, wenn man seine Heimat in die Gegend von Basel verlegt», heisst es bei Ehrismann (*Geschichte der deutschen Literatur bis zum Ausgang des Mittelalters*); de Boor ‹möchte ihn, wie Gottfried, am liebsten unter dem gebildeten Bürgertum einer oberrheinischen Stadt suchen›; aus Basel meint also auch er, da Strassburg für einmal nicht in Frage kommt.

Die 8006 Verse von Flecks Liebesgeschichte *Floire und Blancheflûr,* in ‹mildes Frühlingsabendlicht› getaucht, sind nach Baechtold ‹unstreitig das Anmutigste, was höfische Kunst bei uns hervorgebracht hat›, unstreitig jedoch nicht allein bei uns. Floire ist ein heidnischer Prinz, Blanscheflûr die Tochter eines christlichen Kriegsgefangenen. Beide sind sie im Königspalast am gleichen Palmsonntag geboren; sie wurden vom gleichen Erzieher unterrichtet und sind sich so innig zugetan, dass der König seinen Sohn in eine auswärtige Schule schickt und Blanscheflûr unterdessen als Sklavin verkauft. Zurückgekehrt, erfährt Floire, dass seine Gespielin gestorben sei; nun sucht er selber den Tod. Um ihn davon abzuhalten, gesteht man, was sich tatsächlich zugetragen hat. Sofort macht sich Floire auf die Suche nach Blanscheflûr, die in Babylon von einem Admiral in einem Turm gefangengehalten wird. Nach vielen wunderbaren Abenteuern wird sie dort von Floire befreit. Daheim übernimmt er für den verstorbenen Vater die Herrschaft, lässt sich taufen und heiratet Blanscheflûr; Bertha, ihre Tochter, wird später die Mutter Karls des Grossen.

Als Entstehungszeit dieser reizenden Liebesgeschichte wird in der einschlägigen Literatur übereinstimmend ‹um 1220› angegeben. Ranke rechnet das Werk dennoch zur späthöfischen Literatur; de Boor nennt es ‹mit Recht noch hochhöfisch›. Als Quelle wird, von Fleck selber, ein verlorengegangenes Gedicht eines Ruprecht von Orlent (Orléans?) genannt, das auch als Quelle eines mittelniederländischen Floris-Romans angesehen wird. (Da man früher ‹Ruoprecht von Orbent› gelesen hat, wurde der Verfasser von Flecks Vorlage durch Baechtold in Orpund bei Biel angesiedelt.) Hinter weiteren französischen Fassungen wurden bisweilen griechisch-byzantinische Ursprünge vermutet; neuerdings sind diese wieder in Zweifel gestellt. Sicher ist jedoch, dass Fleck nicht nur die anderssprachigen, sondern auch die übrigen deutschen Bearbeitungen des Floire-Stoffs dank seiner poetischen Gestaltungs- und Überzeugungskraft hinter sich lässt.

Mit der Zimperlichkeit eines literarischen Sonntagsschullehrers hat sich Josef Nadler in seiner *Literaturgeschichte der deutschen*

Schweiz über Flecks Dichtung geäussert. «Rokokohaft sind zwei Kinder als Erwachsene verkleidet, allzu Frühreife der Geschlechtlichkeit», meinte er, und fügte hinzu: «Der gelangweilte Geschmack einer schon abgleitenden Kultur hat hier nach einer neuen Würze abgestandener Erotik begehrt.»
Wer sich darüber und darüber hinaus sein eigenes Urteil selbständig bilden möchte: 1924 ist in Frauenfeld eine hochdeutsche Übersetzung in Versen von Johannes Ninck erschienen. Die kritische Ausgabe von E. Sommer erschien 1846; für die in Prag und Frauenfeld nachher aufgefundenen Fragmente ist massgebend die Ausgabe von C. H. Rischen von 1913.
Ausser *Floire und Blanscheflûr*, seinem Erstlingswerk, soll Fleck, was ebenfalls Rudolf von Ems berichtete, einen *Clîes* angefangen haben, vermutlich eine Bearbeitung des *Cligès* von Chrestien de Troyes. Wie im Floire-Roman hätte ein Turm auch in dieser Geschichte eine wichtige Rolle gespielt. Zu einem Ende gebracht hat sie Ulrich von Türheim, der auch Gottfrieds *Tristan* und Wolframs *Willehalm* abgeschlossen hat. Bis auf wenige Fragmente ist aber auch Türheims *Clîes* verlorengegangen.

Um 1220 ist nicht nur Konrad Fleck wichtig

1212 datiert Kaiser Friedrich II., der grosse Staufer, seine ersten Erlasse in Basel: ‹in nobili civitate Basilea›; er ermöglicht ausserdem der Bürgerschaft Basels, einen vom Bischof unabhängigen Rat einzusetzen. 1214 wird Roger Bacon geboren, der ‹doctor mirabilis›. 1215 wird, ebenfalls in England, die Magna Charta erlassen; Dschingis-Khan erobert Peking; Hartmann von Aue und Bertran de Born sterben. 1216 stiftet Dominikus in Toulouse den Dominikanerorden. 1217 vertreibt Ferdinand III. die Araber aus Cordoba und Sevilla; Alfons IX. gründet die Universität von Salamanca. 1218 wird Rudolf von Habsburg geboren, und am Reichstag von Ulm wird das Recht der Basler Bürgerschaft auf einen unabhängigen Rat rückgängig gemacht; für die Kathedrale in Amiens wird in diesem Jahr der Grundstein gelegt. 1219 erobert Dschingis-Khan Turkestan. Um 1220 schreibt Konrad Fleck *Floire und Blanscheflûr;* die Gotthardroute wird als Saumpfad geöffnet; Wolfram von Eschenbach stirbt, und Friedrich II. wird 1220 zum Kaiser gekrönt; neben der Fiedel kommt jetzt die Geige auf. 1221 heiratet Ludwig IV., Landgraf von Thüringen, Elisabeth, die nachmalige Heilige; Wien erhält das Stadtrecht. 1222 wird die Universität Padua gegründet; Caesarius von Heisterbach schreibt lateinische *Wundergeschichten;* es stirbt der Minnesänger Heinrich von Morungen. 1223 wird Albertus Magnus Dominikaner, und der Papst bestätigt die Franziskanerregel. 1224 wird die Universität Neapel durch Kaiser Friedrich II. gegründet. 1225 baut Bischof Heinrich II. (von Thun) in Basel die erste Rheinbrücke zwischen Rheinfelden und der Nordsee; damit zieht er die Gotthardroute, die wichtigste Nord-Süd-Verbindung, nach Basel, das dadurch zu einem europäischen Verkehrsknotenpunkt erster Ordnung wird. In den Jahren um

1225 stellt Snorri Sturluson die *Jüngere Edda* zusammen, und 1225 wird Thomas von Aquin geboren. 1226 stirbt Franz von Assisi, ein ‹Troubadour Gottes›, und in Basel wird eine Stiftungsurkunde für die Kürschner ausgestellt: die erste schweizerische Zunfturkunde. 1227 stirbt Dschingis-Khan; 1228 unternimmt Kaiser Friedrich II. den fünften Kreuzzug; 1229 besiegt König Ludwig IX. (der Heilige) die Albigenser (Katharer), und es wird der Grundstein gelegt für den Dom von Siena. 1230 stirbt Walther von der Vogelweide; spätestens 1230 wird Konrad von Würzburg geboren; Bischof Heinrich wandelt die Pfarrkirche St. Peter in Basel in ein Domherrenstift um; vier Jahre nach dem Tod des heiligen Franz gründen die Franziskaner vor dem Spalentor ein Klösterlein. 1231 wird Uri reichsunmittelbar. 1232 schreibt Kaiser Friedrich II. sein berühmtes Werk über die *Falkenjagd.*

Konrad von Würzburg müsste Konrad von Basel heissen

Dieser Konrad, bedeutender als Konrad Fleck, wurde zwischen 1215 und 1230 geboren; falls wirklich in Würzburg, dann in der Stadt, in der möglicherweise 1230 Walther von der Vogelweide gestorben ist. Vermutlich bürgerlicher Herkunft, wie schon Meister Gottfried, erwarb er sich, wie dieser, eine gelehrte Bildung; hervorragend waren seine theologischen und juristischen Kenntnisse. Möglich, doch nicht nachgewiesen, ist ein Aufenthalt in Strassburg vor 1270. In Basel hat er nachweisbar das Bürgerrecht besessen und ein Haus an der Spiegelgasse, der heutigen Augustinergasse. Aber seit wann? Als ein Alteingesessener? Als ein von wo immer Zugezogener? Deutsche Literarhistoriker und Würzburger Lokalpatrioten haben Argumente vorgebracht, die für eine Herkunft Konrads aus Würzburg sprechen. Die Basler, an ihrer Spitze Wilhelm Wackernagel, haben ebenso triftige Gründe für eine baslerische Herkunft Konrads ins Feld geführt.

Da das Haus, in dem der Dichter an der Spiegelgasse wohnte, die Wirzburg hiess, besteht die Möglichkeit, dass Konrad nach seinem Haus, nicht nach der Stadt Würzburg (und nicht das Haus nach Konrad von Würzburg), benannt worden ist. So argumentierte jedenfalls Wilhelm Wackernagel, einer der bedeutendsten Germanisten nach Jacob Grimm (Zischka im *Allgemeinen Gelehrten-Lexikon*: der bedeutendste). Trotz einleuchtenden Beispielen und Beweisgründen, die er noch in seinem Todesjahr (in seinem Fischart-Buch) rekapitulierte, ist der Wahlbasler Wackernagel mit seiner These nicht durchgedrungen. Er wurde aber auch nicht widerlegt, und noch Wilhelm Altwegg, der Basler Hebel-Biograph, hat in Wort und Schrift auf der Basler Herkunft Konrads bestanden. Und in einer Münchner Dissertation (Inge Leipold: *Die Auftraggeber und Gönner Konrads von Würzburg*) heisst es 1975: «Fast ist man geneigt, Konrad von Würzburg – selbst wenn diese Formulierung überspitzt klingen mag – als den Dichter Konrad von Basel zu bezeichnen.»

Spätestens 1270 in Basel urkundlich nachgewiesen, hat Konrad

Meister Konrad von Würzburg
(Manessische Handschrift)

fast alles, was er schuf, im Auftrag von Patriziern und hochgestellten Geistlichen verfasst. Mit diesen Auftraggebern hat er sich, bei aller vorauszusetzenden Subtilität des Übereinkommens, offenbar wie ein Geschäftsmann mit Geschäftsleuten und nicht, wie früh- und hochhöfische Dichter, als ein Begönnerter mit Gönnern und Mäzenen arrangiert. Gestorben ist er am 31. August 1287. Dass seine Frau und die beiden Töchter am selben Tag gestorben seien, eine rührende Geschichte, die auch bei Josef Nadler zu lesen ist, beruht wahrscheinlich auf der irrtümlichen Auslegung einer Eintragung im Jahrzeitenbuch (den Vormerkungen von alljährlichen Gedächtnismessen) des Basler Münsters.

Konrad schreibt vier Versnovellen

Vor 1270 hat Konrad vier höfische Versnovellen verfasst. In dieser Kurzform hat er Mustergültiges, Wegweisendes geleistet, vielleicht sein Gültigstes überhaupt, sein Eigenstes.
Im *Schwanritter* wird, nicht zum ersten- und nicht zum letztenmal im 13. Jahrhundert, die Lohengrinsage abgewandelt; bei Konrad wird allerdings der Name des ungewöhnlichen Ritters nicht genannt. Auch in diesem Fall klagt aber die Herzogin von Brabant gegen ihren gewissenlosen Schwager; dieser, ins Unrecht versetzt, verlangt zur endgültigen Entscheidung ein Gottesurteil im Zweikampf. Von einem Schwan gezogen, erscheint in einem Boot der wunderbare Ritter; er tötet im Zweikampf den verbrecherischen Schwager der Herzogin und heiratet deren Tochter. Als ihn aber diese, was er verboten hatte, nach seiner Herkunft fragt, nimmt er Abschied und verschwindet, von einem Schwan gezogen, ins Unbekannte.
Heinrich von Kempten heisst die vermutlich erste Auftragsarbeit Konrads. *Otto mit dem Barte* oder *Kaiser Otto mit dem Barte* sind andere Titel für dieselbe Novelle. Es geht darin um des Kaisers Bart; man streitet sich aber nicht darum, ob die römischen Kaiser oder Karl der Grosse einen Bart getragen haben oder ob Barbarossas roter Bart im Kyffhäuser weiss geworden sei. Heinrich von Kempten hat nicht ohne Grund den Truchsess des Kaisers erstochen. Der hohe Herr schwört ihm darauf schwerste Strafe; Heinrich ergreift den Kaiser beim Bart und bedroht ihn seinerseits mit dem Tod, falls er nicht ungeschoren davonkomme. So bleibt er straffrei, und zehn Jahre später rettet er, nackt einem Badezuber entsteigend, dem Kaiser bei einem Überfall das Leben und wird dafür belohnt.
Wie ein Bild, eine Plastik oder ein Prunkgewand wurde diese Verserzählung vom Dompropst Thiersberg in Strassburg (aufgrund einer lateinischen Vorlage und gegen angemessenes Honorar) ‹in tiutsch› bestellt. Konrad hat das, wie in späteren Fällen, ausdrücklich im Werk selber und in Versen bekanntgemacht: «daz ich dur den von Tierberc/ in rîme hân getihtet/ von latîne, als er mich bat.»
Herzmaere ist die schauerlich-rührende Geschichte vom gegessenen Herzen. Sie ist damals und später in französischer, englischer, italienischer und deutscher Sprache vielfach abge-

wandelt und übersetzt worden. Bei Konrad sind sich ein Ritter und eine edle Frau in Minne herzlich zugetan. Die Frau hat aber einen eifersüchtigen Gatten; um dessen Argwohn zu zerstreuen, unternimmt der Ritter eine Pilgerfahrt ins Heilige Land. Dort kommt er um, unter anderem vor Sehnsucht nach der Geliebten. Sein einbalsamiertes Herz will sein Knappe, wie ihm befohlen ist, der Geliebten des Ritters bringen. Er wird aber von deren Gatten abgefangen. Dieser lässt das Herz vom Koch lecker zubereiten und setzt es der Gattin vor. Nachdem diese alles erfahren hat, stirbt sie den Liebestod.

Der Welt Lohn, etwa 1265, im Geburtsjahr Dantes, entstanden, ist eine meisterhaft durchgestaltete allegorische Dichtung. Sie zeigt uns den Dichter Wirnt von Gravensberg (von dem das höfische Epos *Wigalois* stammt) bei der Lektüre von Liebesgeschichten. Unvermittelt tritt eine unvergleichlich schöne Frau bei ihm ein; sie gibt sich Wirnt als die Herrin zu erkennen, der er bisher treu gedient habe. Zweifelnd und verwirrt fragt Wirnt nach ihrem Namen. Sie sei Frau Welt, erwidert sie, ‹diu werlt bin geheizen ich›, und gekommen, ihm den Lohn seines Dienstes zu zeigen. Damit dreht sie ihm den Rücken zu, der von Geschwüren zerfressen, von Ungeziefer durchwühlt ist. Entsetzt verlässt Wirnt Frau und Kinder; um seine Seele zu retten, kämpft er im Heiligen Land gegen die Heiden.

«Daz ir die Werlt lâzet varn,/ welt ir die sêle bewarn», resümiert Konrad die Moral der Geschichte. Nicht weit von seinem Arbeitsplatz an der Spiegelgasse, hatte er Gelegenheit, am Portal des damals fünftürmigen Basler Münsters den Anblick derselben Frau Welt, so verschieden von vorn und von hinten, nach Basler Art verständnisinnig zu geniessen.

Wilh. Altwegg: *Die sog. Frau Welt am Basler Münster* (Basler Ztschr. f. Gesch. u. Altert. Bd. 13.)

Die ‹Klage der Kunst› ist ein Manifest

Die *Klage der Kunst* gehört zu den sogenannten Prozess-Allegorien. Darüber hinaus ist sie ein Manifest, möglicherweise auch eine Art Geschäftspapier: Propaganda für eine Dichterwerkstatt.

Auf einer Waldlichtung ist ein Gericht zusammengetreten. Schöffen (Schöffinnen) sind zwölf tugendreiche Damen, unter anderen die Wahrheit, die Treue, die Ehre. Als Klägerin tritt die Kunst auf; angeklagt ist die Freigebigkeit. Als Richterin beliebt die Gerechtigkeit. Frau Kunst, in einem abgerissenen Gewand, beschwert sich über die Freigebigkeit, die ihre reichen Mittel an lauter nichtswürdige Dinge vergeude, so dass die echten Werte der Kunst darben müssten. Frau Freigebigkeit versucht sich zu verteidigen, wird aber einmütig von allen übrigen Tugenddamen schuldig gesprochen und verurteilt, hinfürder der wahren Kunst eine angemessene Unterstützung angedeihen zu lassen.

Basel ist ein idealer Arbeitsplatz

«Dem stockenden Geschäft mochte seine *Klage der Kunst* aufhelfen wollen. Ist es an dem, so hat die Klage geholfen», hat

Josef Nadler scharfzüngig die Situation Konrads zu jenem Zeitpunkt analysiert. «Für einen strebsamen Dichter», meinte er, «der von seiner Feder leben wollte und durch keinerlei ständisches Vorteil beengt war, konnte es kein besseres Arbeitsfeld geben als dieses Basel des späten dreizehnten Jahrhunderts. Hier waren Besteller und Abnehmer für geistliche und weltliche Bücher zu erwarten. In Basel ist Konrad von Würzburg zu einer ins Grosse und als Lebenserwerb betriebenen literarischen Tätigkeit gediehen, für die es kein zweites Beispiel in dieser Zeit gibt.»
Gesellschaftliches und kulturelles Zentrum Basels, neben dem Hof des Fürstbischofs, war damals das ‹schöne Haus›, Nadelberg 6, das zwischen 1250 und 1270 errichtet worden ist. Es ist heute nicht nur das älteste erhaltene Wohnhaus Basels; mit seiner künstlerischen Ausstattung (der bemalten Balkendecke und den Wappenbalken!) ist es aus jener Epoche das vielleicht bedeutendste Herrschaftshaus der Schweiz. Ursprünglich gehörte es dem immens reichen Konrad Ludewici; bei ihm hat sich bei festlichen Gelegenheiten vermutlich Konrad von Würzburg mit seinen vermöglichen Auftraggebern und dem ebenfalls sehr reichen Minnesänger Walther von Klingen getroffen.

Fünf Basler bestellen drei Legendendichtungen

Alexius, *Silvester* und *Pantaleon* heissen die drei Dichtungen, die Konrad, solche Entwicklungsmöglichkeiten eröffnend, für fünf baslerische Auftraggeber geschaffen hat: Drei Legenden, mit denen er, auf der Höhe des eigenen Könnens, die Tradition Heinrichs von Veldeke, Konrads von Fussesbrunnen, Hartmanns von Aue und Rudolfs von Ems fortsetzte, ‹wobei echte Sympathie des Dichters mit den Heiligen dieser Legenden nicht festzustellen ist› (Heinz Rupp).
Alexius, Sohn eines reichen Höflings in Rom, verlässt, von der Einsicht in die Nichtigkeit alles Irdischen gepackt, in der Hochzeitsnacht seine Angetraute. (Nicht ganz hundert Jahre später wird man in Basel ähnliches vom Grossen Gottesfreund im Oberland erzählen.) Alexius flieht nach Edessa. Dort, im Morgenland, lebt er als Bettler, bis durch ein Marienbild auf wunderbare Weise bekanntgemacht wird, dass er ein Heiliger sei. Er flieht weiter, wird durch einen Sturm nach Rom verschlagen und lebt, als Bettler unerkannt, viele Jahre unter der Treppe seines Vaterhauses. Sterbend beschreibt er sein Leben in einem Brief. Eine Stimme von oben befiehlt die zwei Kaiser Honorius und Arkadius mitsamt dem Papst an das Lager des Toten. Dort liest der Papst den Brief vor, der die Eltern und die jungfräuliche Witwe des Alexius in Verzweiflung stürzt. Anderseits hat die Berührung des Leichnams sofortige Wunderheilungen zur Folge. Und von Basel, so endet bei Konrad die Legende, haben zwei Bürger mir so viel Liebe erwiesen, ‹daz ich von latîne hân/ diz maere in tiusch gerihtet›, nämlich: ‹von Bermeswîl Johannes/ unde ouch Heinrich Isenlin›.

Die *Silvester*-Legende hat Konrad für Lütold von Röteln, ‹von Roetenlein her Liutold›, verfasst, den Letzten eines Geschlechts, dessen Stammburg, die Rötteln bei Lörrach, kürzlich restauriert worden ist. In seinem bewegten Leben wurde Lütold zweimal zum Bischof von Basel gewählt und zweimal vom Papst wieder abgesetzt; 1315 starb er als Dompropst, 28 Jahre nach Konrad.

Konrad hat die *Silvester*-Legende aus der lateinischen Vorlage eines gewissen Mombritius fast wörtlich in 5222 mittelhochdeutsche Verse hinübergeschmeichelt. Ein standhafter Christ in Rom, Silvester, vollbringt zahlreiche wunderbare Taten, wird Papst, befreit Rom von einem Drachen, heilt und bekehrt den aussätzigen Kaiser Konstantin, überwindet in einem Religionsgespräch zwölf jüdische Gelehrte und bewirkt dadurch die Bekehrung der später heiliggesprochenen Helena, der Mutter des Konstantin.

Pantaleon, technisch zweifellos die reifste Leistung Konrads auf dem Gebiet der Legendendichtung, spielt ebenfalls in Rom. Ein zum Christentum bekehrter Arzt, der in Christi Namen viele Unheilbare heilt, wird von neidischen heidnischen Kollegen verklagt. Kaiser Maximian lässt ihn aber vergeblich martern, aufhängen, in siedendes Blei stecken, mit einem Stein beschwert ins Meer versenken, im Zirkus den wilden Tieren vorwerfen. Allemal kommt Pantaleon heil davon; er stirbt erst, nachdem er dem Henker ausdrücklich erlaubt hat, ihn zu enthaupten. Danach geschehen an ihm und durch ihn immer noch weitere Wunder, so dass sich auch die Henkersknechte des Kaisers schliesslich zu Christus bekennen.

Eine spätere Fortbildung der Legende taucht erst in Bildern des 15. Jahrhunderts auf, wo der Heilige und Nothelfer mit Händen dargestellt ist, die auf dem Kopf festgenagelt sind. Mit einem Salbfläschchen und einem Uringlas wird St. Pantaleon als Patron der Ärzte dargestellt. In Basel wurde er in einer Bruderschaft verehrt, die seinen Namen trug. Verehrt wurde er vielerorts in Basels Umgebung, keineswegs nur in St. Pantaleon am Gempen.

Pantalusreliquiar

Als im Jahr 1270 das Haupt des heiligen Pantalus, des angeblich ersten Bischofs von Basel, als Reliquie von Köln nach Basel kam, wurden hier vermutlich Pantalus und Pantaleon verwechselt oder bewusst in eins gesetzt. Zu diesem aktuellen Anlass scheint die Legende bei Konrad bestellt worden zu sein. Auftraggeber war ‹von Arguel Johannes/ des Winharten tochter kint›. Was die Arguel einerseits betrifft, waren sie Ministerialen des Bischofs von Basel; die Ruine ihrer Stammburg steht zwischen St. Immer und Sonvilier im Südjura. Die Winharts anderseits, deren Tochterkind Johannes war, zählten zu den angesehensten, deshalb wohl auch reichsten Bürgern Basels; in den Urkunden der Zeit ist mehrfach eine ‹Winhardsgazze› erwähnt, die heutige Hutgasse.

‹Engelhard› ist ein Loblied der Freundestreue

Vielleicht auf Vorrat, vielleicht zum eigenen Vergnügen, diesmal offenbar nicht auf Bestellung, hat Konrad mit *Engelhard und Engeltraud* ein Hohelied der Freundestreue gesungen. «Nach lateinischer Quelle, aber mit allerlei selbsterfundener Zutat», merkt Wackernagel dazu an, wird «die kirchlich geheiligte Geschichte von Amicus und Amelius neu vorgetragen und hier einmal das Geistliche verweltlicht.» Für Heinz Rupp fehlt dem Engelhard die Legitimation zum Lob der ‹triuwe›, weil diese hier ‹auf Betrug, Lüge und Verrat› beruhe.
Engelhard und Dietrich gleichen sich, als wären sie Zwillinge aus demselben Ei. Am Hof des dänischen Königs werden sie beide von Engeltraud, der Königstochter, geliebt. Nach einigem Hin und Her entscheidet sie sich, es kann nicht anders sein, für Engelhard. Nach dem Tod seines Vaters tritt Dietrich in seiner Heimat die Herrschaft an; Engelhard bleibt in Dänemark und wird von Ritschier, einem Nebenbuhler, bei einem Schäferstündchen mit Engeltraud belauscht. In einem Zweikampf mit Ritschier soll er seine Unschuld beweisen; schuldbewusst wagt er es nicht, sich dem Gottesurteil zu stellen. Eine Wallfahrt vortäuschend, sucht er Dietrich auf, den zwillingsähnlichen Freund, der für ihn Ritschier besiegt und anschliessend mit Engeltraud vermählt wird. Aber beide sind sie unverbrüchlich brav: Engelhard unterdessen bei Dietrichs Frau, Dietrich in der Hochzeitsnacht mit Engeltraud. Dann tauschen sie die Rollen wieder. In einem zweiten Teil der Geschichte hat Engelhard Gelegenheit, Dietrich seinerseits Freundestreue zu beweisen, indem er die Liebe zu den eigenen Kindern hinter sie zurücktreten lässt.

Die ‹Goldene Schmiede› ist ein Lob- und Lehrgedicht

Die jungfräuliche Reinheit Marias, ihre Beziehungen zum Vater und zum Sohn, ein grosses, weitverzweigtes, bisweilen heikles Thema der mittelalterlichen Symbolik, werden in diesem Lehr- und Lobgedicht lyrisch und gelehrt facettiert. Es ist 1275 entstanden und nach Wackernagel ‹ein vielgelesenes, vielabgeschriebenes und, wie dem Verfasser dabei Gottfried von Strassburg als Muster vorgeschwebt hatte, wieder von andern nachgeahmtes Werk›. So wurde es im 14. Jahrhundert von Franco von Meschede unter dem Titel *Aurea fabrica* lateinisch herausgebracht.
Die *Goldene Schmiede* ist zum Vorlesen bestimmt und nicht, wie der sogenannte religiöse Leich, zum Singen. Konrad, seines Zeichens lyrischer Goldschmied, fasst 2000 Edelsteinverse ins Gold seiner mit Gelehrsamkeit prunkenden Sprache. «Ein Rosenkranz also, den man abrollen und absingen kann», hat Gervinus, ein Literarhistoriker aus der Generation Wackernagels, betont trocken dazu festgestellt.
Ungeklärt ist bis heute die Frage, ob Konrad dieses Virtuosenstück im Auftrag Konrads von Lichtenberg (des Strassburger Bischofs) geschaffen, ob er es ihm zum Dank für erwiesene Dienste zugeeignet hat oder ob er auf diese Weise einen Gunstbeweis erst anzuregen versuchte.

Partonopier und Meliur ist der Titel eines Aventiurenromans, den Konrad nach 1275 in einem modisch französischen Stil abgefasst hat. Er zählt 21784 Verse; das sind ziemlich genau doppelt soviel wie beim französischen Original von Denis Piramus.

Konrad schreibt einen Abenteuerroman

Der Held, Partonopier von Blois, verirrt sich auf der Jagd und trifft in der weltentlegenen Stadt Schiefdeire die zauberbegabte Prinzessin Meliur. Mit Unterbrüchen ist er jahrelang glücklich mit ihr, bricht dann aber den Schwur, der ihn an sie gebunden hat; erst nach unendlich vielen, sehr breit erzählten Abenteuern gewinnt er die Holde wieder.
«Wie ein geübter Kameramann» versteht es Konrad dabei, «das Auge der Kamera mal dahin, mal dorthin zu richten, um dadurch in Ausschnitten das Ganze besser zu erfassen als durch Fernaufnahmen, die alles aufnehmen, aber das Einzelne nicht mehr erkennen lassen» (Heinz Rupp).
In dieser frankophilen Amor-und-Psyche-Variante ist Konrad für Heinz Rupp ‹das Beste› gelungen, da er ‹die hohe Ethik des Rittertums› nur noch in solcher Märchenhaftigkeit ‹gut aufgehoben› sieht. Die Niederschrift hat um 1275 der Basler Bürgermeister Peter Schaler veranlasst. Bedankt hat sich Konrad auch bei Heinrich Merschant, einem Basler Kaufmann, der für ihn die Rohübersetzung des französischen Originals besorgte. Und für eine nicht näher umschriebene Beteiligung an der Entstehung, für Finanzierung oder sonstige Hilfestellung, wird ausserdem Arnolt der Fuhs gelobt: Arnold Fuchs, der zu einem der alten Bürgergeschlechter Basels gehörte.

Der ‹Trojanerkrieg› ist Konrads Alterswerk

In breitem Altersstil hat Konrad seinen *Trojanerkrieg* von 1280 bis zu seinem Tod 1287 auf insgesamt 40484 Verse gebracht. Damit war er bei seinem Tod bis zum Tod des Patroklus gelangt. Hätte er Gelegenheit gehabt, das Werk in derselben Breite der Quellenausschöpfung zu Ende zu bringen, hätte er das indische Nationalepos, die *Mahabharata* mit ihren 80000 Versen bei weitem übertroffen.
Sein Unterfangen vergleicht Konrad mit einem wilden, tobenden Meer, in dem vielerlei Sagen, Kenntnisse und Stoffe zusammenflössen. Seine Hauptquelle war der *Roman de Troie* von Benoît de Sainte-Maure. Er hat auch Ovid, seinen römischen Lieblingsautor, Statius, den Pindarus Thebanus und viele andere zu Rate gezogen. Seiner eigenen Erfindungskraft hat er häufig freien, zuweilen allzufreien Lauf gelassen. So wird Achilles bedenkenlos beim Schachspiel vorgeführt; im Schiffskatalog werden Schiffe der Engländer, Russen oder Dänen verzeichnet.
Veranlasst und mithin wohl auch finanziert, vielleicht durch Voraus- oder Teilzahlungen, hat den *Trojanerkrieg* der Basler Domherr Dietrich an dem Orte (auch: Dietrich de fine); im Epos selber wird er als ‹singer› bezeichnet, als Cantor also, dem die Ausrichtung kirchlicher Feste in Basel anvertraut war.
Für Wilhelm Wackernagel und Samuel Singer ist der *Trojaner-*

krieg das reifste und bedeutendste Werk Konrads. «Bewundernswert ist es, wie er die Fülle seines Stoffes gemeistert hat und über alle Einzelheiten nie den vernunftgemässen Aufbau der ganzen Erzählung aus den Augen verliert. Weitschweifige Redseligkeit ist wohl manchmal dem Leser verdriesslich, immer aber wird er wieder versöhnt durch die Meisterhaftigkeit der Sprachbehandlung» (Singer). «Es ist die Summe von Konrads künstlerischen Wollen in jedem Betracht», bestätigt Wolfgang Monecke, ein heutiger Gewährsmann (*Studien zur epischen Technik Konrads von Würzburg*, 1968).

Das ‹Turnier von Nantes› begründet eine neue Dichtform

Für Jakob Baechtold, den verdienstvollen Herausgeber älterer schweizerischer Literaturwerke (und Freund Gottfried Kellers), ist der *Turney von Nantheiz* das früheste und gleichzeitig schwächste Werk Konrads. Es werden darin die Teilnehmer eines Kampfspiels vorgestellt; mit hundert Dienstmannen reitet König Richard von England auf den Platz; die Welschen, die, wie meistens bei Konrad, schlecht wegkommen, sammeln sich um den König von Kärlingen. Es werden die Rüstungen und Wappen beschrieben; es wird die Tapferkeit und Hochherzigkeit der deutschen Ritterschaft gepriesen.
Für heutige Leser, die nicht irgendwie fachlich daran interessiert sind, ist dieser Turnierbericht eine langweilige, meinetwegen dafür virtuose Reimerei. Trotzdem hat Konrad damit eine neue Dichtform, die sogenannte Herolds- oder Wappendichtung, begründet. Diese hatte ihre grosse Zeit zwischen dem 14. und dem 15. Jahrhundert; ihr Grossmeister ist Peter Suchenwirth, ein Fahrender, wie schon sein Name verrät. Professionell wurde sie von Wappendichtern betrieben, die bei Turnieren in Versen die Namen, Devisen und Verdienste ihrer Auftraggeber verkündeten oder in Katalogen die Wappen grosser Geschlechter beschrieben und genealogisch ausdeuteten. Das älteste Wappengedicht überhaupt, den lateinischen *Clipearius*, hat Konrad von Mure verfasst, ein aus dem aargauischen Bremgarten stammender Cantor der Propstei Zürich.
Anders als bei Baechtold wird das *Turnier von Nantes* heute als Spätwerk Konrads betrachtet, als gleichzeitig mit dem *Trojanerkrieg* entstanden. Vergleiche und Kontrolle stilistischer und metrischer Details legten diesen für Spezialisten triftigen und wichtigen Schluss nahe, so dass jetzt auch die Annahme entfällt, es handle sich um eine Art Reportage in Versen von einer ritterlichen Veranstaltung anlässlich der Königswahl 1257 in Aachen.

Konrad ist der Vater des Meistersangs

Die Stellung Konrads in der deutschen Literaturgeschichte wird seit je nahezu ausschliesslich durch seine Erzählwerke bestimmt. Seine Lyrik galt und gilt als ausgesprochene Epigonenleistung; dass er eine eigentümliche Richtung als erster konsequent eingeschlagen und durchgehalten hat, wurde erst neuerdings, aufgrund eines neuen Ansatzes von Hugo Kuhn, von dessen Schüler Manfred Braunbeck *(Die Lieder Konrads von Würzburg*, 1964*)* deutlich gemacht.

Im durchgängig dreistrophigen Liedschema von Konrad, das wurde systematisch festgestellt, ist eine lange Entwicklung zum Stillstand gekommen. In der frühmittellateinischen Liebesdichtung war bereits ein Dreierschema mehr oder weniger üblich gewesen: Natureingang – Preis der Geliebten – Bitte um Erhörung. Konrad hat dagegen sein gesamtes lyrisches Schaffen konsequent auf das folgende Dreistrophenschema abgestellt: Natureingang – Klage über unerfülltes Liebeswerben – Preis der Frau.
Nach Braunbeck ‹darf mit Sicherheit angenommen werden, dass Konrad als erster Dichter diese Schematisierung der Liedanlage› vorgenommen hat. Von dieser Konzeption führt aber die Entwicklung unmittelbar zum Meistersang. Wie Konrad mit seinem *Turnier von Nantes* zum Vater der Herolds- und Wappendichtung wurde, so wurde er mit seiner Lyrik zum Stammvater des Meistersangs.
Der Meistersang ist, wie die Heroldsdichtung, eine grösstenteils starre, handwerklich zu betreibende Spätform der höfischen, durch Konrad repräsentierten Dichtung. Beide sind sie aber kulturgeschichtlich eminent bedeutsam; sie legen Zeugnis ab für ein verbreitetes, geistig und künstlerisch dominierendes Bedürfnis im 14. und 15. Jahrhundert. Wackere Ratsherren haben da auf die beglaubigten Weisen (mit dem ‹abgeschiedenen›, dem ‹überzarten›, dem ‹blauen› oder dem ‹Halbkrügelton›, zur ‹verlorenen Gimpel-› oder ‹geschwänzten Affenweis›) mehr oder weniger glücklich einen neuen Text zusammengebastelt. Meister war aber nur, wer einen neuen Ton zu seinen Versen erfand, und für Meister wie Hans Sachs, Hans Folz oder Konrad Regenbogen mag durchaus gelten, was Richard Wagner in den ‹Meistersingern von Nürnberg› forderte: «Verachtet mir die Meister nicht und ehrt mir ihre Kunst.»
Erstaunlich nimmt sich daneben die Tatsache aus, dass Basel, wo die ganze Entwicklung ihren Ausgang genommen hatte, nach Wackernagels Zeugnis ‹recht zu seinem Glück von dem Unwesen der Meistersängerei gänzlich unberührt geblieben› ist. Die bekanntesten Singerschulen waren in Augsburg, Nürnberg, Mainz, Ulm, Strassburg und Worms.

Konrad ist die stärkste dichterische Persönlichkeit seiner Zeit

Nach Form und Stil gehört Konrad literaturgeschichtlich in den Rahmen der höfisch-hochmittelalterlichen Epoche. Die ritterliche Kultur, die ‹hövescheit›, hat er, fast etwas zu beflissen, gewissermassen als konvertierter Bürger, verherrlicht. In seiner Ästhetik konservativ, bewahrend, ist Konrad jedoch als Auftragsdichter und als bürgerlich geborener Stadtbewohner soziologisch bereits im Spätmittelalter angesiedelt.
Als einer der wenigen Dichter seiner Zeit, von denen wenigstens das Todesdatum exakt festgestellt ist, steht er mit seinen Lebensdaten durchaus im zeitlichen Rahmen der höfischen Literatur. Wer die staufische Epoche der Dichtung bereits 1250 enden lässt, mit dem Tod Friedrichs II., will um das Ende der Stauferherrschaft, will um das Abklingen des römischen Hoch-

gefühls deutscher Nation, will um den Tod Konradins nicht wissen.
Ist Konrad ein Epigone? Mit dieser Frage hat sich Heinz Rupp 1960 in seiner Antrittsvorlesung in Basel befasst. Wenn Epigonentum dadurch charakterisiert ist, dass einer die Übergangszeit, in die er hineingeboren ist, als eine Verfallszeit betrachtet und in ihr die Ideale einer glanzvollen Vergangenheit hochhält, dann ist Konrad zweifellos ein Epigone. Aber : «Er ist der grösste Sprach- und Formkünstler des deutschen Mittelalters» (Heinz Rupp). Mit der Zahl seiner Werke und der erstaunlichen Formgewandtheit, mit der er alle höfischen Gattungen pflegte, mit seiner ausserordentlichen Produktivität steht er einzigartig da unter den mittelhochdeutschen Dichtern. Und für Generationen ist er Anreger und Vorbild gewesen mit der Differenziertheit und dem Nuancenreichtum seiner mühelosen Sprachmeisterschaft.
Im Gegensatz zu Rudolf von Ems, der die Dichtkunst für lehr- und lernbar hielt, betrachtet sie Konrad als von Gott verliehen; ihm wurde sie so als Gabe in die Wiege gelegt. Dass seine Kunst nach Brot ging, schmälerte sein Selbst- und Künstlerbewusstsein nicht. Eine Figur des Übergangs zu Beginn des bürgerlichen Zeitalters, verbinden ihn frappant verwandte und frappant abweichende Züge mit Thomas Mann am bewusst als Ende erlebten Ende der Epoche.
«Ein Dichter, welcher gross dasteht in seiner Zeit und in einer früheren Rudolf von Ems übertroffen, Gottfried von Strassburg erreicht haben würde», so hat Wilhelm Wackernagel Konrad abschliessend beurteilt. Diese Möglichkeiten seiner Begabung dahingestellt, gilt er (das steht im ‹Brockhaus›) als ‹die stärkste dichterische Persönlichkeit der zweiten Hälfte des 13. Jahrhunderts›.

Basel arrangiert sich mit Habsburg

Ein historischer Roman von Emanuel Stickelberger, *Der graue Bischof,* spielt zur Zeit Konrads; mit einigen seiner Auftraggeber tritt dieser darin auch persönlich auf. Wichtiger als Konrad sind, jedenfalls in diesem Roman, die grossen Gegenspieler Bischof Heinrich von Neuenburg und Rudolf von Habsburg, zwischen denen seit 1268 der Krieg erklärt war.
Auch in Basel selber herrschte damals Kriegszustand: zwischen den Psittichern, der Partei der Familien Münch und Schaler unter dem Zeichen des grünen Papageis (Sittich) einerseits, und der habsburgisch gesinnten Partei der Familien Reich, Pfaff, Ufheim, Eptingen usw. andererseits; diese unter dem Zeichen des weissen Sterns im roten Feld. (Diesen Zwist hat Karl August Varnhagen von Ense, Mittelpunkt der Berliner Spätromantik, 1831 in der Novelle *Die Sterner und die Psitticher* geschildert.)
Für Rudolf Wackernagel, den Geschichtsschreiber Basels, war Heinrich der fürstlichste aller Basler Fürstbischöfe überhaupt, der mit einer Handveste, für Jahrhunderte wegweisend, das Verhältnis zwischen bischöflicher Herrschaft und der Bürger-

Siegel Rudolfs von Habsburg

schaft neu geordnet hat. Neu war übrigens auch, dass er alle seine Urkunden in deutscher Sprache abfassen liess. Um die Früchte seiner ungewöhnlichen geistig-politischen Spannkraft brachte ihn aber sein Krieg mit einem Widersacher, der noch grösser war als er.

Wo sich eine Gelegenheit bot, brandschatzte Heinrich habsburgische Dörfer im Elsass. Allemal zahlte Graf Rudolf mit gleicher Münze heim, indem er bischöfliche Dörfer und Klöster verwüstete. 1272 zerstörten die Basler das Schloss Ottmarsheim; Rudolf zündete dafür die Kreuzvorstadt (St.-Johanns-Vorstadt) an. Als Rudolf aber 1273 mit seinen Reisigen Basel belagerte, wurde er völlig überraschend zum deutschen König gewählt. Der Minnesänger Walther von Klingen, in Basel ansässig, soll allerdings die Wahl seines Freundes Rudolf im Traum vorausgesehen haben. Bischof Heinrich dagegen soll nach dem Bekanntwerden der Wahl ausgerufen haben: «Sitze fest, Herrgott, sonst nimmt dir Rudolf auch deinen Platz noch weg!»

Rudolf von Habsburg

Sofort schloss Basel nun Frieden und zählte danach zu den treuesten Bundesgenossen Rudolfs; in der Schlacht auf dem Marchfeld bei Wien, 1278, durch die Rudolf das Herzogtum Österreich gewann, haben auch Basler entscheidend mitgefochten. Schon 1274, ein Jahr nach dem Friedensschluss, war Bischof Heinrich als ein gebrochener Mann gestorben. Heinrich von Isny, genannt Gürtelknopf, ein Bäckerssohn, war sein Nachfolger: der graue Bischof aus Stickelbergers Roman. Er war ein Protégé des Königs Rudolf, dem er als Staatsmann und Diplomat diente: als dessen rechte Hand, mit der Rudolf, wie er selber sagte, ‹alles ordnete und lenkte und welcher alle Geheimnisse seines Herzens bekannt waren›.

Der Bischof war infolgedessen oft unterwegs; Rudolf hinwiederum weilte jetzt häufig in Basel. Mit zahlreichen Vergabungen machte bei solchen Gelegenheiten der König wett, was er der Stadt als Graf zugefügt hatte. Die Verbundenheit Rudolfs mit Basel geht auch daraus hervor, dass Königin Anna, als sie 1281 in Wien starb, im Münster von Basel beigesetzt wurde; im Dezember desselben Jahres wurde auch Rudolfs Sohn Hartmann im Münster begraben. Ebenfalls in Basel wurde 1284 mit grossem Pomp die Hochzeit des Grafen Albrecht von Löwenstein, eines natürlichen Sohnes von Rudolf, mit Luccard von Bolanden gefeiert. Und noch heute steht im Hof des ‹Seidenhofs›, am Blumenrain, eine Statue von König Rudolf.

Von seiner Wahl zum König und der Wahl Heinrichs von Isny zum Mainzer Erzbischof ist unter anderem die Rede in der *Chronik von Kolmar* und in einer *Basler Sammlung lateinischer Gedichte,* die in der Basler Universitätsbibliothek aufbewahrt wird. Es handelt sich dabei um 68 Texte in lateinischer Sprache, die ein Basler Geistlicher im 13. Jahrhundert zusammengestellt hat. Neben den genannten Berichten sind uns mit diesen Handschriften Hymnen, Streitgedichte, eine Aufzäh-

Hans Holbein d. J.: Salome und Johannes der Täufer

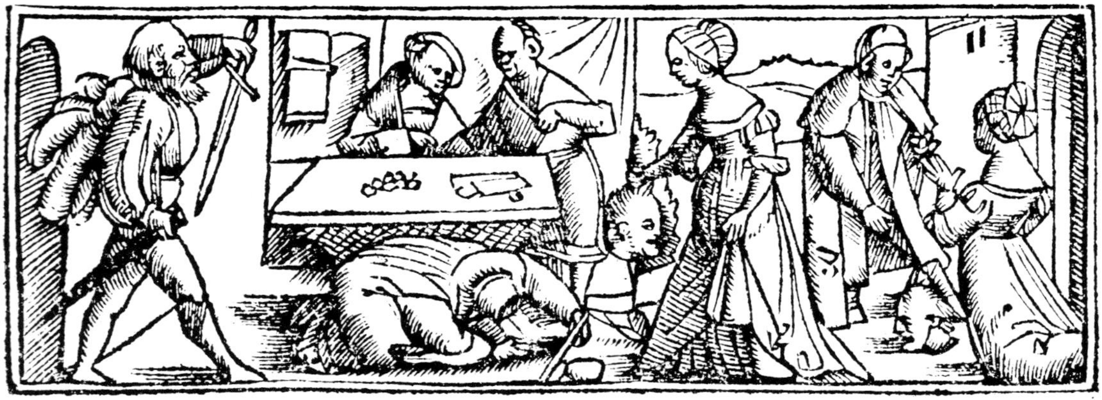

lung der vier Töchter des Teufels und eine *Vita Mahumeti* erhalten geblieben.

Ein Basler eifert gegen welsche Sitten

Der Sälden Hort ist ein Versepos, in dem Legendenmotive im Stil einer höfischen Dichtung behandelt sind. Es stammt von einem anonymen Basler Geistlichen, der, aufgrund der Berichte in den Evangelien, sehr lebendig Szenen aus dem Leben Jesu, des Täufers Johannes, der Maria Magdalena zu schildern verstand. Auf einer smaragdenen Schüssel wird da etwa das Haupt des Täufers so in die Stube hereingetragen, als ob sich das in ebendiesem Augenblick vor unseren Augen zutrüge: «die geste sahen an ander an,/ do si die springerin san stan/ mit dem hopt so blutig,/ si wurden gar unmutig.» Und Maria stillt das Jesusknäblein gerade jetzt und hier und nicht vor 1300 Jahren; ihr Wiegenlied, ‹ninna ninna waegeli›, kennen wir noch heute. Maria, Martha und Lazarus hinwiederum führen auf ihrer Burg das Leben begüterter Adliger; bemerkenswert genau werden die Vorbereitungen auf den Besuch Jesu geschildert, das Reinemachen, der Einkauf auf dem Markt, die Zubereitung der Mahlzeit.
Der Sälden Hort ist 1298 entstanden, als Albrecht, der älteste Sohn Rudolfs, nach einem Sieg über Adolf von Nassau doch noch deutscher König wurde. Seltsam mutet, auch für die damalige Zeit, die ausgesprochen antiwelsche Einstellung des Basler Dichters an. So sind es ausdrücklich welsche Tänze, mit denen Salome nach dem Gastmahl den Herodes betört. Und so sind es welsche Coiffuren der Mädchen von 1298, ein welscher Kopf über der Anmut eines reichsdeutschen Frauenleibs, gegen die sich der geistliche Dichter ereifert.

Herausgegeben von H. Adrian, liegt *Der Sälden Hort* gedruckt vor in den Deutschen Texten des Mittelalters XXVI, Berlin 1927.

Heinrich Pfeffel (Manessische Handschrift)

Mehr als ein Fünftel des Fünftels sind Basler

Die ritterliche Minnelyrik lebte, ganz allgemein zu reden, ‹wie alle mittelalterliche Lyrik allein im Gesang: der Minnesinger ist Dichter, Komponist und vortragender Sänger in Person; auch die mehr lehrhafte lyrische Spruchdichtung ist nicht anders als gesungen zu denken› (Friedrich Ranke).

Nach der bekannten Rechnung von Karl Bartsch gehört ein Fünftel aller bekannten Minnesänger deutscher Zunge der Schweiz an. Unter anderem hängt das damit zusammen, dass die umfangreichste der drei wichtigen Sammelhandschriften des Minnesangs, die Manessische, in der Schweiz entstanden ist.

Zweihundert Jahre lang glaubte man auch, Walther von der Vogelweide, der grösste deutsche Lyriker vor Goethe, sei ein Thurgauer gewesen. Erst Uhland hat sich mit triftigen Gründen dagegen ausgesprochen, und Baechtold mochte dann, schon vor hundert Jahren, ausdrücklich nichts mehr davon wissen. Die andern 32 Minnesänger, die Bartsch mit Sicherheit der Schweiz zuzuweisen sich berechtigt glaubte, waren, mit Ausnahme von Steinmar, vielleicht auch mit Ausnahme von Hadlaub und Goeli, wenig originell. Damit verbindet sich aber erst seit der Renaissance ein bewusst abschätziges Urteil. Die höfische Dichtung war ihrem ganzen Wesen, also auch ihrer Absicht nach, konventionell. Sie war der Ausdruck gesicherter Wertfestsetzungen und Lebensformen: eines Einheitsgefühls, das erst im späten Mittelalter, mit dem Verlust seiner Mitte, des staufischen Kaisertums, fragwürdig wurde.

Von den 32 schweizerischen Minnesängern bei Bartsch kommen deren sechs für unsere baslerische Literaturgeschichte in Frage: neben Konrad von Würzburg, der bei Bartsch fehlt, sind das Pfeffel, Walther von Klingen, Der von Gliers, Wernher von Honberg, Goeli und Steinmar.

Pfeffel nimmt seine Dame mit zum Angelsport

Ein Heinricus Pfeffili miles hat im August 1243 in Basel eine Schenkung an das Frauenkloster Olsberg urkundlich bezeugt. Ehrismann weist ihn dezidiert dem ‹Basler Stadtadel› zu, während für de Boor ‹seine Zuordnung zu den schweizerischen Dichtern› ungewiss ist. Da es sich um einen weniger bedeutenden Vertreter der Minneszene handelt, wurde der Nachweis, ob es sich allenfalls doch um einen Lyriker österreichischer Herkunft handle, weder von der einen noch von der andern Seite mit besonderem Eifer betrieben.

In der Manessischen Handschrift ist Pfeffel (als Nr. 100) mit seiner Dame beim Angelsport abgebildet; eben zieht er einen Fisch aus dem Rhein, was vielleicht seinen Erfolg in der Liebe anzeigen soll. Auf seinem Wappen wird ein Mann mit goldener Abtsmütze vorgestellt, was die Ableitung des Namens Pfeffel von Pfaffe nahelegt.

Die drei Strophen, die sich von Pfeffel erhalten haben, machten de Boor ‹einen sympathischen Eindruck›. Die dritte ist ein Minnelied der üblichen Sorte. Die zweite bietet Lebensregeln für einen Jüngling; vor allem wird ihm empfohlen, Gott zu dienen und die Frauen zu ehren. Im ersten Lied wird die Freigebigkeit Friedrichs des Streitbaren gepriesen, des letzten Babenbergers, der ein Gönner nicht nur Pfeffels, sondern auch des unvergleichlich lebendigeren, bedeutenderen Neidhart von Reuental gewesen ist.

Was die Pfeffelstrasse in Basel betrifft, so ist sie nicht nach dem Minnesänger Heinrich, sondern nach dem viel späteren Colmarer Gottlieb Konrad Pfeffel (1736 bis 1809) benannt, dem Dichter der allbekannten ‹Tabakspfeife›, der von Jacob Sarasin-Battier, einem Basler Bandfabrikanten, Gelegenheitsdichter und Kunstmäzen, protegiert wurde.

Walther von Klingen betrachtet das Dichten als Standespflicht

Im Mittelhochdeutschen bedeutet eine ‹klinge› nicht nur das Schwert (suggeriert wird mit dem Wort der Klang eines Schwertes), sondern auch einen schnellfliessenden, rauschenden Bach.

Walther III. von Klingen, unser Minnesänger, war Haupt eines der ältesten und einflussreichsten Thurgauer Geschlechter und Nachkomme der von den Hunnen erschlagenen heiligen Wiborad. Sein Vater hatte 1228 bis 1229 am fünften Kreuzzug unter Kaiser Friedrich II. teilgenommen. Bedeutend durch Reichtum, vielgepriesen infolge seiner Freigebigkeit (besonders der Kirche gegenüber), Gatte einer Tochter des Grafen von Froburg (was ihn nach Basel gravitieren liess), Freund, Gefolgsmann und Geldgeber des Grafen und Königs Rudolf von Habsburg: Walther war unzweifelhaft einer der Grossen im Land.

Oberhalb von Wehr gründete er 1256 ein Frauenkloster, dem er umfangreiche Güter im unteren Wehratal bei Säckingen vermachte; nach ihm trug bereits dieses Kloster den Namen Klingental. 1274 ermöglichte er, dessen einziger Sohn inzwischen gestorben war, eine Verlegung des Klosters nach Kleinbasel; in der ehemaligen Klosterkirche ist heute das baslerische Stadt- und Münstermuseum untergebracht. Spätestens diese Umsiedlung war für Walther der Anlass, endgültig nach Basel zu ziehen, wo er im ‹hohen Haus› neben dem Friedhof St. Peter residierte. Gestorben ist er am 1. März 1286, ein Jahr vor Konrad von Würzburg. Begraben wurde er vermutlich im Predigerkloster; seine Frau dagegen, Sophia von Froburg, wurde, wie zwei seiner Töchter, die badische Markgräfin Klara und Verena von Veringen, im Klingental beigesetzt; möglicherweise wurde auch Katharina von Pfirt, die dritte Tochter, im Klingental begraben.

Ein bedeutender Dichter war Walther von Klingen nicht. Aber ein gebildeter, der seine Muster sachkundig studiert hatte und sich deren Errungenschaften sehr wohl zu bedienen wusste. Seine Stollen sind kürzer angelegt als bei Konrad von Würzburg; der Reim betont bei ihm die Strophenstruktur. Nach dem Urteil Wackernagels ‹dichtete er aber nicht weil er musste, sondern weil das allgemein Brauch war: weil es eben für adlich und höflich galt, weil er damit gleichsam ein Standesrecht und eine Standespflicht erfüllte›.

Wie später Wilhelm Wackernagel selber, war er in Basel

Mittelpunkt eines literarischen Kreises. Der Stil von Walthers späten Liedern legt den Schluss nahe, dass auch Konrad von Würzburg zu diesem Zirkel zählte; die beiden mögen sich, wenn nicht im ‹hohen Haus› oder an der Spiegelgasse, dann im ‹schönen Haus› am Nadelberg getroffen haben.
Überliefert sind von Walther acht Minnelieder, alle in der Manessischen Handschrift. Abgedruckt und mit einem kritischen Kommentar versehen sind sie in einem ‹academischen Programm› von Wackernagel aus dem Jahr 1845: *Walther von Klingen, Stifter des Klingenthals und Minnesänger.*

Der von Gliers hat viel zu leiden

Herr von Gliers, dessen Vorname nicht einwandfrei festgestellt ist, stammt aus der Gegend von Pruntrut, aus dem Sprengel des Basler Bischofs also. Sein Wappen, in der Manessischen Handschrift wiedergegeben, zeigt im roten Feld einen Schlüssel mit viereckigem Bart. Der von Gliers selber, blondgelockt, blaugekleidet, wird daneben beim Dichten sozusagen ertappt: mit entsprechenden Notizen auf seiner Wachstafel. Wie Walther von der Vogelweide ist er, eine Ausnahme, allein abgebildet.
Erhalten sind von ihm drei sogenannte Minneleiche, grössere Lieder also, mit frei wechselnden Strophen und zum Singen, nicht zum Vorlesen bestimmt; diese Form hat bei den schweizerischen Minnesängern länger als sonstwo in Gunst gestanden. Für den Spezialisten wichtig sind die Leiche des Edlen von Gliers durch literarhistorische Hinweise. Daneben wird in ihnen tränenselig geklagt. «Ich klage mich vil leide», beginnt schon sein erster Leich, und damit hört er gar nicht wieder auf: ein Schwan, der singend schliesslich stirbt, um sein eigenes Gleichnis auf ihn anzuwenden. Als den ‹rohenVersifex von Gliers› hat ihn Roethe (in seinem Werk über Reinmar von Zweter) bezeichnet.

Graf Wernher von Honberg ist ein Kriegsheld

Die Stammburg der Grafen von Honberg (Hohenberg, heute Homberg) stand über dem Dorf Wittnau; die Ruine steht am Wanderweg, der von Oberfrick zum Buschberg hinaufführt. Verfallen ist sie, als die Grafen am Hauenstein eine neue Adresse hatten: Homberg in der Nähe des heutigen Bades Ramsach, zwischen Häfelfingen und Läufelfingen. Als Kastvögte von Basel nannten sie sich Vögte von Basel.
Unser Wernher, Sohn Ludwigs des Tapfern, ist 1284 geboren. 1304 zog er mit den Deutschherren nach Litauen; 1310 begleitete er Heinrich VII. nach Italien, wo er, am 12. Februar, mit einem sogenannten ‹Schwabenstreich› einem mailändischen Rebellen Helm und Haupt spaltete. 1312 war er Reichsfeldhauptmann in der Lombardei; seine bevorzugten Gefolgsleute waren Basler Ritter aus den Geschlechtern der Schaler, Münch, Ramstein, Eptingen, zu Rhein, Rotberg. Am 17. März eroberte er Soncino, zog nach Lodi und Padua, wurde in Vercelli und später nochmals bei Asti verwundet. Nachdem der Kaiser gestorben war, kehrte er nach Hause zurück. 1316

geriet er bei einem Gefecht bei Esslingen in bayrische Gefangenschaft. 1318 zog er neuerdings nach Italien, wo er am 21. März 1320 gefallen ist.
Auf dem Bild Wernhers in der Manessischen Handschrift wehrt er einen Ausfall aus einer von ihm belagerten italienischen Stadt ab. Acht Lieder haben sich von diesem Kriegshelden erhalten; wären sie anonym überliefert, käme niemand auf den Gedanken, sie einem so ausgeprochenen Säbelrassler zuzuschreiben. Einzig das sechste, ein Hassgesang gegen einen Nebenbuhler, lässt etwas von seiner Kampfkraft ahnen.
Dieses sechste Gedicht hat Samuel Singer, der Berner Germanist, als das schönste Wernhers bezeichnet, weil in ihm der rote Mund der Geliebten beschuldigt ist, ‹einen rôten rôsen gezzen›, eine rote Rose gegessen zu haben. Singer findet diesen Einfall so reizend, so überzeugend, dass er für dieses Lied eine fremde, sogar eine französische Vorlage annimmt. Hermann Schneider dagegen, ein nicht minder prominenter Germanist, findet denselben Einfall so banal, dass nur ein Epigone habe darauf kommen können: ein Epigone, der zum Glück nur läppisch, aber nicht unanständig zu werden vermochte.

Diethelm Goeli geht in Neidharts Spuren

Herr Goeli (auch Golin) ist in seinen Liedern entschieden kühner, origineller als die blauäugig-konventionellen Pfeffel und Walther von Klingen; er steht auch in einer ganz anderen Tradition. Im Stil von Neidharts Wintertanzliedern mischt er derbe Bauernkarikaturen und hochgestochene Minneklage. Aus Neidharts Winterliedern werden bei ihm Sommerlieder; seine Tänze finden im Freien statt, ‹bî dem Rîne›, am Rheinufer. Seine Basler und Elsässer sind Menschen aus Fleisch und Blut. Ein gewisser Kuonze, den er mehrmals auftreten lässt, ist urkundlich festgestellt als ‹Kuenzelîn der weibel›, als ein Gigolo mit gekräuseltem Haar (‹sîn hâr ist gecrîspet›). Aber auch Madelgôz, Erkenbolt und Amelot sind Typen, die sich Herr Goeli bestimmt nicht aus dem kleinen Finger gesogen hat.
Er selber ist in Basler Urkunden zwischen 1254 und 1276 nachgewiesen, unter anderem (wie Pfeffel) im Zusammenhang mit Olsberg, dem ersten Zisterzienserinnenkloster der Schweiz, in das damals viele Adlige der Basler Region ihre unverheirateten Töchter versorgten, wobei sie die Ordensschwestern mit Schenkungen ausstatteten. Auf seinem Bild in der Manessischen Handschrift ist er beim Brettspiel festgehalten. Erhalten sind von ihm vier Lieder: zu wenig, um ihn als dichterische Persönlichkeit gegen den Schatten Neidharts oder Steinmars unverwechselbar abzuheben. Wackernagel hat ihn deshalb literarhistorisch liquidiert: Er hat ihn, zu Unrecht, wie heute feststeht, als nichtexistent erklärt und die bewussten vier Lieder Neidhart zugeschrieben.

Steinmar schenkt reinen Wein ein

Mit dem Tod Friedrichs II. neigte sich die höfische Epoche ihrem Ende entgegen. Der ‹Herbst des Mittelalters› kündigte

Der von Gliers

Berthold Steinmar

sich in tausend tastenden Versuchen an: für Spätere, in der Rückschau, auch schon als Vorfrühling der Renaissance, des Humanismus, der Reformation. Dieser Umbruch hatte sich sehr früh schon in der Lyrik Neidharts von Reuental zum Wort gemeldet, wo, von der Vagantenpoesie, von den Carmina burana angeregt, der Minnesang originell parodiert ist.

Pfeffel, Walther von Klingen, Der von Gliers und auch Graf Honberg dichten unangefochten im behüteten Raum des höfischen Idealismus weiter, während Goeli, vielleicht durch widrige Schicksale sensibilisiert, das eine und andere Zeichen der Zeit zutreffend deutet und dichtend umsetzt. Allen neuen Regungen und Eingebungen des Zeitgeists offen ist erst Berthold Steinmar. Er parodiert nicht mehr nur wie Neidhart. Er will selber aus der höfischen Umwelt hinaus, nicht bloss mit Worten. Nachdem ‹Gebewin›, der alte Wirt, tot ist, schenkt Steinmar persönlich reinen Wein ein: sich und seinen Zech- und Zeitgenossen. So nimmt er, wie Ehrismann betonte, im Raum des Minnesangs insgesamt., nicht nur in dessen schweizerischem Ausschnitt, ‹eine ausserordentliche Stellung ein›.

Oder, mit Baechtold auszurufen: «Endlich einmal ein Lyriker, der Profil und Rasse hat!»
Steinmar ist als Dienstmann Walthers von Klingen von 1251 bis 1290 urkundlich nachgewiesen. Er gehört deshalb, wie immer wir (auch als Staat) mit ihm Staat zu machen wünschen, in unsere baslerische Literaturgeschichte. Mit Rudolf von Habsburg, dem Freund Walthers, hat er 1276 den Zug nach Wien mitgemacht; vermutlich gehörte er zu jenem Basler Kontingent, das auf dem Marchfeld den Sieg gegen Ottokar II. sicherstellen half. Unterwegs hat sich Steinmar in einem Gedicht über die frostigen Nächte beklagt, in denen er Wache schieben und Bier trinken musste. Auf dem Bild in der Manessischen Handschrift, das seiner urkräftigen Erscheinung nicht eben gerecht wird, lässt er in einer Wirtschaft eine gebratene Gans auftischen. Gleichzeitig verlangt er nach mehr, nach zehnerlei Fisch, nach Hühnern, Vögeln, Schweinen, nach Darmwürsten und Pfauen, alles kräftig gewürzt, damit der Durst nachher wie eine Feuersbrunst mit welschem Wein zu löschen sei:

«Herbest, nu hoer an min leben.
wirt, du solt uns vische geben
me dan zehen hande,
gense hüener vogel swin,
dermel pfawen sunt da sin,
win von welschem lande.»

Steinmar ist nach Notker dem Stammler und vor Albrecht von Haller der bedeutendste auf heutigem Schweizer Boden beheimatete Lyriker. Leider haben sich von ihm nur vierzehn Lieder erhalten, während von Hadlaub, seinem blasseren Nachahmer aus Zürich (dank dessen Beziehungen zu den Manesses), ganze 54 Texte überliefert sind.

Steinmar ist der Begründer der sogenannten ‹Schlemmerlieder›. Eine im Herbst des Mittelalters zeitgemässe Dichtgattung, die ebenfalls Steinmar aufbrachte, war das ‹Herbstlied›; anstelle des Frühlings pries er als erster den Herbst als eine Zeit, in der es reichlich zu fressen und zu saufen gab:

«herbest, trûtgeselle mîn, noch nim mich zingesinde.
mîn sele ûf eime rippe stât,
wâfen: diu von dem wîne druf gehüppet hât.»

Mit der einen Ausnahme des ‹Herbstliedes› zählen die andern dreizehn von Steinmar erhaltenen Lieder zur Gattung der Minnelyrik. Aber welch eine kraftstrotzende, urwüchsige Minne ist das bei ihm plötzlich! Selbst in den acht Liedern, die der sogenannten ‹höhern› oder ‹hohen Minne› zuzurechnen sind, zappelt sein Herz ‹wie ein Schwein in einem Sack›. Und wie eine Ente im Teich möchte er vor dieser höheren immer wieder wegtauchen in die ‹niedere Minne› mit ihren für damalige Begriffe dreist geschilderten Liebesabenteuern auf dem Strohsack und im Heuschober:

«so suoze kunde er machen
in deme morgen fruo
mit ir daz bettespil;
wer sach an geraete
in fröiden me so vil!»

An Goethe erinnern zuweilen die Sangbarkeit von Steinmars Liedern und ein pantheistisches Naturgefühl, wenn er ‹gruonen› will ‹mit der sât›, oder wenn er ‹mit den bluomen blüen› möchte und ‹mit des vil süezen meien Touwe touwen›.

Steinmars grösste Nachfahren sind, hundertfünfzig Jahre nach ihm, François Villon und, fünfhundert Jahre später, der Liedermacher Carl Michael Bellman, der ‹schwedische Anakreon›.

Der Sprüchemacher Boppe ist der erste Basler Beppi

Walther von der Vogelweide war überzeugt, dass der Minnesang zu den Vorrechten des Adels gehöre; den Bürgern war von ihm aus die Spruchdichtung gegönnt. Tatsächlich war der Minnesang, selbst in seiner Spätzeit, eine vorwiegend idealistische, aristokratische Kunstübung. Und populärer, plebeji-

scher oder eben bürgerlicher waren für ihn der Sprechspruch und der Sangspruch, ungeachtet der Tatsache, dass Walther selber in dieser Sparte Hervorragendes leistete und von Adligen dabei nachgeahmt wurde. Aber auch unter den bürgerlichen Spruchdichtern gab es zweierlei Autoren; Meister nannten sich die gelehrten Dichter im Unterschied zu jenen, die bloss eine Laienbildung auszumünzen hatten.
Mit dem Marner, einem vielgeplagten schwäbischen Familienvater, und dem hochbegabten, aber ziemlich verdrehten Frauenlob (Heinrich von Meissen) zählt Meister Boppe (auch Poppe) zu den gelehrten Sprüchemachern. Ausdrücklich wird er von Berthold von Regensburg, dem berühmten Prediger, als der *starke* Boppe bezeichnet. Urkundlich nachgewiesen ist er zwischen 1275 und 1278. Auf Leopold Hornburgs Liste ‹von allen singern› ist er mit Konrad von Würzburg, Wolfram von Eschenbach, dem Marner usw. als einer der zwölf vorbildlichen Meister angesprochen.
Obwohl ein Fahrender, war er, Wilhelm Wackernagel bezeugt es, ein Basler. Den Tod Konrads von Würzburg hat er in einem frommen Nachruf beklagt. Marktschreierisch pries er seine vor allem zoologische und biblische Gelehrsamkeit an. Den Unterschied zwischen einer Tugendübung zum Zweck von ‹gotes hulde› und einer solchen um ‹der pfennige› willen hat er wahrscheinlich nicht allein in Basel beobachtet. Den Markgrafen von Baden bat er um eine Spende, wobei er ganze 28 Länder aufzählte, in denen man ihm einen Gunstbeweis vorher verweigert hatte.
Mehr als der badische Markgraf hatten die vorwiegend adligen Herren in den Basler Chorherrenstiften übrig für progressiv-subversive Spruchdichter wie Boppe, Frauenlob oder den Marner. Jedenfalls hat Meister Jordan, ein Basler ‹Mystiker›, sie in diesem Sinne angefeindet. «So singt der ein den Frauenlop», schimpfte Jordan, «der ein den Marner, der ein den starken Poppen. Der Poppen ist so vil geworden, daz sie der gotsheuser guot und êr verpoppen.»
Für die meisten Basler war jedoch Boppe weniger durch seine Verskunst als durch seine Körperkraft, seine Fresserei und Kneiperei ein vielbewundertes Ärgernis. Und dieser starke Boppe oder Boppi, ein Jakob also, ist der erste urkundlich nachgewiesene *Basler Beppi.*

G. Tolle hat 1887 eine Dissertation über Boppe verfasst; 1894 ist von ihm eine Boppe-Ausgabe erschienen.

Die Zukunft Basels beginnt im späten Mittelalter

M

Aus der ritterlichen Dichtung geht die bürgerliche hervor

Wenn wir, wie in der Geschichtswissenschaft üblich, die Dauer einer Generation mit 30 bis 35 Jahren ansetzen, war die Entwicklung der höfischen Dichtung eine Sache von knapp drei Generationen. Die dritte, an- und abschliessende Periode des Mittelalters, der Übergang von der ritterlichen zu einer bürgerlichen Literatur und Gesellschaftsordnung, nahm sechs Generationen in Anspruch: das 14. und das 15. Jahrhundert.

Mit dem Tod Kaiser Friedrichs II. brach der hochmittelalterliche Universalismus zusammen. Was nach den Staufern heraufkam, das habsburgische und das luxemburgische Kaisertum, verfolgte reine Hausmachtpolitik. Die Stadtstaaten und die Landesfürsten gingen ihre eigenen Wege. Zwischen Frankreich und Deutschland wurde Burgund zeitweilig sehr mächtig. Die Eidgenossenschaft löste sich, wenn auch nicht de jure, so doch de facto, aus dem Reichsverband.

Zuerst in Italien, anschliessend in Westeuropa, bahnen sich jetzt, mit den Anfängen des Fernhandels und der Zunahme und dem Zuwachs der Städte, welthistorische Veränderungen an. Auch die Städte des deutschen Sprachgebiets, vor allem die Städte am Rhein, erleben in diesen zwei Jahrhunderten einen ungeahnten Aufschwung. Die gewerbetreibende Bevölkerung, Handel, Verkehr, Wohlstand und politisches Machtbewusstsein wachsen immerzu. Ein selbstsicheres Bürgertum schafft sich stufenweise eine festgefügte Ordnung: ein Stadtrecht, in dem das bisherige Landrecht in Formen umgegossen ist, die den neuen Gegebenheiten systematisch Rechnung tragen. Erneut wird da der antike Gegensatz zwischen Rustikalität und Urbanität ausgetragen; die hierarchisch-vertikale Adelssatzung wird in der Stadt durch eine nivellierend-horizontale Ordnung abgelöst. Die Handwerker, in Zünften organisiert, machen sich weitgehend von der Vormundschaft des Adels oder des Patriziats frei. Mit der Zunftgeschichte Basels von G.A. Wanner (*Zunftkraft und Zunftstolz,* 1976) wird übrigens der Anteil Basels an dieser Entwicklung deutlich: sein Modellcharakter für die Entwicklung des Zunftwesens ganz allgemein; es scheint, dass der Begriff ‹Zunft› in Basel geprägt worden ist.

Mit dem Aufstieg des Bürgertums wird, was das Hochmittelalter ausgezeichnet hatte, Idealismus und symbolträchtige Romantik der Ritterdichtung, ersetzt durch betonte Wirklichkeitsnähe, durch damals drastisch erscheinende Realistik und durch soziales Engagement; Neidhart und Steinmar waren Vorläufer dieser Entwicklung. Die Form der Dichtung wird vernachlässigt; die Grenzen der verschiedenen Gattungen werden unwichtig. Die Phantasie tritt zurück hinter den Verstand, die Schau hinter die Beobachtung.

◁ Papierfabrikation in Basel

In der höfischen Zeit waren die Ritter oft genug Analphabeten gewesen, darauf angewiesen, dass ihnen die Schöpfer persönlich die Epen und Lieder vortrugen, in denen ihre Ideale Gesang und Ereignis wurden. Jetzt versicherten sich bildungshungrige Bürger unmittelbar des Besitzes der neuen Kulturgüter. Gleichgültig, ob Folge oder Ursache dieser Bedürfnisse:

Die Bücher wurden merkbar billiger, schon vor der Erfindung des Buchdrucks 1440, indem das Pergament als Werkstoff durch das Papier ersetzt wurde.
Auch die Kirche gab sich nicht mehr vornehm. Bernhard von Clairvaux, der eine der zwei grössten Heiligen des Mittelalters, stammte aus einem Rittergeschlecht; Franziskus, der andere, drei Generationen später, war der Sohn eines Kaufmanns. Und nach ihm brachen die beiden Bettelorden, Franziskaner und Dominikaner, einer neuen, demokratischeren Form der Religiosität Bahn: als Diener eines Christentums, das der etablierten Klerisei oft vorgekommen sein muss wie unserer Geistlichkeit um die Jahrhundertwende die Heilsarmee. Unabhängig von solchen städtischen und kulturellen Erscheinungsformen des Zeitgeistes wurde der Wandel des Lebens- und Herrschaftsstils, seine Demokratisierung, besonders im Kriegswesen, wichtig und augenfällig. Der Ritter wurde durch den Fußsoldaten abgelöst; die Schlacht bei Sempach, 1386, in der eine eidgenössische Streitmacht Herzog Leopold und sein habsburgisches Ritterheer vernichtend schlug, war ein Signal, das in ganz Europa vernommen wurde.

Drei schweizerische Erzählwerke machen Schule

Für die schweizerische Literatur sind im 14. und 15. Jahrhundert drei Erzählwerke (auch im Konzert der gesamten deutschen Literatur) wichtig und charakteristisch: Boners *Edelstein*, Konrad von Ammenhausens *Schachzabelbuch* und Heinrich Wittenweilers *Ring*. Alle drei sind sie lehrhaft, jedes in seiner Art auch moralisierend; darüber hinaus sind das *Schachzabelbuch* und der *Ring* Sittengemälde. In diesen Werken ist zu erfahren, wie, wovon und wofür man damals lebte, aber auch, wie sich das Volk damals ausdrückte: wie ihm der Schnabel gewachsen war. Einzig Boners Verssprache steht noch im Banne der höfischen Poesie.
Ulrich Boner (Bonerius), ein Dominikaner, ist zwischen 1324 und 1349 bezeugt: der älteste Dichter der damals noch jungen (1191 gegründeten) Stadt Bern. Unter dem Titel *Edelstein* hat er als erster eine zusammenfassende Ausgabe meist äsopischer Fabeln in deutscher Sprache verfasst. Diese hundert gereimten Fabeln waren, trotz bernischer Dialekteinfärbung, zu seiner Zeit im ganzen deutschen Sprachgebiet beliebt, was die zahlreichen erhaltenen Handschriften bezeugen; 1461 wurde der *Edelstein* auch als ältestes datiertes Buch deutscher Sprache in Lettern gedruckt. Vermutlich hat es Boner zunächst als Prediger zusammengetragen, da lehrreiche Beispiele, Fabeln, wie er selber feststellte, mehr vermögen als das blosse Wort: «mê denne wort bîschaft tuot.» Im 18. Jahrhundert hat Lessing mit Nachdruck auf den *Edelstein* hingewiesen; für Gervinus war er im 19. Jahrhundert die einzige erfreuliche Erscheinung der gesamten spätmittelalterlichen Literatur.
Das Schachbuch eines italienischen Mönchs, Jacobus de Cessolis, in lateinischer Prosa abgefasst, erweiterte ein thurgauischer Mönch, Konrad von Ammenhausen, auf nahezu 20000 Verse.

(Ammenhusen ist eine Häusergruppe am Wanderweg von Frauenfeld über Herdern nach Mammern.) Das *Schachzabelbuch* (‹zabel› ist ‹tabula›, das Brett) war, wie Boners *Edelstein*, ein ausgesprochener Bestseller; ein Viertelhundert Abschriften sind heute noch zwischen England und Russland festgestellt. Wie de Cessolis hat Ammenhausen das Schachspiel, seine Figuren und Zugmöglichkeiten, auf Stände, Berufe und Lebensordnungen übertragen. Erzählerische Unterhaltsamkeit ist mit moralischer Lehrhaftigkeit verbunden; die Verse sind meist holprig, und nur zu oft verliert der Autor den Faden. Die höheren Stände kennt er grösstenteils vom Hörensagen. Trotzdem: sein *Schachzabelbuch* ist eine Fundgrube zeitgenössischer Lebensweisheit; was er, ein scharfer Beobachter, von den Bauern und Handwerkern seiner Zeit zu berichten weiss, ist nicht nur vergnüglich zu lesen, sondern auch eine kulturgeschichtliche Quelle ersten Ranges.
‹Häinreich Wittenweilär› ist als Magister und Advokat zwischen 1387 und 1395 in Konstanz bezeugt, entstammt aber einer thurgauischen Dienstadelsfamilie aus Wittenwil (am Wanderweg von Frauenfeld zum Kloster Fischingen); im 13. Jahrhundert wurde die Familie in Lichtensteig ansässig. Wie der andere Thurgauer, jener aus Ammenhusen, muss er weit in der Welt herumgekommen sein und viel gelesen haben. Sein *Ring*, das erste komische Epos in deutscher Sprache, ist fraglos auch die bedeutendste realistische Dichtung des ausgehenden Mittelalters; neben *Gargantua und Pantagruel* von Rabelais und dem *Don Quijote* ist der *Ring* zeitlich die erste, an Gewicht die dritte der drei grössten Parodien auf die Helden- und Ritterdichtung. Als ein Kompendium nicht nur der Sitten- und Gesundheitslehre, sondern der gesamten damaligen Bildung zeigt der *Ring* den für das gesamte Mittelalter charakteristischen Zug zu enzyklopädischer Zusammenfassung. Damit kontrastiert die ausgelassene Rüpelhaftigkeit der episch breit fliessenden Handlung. «Fusstief schreitet er in Kot und Unflat», hat Baechtold geurteilt. Für Ermatinger, aber keineswegs für diesen allein, ist Wittenweiler der grösste Dichter der Schweiz vor dem 16. Jahrhundert: «Nur Gotthelf gleicht ihm an Naturreichtum der Phantasie, Kenntnis des Menschen und Kraft der Sprache.»

Zwei Werke bezeugen den Einfluss Konrads von Würzburg

Kaum einmal bei Boner und schon gar nicht bei Ammenhausen und Wittenweiler ist irgendein Einfluss Konrads von Würzburg spürbar. Unter dessen Einfluss stand hingegen, neben dem bereits erwähnten anonymen Verfasser des *Reinfried von Braunschweig*, der Aargauer Walther von Rheinau mit seiner *Marienlegende;* sehr genau hat er im Stil Konrads ein lateinisches Gedicht gefällig, aber ohne Schwung, in 15000 deutsche Verse umgesetzt. «Von Rinouw Waltherus / Von Bremgarten bî der Rius geborn», hat er, seiner eigenen Angabe zufolge, als armer Schreiber sein Brot verdient.
Die Legende vom zwölfjährigen Mönchlein, das Werk eines

unbekannten Autors, besticht durch poetische Naivität und Grazie. Es ist Adventszeit im Kloster. Einem zwölfjährigen Mönchlein, ganz erfüllt von dem Wunsch, das Christkind zu sehen, erscheint dieses; es trägt einen Apfel in der Hand, mit dem beide Knaben sofort zu spielen anfangen. Das Mönchlein muss aber zur Andacht, wo es vom Abt bitteres Unrecht erfährt. Darauf wird es, von Engelsgesang hochgehoben, vom Herrn selber durch die lichterfüllte Kirche in den Himmel entführt. Stilistisch unzweifelhaft von Konrad inspiriert, ist die anmutige Legende zu Anfang des 14. Jahrhunderts entstanden, vermutlich am Oberrhein, schwerlich gerade in Basel, vielleicht aber in Schaffhausen, wo sie in einer Handschrift des 15. Jahrhunderts erhalten geblieben ist.

F. Vetter: Das 12jährige Mönchlein (Sonntagsblatt Basler Nachrichten, Nr. 5/ 1913).

‹Die halbe Birn› ist ein Basler Witz

Ein Ritter, Arnold geheissen, benimmt sich am Königshof nicht comme il faut: Er isst eine Birne, nachdem er sie halbiert hat, mitsamt der Schale. Darauf giesst die Königstochter eine Schale des Spottes über ihn aus. Der Ritter, als Narr verkleidet, verführt sie deshalb in der darauffolgenden Nacht. Wie das im einzelnen vor sich geht, in der Kemenate, unter Assistenz der Kammerdienerin Irmengart, wird anschaulich, geradezu handgreiflich, geschildert.

Anderntags, am Königshof, erinnert die Prinzessin Arnold erneut an seine unmögliche Art, Birnen zu verspeisen. Er seinerseits, nicht auf den Mund gefallen, erinnert sie unmissverständlich an den Liebesdienst, den er ihr, den sie ihm in der Nacht unter Irmengarts Beistand leistete. Was bleibt ihr anders übrig, als Arnold zu heiraten?

Dies ist der Hergang der Erzählung *Diu halbe Bir.* Sie zählt 513 Verse und nennt am Schluss in der üblichen Form Konrad von Würzburg als Urheber: «von Wirzeburc ich Kuonrât/ kan in anders nit verjehen./ got lâze uns allen wol beschehen.»

Im 14. Jahrhundert und höchstwahrscheinlich in Basel geschrieben, hier vielleicht auch irgendwie passiert, ist dieser Schwank in sechs mehr oder weniger vollständigen Handschriften überliefert; die eine davon ist 1870 in Strassburg verbrannt. In dieser Strassburger Fassung ist das Gedicht 1785 von H. Myller als Werk Konrads im Druck herausgegeben worden. Karl Lachmann, der Begründer der modernen philologischen Textkritik, erklärte aber 1820, *Die halbe Birne* sei Konrad ‹aufgelogen›. Dieses Urteil ist seither, nicht nur moralisch, sondern auch philologisch vielfach begründet, unter Germanisten gültig, ja selbstverständlich. Einzig ein gewisser G.A. Wolff hat 1893, in einer bibliophilen Ausgabe von 250 Exemplaren, den Text unter Berücksichtigung sämtlicher erreichbaren Handschriften neu eingerichtet; mit viel kritischem und pseudokritischem Aufwand hat er neuerdings Konrad als Urheber dafür in Anspruch genommen. Frage: Warum eigentlich nicht? Wer *Hanswursts Hochzeit* kennt, ohne

Goethe deswegen zu disqualifizieren, könnte auch Konrad schliesslich eine halbe Birne als Dessert (statt Käse) gönnen. Die Germanistik ist jedoch bei ihrem Verdikt geblieben. So hat Samuel Singer (*Die mittelalterliche Literatur der deutschen Schweiz,* 1930) als Urheber zwar ausdrücklich einen Basler vermutet, aber ebenso ausdrücklich einen andern als Konrad, irgendeinen. Erst Heinz Rupp ist «durchaus nicht sicher, ob der Schwank nicht doch von Konrad stammt. Warum hätte er die Gattung Schwank nicht auch einmal probieren sollen?»

Das 14. Jahrhundert zeigt zwei Gesichter

Schon 1263, noch vor seinem verhängnisvollen Zwist mit Rudolf von Habsburg, hat Bischof Heinrich von Neuenburg der Bürgerschaft Basels in einer Handveste wichtige Privilegien eingeräumt. Eine neue, bürgerliche Verfassung war damit feierlich verbrieft, und während dreihundert Jahren ist sie von allen nachfolgenden Bischöfen bestätigt worden. Unter Peter von Aspelt (1296 bis 1307) erreichte die weltliche Herrschaft des Bischofs ihre grösste Ausdehnung; ihre Grenzen fand sie in der Ajoie, in den Freibergen, im Val de Ruz, am Bielersee, in Olten, im Fricktal und mit grossem Streubesitz im Breisgau und im Elsass. In ihrem ‹babylonischen Exil›, 1309 bis 1377, standen aber die Päpste in Avignon massgebend unter französischem Einfluss; in dieser Zeit war der geistliche Oberhirte und weltliche Herrscher Basels meistens ein Franzose, den keinerlei eigentliche Interessen an sein Bistum banden. Um ihren Aufwand zu bestreiten, verpfändeten diese Herren möglichst viele Rechte und Besitztümer, häufig direkt an die Bürgerschaft Basels, die sich auf diese Weise das Markt-, Zoll- und Münzrecht und die Gerichtsbarkeit sicherte und damit fast gänzlich von der Botmässigkeit des Bischofs löste. Gleichzeitig ging der Einfluss des Adels rundum zurück; nach Sempach war auch Österreich kein Angstgegner mehr. 1347 kam Karl IV., der in Prag geborene Luxemburger, auf seinem Königsritt nach Basel, nach einem zeitgenössischen Basler Urteil ‹ein listig sinrich man›, der 1365 der Stadt noch zweimal die Ehre seines Besuches erwies. 1384 verfügte Bischof Imer von Ramstein die Befreiung der Bewohner der Freiberge von allen Steuern und sonstigen Lasten; er förderte dadurch die Besiedlung dieses Gebiets. Zwischen 1362 und 1398 wurden mit grossem Aufwand Basels Vorstädte durch eine Ringmauer mit 41 Türmen und 1099 Zinnen geschützt. Dieser äussere Mauerring war entschieden überdimensioniert; das erwies sich 1444, als man den Eidgenossen bei St. Jakob keinen Zuzug leisten konnte, weil man dadurch die Mauer von Verteidigern hätte entblössen müssen. Mit dem Sicherheitsrisiko dieser zu umfangreichen, bis 1860 dem Bevölkerungszuwachs genügenden Mauer wurde Basel daran gehindert, so grosse Politik zu machen, wie sie vielleicht seinem Expansionsdrang, sicher seinem Reichtum entsprochen hätte.

Goldbulle des Kaisers Karl IV.

Aufs Ganze gesehen war das 14. Jahrhundert, wie jede Übergangszeit, für Basel eine Epoche innerer und äusserer Widersprüche. Es brachte der Stadt mindestens soviel Elend wie Glück. 1302 setzte ein Hochwasser die niedrig gelegenen Stadtteile unter Wasser. 1327 und 1354 wurde Kleinbasel von Feuersbrünsten vernichtet; 1377 traf es die Häuser am Marktplatz und am Spalenberg. Im Sommer 1349 raffte der Schwarze Tod, aus Italien eingeschleppt, 14000 Menschen dahin; es wird berichtet, dass zwischen Rhein- und Äschentor ganze drei Ehepaare lebend beieinander blieben. Schon vorher, im Januar 1349, waren sämtliche Juden, der Brunnenvergiftung verklagt, in einem Holzhaus an der Birsigmündung verbrannt worden. Mit der Pest nahm auch in Basel die Raserei des Geisslerunwesens überhand. Und am 18. Oktober 1356 ereignete sich das grosse Erdbeben, nachdem schon 1346 ein Stück Pfalzmauer warnend in den Rhein abgerutscht war. Was jetzt nicht sofort zusammenfiel, wurde anschliessend ein Raub des Feuers oder vom aufgestauten Birsig überflutet. Nach der Guglerinvasion von 1357 bezeichnet die ‹böse Fastnacht›, der Tag vor Aschermittwoch im Jahr 1376, den unheilvollen Anfang der urkundlich festgestellten Basler Fas(t)nachtsgeschichte. 1390 war noch die sogenannte Beinheimer Karawanenplünderung zu verzeichnen. Und in längeren oder kürzeren Zeitabständen hatte die Stadt wie eh und je unter Misswachs, Teuerung, Hungersnot und Seuchenzügen zu leiden: Zyklen, die wir heute unter dem Begriff ‹Konjunkturschwankungen› anders, aber kaum viel besser als unsere Vorfahren, verstehen, bekämpfen und erleiden.

Der Tod von Basel ist eine sprichwörtliche Gestalt

Lange noch und weitherum in Europa blieb ‹der Tod von Basel› eine sprichwörtliche Gestalt. An die Schrecken der Jahrhundertmitte erinnerten bewusst und ungescheut die Bilder und die zugehörigen Verse der beiden Basler Totentänze. Der grossbaslerische, der um 1440 entstanden war, befand sich an der Innenseite der Kirchhofmauer des Predigerklosters; er bestand in einer fortlaufenden, etwa 60 m langen Prozession von 39 lebensgrossen Figuren, die jede von einem tanzenden Gerippe umschmeichelt oder bedroht wurde. Da die Mauer mit der Zeit den Verkehr behinderte, wurde sie 1805, nach langen Verhandlungen zwischen den Anwohnern und den Behörden, abgebrochen. Bevor die Arbeiter damit fertig wurden, schleiften die Anwohner in der Nacht die Mauer vollends; nur Fragmente der Malerei wurden von Kunstfreunden gerettet. Diese Überreste befinden sich heute im Historischen Museum; auf zwei Fragmenten wurden inzwischen die Übermalungen in mehreren Schichten abgetragen, worauf sich überraschend herausstellte, dass die originale Schicht von Konrad Witz stammen könnte. (Der kleinbaslerische Totentanz im Kreuzgang des Klosters Klingental, eine Kopie des grossbaslerischen, etwa 1470 entstanden, war nie öffentlich zugänglich; er wurde beim Bau der Kaserne in den sechziger Jahren des vorigen Jahrhunderts zerstört.)
Wer heute vom Basler Totentanz redet, denkt unwillkürlich an

die berühmten Totentanz-Holzschnitte von Holbein, die erst 1526 entstanden sind: an einen Tanz des Todes also, nicht an einen Tanz der Toten, wie ihn die Wandmalereien der Basler Totentänze vorführten und mit Versen begleiteten. Hier tanzten tatsächlich die Toten; so sehen wir in der ersten Gruppe der grossbaslerischen Darstellung den Prediger auf der Kanzel neben dem Beinhaus, aus dem mit Trommel und Pfeife zwei Tote heraustanzen, denen in einer langen Reihe die verschiedenen Stände entgegengehen, an ihrer Spitze Papst und Kaiser: «O Mensch betracht,/ Und nicht veracht,/ hie die Figur,/ All Creatur./ Die nimpt der Tod/ Frühe und spoht,/ Gleich wie die Blum/ Im Feld zergoht.»

Über den ‹Basler Prediger-Totentanz›, seine Geschichte und die Restaurationsergebnisse hat H.P. Boerlin in der Zeitschrift ‹Unsere Kunstdenkmäler›. Nr. 4 (1966), berichtet (SA im Basler Kunstmuseum erhältlich).
Auf eine Überlieferung wirklich getanzter Totentänze hat H.G. Wackernagel im ‹Schweizer Archiv für Volkskunde› (1936) aufmerksam gemacht.
Weitere Information bietet: Christoph Denyer, *Der Basler Totentanz* (Ciba-Geigy), und Wolfg. Stammler, *Der Totentanz*, München 1948.

Weltgenuss und Weltflucht halten sich die Waage

Inmitten des verheerenden Unheils, der Seuchen, Kriege, Naturkatastrophen im 14. Jahrhundert, haben sich, Totentanz hin, Totentanz her, die einen in skrupellos wildem Sinnen- und Weltgenuss ausgetobt, obwohl die Formel dafür, ‹après nous le déluge›, erst vierhundert Jahre später aufkam. Die andern haben sich ängstlich oder empört von allem Irdischen abgewandt, abgewandt auch von den starren, hohlen Formen und Formeln damaliger Kirchlichkeit; aus der Spannung zwischen Diesseits und Jenseits sind sie in sich selbst eingekehrt, haben als Mystiker eigene, andere Wege der Vereinigung mit Gott gesucht, haben sich in mehr oder weniger ketzerischer Laienfrömmigkeit und Sektiererei aus einer Kirche weggestohlen, die immer dringender einer Reform an Haupt und Gliedern bedurfte. Der grosse Versuch einer Synthese von Glauben und Vernunft, die Zeit der grossen ‹Summen der Theologie› des Petrus Lombardus und des Thomas von Aquin, lag ja weit hinter ihnen. In der Theologie kam jetzt der Nominalismus auf, für den alle Allgemeinbegriffe Schall und Rauch waren. Realität, ontisches Sein gab es für die Nominalisten allein noch in den Einzeldingen.

Mystik ist nicht nur eine Sache der Frauenklöster

Für die Literatur und ihre Geschichte ist der mystische Aufbruch des 14. Jahrhunderts in einem vergleichbaren Sinn bedeutsam wie die Gotik für die Architektur. Nicht nur, dass sich diese Mystik, ihre Sehnsucht nach dem Absoluten, in Predigten und Traktaten der volkssprachlichen Prosa bediente; sie schuf und schliff in dieser Prosa erst eigentlich ein Instrument nicht nur der philosophischen Fachsprache, sondern für den Ausdruck unserer Innerlichkeit überhaupt; Begriffe wie Gemüt, Grund, Verstand, Vernunft gehen auf Meister Eckhart zurück. «Eine unerschöpfliche Prägnanz und Fülle des Wortes, eine in deutscher Sprache bisher nie erreichte Sicherheit des

Redens von dem, wofür es im Grund keine Sprache gibt» (Muschg): das wurde vorab bei Meister Eckhart, aber nicht nur bei ihm, erreicht und nicht nur erreicht: das war von nun an frei und individuell verfügbar. Damit wurde eine unmittelbare Beziehung des Einzelwesens zur Gottheit, zum Absoluten, möglich.

Mittelpunkte der mystischen Bewegung waren die Klöster der Dominikanerinnen: in der Schweiz vor allem Töss bei Winterthur, Katharinental bei Diessenhofen, Ötenbach bei Zürich, Klingental in Kleinbasel. Da viele Ritter aus den Kreuzzügen nicht heimgekehrt waren, hatten auch in den Grenzen der heutigen Schweiz ungezählte adlige Witwen und Waisen den Schleier genommen. Aus gehobenen Bildungsschichten stammend und durch leidvolle Erfahrungen gereift, waren sie vielfach empfänglich für jenen ‹intuitus mysticus›, der ihnen, mit strengster Askese verbunden, von den ‹fratres docti›, den gelehrten Mönchen des Ordens, nicht nur gepredigt, sondern auch vorgelebt wurde.

Meister Eckhart besuchte 1324 Katharinental. Besonders nahegestanden zu haben scheint ihm Schwester Elsbeth von Eicken (‹Elizabeth de Eycke, pago Comitatus Rhinfeldensis›) aus dem Kloster Ötenbach. Heinrich Seuse (Suso, unter Eingeweihten auch Amandus genannt), neben Tauler der bedeutendste Schüler Eckharts, ‹ein Minnesinger in Prosa› (Wackernagel), Spross des thurgauischen Rittergeschlechts von Berg, lebte zwischen 1339 und 1346 vorwiegend in Katharinental (heute ein Altersheim). Von ihm stammt die älteste, im wesentlichen heute wieder für echt geltende Selbstbiographie in deutscher Sprache. Im Kloster Töss lernte ihn Elsbeth Stagel kennen, die Tochter eines Zürcher Ratsherrn; sie sammelte seine Briefe und hinterliess Notizen über seinen Lebenslauf. Ihr bedeutendstes Werk ist dem *Leben der heiligen Schwestern zu Töss* gewidmet.

Neben den bekannten gedruckten Werken gibt es eine Unzahl mystischer Handschriften, die zwar der Zerstörung entgangen sind, jedoch bis heute auf ihre Erschliessung warten. Allein der Reichtum dieser literarischen Zeugnisse legt den Schluss nahe, dass die Mystik als Bewegung nicht ausschliesslich von Dominikanern und Dominikanerinnen getragen war, sondern von breiten Laienkreisen, am Oberrhein etwa von den sogenannten Gottesfreunden.

Das Leben der Schwestern zu Töss, beschrieben von Elsbeth Stagel. hg. F. Vetter (Dt. Texte d. Mittelalters, Bd. VI, Berlin 1906).

F. Vetter, *Ein Mystikerpaar d. 14. Jhdts.,* Basel 1892.

E. Schiller, *Das mystische Leben der Ordensschwestern zu Töss.* Diss. Bern 1903.

Den Anteil der Schweiz an der religiösen Mystik des Mittelalters, einen ungewöhnlichen Stoff, hat Walter Muschg, der Basler Literarhistoriker, ungewöhnlich faszinierend dargestellt: ‹Die Mystik in der Schweiz›, Frauenfeld 1935.

Basel ist eine Hauptstadt der Ketzerei

Im 14. Jahrhundert wurde Basel für die oberrheinischen Gebiete, was Mailand für die Lombardei und weit darüber hinaus war: ‹ein Mittelpunct, eine Hauptstadt der Ketzerei› (Wackernagel). Bei den sogenannten Gottesfreunden, durch die Basel in diesen Geruch kam, hat Wackernagel einen halbketzerischen, kirchlich-mystischen und einen ausgesprochen ketzerischen Zweig unterschieden; dieser ist in erster Linie mit dem Namen des Nicolaus von Basel verbunden.

Einen machtvollen Auftrieb erfuhr die halbketzerische, in erster Linie dominikanische Mystik in Basel, als die Stadt durch das sogenannte Interdikt zu einer Art Fluchtburg wurde. Der französische Papst Johann XXII. in Avignon belegte 1324 Ludwig den Bayer, den deutschen König, mit einem Bann, weil sich dieser, ohne vom Papst ermächtigt zu sein, in Italien Herrschaftsrechte angemasst hatte. Wo man sich, unerachtet dieses Bannes, für Ludwig erklärte, in Strassburg zum Beispiel, wurde allen Klerikern verboten, dort noch Gottesdienste abzuhalten. 1338 wurde den Strassburger Dominikanern, die bisher, trotz dem päpstlichen Interdikt, den Gottesdienst weiter versehen hatten, von ihrer Ordensleitung strikte Einhaltung der päpstlichen Verfügung befohlen. Darauf siedelten sie nach Basel über. Auch da war man zwar kaiserlich gesinnt und hatte den päpstlichen Legaten kurzerhand über die Pfalz hinabgestürzt; die Geistlichen, die zum Papst hielten, verjagte man jedoch erst, wenn sie Unfrieden zu stiften versuchten.

Johannes Tauler, Eckharts wichtiger Schüler neben Seuse, war schon vor 1338 nach Basel gezogen; er blieb auch hier, als die meisten Dominikaner 1343 nach Strassburg zurückkehrten; erst die Pest vertrieb ihn aus Basel. Obwohl päpstlich gesinnt, kam ausserdem Heinrich von Nördlingen, ein Weltgeistlicher, nach Basel, wo er alsbald eine überaus erfolgreiche Predigertätigkeit entfaltete.

Gleichzeitig mit den Vertretern dieser mystischen, vorwiegend dominikanischen Richtung, deren Haupt unstreitig Tauler war, wirkten in Basel auch ketzerische Gottesfreunde. In der Hauptsache waren das Waldenser, Beginen, Begarden, sogenannte Winkeler; dazu kamen die Brüder des freien Geistes, wahrscheinlich aber auch die Katharer: jene manichäischen Urketzer, von deren Namen das Wort Ketzer überhaupt erst abgeleitet ist. Nach ihrem ursprünglichen Hauptsitz Albi in Südfrankreich auch Albigenser genannt, lehrten sie einen Dualismus, nach dem die sichtbare, böse Welt vom Satan geschaffen worden ist; ausserdem glaubten sie an eine Art Seelenwanderung. Unter Papst Innozenz III. begann 1209 ein zwanzigjähriger Vernichtungskrieg gegen sie mit dem Befehl: «Tötet sie alle! Gott wird die Seinen schon erkennen!»

Ihren führenden Kopf fanden diese Neugnostiker, alle oder doch der grössere Teil, in dem geheimnisumwitterten Nicolaus von Basel, der 1308 in dieser Stadt geboren wurde. Nach Wackernagel eine ‹besiegende und beherrschende Persönlichkeit›, scheint er ein charismatischer Visionär gewesen zu sein, dessen Winken seine Anhänger bis in den Tod blinden Gehorsam leisteten. Martin von Mainz, einer seiner Schüler, erklärte denn auch, dass Nicolaus das Evangelium gültiger erfasst habe und verbindlicher predige als selbst die Apostel. Nicolaus schrieb sich die Macht zu, Priester und Bischöfe zu weihen; wer sich seiner Führung anvertraute, glaubte sich durch ihn in den Zustand erster Unschuld zurückversetzt, ledig aller Sünde und berechtigt, jeder Art Obrigkeit zuwiderzuhandeln. Nach Johannes Nider wurde er, als er missionierend durch die Länder zog, nach vielen vergeblichen Nachstellungen von der Inquisition endlich doch gefangen und, 1383 oder 1395, mit zwei Gefährten in Wien verbrannt.

Eine Zeitlang hat man später Nicolaus von Basel identisch geglaubt mit dem vielleicht noch geheimnisvolleren Grossen Gottesfreund im Oberland, der aber, nach Pater Denifle, eine literarische Fiktion des Strassburger Mystikers Rudolf Meerschwein war, wie Wackernagel ihn gelegentlich nannte: des Rulman Merswin. Da aber Merswin mit dem Basler Ketzerkönig Nicolaus unter einer Decke gesteckt zu haben scheint, hat ihn vielleicht dessen Gestalt und Wirken zur Erfindung seines Gottesfreundes im Oberland inspiriert: ihn selber oder, das ist eine zusätzliche Vermutung, seinen Sekretär Nicolaus von Löwen.

Der grosse Unbekannte bleibt unbekannt

Ein reicher Basler, noch jung, schon welterfahren (er erinnert an Hieronymus Zscheckenbürlin, einen jungen Basler, dem wir später begegnen werden), zieht sich am Tag seiner Verlobung mit einer adligen Jungfrau, um die er sechs Jahre geworben hat, plötzlich von der Welt zurück. In einer Vorstadt Basels führt er ein enthaltsames Leben; dort wird ihm eine göttliche Offenbarung zuteil; er findet Anhänger, übt seelenformenden Einfluss aus, in der Schweiz, im Elsass, in Süddeutschland. Einen grossen Prediger führt er auf den richtigen Weg; es wird Tauler damit gemeint sein. Ein Gleiches glückt ihm mit dem schwerreichen Strassburger Patrizier Rulman Merswin. Immer noch in Basel, wählt der Grosse Gottesfreund vier Gefährten, mit denen er fortan die Geschicke Europas regiert. Schliesslich zieht er sich mit diesen vier Statthaltern ins Oberland zurück, in die schreckhaft gemiedenen Schweizer Alpen, wo er von einer Felsenbastion aus die Fäden seiner Machtvollkommenheit zieht und daneben viele Bücher schreibt: *Das Buch von den fünf Mannen, Das Meisterbuch, Das Sendschreiben an die Christenheit* usw. (Diese Bücher sind tatsächlich geschrieben worden; Carl Schmidt hat sie 1868 publiziert unter dem Titel *Nicolaus von Basel, Leben und ausgewählte Schriften.* Das *Neun-Felsenbuch* hat Philipp Strauch in der Altdeutschen Bibliothek, Nr. 7, 1929, herausgegeben.)

Ein Giessbach stürzt über neun Felsen hinab; die Fische, die von der Höhe ihres Ursprungs ins Leben mit hinuntergeschwemmt werden, suchen (wie damals die Lachse im Rhein) den Wiederaufstieg zu erzwingen. Die wenigen, denen das

gelingt, werden im Einssein mit dem Ursprung ihrer individuellen Besonderheit für immer ledig.
Der grosse Unbekannte, dem diese Vision zuteil wurde, hat daneben dem Papst Reformvorschläge gemacht und in seinem Bund die Laien gleichwertig neben die Priester gestellt. Auf die durch Pest und Schlachtenlärm beunruhigten Zeitgenossen hat er eine unglaubliche Faszination ausgeübt. Ungeachtet der Forschungen von Carl Schmidt, Suso Denifle, Philipp Strauch, Karl Rieder, Wilhelm Rain, Walter Muschg: überzeugend aufgeklärt ist die Rätselhaftigkeit dieser Figur, in die sich Rulman Merswin und Nicolaus von Basel teilen, bis heute nicht. Existieren aber, für Theosophen und andere Suchende und Gläubige, nicht ähnlich geheimnisvolle Weltregierende auch heute wieder, im Himalaja, in irgendeinem Dschungel auf einer Insel, über oder unter der Erde und ausserhalb unserer Zeitrechnung?

Tauler ist vor allem Seelsorger

In der Literaturgeschichte ist die Gottesfreund-Literatur ein definierter Begriff. Als einer der erfolgreichsten Versuche, das ungewöhnliche Anliegen der Mystik auch gewöhnlichen Menschen nahezubringen, zählt zu dieser Literatur das Büchlein des sogenannten Franckforters; Luther hat es 1516 als Fragment, 1518 als *Eyn deutsch Theologie* herausgegeben; 1523 hat es Adam Petri in Basel nachgedruckt. Auch Jan de Ruysbroeck gehört hierher, ein Flame und Autor der *Zierde der geistlichen Hochzeit,* der in seiner Einsiedelei in Groendael auch von Baslern aufgesucht wurde; weiter Nicolaus von Strassburg, Heinrich von Löwen, Egenolf von Ebenheim, Dietrich von Colmar, Johannes von Sterngassen (einer der Lehrer von Tauler), dann der anonyme Engelberger Prediger: ein wortgewaltiger Beichtvater der Benediktinerinnen zu St. Andreas in Engelberg. Es gehören aber auch zahlreiche Mystikerinnen dazu: Elsbeth Stagel, Sophia von Klingnau, Jützi (Lucia) Schultheiss, Mezzi Sidwibrin (Mechthild Seidenweber), Anna von Klingnau, Adelheid von Lindau, Elsbeth von Eicken, Margareta Ebner, Margareta zum Goldenen Ring.
Johannes Tauler (Tawler, Taler) ist um 1300 geboren und 1361 gestorben. In dem schon genannten *Meisterbuch* des Gottesfreundes im Oberland findet sich der Bericht von der Bekehrung Taulers durch Nicolaus von Basel; dieser Bericht, früher als echt taxiert, scheint heute als Fälschung nachgewiesen zu sein.

Johannes Tauler

Tauler ist der männlichste unter den deutschen Mystikern. Dass er geistliche Lieder gedichtet habe, so einen ‹Sang von Blossheit›, hat noch Wackernagel behauptet; aber nicht nur Carl Schmidt, Taulers Biograph, hat es bezweifelt. Aus seinen heute als echt betrachteten achtzig Predigten solche herauszufiltern, die er in Basel gehalten hat, ist schlechterdings ausgeschlossen.
«Eya lieben Kinder», so mag er immerhin bei den Dominikanerinnen im Klingental gepredigt haben, «nut underwindent

uch so hoher wisheit, also sant Paulus sprach, und lant die hohen pfaffen darnoch studieren und disputieren, und in der unkunst müessent su wol mit urloube stammelen umb der heiligen kirchen willen, obe su in not keme mit ketzern; aber daz si uch verbotten.»

Dass er in Basel zu einer sprachlich und gedanklich klareren, einfacheren Predigtweise durchgedrungen sei, hat Tauler selber bezeugt. Die schönste und seltenste Ausgabe, *Sermon*, Leyptzk 1498, enthält 84 Predigten; davon sind 79 echt, fünf von Eckhart. Die Basler Ausgabe von 1521, *Predige*, bringt 42 neue Predigten dazu, die meist nicht von Tauler stammen. Spätere Sammlungen mit echten und unechten Predigten wurden als der *Grosse Tauler* und der *Kleine Tauler* mehrfach aufgelegt. Massgebend ist heute die Ausgabe von Ferdinand Vetter (Deutsche Texte XI, 1910). Von der Korrespondenz Taulers hat sich einzig ein Brief an Margareta Ebner erhalten.

Erkenntnis, Metaphysik, transzendentaler Intellektualismus wie bei Eckhart oder Lyrik der Mystik wie bei Seuse waren nicht Taulers Anliegen. Ihm ging es zuerst und zuletzt um Seelsorge. Obwohl er später, 1590, auf den Index gesetzt worden ist, wird er, kaum zu Recht, als Vorläufer der Reformation bezeichnet. Die kirchliche Verderbnis seiner Zeit hat er zwar ungeschminkt an den Pranger gestellt, das haben aber auch andere Mystiker getan, Katharina von Siena etwa, ohne deshalb aufzuhören, rechtgläubige Katholiken zu sein.

Von den frühen Tauler-Drucken ist derj. von Basel, 1521, wichtig auch als Quelle von Predigten Meister Eckharts. Er enthält zudem: *Hystoria und Leben Doctor Joan Tauleri.* In den Dt. Texten XI hat F. Vetter die Predigten aus der Engelberger und der Freiburger Handschrift veröffentlicht.

Neben Tauler ist Heinrich von Nördlingen wichtig

Neben Tauler ist Heinrich von Nördlingen der prominenteste Seelenführer unter den kirchlichen Gottesfreunden in Basel: eine nicht nur für jene Zeit typische Mittelpunktsfigur in Kreisen mystisch gestimmter Frauen. Muschg hat ihn (nicht nur deshalb) als ‹Windbeutel› bezeichnet: als eine ‹Verkörperung der literatenhaften Dekadenz›. Bei seinen Predigten hat er, deswegen oder trotzdem, erstaunlichen Zulauf gehabt. Aber keine davon ist erhalten geblieben. Als kulturgeschichtliches Quellenmaterial ist Heinrichs *Briefwechsel* mit der bayrischen Mystikerin Margareta Ebner reizvoll; es handelt sich um den ältesten publizierten Briefwechsel in deutscher Sprache überhaupt. Die Ebner, anscheinend auch ein spiritistisches Medium, war im Gedankenaustausch der beiden deutlich tonangebend. Verdienste erwarb sich der Nördlinger als Übersetzer. Er hat *Das fliessende Licht der Gottheit* der Mystikerin Mechthild von Magdeburg aus dem niederdeutschen Original ins Oberdeutsche übertragen und dadurch dieses auch dichterisch kraftvolle Werk der ‹sonnigen Heiligen› (Underhill) der Nachwelt erhalten. Vielgenannt unter Heinrichs Anhängerinnen waren eine Frau von Falkenstein im Kloster Klingental und die Kaufmannstochter Margareta zum Goldenen Ring, durch die vermutlich die einzige erhalten gebliebene Handschrift des *Fliessenden Lichts* aus Basel nach Einsiedeln gelangt ist. Sie lebte ausserhalb klösterlicher Mauern, eine ‹deo devota›; gestorben ist sie 1381.

‹Die vierundzwanzig Alten› lehren christliche Lebensführung

Auch nach der Pestepidemie von 1349, jetzt erst recht, war und hatte die Mystik in Basel ein weiterquellendes Kraftreservoir. Literarisches Zeugnis war eine christliche Lebenslehre unter dem Titel *Die vierundzwanzig Alten oder der güldene Thron der minnenden Seele.* Ausnahmsweise stammte dieses Werk nicht von einem Dominikaner. Sein Autor, Otto von Passau, war Lesemeister am baslerischen Franziskanerkloster. Mit seinem Werk ist er, zwei Jahre nach dem Tod der Margareta zum Goldenen Ring, 1383 hervorgetreten; ausdrücklich hat er es den Gottesfreunden gewidmet.
«Was ein schawendes Leben sey, und wie man darzu kommen moege», wird an einer Stelle gefragt; darauf geben Augustinus, Bernhard von Clairvaux, der Prophet Ezechiel, Dionysios von Areopagita und andere zuständige Autoren Auskunft. «Schawen», das ist eine der Antworten, «ist ein Begreyffung der Warheit und nit zweyffelhafftig; aber Pruefung ist dess Gemuets Erforscherin und Spuererin der Meynung.»
Angeregt war das Buch durch die Offenbarung des Johannes, Kapitel 4 und 5; 24 weissgewandete und gekrönte Älteste rezitieren vor dem Thron Gottes Weisheiten aus der Bibel, den Kirchenvätern, den antiken Autoren. Diese Blütenlese war ausserordentlich beliebt, wurde häufig abgeschrieben und im 15. Jahrhundert auch häufig gedruckt; über hundert Handschriften und 16 Drucke sind erhalten. Ausserdem wurde das Buch ins Niederländische übersetzt. Im 15. Jahrhundert hat es ein anderer Basler, Johannes Nider, diesmal wieder ein Dominikaner, unter dem Titel *Die vierundzwanzig goldenen Harfen* mit Erfolg nachgeahmt; von ebendiesem Nider stammt wie bereits erwähnt, die Nachricht vom Tod des Nicolaus von Basel auf einem Scheiterhaufen in Wien.

Das 15. Jahrhundert zeigt ein freundliches Gesicht

Mit den Siegen in den Burgunderkriegen und im Schwabenkrieg setzt im 15. Jahrhundert die eigentliche Glanzepoche der streitbaren Eidgenossenschaft ein. Auch in Basel fällt die Bilanz des 15. Jahrhunderts weit erfreulicher aus als im schattenreichen 14. Säkulum. Wie Bern, Zürich oder Solothurn versucht Basel, sich durch Kauf und Eroberung ein möglichst grosses Territorium anzugliedern. 1400 kommen Liestal und Waldenburg dazu; 1407 der Brückenkopf Olten jenseits des Hauensteins; später Istein, Blauenstein, Neuenstein, Fürstenstein; durch Kauf die weit ausgebreitete Herrschaft Farnsburg und die Landgrafschaft Sisgau, dann Sissach, Böckten und Itingen; etwas später Muttenz und Münchenstein; erst 1518 schliesslich Ramstein mit Lauwil und Bretzwil. 1400 (und 1441 ein zweites Mal) geht Basel ein Schutzbündnis mit Bern und Solothurn ein, obwohl Solothurn, durch Bern in seinem Expansionsdrang nach Norden abgedrängt, dabei unmittelbarer

Konkurrent der Basler wird. So sind die Solothurner verärgert, wenn es den Baslern gelingt, ihnen im letzten Augenblick Münchenstein wegzuschnappen; im Gegenzug setzen sie sich dafür in Dornach fest. 1414 weilt König Sigismund in Basel, wo er Henman Offenburg kennenlernt, den Oberzunftmeister, den er zu seinem Rat ernennt und mit seiner Freundschaft ehrt. 1417 vernichtet eine Brandkatastrophe vierhundert Häuser; die Stadt wird danach planmässig und so stattlich wieder aufgebaut, dass Äneas Silvius, der spätere Papst Pius II., sie als Schreiber des Konzils rühmenswert schön findet: «Kein Haus verrät Altertümliches, nichts Altes, Baufälliges ist zu erblikken.» 1424 wird Basel zur Konzilstadt bestimmt. Zum Showbusiness im Stil der Zeit gehört 1428 der weitbeschrieene Zweikampf zwischen Heinrich von Ramstein und Juan Merlo auf dem Münsterplatz; im *Don Quijote* ist noch 185 Jahre später, Buch 5, Kapitel 8, die Rede davon; unmittelbar nach dem Zweikampf unternahm der Ramsteiner eine Pilgerfahrt zum Heiligen Grab in Jerusalem. Durch das Konzil wird Basel, hundert Jahre vorher eine Hauptstadt der Ketzerei, zur Hauptstadt der Christenheit; wenn auch nicht ununterbrochen, tagt das Konzil von 1431 bis 1448. 1434 zieht Konrad Witz nach Basel, der erstaunliche Maler des heiligen Bartholomäus, mit dem Dürers Apostel Petrus vorweggenommen ist; Witz stirbt zwischen 1444 und 1447 in Basel oder Genf. Aus dem zweiten Drittel des 15. Jahrhunderts stammt das sogenannte *Basler Teufelsspiel-Fragment*. Erhalten sind 154 Verse, die, in ausgesprochen baslerischer Mundart, vermutlich zu einem verschollenen Passions- oder Osterspiel gehörten. Um 1440 errichtet Heinrich Halbysen die erste Papiermühle in Basel; die Galliciani-Mühle, in der heute das Museum für Papier, Schrift und Druck untergebracht ist, war von 1453 bis 1850 in Betrieb. 1444 ist die Schlacht in St. Jakob an der Birs. Jakob Schaffner, ein ungeliebter, aber bedeutender Sohn Basels, hat sie 1937 in der Erzählung *Der Gang nach St. Jakob* beschworen; seine ‹scharfe Nase wittert› dabei ‹fragend und unternehmend in der Luft des Jahrhunderts›: eben unseres 15. Jahrhunderts. 1440 und 1453 sind die beiden Bürgermeister Rot nach Jerusalem gepilgert; über ihre Erlebnisse haben sie Berichte geschrieben, die uns erhalten geblieben sind. Zwischen 1444 und 1448 hat Gutenberg möglicherweise in Basel das *Missale speciale* gedruckt: das früheste in Westeuropa gedruckte und noch erhaltene Buch (Arnold Pfister: *Vom frühen Basler und Schweizer Buchdruck*, 1957). 1445 wird in Basel erstmals eine Hexe verbrannt, nachdem schon 1407 eine Ursula von Bärenfels wegen Hexerei aus der Stadt verbannt worden war. 1458 stirbt Bischof Arnold von Rotberg. 1460 wird die Universität gegründet; 1471 findet die erste Basler Messe statt, und erstmals streiken die Gesellen in den Buchdruckereien; 1473 bewirtet der Rat Kaiser Friedrich III. und dessen vierzehnjährigen Sohn Maximilian; eine Schilderung dieser Kaisertage in Basel findet sich im dritten Teil von Werner Bergengruens Roman *Herzog*

Karl der Kühne. Aus der zweiten Hälfte des 15. Jahrhunderts stammen der Bischofshof, das Zunfthaus ‹Zum Schlüssel›, der Fischmarktbrunnen, der Martinsturm des Münsters, das Schiff der Leonhardskirche. 1474 bis 1478 nimmt Basel als Mitglied der sogenannten Niederen Vereinigung (der elsässischen Reichsstände) an den Burgunderkriegen teil. 1478 sterben Bischof Johann von Venningen und Sophia Ziboll, die Schwester des Bischofs Arnold von Rotberg, die nach schweren Schicksalsschlägen ein auf franziskanische Art heiliges Leben geführt hatte. 1493 feiert Basel in seinen Mauern Maximilian, den ‹letzten Ritter›, der inzwischen römischer König geworden ist. 1494 schreibt Sebastian Brant in Basel *Das Narrenschiff.* 1499 findet mit dem Friedensschluss in Basel der grausam geführte Schwabenkrieg ein Ende, in dem sich Basel neutral zu verhalten vermochte; 1501 tritt es, ausgerechnet am Heinrichstag, dem Tag seines kaiserlichen Patrons, dem Bund der Eidgenossen bei.

Die Schweizer gehen in der Geschichtsschreibung voran

«Das Schweizer Volk, das in seiner Gesamtheit so tatkräftigen Anteil an der Gestaltung seiner Geschichte nahm, geht auch in der schriftlichen Aufzeichnung seiner Geschichte voran», hat Ehrismann gesagt.

In St. Gallen führte 1335 Christian Kuchimeister die alte, lateinische Klosterchronik unter dem Titel *Nüwe Casus Monasterii sancti Galli* in deutscher Sprache fort: kein Geistlicher, ein Bürger, der auch politisch, nicht nur sprachlich, neue Akzente setzte. Die St. Galler Bürger hatten ja mit dem Abt ihres Klosters ganz ähnliche Probleme wie die Basler mit ihrem Bischof.

Johannes von Winterthur (Vitoduranus) war ein Mönch, der für das Jahr 1328 im Basler Barfüsserkloster, später in Schaffhausen, Villingen, Lindau und Zürich, nachgewiesen ist. Zwischen 1340 und 1350 hat er, in lateinischer Sprache, eine unkritische, jedoch sehr lebendig erzählte, mit Anekdoten gewürzte *Oberdeutsche Chronik* geschrieben, die bei Friedrich II. einsetzte und 1348 abbrach. Erstmals im Druck herausgegeben wurde sie, allerdings unvollständig, von keinem Geringeren als Leibniz, der ja nicht nur Mathematiker und Philosoph, sondern auch Jurist, Politiker und Historiker war.

Ein ausgesprochenes Machwerk ist die *Appenzeller Reimchronik.* Das *Weisse Buch von Sarnen* ist eine Sammlung der Landesurkunden von Obwalden zwischen 1467 und 1476; mit einbezogen ist auch die Ursprungsgeschichte der Eidgenossenschaft; erstmals sind darin die Geschichten vom Tell und von Gessler erzählt.

1420 beauftragte der Rat von Bern Konrad Justinger mit der Abfassung einer offiziellen Stadtchronik. Justinger schreibt ein kräftiges, bildhaftes Deutsch; von der Gründung Berns an ist man mit ihm immer richtig dabei; was er an begleitendem Kommentar bietet, ist klug und kenntnisreich. Neben ihrem Wert als offizielles Quellenwerk hat seine Chronik durchaus

auch literarischen Rang. Mit den Fortsetzungen von Tschachtlan und von Diebold Schilling ist die *Berner Chronik* unstreitig das bedeutendste schweizerische Geschichtswerk des 15. Jahrhunderts; vor allem Schilling kennt sich in Gottes Ratschlüssen auf eine Weise aus, als wäre er Privatsekretär des Weltenlenkers gewesen.
Ein Kabinettstück ist der *Twingherrenstreit* von Thüring Fricker (Frickart), dem Stadtschreiber von Bern und Grossvater von Niklaus Manuel. Er hat in Basel studiert (er wurde 1461 immatrikuliert), war in Basel Mitglied der Berner Delegation an den Friedensverhandlungen von 1499 und half hier im November 1500 bei den Vorbereitungen zum Eintritt Basels in den Bund. Eine an sich unbedeutende Auseinandersetzung zwischen der Adels- und der Handwerkerpartei in Bern nahm er zum Anlass einer Schilderung, mit der, wie Jean-Pierre Bodmer (*Chroniken und Chronisten des Spätmittelalters,* 1976) anmerkt, die schweizerische Historiographie eine neue Dimension gewinnt: ‹die Darstellung des Individuums in der politischen Auseinandersetzung›. Ein früherer Bodmer, Johann Jakob (der Freund Klopstocks und Wielands), hat Fricker im 18. Jahrhundert wieder zu Ehren gebracht, und Albrecht von Haller nannte den *Twingherrenstreit* das beste Stück, ‹so man über eine helvetische Begebenheit lesen kann›.

Die Basler Chroniken haben privaten Charakter

Walter Muschg hat (in der Einleitung zu den *Schweizer Bildchroniken,* 1941) über die eidgenössische Geschichtsschreibung des 15. und 16. Jahrhunderts gesagt: «Es hängt mit der europäischen Bedeutung der Ereignisse zusammen, die sich im Spätmittelalter auf Schweizerboden abspielten, dass sich schon immer nicht nur die Schweizer selbst ... mit ihnen beschäftigt haben. Die Taten der Eidgenossen haben zu Zeiten für die ganze abendländische Kulturwelt den Glanz eines legendären Geschehens besessen. Daher kommt es, dass sich in der Art ihrer Wiedergabe die geistigen Strömungen ganzer Epochen spiegeln, wie sonst nur beim Geschichtsbild politischer und kultureller Grossmächte der Fall ist.»
Basel hat erst im 16. Jahrhundert, mit Wurstisen, einen Chronisten hervorgebracht, der seinen Mitbürgern die Geschichte der Stadt in ihren Zusammenhängen anfeuernd zu erzählen verstand. Im 15. Jahrhundert ist die literarische Gattung «Chronik» in Basel mehr der privaten, persönlichen Anteil- und Stellungnahme anheimgestellt. «Wurde das geschichtliche Bewusstsein in Bern von oben her literarisch geformt, in Basel ging es von unten herauf», hat Nadler beobachtet.
Nur bedingt gehören in diesen Zusammenhang Closeners *Strassburger Chronik* von 1362, die anschliessende *Rötteler Chronik* und die *Colmarer Chronik* von 1402, in denen mehr oder weniger häufig auch Basel eine Rolle spielt; so findet sich bei Closener der erste chronikalische Bericht über das Erdbeben von 1356. Nur bedingt hierher gehören auch das *Rote Buch* und das *Kleine Weissbuch* mit ihren Fortsetzungen; nach

dem Erdbeben haben die Basler Stadt- und Ratsschreiber darin Notizen über Glücks- und Unglücksfälle gesammelt. Literarischer Wert ist mit ihnen weder angestrebt noch erreicht. Dasselbe gilt von der *Anonymen Chronik* von 1445 und der lateinischen Bischofschronik, *Chronica episcoporum Basiliensium,* des Kaplans Gerung, die von den Jahren 258 bis 1475 reichte.
Deutsch abgefasst ist die sogenannte *Oberrheinische Chronik* von 1337, die nach Georg von Wyss (*Geschichte der Historiographie* in der Schweiz) von einem Basler Geistlichen abgefasst sein soll. Neben ihren Berichten über die Zeit Rudolfs von Habsburg sind darin eidgenössische und baslerische Ereignisse und Persönlichkeiten interessant, darunter unser Kriegsheld, Kastvogt und Minnesänger Wernher von Honberg.
Mehr oder weniger ausführlich einzugehen haben wir auf die Chroniken des Diplomaten Henman Offenburg, des Bäckermeisters Hans Sperrer (genannt Brüglinger), Heinrichs von Beinheim, Erhard Appenwilers und mit besonderem Vergnügen auf die Tagebücher des Kaplans Johannes Knebel.

Offenburgs Memoiren sind eine Verteidigungsschrift

Henman Offenburg, 1379 in Basel geboren, Apotheker von Haus aus, wird 1429 zu den vierzehn reichsten Bürgern gezählt. Zünftig zu Safran, der vierten der Basler Herrenzünfte, ist er mehrmals Oberzunftmeister, gehört dem Achtburgerrat an, ist Gesandter am Konstanzer Konzil und immer wieder in Rom. Bei Anlass der Kaiserkrönung Sigismunds, 1433, wird er auf der Tiberbrücke in Rom zum Ritter geschlagen. Ein zweites Mal zum Ritter (des Heiligen Grabes) geschlagen wird er 1437 in Jerusalem, wie vor ihm die Basler Siegfried Münch und Herrmann Schaler; auf der Fahrt ins Heilige Land hat Offenburg Schiffbruch erlitten: «als unser galee zerbrach uff dem mer.»
Freund Sigismunds, Freund auch von König Karl VII., Albrecht II., Friedrich III., ist er durch sein Geschick im Umgang mit hohen und höchsten Herrschaften ein Instrument für Basels Politik, wie man es sich geschliffener nicht hätte ausdenken können. Nicht erst im Krieg zwischen Basel und Österreich, 1445 bis 1449, waren allerdings Offenburgs Beziehungen zu Habsburg für seine Vaterstadt auch ein Anlass zu Misstrauen. So blieben ihm einige Ämter, auf die er durch Rang, Reichtum und Verdienst Anspruch gehabt hätte, zeitlebens versagt.

Die Verdächtigungen, die zuweilen in solchen Zusammenhang unüberhörbar laut wurden, veranlassten Offenburg 1445 zur Niederschrift seiner Aufzeichnungen, die uns allerdings nicht vollständig erhalten sind. Offenbar in einem Zug abgefasst, sind sie die Verteidigungsschrift eines sehr selbstbewussten Staatsmannes. Als Erinnerungsbuch verzeichnen sie durchgehend selbsterlebte, grossenteils selbst mitbestimmte Geschichte: überlegen abwägend, sehr treff- und stilsicher, in knappen, pointierten Sätzen.

Henman Offenburgs Aufzeichnungen sind enthalten in: Basler Chroniken, Bd. 5, Leipzig 1895. Gilomen-Schenkel, E.: *Henman Offenburg*. Diss. Basel 1975.

Brüglinger schreibt sein Zeitbuch ins Zunftbuch

Hans Sperrer, genannt Brüglinger, ist in der Konzilszeit als Bäcker zu Vermögen gekommen. Als Zunftmeister der Brodbecken, die in der Basler Zunftordnung erst den sechsten Rang einnahmen, nimmt er doch hoch zu Pferd an den Kriegszügen der Basler gegen den österreichischen Adel teil. Mit seiner kleinen Chronik hat er sich direkt im Zunftbuch verewigt. Den Rat schonend, berichtet er vom Auf- und Abbruch des Entsatzversuchs der Basler für die Eidgenossen bei St. Jakob, deren Schicksal, ‹das wir doch leider nut gewenden kundent›, ihm das Herz schwer machte.

Schlicht, mit nicht immer leicht lenkbarer Feder, berichtet er über den Raub- und Beutezug von viertausend Baslern in den Breisgau. Sie brennen Dörfer nieder, lassen sich bei Gelegenheit mit Wein vollaufen; dem Feind, der ihnen bei Krotzingen zu Gesicht kommt, weichen sie vorsichtig aus. Von Bellingen dann, ‹am dritten tag, da wir die Messe hatten gehört, zogen wir recht im Namen Gottes heim›.

Brüglingers Chronik war, wie übrigens auch die von Offenburg, lange Zeit verschollen. Erst Peter Ochs hat sie als Quelle wiederentdeckt und 1819, im dritten Band seiner *Geschichte der Stadt und Landschaft Basel*, benutzt.

Beinheim ist nicht nur Neffe des Bischofs

Heinrich von Beinheim, der natürliche Sohn des Freiherrn Heinrich von Fleckenstein-Dachstuhl, ist um 1400 geboren. Nach Studien in Wien und Heidelberg berief ihn sein Onkel, Bischof Johann von Fleckenstein, als Offizial des bischöflichen Gerichts nach Basel. 1431 wurde er einer der vier Sekretäre des Konzils. 1436 starb sein Onkel; Beinheim legte alle seine geistlichen Ämter nieder und heiratete. 1437 wurde ihm das Basler Bürgerrecht geschenkt; 1439 verlieh ihm das Konzil die Würde eines Ehrendoktors des kanonischen Rechts; 1446 führte er für Basel die Friedensverhandlungen mit Österreich in Colmar und 1449 in Breisach. Gestorben ist er ein paar Tage vor der Eröffnungsfeier der Universität, an deren Gründung er massgebenden Anteil hatte.

Dr. h.c. Heinrich von Beinheim hat zwei lateinische Zeitbücher geschrieben. Das erste, eine *Chronik der Basler Bischöfe*, begnügt sich bis zur Zeit des Erdbebens mit summarischer Aufzählung; anschliessend ist es ein wenig ergiebiger und endet mit dem Jahr 1458. In lateinischer Sprache, allem Anschein nach von Jahr zu Jahr nachgeführt, hat Beinheim vorher ein grösseres Zeitbuch verfasst; dieses Werk ist nur lückenhaft in einer deutschen Übersetzung erhalten. Sein Wert als Geschichtsquelle ist unbestritten; überdies verrät es nicht allein Gelehrsamkeit, sondern auch Klugheit; politischen Scharfsinn verbindet es mit einem freien, weitblickenden Urteil.

Beinheims *Kleine Chronik der Basler Bischöfe* und Stadtchronik 1441 bis 1451 ist enthalten in den ‹Basler Chroniken› Bd. 5, Leipzig 1895.

Erhard von Appenwiler war Kaplan am Münster. Sein chronikalisches Mosaik schrieb er lateinisch auf die leeren Seiten einer sächsischen Weltchronik; die seine reichte von der Wahl von Papst Felix V. bis zur Wahl von Papst Sixtus IV.: von 1439 bis 1471. Im letztgenannten Jahr scheint er selber gestorben zu sein. Zunächst ein ungenannter Verfasser, danach Heinrich Sinner von Dachsfelden (Tavannes) führten die Chronik etappenweise fort bis ins Jahr 1474. Sie enthält eine Menge Nachrichten, schneidet aber literarisch, als Geschichtsschreibung, schlecht ab im Vergleich mit Beinheim; selbst Brüglinger ist Appenwiler durch Mutterwitz und abrundende Schilderungskraft überlegen. Sehr weit geht dieser dagegen in seiner Abneigung gegen die Eidgenossen; bei Anlass des Mülhauser Zugs von 1468 gibt er ihr ganz unverhohlen Ausdruck.

Appenwilers Chronik gibt sich antieidgenössisch

Appenwilers Chronik ist enthalten in: Basler Chroniken, Bd. 4, Leipzig 1890.

Knebel ist ein baslerischer Pepys

Eines der kurzweiligsten Bücher im Bereich der Baslerischen Literaturgeschichte, ein wirkliches Lesevergnügen, ist *Johannis Knebel capellani ecclesiae Basiliensis diarium,* das Tagebuch Hans Knebels, des Kaplans am Basler Münster. Johannes, Sohn Konrads, des Ratsherrn der Zunft zu Webern, ist um 1415 geboren worden. Er studierte in Erfurt und Heidelberg, wurde 1441 Priester, 1447 Kaplan des Katharinenaltars im Münster, 1460 Notar der Universität. Gestorben ist er 1481. Was aber schon für Konrad von Würzburg wichtig war, was seither für gute Basler vor und nach Knebel Gültigkeit hatte und hat, wurde für diesen mit dem Ausspruch festgehalten: «Als Hausbesitzer und Grundeigentümer stand er in seiner Vaterstadt auf sicherem Boden.» (Schon im Hochmittelalter haben sich die grundbesitzenden Stadtbewohner, die Burger oder Patrizier, als herrschende Gesellschaftsschicht etabliert.)
Als extrem neugieriger Topfgucker (wie mancher dieser echten, grundbesitzenden Basler noch heute) führte Knebel ein reizvolles Tagebuch. Von den drei Bänden dieses *Diariums* sind nur der zweite und dritte erhalten, die vom September 1473 bis in den Juni 1476 führen; der erste, vielleicht 1462 begonnen, ist leider verlorengegangen. Eine vollständige Ausgabe der Bände 2 und 3, lateinisch, dazwischen originaldeutsche Aktenstücke, ist 1880–1887 in der Sammlung der ‹Basler Chroniken› herausgekommen. Eine verkürzte, ins Deutsche übersetzte Fassung von Karl Buxtorf-Falkeisen ist schon vorher, 1851 bis 1854, erschienen.

Notariatszeichen von Johannes Knebel

Durch sein Tagebuch ist Knebel ein Pepys nach Basler Art geworden. Samuel Pepys (sprich: Pieps) war der Sohn eines Londoner Schneiders, hat aber in Cambridge studiert und bekleidete, als Günstling des Grafen von Sandwich, hohe Verwaltungsämter. Er lebte von 1633 bis 1703 und führte von 1660 bis 1669 ein Tagebuch, in dem er sich (allerdings in einer selbsterfundenen Geheimschrift) schonungslos und ganz spontan über sein intimes und intimstes Tun und Lassen, über eigene und fremde Ehebrüche, Charakterschwächen, Skurrili-

täten und sonstige Vertraulichkeiten, aber auch über zeitgenössische Literatur, Wissenschaft, Kunst und Musik, als Augenzeuge der Pestepidemie und des Brandes von London, über Hofklatsch und tausend andere Dinge äusserte. Pepys hat damit ein einzigartiges Zeit- und Kulturdokument hinterlassen; er ist dadurch auch in die Weltliteratur eingegangen.
Im Vergleich mit Pepys ist Knebel als Schriftsteller bei seiner Nachwelt entschieden zu kurz gekommen. Für die Weltliteratur ist seine Statur und Leistung sicher zu klein geraten; ebenso sicher ist sie aber zu gross, um nur, wie bisher, für Historiker Quellenmaterial zur Geschichte der Kämpfe gegen Karl den Kühnen feilzuhalten.
Über diese geschichtlichen Umstände wimmeln allerdings bei ihm die Nachrichten und Dokumente durcheinander wie auf der Redaktionsstube einer heutigen Zeitung. Gerüchte, Klatsch und geheime Meldungen werden gar nicht erst überprüft und umgesetzt, sondern brühwarm zu Papier gebracht, wenn nötig später widerrufen, in Frage gestellt, richtiggestellt. Gestalten wie der geldgierige Kaiser Friedrich und der karge Bischof Johann von Venningen werden in Schnappschüssen und Blitzlichtaufnahmen ungemein deutlich und lebendig. Über den Bösewicht Peter von Hagenbach werden erstaunlich anstössige Geschichten kolportiert, und Karl der Kühne brüstet sich, er sei auf Erden das, was der liebe Gott im Himmel und der Teufel in der Hölle.
In derselben Stimmlage, weder lauter noch leiser, erfahren wir von einem Kaplan Stocker, der in Arlesheim wegen unnatürlicher Unzucht verurteilt wird; es ist die Rede von einem misslungenen Versuch in Lausanne, aus Kirchenglocken Geschütze zu giessen; nach der Ermordung eines Christenknäbleins werden in Trient die Juden verfolgt, und ebenfalls im Etschland wird ein Goldbergwerk entdeckt. Auf den gefangenen Landvogt Peter Hagenbach singen die Kinder ein Lumpenliedchen, in dem das Osterlied ‹Christ ist erstanden› parodiert ist. Es geht die Rede von einem eierlegenden Hahn in Basel, von der Pestilenz infolge der heissen Witterung der letzten Jahre, von anderen merkwürdigen Krankheiten und von den horrenden Lebensmittelpreisen. Der Messerschmied Rösslin ermordet ein kleines Mädchen; innerhalb von drei Wochen passieren in Basel weitere sieben Mordtaten. Nach einem nächtlichen Abenteuer führt ein liederliches Frauenzimmer ihren Mann hinters Licht; am Spalenberg stürzen drei Häuser ein. Und am 10. Januar 1476 stirbt, von Knebel und seiner Haushälterin betrauert, das Hündchen Frogindorumb im Alter von 22 Jahren.

Weit weniger ergiebig ist die *Anonyme Chronik der Burgunderkriege,* die trotzdem in den ‹Basler Chroniken›, Band 1 (Leipzig 1872), neu herausgegeben worden ist.

Clemens V., ein französischer Papst, verlegte seine Residenz 1309 nach Avignon. 1379 gab es einen französischen Papst in Avignon und einen italienischen in Rom. Das Konzil von Pisa, 1409, das die Einheit der Kirche wieder hätte herstellen sollen, hatte zur Folge, dass die Kirche über drei Päpste verfügte anstelle der bisherigen zwei. Von König Sigismund veranlasst, setzte das Konzil von Konstanz, 1414 bis 1418, die Wahl Martins V. zum alleinigen Papst durch. Eine noch weitergehende Reorganisation der arg verweltlichten Kirche wurde auf den Konzilien in Pavia und Siena angestrebt, die jedoch nur schwach besucht wurden. Um eine Reformation an Haupt und Gliedern dennoch zu erreichen, wurde in Siena ein grosses, allgemeines Konzil nach Basel angesetzt; durch eine Urkunde vom April 1424 bestätigte Papst Martin die Wahl Basels und bestimmte das Jahr 1431 als Beginn der Versammlung.

Mit dem Konzil befindet sich Rom in Basel

Massgebend für die Wahl Basels war vornehmlich seine geographische Lage in einem Schnittpunkt der Strassen zwischen Nordsee und Mittelmeer, zwischen Böhmen und dem Südosten Deutschlands einerseits und dem mittleren Frankreich andererseits, am halben Weg zwischen Spanien und Ungarn. Dazu kam, dass Basel eine reiche Stadt mit 15000 Einwohnern war. In der Person von Henman Offenburg besass sie ausserdem einen geschickten Agenten, der, als die Würfel gefallen waren, als Vermittler zwischen Rom und Basel auch an der Inszenierung des grossen Spektakels einen massgebenden Anteil hatte.
Eröffnet wurde das Konzil am 23. Juli 1431, knapp zwei Monate nach der Verbrennung der Jeanne d'Arc in Rouen. Kardinal Cesarini, der papstvertretende Konzilspräsident, kam erst im September aus Böhmen, wo er mit einem päpstlichen Heer Krieg gegen die Hussiten geführt hatte. Mit Cesarinis Ankunft setzte der Zustrom geistlicher und weltlicher Würdenträger richtig ein, durch den Basel zur eigentlichen Hauptstadt des Abendlandes wurde. Als Hauptaufgaben des Konzils sollten in Angriff genommen werden: 1. die Versöhnung mit den Hussiten, 2. die Beseitigung innerkirchlicher Mißstände, 3. der Ausgleich zwischen verfeindeten christlichen Fürsten.
Priorität hatten die Verhandlungen mit den Hussiten, die seit der Verbrennung von Johannes Hus, 1415 in Konstanz, gegen Papst und Kirche im Krieg lagen. In Franz Werfels Stück *Das Reich Gottes in Böhmen*, der Tragödie des hussitischen Feldhauptmanns Prokop, spielt der Mittelteil am Konzil in Basel. Ein souverän frommer Kardinal Cesarini und der fanatisch kalte Prokop geraten da in unversöhnlichem Hass aneinander und auseinander. Schon bald am Anfang fällt das Wort Cesarinis: «Ihr, Doktor Palomar, seid ein allzustrahlender Geist, um nicht zu wissen, dass Rom heute nicht in Rom ist, sondern hier in Basel.»

Eindrücke aus der Frühzeit des Konzils, die der venezianische Gesandte, Andrea Gattaro, notierte, hat Rudolf Wackernagel im Basler Jahrbuch 1885 vorgestellt.

Die allgemeine Eintracht bricht auseinander

Vom Oktober 1432 bis in den Mai 1433 weilte Sigismund, eben erst in Rom zum Kaiser gekrönt, in Basel. In der Auseinandersetzung zwischen Konzil und Papst um die Frage nach der obersten kirchlichen Machtbefugnis, die nach dem Friedensschluss mit den Hussiten (den Kompaktaten von Prag) ins Zentrum des Konzilsgeschehens rückte, nahm Sigismund eine vermittelnde Stellung ein.

Papst Felix V.

In Basel wehte vorderhand ein demokratischer, also ein konziliarer Wind. Die Mehrzahl der versammelten Theologen und Juristen, keineswegs nur die Professoren aus Paris, auch die italienischen Kardinäle, vor allem Cesarini, aber auch Albergati und Capranica, erklärten sich zunächst dezidiert gegen die päpstliche Obergewalt. In diesem Sinn und im Auftrag Cesarinis verfasste einer seiner Schützlinge, Cusanus, ein junger deutscher Jurist und Priester, in Basel die Schrift *De concordantia catholica* (Von der allgemeinen Eintracht).

Die allgemeine Eintracht im revolutionären oder doch evolutionär-fortschrittsgläubigen Überschwang zerbrach jedoch bald. Ein offener Konflikt brach aus über der Frage einer Union mit den griechischen Katholiken. Die Mehrheit des Konzils unter dem französischen Kardinal d'Aleman entschied sich für ein Unionskonzil in Basel oder Avignon; die Italiener, die für eine italienische Stadt plädierten, blieben in der Minderheit und zogen sich, da sie ein neues Schisma befürchteten, vom Schauplatz der Auseinandersetzung in Basel zurück.

Auf Betreiben der Franzosen wurde schliesslich, 1439, die Absetzung des Papstes in Rom, Eugens IV., beschlossen. Eugen war damit bereits der zweite Papst, der in Basel abgesetzt wurde, nachdem dies bereits im Jahr 1061 dem Papst Alexander II. widerfahren war, für den damals Honorius II. zum Oberhaupt der Kirche erkoren worden war. Durch den Ausbruch der Pest, die in der übervölkerten Stadt über fünftausend Opfer forderte, wurde diesmal die Wahl eines neuen Papstes verzögert. Aber im November wurde dann Amadeus VIII. von Savoyen gewählt und am 24. Juli als Felix V. auf dem Münsterplatz (das Münster war zu klein) in Anwesenheit von 40 000 bis 50 000 Menschen zum Papst gekrönt.

Der Höhepunkt des Konzils ist überschritten

Am Konzil waren jetzt in Basel zugegen: der neugewählte Gegenpapst, Felix V., der spätere Papst Nikolaus V. in Gestalt des Florentiner Bibliothekars Parentucelli, dazu der nach Nikolaus übernächste Papst Pius II. in Gestalt des Äneas Silvius, zur Zeit Sekretär von Felix V. In einer (an C. F. Meyer gemessen sehr schwachen) Novelle von Emanuel Stickelberger, *Der Papst als Brautwerber* (Basler Jahrbuch 1922), werden alle drei in einem Wirtshaus zusammengeführt; damit verquickt ist die Geschichte der Stiftung der Papstglocke im Basler Münster durch Felix V.

Mit der Papstkrönung war der Höhepunkt des Konzils erreicht und überschritten. Nachdem Cesarini und Cusanus Basel bereits 1437 verlassen hatten, zogen sich jetzt die markanten Figuren, Potenzen und Intelligenzen auch aus dem französischen Lager eine nach der andern zurück. Die Verhandlungen wurden zusehends unverbindlicher, bedeutungsloser. Dazu kam 1444 die Bedrohung Basels durch die Armagnaken. Und 1447 verständigte sich König Friedrich III., der Nachfolger von Sigismund, mit Papst Eugen IV., und das nicht ohne kräftige Mithilfe eines neuen Sekretärs in der Kanzlei Friedrichs: des Äneas Silvius. Als Friedrich darauf das schützende Geleit für Konzilsbesucher aufsagte und der Rat von Basel ein Gleiches tat, wurde das Rumpfkonzil nach Lausanne verlegt, wo Felix V., in der Nähe seiner Heimat Savoyen, zugunsten von Papst Nikolaus V., dem früheren Bibliothekar Parentucelli, zurücktrat.

Cusanus kommt nach Basel

Die hervorragendsten Köpfe am Basler Konzil waren, was den kirchenpolitischen Aspekt betrifft, einerseits Kardinal Giuliano Cesarini, der Stellvertreter des Papstes, anderseits Kardinal Louis Aleman, Erzbischof von Arles, und Thomas von Courcelles, Professor in Paris, als Vertreter gallikanischer, antipäpstlicher Freiheiten; weit über den geistes- und literaturgeschichtlichen Horizont des Konzils hinaus erstrecken sich die Einflussbereiche und historischen Auswirkungen der beiden Konzilsteilnehmer Nikolaus Cusanus und Äneas Silvius.
Nikolaus Krebs, nach seinem Geburtsort Cusanus genannt, ist in Kues bei Trier 1401 als Sohn des Winzers und Moselschiffers Johann Krebs geboren. Er studiert in Heidelberg und Padua Jurisprudenz, als Doktor des kanonischen Rechts anschliessend Theologie in Köln. 1464 stirbt er als Fürstbischof von Brixen und Kurienkardinal; begraben liegt er in San Pietro in Vincoli in Rom, seiner Titularkirche.
1432 kommt Cusanus in Angelegenheiten des Erzbistums aus Trier nach Basel. Hier trifft er Cesarini, den Konzilsleiter, mit dem er, seit seiner Studienzeit in Padua, freundschaftlich verbunden ist. Er fällt durch umfassendes Wissens und schlagfertige Rednergabe auf, vielleicht auch schon als Sammler alter Handschriften. Durch seine Streitschrift *Von der allgemeinen Eintracht,* in der er auf Veranlassung von Cesarini die demokratische Konzilsautorität gegen den autokratischen Papst verteidigt, wird er ‹das geistige Haupt der Versammlung›, wie Jaspers (in seinem 1964 in Basel entstandenen Cusanus-Buch) formulierte.
1436 legt Cusanus dem Konzil eine zweite Schrift vor: *Reparatio Calendarii.* Aber die Kalenderreform, die er damit ins Gespräch bringt, kommt nicht zustande; erst hundertfünfzig Jahre später, unter Papst Gregor XII., wird der Julianische (zunächst nur in den römisch-katholischen Staaten) durch den Gregorianischen Kalender abgelöst. Bei seinen Kalenderberechnungen kommt übrigens Cusanus zu dem (damals keineswegs skurrilen) Nebenergebnis, dass der Jüngste Tag zwischen 1700 und 1734 zu erwarten sei.

Mindestens zwei Seelen wohnen in seiner Brust

Nicht von Basel enttäuscht, aber von der kirchenpolitischen Wirklichkeit des Konzils, gemessen an dessen Möglichkeiten, verlässt Cusanus, zusammen mit Cesarini, 1437 die Kirchenversammlung. Er nimmt am Gegenkonzil von Ferrara und Florenz teil, wo eine Einigung mit der bedrängten griechischen Kirche wenigstens pro forma zustande kommt. Auf einer Seereise, von Griechenland zurückkehrend, empfängt er 1440, als Eingebung von oben, ‹von dem Vater des Lichts›, das Motiv seines ersten und zugleich wichtigsten philosophischen Werkes: *De docta ignorantia* (Von der gelehrten Unwissenheit).
Cusanus ist eine komplexe, in ihren Tiefen kaum auslotbare Persönlichkeit. Zutiefst ist er wahrscheinlich als neuplatonischer Mystiker anzusprechen, der nach Plänen weiterbaute, die er bei Meister Eckhart vorgefunden hat, bei Dionysios Areopagita (Pseudodionys) und bei dem grossartigen Gedankenbaumeister von *De divisione naturae:* bei Johannes Scotus Eriugena, dem Hegel des 9. Jahrhunderts.
Sich als Mönch ausschliesslich in ein meditatives Dasein zurückzuziehen, ist, mehrfach von ihm ausgesprochen, sein Glückstraum. Deutlich ist ihm aber auch die Gefahr bewusst, sich dabei noch tiefer als Meister Eckhart in ketzerische Gedankengänge zu verstricken. Sein gleichzeitiges Verlangen nach öffentlicher, männlich verantworteter Wirksamkeit verbindet sich deshalb bei ihm, wie später bei Luther, mit dem Wunsch nach Ablenkung von den Risiken schrankenloser Meditation. Zeitlebens schlägt er sich darum mit Problemen der Kirchenreform herum; darum streitet er sich mit dem Herzog von Tirol oder mit dem Deutschritterorden; darum denkt er sich naturwissenschaftliche Versuche aus, forscht er in Urkunden, sammelt er Handschriften, wobei er übrigens eine Komödie des Plautus entdeckt.

Cusanus

Scheinbar ein imponierend geschlossener Charakter, wohnen doch mindestens zwei Seelen in seiner Brust. Als Kirchenpolitiker vertritt er in Basel den konziliaren, später einen papalen Standpunkt. Obwohl viele Sätze in seinen Schriften ebenso ketzerisch sind wie die verurteilten 28 Thesen Eckharts, kämpft er als Kirchenfürst unerbittlich um die Einheit und Geschlossenheit der Kirche. Aber diese Einheit glaubt er nicht durch den Glauben, sondern allein durch Machtausübung gewährleistet. Und als Mystiker, dessen Gotteslehre letztlich aus wissend-unwissender Skepsis ihren Ursprung nimmt, stellt er die Beweglichkeit und Geräumigkeit seiner neuplatonischen Begriffe immer wieder in den Dienst orthodoxer Dogmatik. Als Zeitgenosse des Humanisten Lorenzo Valla (der später für Erasmus wichtig wurde), ist Cusanus in seinem Aufbruch zu den Grenzen menschlicher Möglichkeiten bereits auch ein ausgesprochener Renaissance-Typ. Mit Gegensatzpaaren wie Mystik und Skepsis, germanisch und romanisch, Glauben und Wissen oder Mittelalter und Neuzeit ist er nur unzureichend zu charakterisieren. Genialer Wortführer des 15. Jahrhunderts, ist er gleichzeitig das frühe Beispiel eines modernen Menschen, der sich bewusst und verantwortlich in einer Welt zurechzufinden sucht, die sich für ihn in keinem Wissen endgültig erschliessen will und in keinem Glauben mehr endgültig offenbaren kann: mit seinem eigenen Ausdruck eine Coincidentia oppositorum, ein Zusammenfall von Gegensätzen, deren Versöhnung sich erst im Unendlichen, in Gott ereignet.

Cusanus: *Opera omnia*, Krit. Ausg., Leipzig 1932ff. Ders.: *Schriften* in dt. Übersetzung, Hamburg 1946ff.

Der Weg nach Rom führt zunächst nach Basel

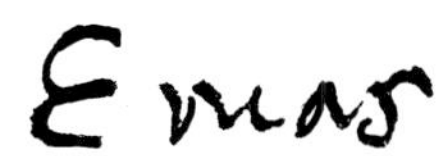

Auch Äneas Silvius ist keine leicht zu durchschauende Persönlichkeit. Man hat ihn einen ‹Fürsten im Reich der neuen Bildung› genannt, wie nach ihm Erasmus einen ‹Fürsten der Gelehrsamkeit› und Voltaire einen ‹Fürsten im Reich der Aufklärung›. In der Biographie von Georg Voigt (*Enea Silvio Piccolomini als Papst Pius II, und seine Zeit*, 1856 bis 1863) ist über ihn, was seine Moral und seine Politik betrifft, mit einer Härte geurteilt, die an Deutlichkeit nicht mehr viel zu wünschen übrig lässt. (Noch weiter geht einzig Johannes Haller in Hergenröters *Handbuch der Allgemeinen Kirchengeschichte.*) Nicht oder nicht nur aus baslerischer Voreingenommenheit kommt dagegen Jacob Burckhardt (*Die Cultur der Renaissance in Italien*, 1860) zu einem deutlich abweichenden, dezidiert positiven Urteil; in einem Brief nennt er Äneas Silvius geradezu ‹meinen Liebling›. Und eine eigentliche Ehrenrettung legt, wieder in Basel, Berthe Widmer vor mit ihrer Schrift *Enea Silvio Piccolomini in der sittlichen und politischen Entscheidung*, 1963.

Als ältestes von achtzehn Kindern wird Äneas Silvius 1405 in Corsignano geboren. In Siena studiert er offiziell Jurisprudenz, in Wirklichkeit römische Literatur und die lateinische Sprache. Erhalten ist von ihm aus dieser Zeit eine Sammlung lateinischer Gedichte unter dem Titel *Cinthia.* Daneben geniesst er das Leben; trotzdem oder deswegen hätte er sich nach einer Predigt des heiligen Bernhard von Siena um ein Haar entschlossen, in ein Franziskanerkloster einzutreten. In Florenz, wo er zwei Jahre zubringt, lernt er Griechisch, und zum selben Zeitpunkt wie Cusanus, im Frühjahr 1432, kommt er, im Gefolge des Kardinals Capranica, nach Basel.

Während neun Jahren ist Äneas Silvius in Basel Sekretär verschiedener Kirchenfürsten, zuletzt des Konzilspapstes Felix V. Sinnlichen und geistigen Genüssen gleichermassen zugetan, weiss er dabei die für seine Laufbahn wichtigen Verbindungen zu knüpfen und den Kontakt mit den besten Köpfen seiner Zeit nicht nur als Literat und Lebemann zu nutzen. Im Auftrag hoher Herren reist er nach Wien, in die Lombardei, nach Süddeutschland, einmal sogar nach Schottland; ein Liebesabenteuer mit einer Engländerin in Strassburg hat Folgen: Äneas Silvius wird Vater.

Auftragsgemäss berichtet er der Regierung in Siena laufend über alle wichtigen Konzilsereignisse. Der Brief ist auch sonst die literarische Form, in der er spontan, temperamentvoll und

in betont elegantem, ciceronianischem Latein sein Bestes gibt. «Ich quäle mich nicht ab, wenn ich schreibe», hat er selber gestanden, «weil ich nicht zu hohe und unbekannte Dinge berühre; ich gebe, was ich gelernt habe.» Eine Auswahl seiner *Briefe* ist von Max Mell (dem Freund Hofmannsthals) 1911 übersetzt worden.
Als Sekretär von Papst Felix verfasst er ein fingiertes Gespräch, *Libellus dialogorum,* in dem Cusanus (als Wortführer des Papstes in Rom) den kürzeren zieht. Aus seiner Feder fliesst schliesslich eine lebendige, psychologisch fein nuancierende *Geschichte des Konzils.* Aus Wahrheit und Irrtum, aus scharf beobachteten Einzelheiten, missdeuteten Einrichtungen und schönen Schilderungen entwirft Äneas Silvius in einigen Briefen und in der Konzilsgeschichte auch ein überaus reizvolles Bild der damaligen Stadt Basel. Einen zusätzlichen Reiz finden seine Berichte in der Übersetzung, die Christian Wurstisen, der Vater der Basler Geschichte, seiner *Baszler Chronik* beigefügt hat.

Eine kühne Vorhersage trifft ein

Auf dem Reichstag in Frankfurt, 1442, wird Äneas Silvius Sekretär von König Friedrich III.; in Aachen krönt dieser ihn zum Dichter. Obwohl Poeta laureatus, ist er als Schreiber in der Reichskanzlei in Wien zunächst nicht eben gut gehalten; seine Schilderung *Über das Elend der Hofleute,* in der er ein paar Jahre später seine Erfahrungen am Hof zu Wien niederlegte, ist ein Kabinettstück juvenalischer Satire. Dank seinem guten Verhältnis zum Kanzler des Königs, Kaspar Schlick, verbessert sich seine Stellung schon bald; Schlick verdankt er auch den Stoff seiner Novelle *Euryalus und Lucretia,* die auf ein Liebesabenteuer des Kanzlers in Siena zurückgeht. In knappen Mussestunden leicht und rasch hingeworfen, hat diese Novelle einen Erfolg, der mit der Wirkung von Goethes *Werther* verglichen worden ist.
Bereits 1447 wird *Euryalus und Lucretia* von Niklaus von Wyle, einem Aargauer aus Bremgarten, ins Deutsche übertragen. Neben Boccaccio, Poggio, Petrarca übersetzt von Wyle auch eine Auswahl der *Briefe* von Äneas Silvius, dazu die *Heilmittel der Liebe,* den *Traum des Fortunatus* und den *Lehrbrief zur Pflege humanistischer Studien.* Was Äneas Silvius im Grossen, ist Niklaus von Wyle im Kleinen: ein erfolgreicher Apostel der Renaissance, des Humanismus in Deutschland. In seinen ‹Teutschungen› oder ‹Translatzen› wird, wie Wackernagel seine Vermittlertätigkeit charakterisierte, ‹eine bewusste und innerhalb aller Unpasslichkeit dennoch geschickte, ja anmut- und würdevolle Übertragung lateinischer Redeweise auf die deutsche Rede› praktiziert.
Inzwischen schreibt Äneas Silvius für König Friedrich III. ein Regierungsprogramm, den *Pentalogus,* und 1445 besucht er im Auftrag des Herrschers den Papst, mit dem er sich, ein Grossmeister nicht nur des geschriebenen, sondern auch des gesprochenen Wortes, bei dieser Gelegenheit endlich versöhnt. Ein

Mann, der stark gelebt hat und früh gealtert ist, empfängt er im gleichen Jahr, was er vorher mehrmals verweigert hatte, die Priesterweihen. 1446 fährt er, nun im Priesterrock, mit seinem Basler Kollegen Parentucelli, der inzwischen Bischof geworden ist, neuerdings nach Rom. Unterwegs fällt in einem Gasthof das Wort Parentucellis, das Stickelberger in seiner Novelle vom *Papst als Brautwerber* in einem Gasthof in der Umgebung von Basel hat fallenlassen: «Warum denn sparen, wenn wir doch beide bald einmal Päpste sein werden?»
1447 stirbt Papst Eugen IV., und prompt wird Parentucelli Papst. Er nennt sich Nikolaus V.; eine seiner ersten Amtshandlungen ist die Ernennung von Äneas Silvius zum Bischof von Triest. 1449 erzwingt er die Auflösung des Basler Konzils. Von Fra Beato Angelico lässt er sich seine Kapelle mit Szenen aus der Legende des heiligen Nikolaus ausmalen; als ehemaliger Bibliothekar gründet er 1450 die Bibliotheca Apostolica Vaticana, die heute vielleicht wertvollste Bibliothek der Welt.
Bischof Äneas Silvius schreibt unterdessen die *Geschichte Kaiser Friedrichs III.*, dessen Vermählung und Kaiserkrönung er vorbereiten hilft. 1453 wird Konstantinopel von den Türken erobert, und Äneas Silvius beginnt unverzüglich den Kreuzzug gegen sie zu predigen. 1455 stirbt Nikolaus V.; Papst wird zwar nicht Äneas, dafür ein sehr alter Mann, der sich Kalixt III. nennt und Äneas bald ins Kardinalskollegium beruft.
In seinem unvergleichlich eleganten Latein schreibt der neugebackene Kardinal nunmehr eine *Geschichte Böhmens* und die berühmte *Germania*, durch die er zum Titel eines ‹Vaters des deutschen Nationalbewusstseins im 15. Jahrhundert› kommt.

Goldbulle des Kaisers Friedrich III. von 1542

Ein glänzender Schriftsteller wird ein guter Papst

Nach dem Tode von Calixtus III. geht Äneas Silvius, der im Konklave äusserst geschickt zu taktieren versteht (er spielt die Franzosen und die Italiener gegeneinander aus), als Papst Pius II. aus der Wahl hervor. Durch seine Namenswahl verpflichtet er sich zur Frömmigkeit; dem Kardinalskollegium gegenüber verbürgt er sich für kirchliche Reformen und (was vor allem ihm selber am Herzen liegt) für den Kampf gegen die Türken: ‹contra perfidos turchos›.
Sein alter Kollege aus Basel, Kardinal Cusanus, wird einer der engsten Mitarbeiter des neuen Papstes; in einer hübschen Anekdote erweist sich dabei Pius als sehr gewiegter Menschenkenner im Umgang mit dem Rigoristen Cusanus. Am Fürstenkongress von Mantua, wo ihm Niklaus von Wyle, sein Übersetzer, die Hand küsst, bewilligt er Basel die nötigen Privilegien für die Gründung einer Universität; am 12. November 1459 wird die Stiftungsurkunde ausgefertigt.
Mit einer Bulle schützt Pius die notleidenden antiken Baudenkmäler in Rom. Seinen Geburtsort Corsignano erhebt er zur Stadt, nennt sie Pienza und schmückt sie mit grossen Bauten in florentinischem Renaissancestil. Er selber lebt einfach, würdig und schreibt seine *Commentarii rerum memorabilium quae temporibus suis contigerunt*, eine Schilderung seiner

Tätigkeit als Papst. Und beharrlich verfolgt er daneben seinen unpopulären Kreuzzugsplan gegen die Türken.
Im Oktober 1463 ruft Pius noch einmal die gesamte Christenheit zum Heiligen Krieg auf. Einzig Venedig rüstet pro forma ein paar Schiffe aus. Am 14. August stirbt Pius II. in Ancona angesichts der dort einlaufenden venezianischen Galeeren. «Bis heute hat mir eine Flotte gefehlt», sagt er, «und nun muss ich der Flotte fehlen.» Drei Tage vor ihm ist, landeinwärts nicht sehr weit von Ancona, in Todi, Cusanus gestorben.

Basel wird Universitätsstadt

Bereits 1432 entstand in Basel eine Konzilsuniversität, zunächst als Studium generale, das 1440 in eine Kurienuniversität umgewandelt wurde. Sie umfasste vier Fakultäten; ihr Lehrbetrieb wickelte sich ab wie in Bologna oder Paris. Die Auflösung des Konzils, 1449, bedeutete auch das Ende dieses Vorläufers der eigentlichen Bürger- und Stadtuniversität.
Nach dem Adelskrieg, 1444 bis 1449, in dem sich Habsburg als müder, schwach gewordener Gegner entpuppt hatte, wurde in Basel, das damals 15 000 Einwohner zählte, der Wunsch nach Möglichkeiten höherer Bildung und wissenschaftlicher Tätigkeit wieder stark. Besonders gefördert wurden diese Bestrebungen durch ein positives Gutachten des Chronikschreibers Heinrich von Beinheim. Entscheidend war jedoch, 1458, die Wahl von Äneas Silvius zum Papst.
Der Bürgermeister Hans von Flachsland überbrachte die Glückwünsche Basels persönlich. Verbunden wurde damit die Bitte um eine Jahresmesse, die Wiedereinberufung eines Konzils nach Basel und, ‹liechter yetz denn zu anderen ziten›, die Stiftung einer Hohen Schule. Diese Stiftung bewilligte Pius II, zunächst mündlich, an einem Kongress, den er in Mantua präsidierte. Noch in Mantua wurde am 12. November 1459 die Stiftungsbulle ausgefertigt.

Das Universitätssiegel

Auch nach diesem Zeitpunkt wurde in Basel das ‹Saure› des Projekts in heftigen Diskussionen gegen sein ‹Süsses› abgewogen: die neuen Lasten in einer Zeit wirtschaftlicher Rezession gegenüber der Belebung durch einen erhofften Zuzug auswärtiger Studenten. Eine nicht unwesentliche Rolle in der Balance zwischen Pro und Contra spielte ausserdem die Konkurrenz mit der kleineren, überdies habsburgischen Nachbarstadt Freiburg i. Br., wo 1457 eine Universität gegründet worden war.
Obwohl Äneas Silvius als Konzilsschreiber von den Baslern behauptet hatte, zu den Wissenschaften ziehe es sie nicht, gaben keineswegs nur wirtschaftliche Beweggründe den Ausschlag zugunsten des Wagnisses. Nach einer Messe, die Bischof Johann von Venningen im Münster zelebrierte, wurde am 4. April 1460 von einem päpstlichen Notar die Stiftungsurkunde verlesen. Darauf erklärte der Bischof die Universität im Namen der Heiligen Dreifaltigkeit als errichtet und eröffnet. Er ernannte den Dompropst Georg von Andlau zum ersten Rektor und überreichte die Stiftungsurkunde dem Altbürgermeister Johann von Flachsland.

Eine Schilderung der Eröffnungsfeier, von zwei bischöflichen Notaren verfasst, hat, lateinisch und deutsch, die Basler Universitätsbibliothek 1939 veröffentlicht. (Siehe Bild Seite 68.)

Bei der Gründung der Universität hatte man mit einem Zustrom von rund tausend Studenten gerechnet. Im ersten Jahrzehnt stellten sich jedes Jahr durchschnittlich 250 Besucher ein; sukzessive ging deren Zahl zurück, bis sie im vierten Jahrzehnt auf rund 130 gesunken war. Im Jahr des Eintritts Basels in den Bund der Eidgenossen, 1501, wurde in allem Ernst über eine Auflösung der Universität diskutiert. (Dass man um 1870, zur Zeit Jacob Burckhardts und Nietzsches, an der Basler Universität rund hundert Studenten zählte, ist hier eine interessante Vergleichszahl.)

Am attraktivsten ist die juristische Fakultät

Mit sechs Lehrstühlen war von Anfang an die juristische Fakultät die bestdotierte und in den ersten vier Jahrzehnten auch die attraktivste. Als Vizekanzler der Hochschule (Kanzler war der Bischof) und als Ordinarius des kanonischen Rechts war Peter von Andlau zwanzig Jahre lang die massgebende Vatergestalt dieser Fakultät; sein *De Imperio Romano-Germanico* gilt als erste wissenschaftliche Darstellung des deutschen Staatsrechts. Neben Heinrich von Beinheim gehörte er zu den Gründerfiguren der Universität; nach dem Verschwinden der Kurienuniversität hatte er durch Veranstaltung gelehrter Diskussionen den akademischen Topf in Basel ständig am Kochen gehalten. Als Lehrer an der Domschule hatte er übrigens Johannes Knebel, den Tagebuchschreiber, unterrichtet und sich dessen Lob erworben.

Siegel der Juristischen Fakultät

Als eine ‹Leuchte der Heimat› wurde der Jurist Bernhard Eglin (Oiglin) aus Altkirch bezeichnet. Friedrich de Guarletis, einer der damals begehrten, Humanismus vermittelnden und deswegen verhältnismässig hochbezahlten italienischen Professoren, war mit Niklaus von der Flüe befreundet. Den grössten Namen machte sich unter den Juristen fraglos Sebastian Brant, der sich allerdings den Kranz seines europäischen Ruhms als Vertreter der Narrenidee, nicht als Professor des römischen Rechts, um die Stirn geflochten hat.

Heynlin ist die Seele der theologischen Fakultät

Als Hauptprofessor an der theologischen Fakultät dozierte zwei Jahre der berühmte Johann Rucherat von Wesel, ein Dominikaner, der später in den Geruch der Ketzerei geriet; Knebel hat ihn bereits in Basel als Irrlehrer bezeichnet. Johannes Geiler von Kaysersberg, neben Berthold von Regensburg und Abraham a Santa Clara einer der drei bedeutendsten und populärsten Kanzelprediger deutscher Sprache, kam 1470 von der Universität Freiburg, wo er Dekan der artistischen Fakultät gewesen war, nach Basel. 1474 bekleidete er auch hier das Dekanat; 1475 erlangte er die höchste Ehrung einer damaligen Universität, das theologische Doktorat. In Basel lernte er Johannes Heynlin kennen, den ehemaligen Rektor der Pariser Universität, der als Prediger nach Basel zurückge-

liche Ehre bedeutete, Mitglied der Sorbonne; dieses exklusive theologische Collège, damals gerade zweihundert Jahre alt, hat in erster Linie den Ruf der Pariser Universität begründet.

Ein wichtiger Gesprächsstoff an der Pariser Universität war um diese Zeit die Tatsache, dass man sich an der neugegründeten Basler Universität (wie vorher in Heidelberg, Erfurt und Freiburg) für die neue, nominalistische Lehre oder Weltanschauung, die ‹via moderna›, entschieden hatte. Um für die alte Lehre wirken zu können, unterbrach Heynlin sein Theologiestudium in Paris; unterstützt von Hans Künitz und Diebold Scherr und unter wohlwollender Duldung des Vizekanzlers Peter von Andlau, setzte er 1465 in Basel die Gleichberechtigung der realistischen und der nominalistischen Lehre durch. Durch diese Anerkennung der Ebenbürtigkeit der ‹via antiqua› und der ‹via moderna›, durch Heynlin also, durch Toleranz also, fiel in Basel ein Entscheid, der dem Humanismus und für Erasmus ein Haus bauen half, wie es so wohnlich ein zweites nicht geben sollte.

Heynlins Exlibris

Im Verfolg dieser Bestrebungen verfasste Heynlin eine *Abhandlung über die Kunst, den lästigen Beweisführungen der Sophisten entgegenzutreten.* Wichtiger war jedoch, dass er in Basel auch mit der Buchdruckerkunst bekannt wurde. Nach Paris zurückgekehrt, trat er wieder in die Sorbonne ein; 1469 wählte ihn die Universität Paris, die berühmteste aller Hochschulen Europas, zu ihrem Rektor, und 1472 wurde er ‹Theologiae Doctor Parisiensis›: ein Titel, der seit Menschengedenken keinem Deutschen verliehen worden war. Zu seinen Schülern an der Artistenfakultät gehörten Reuchlin, Rudolf Agricola und Johannes Amerbach.

Schon 1469, im Geburtsjahr des Erasmus, richtete Heynlin, zusammen mit Fichet, in Paris die erste französische Druckerei ein; aus Basel liess er zu diesem Zweck drei Buchdrucker kommen. Die Bücher, die er herausgab, unter anderen Cicero und Sallust, verrieten eine deutliche Neigung zum Humanismus, jenen antiken Studien, die, als neues Bildungselement, von Italien aus jetzt in ganz Europa einflussreich wurden. Für Heynlin handelte es sich aber um eine Art Zweckhumanismus, der ihm zur Stützung eines scholastischen Lehrgebäudes diente; jedenfalls warnte Heynlin ausdrücklich, wie später übrigens auch Erasmus, vor einer unkontrollierten Übernahme heidnischen Gedankengutes. Für Heynlin und seine Schüler, heisst das, war der Humanismus in erster Linie formal wichtig: Er stellte ein Instrument geschliffenen, eleganten Lateins zur Verfügung, dessen Grossmeister, Äneas Sivius, eben erst, 1464, gestorben war.

1474 kam Heynlin zum zweitenmal nach Basel, diesmal als Prediger. Er verkündete das Wort in St. Leonhard, aber auch in St. Theodor, St. Peter, in der Margarethenkapelle, in St. Martin, im Frauenkloster Muttenz. In fünf Bänden sind diese (wie alle übrigen) Predigten in der Basler Universitätsbibliothek erhalten geblieben; in einem der Entwürfe hat Heynlin angemerkt:

«Unsere Beginen möchten gern erhabene Predigten hören; sie möchten gern wissen, wie das Himmelreich inwendig eingerichtet ist, aber hineinzukommen geben sie sich keine Mühe.» Während die Eidgenossen Karl den Kühnen 1476 bei Grandson und Murten besiegten und 1477 nach der Schlacht bei Nancy auf der Flucht töteten, predigte Heynlin nicht nur in Basel, sondern mit aussergewöhnlichem Erfolg verschiedentlich in Bern, wo ihm 1480 vergeblich die Stelle als Pfarrer am Münster auf Lebenszeit angeboten wurde. 1478/79 war er Stadtpfarrer, Professor und Rektor in Tübingen, 1479 bis 1484 Kustos des Kollegiatstifts in Baden-Baden. Doch immer wieder zog es ihn nach Basel, wo er 1484 ein Kanonikat und die Prädikatur am Münster annahm. Wie die übrigen Domherren wohnte er ‹auf Burg›, auf dem Münsterhügel, wo er der geistige Mittelpunkt eines illustren Kreises war; dazu gehörten sein engerer Landsmann Reuchlin (aus Pforzheim), Sebastian Brant, Peter von Andlau, J.M. Gengenbach, der Jurist Oiglin (Eglin), die Humanisten Jakob Wimpfeling und Rudolf Agricola (der später, in Deventer, Erasmus stark beeindrucken sollte), der Zisterziensermönch Karl Leontorius, Beichtvater des Frauenklosters im Eigental bei Muttenz, der Domherr Christoph von Utenheim, der 1510 Basler Bischof wurde und später ein Freund, Förderer und Geförderter des Erasmus. Als ständiger Berater des Druckers und ehemaligen Schülers Johannes Amerbach gab Heynlin bei diesem unter anderem die Schriften der Kirchenväter Augustinus und Ambrosius heraus.

Heynlin zieht sich zurück

Unerachtet seines Ansehens und Erfolgs zog sich Heynlin 1487 überraschend als Mönch in die Kartause in Kleinbasel zurück, die, 1401 gegründet, heute Sitz des Bürgerlichen Waisenhauses ist. Ursache dafür wird nur zum Teil die ihm zu gering erscheinende Wirkung seiner Predigt gewesen sein. Die Unmöglichkeit, im Widerstreit der geistigen Grundmächte jener Zeit, zwischen Scholastik, Humanismus und Mystik, zwischen Realismus und Nominalismus innerhalb der Scholastik, eine eindeutige, führende und weiterführende Stellung zu gewinnen, mag ihn vor allem zu seinem Entschluss bewogen haben. Da hinzu war vielleicht das Beispiel Zscheckenbürlins gekommen. Hieronymus Zscheckenbürlin (Zscheggenbürlin) war reich (sein Vater war Bankier), von angenehmem Aussehen, gesund, als er sich, nach Studien in Paris und Orléans, mit 26 Jahren bekehrte, 1487, sein Vermögen verschenkte und als Novize in die Kartause eintrat. Ganz Basel hatte davon gesprochen, wie er mit einem Festmahl sich verabschiedet, darauf, von den Seinen begleitet, in einem scharlachfarbenen Gewand sich ins Kartäuserkloster in Kleinbasel hinüber begeben hatte. Später, Heynlin war schon gestorben, war er als Prior der Kartause ein Mäzen für Baumeister und Glasmaler geworden; von ihm stammt auch das Wort, ein Kloster ohne Bücher sei ein Tisch ohne Speise, eine Wiese ohne Blumen.

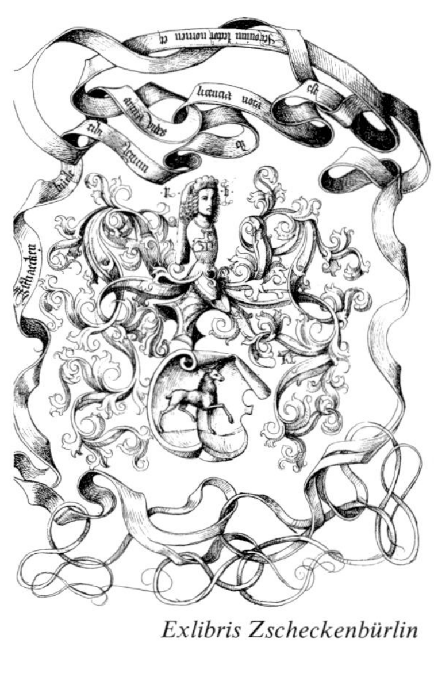

Exlibris Zscheckenbürlin

In der Kartause hat Heynlin einen mehrfach nachgedruckten *Traktat über die Messe* geschrieben, und 1492 (in dem Jahr, das in der Geschichtswissenschaft als Übergang zwischen dem Mittelalter und der Neuzeit gilt) folgten seine *Conclusiones aut propositiones* über einen Meteor, der mit einem ungeheuren Knall bei der Stadt Ensisheim, seit 1324 Verwaltungszentrum im habsburgischen Vorderösterreich, niedergegangen war.
Über diesen aufsehenerregenden ‹Donnerstein von Ensisheim› hat auch Sebastian Brant mit einem Einblattdruck berichtet; über das Ereignis, über Heynlin, Brant und ihre Zeitumstände hat 1974 Theodora Von der Mühll zum 70. Geburtstag ihres Bruders Carl Jacob Burckhardt einen Festbeitrag verfasst.
Den Seelenfrieden, so wie ihn Heynlin im Kloster gesucht hatte, störte ihm dort der Prior der Kartause; geistig und bildungsmässig unterlegen, spielte er um so kräftiger die Befehlsmöglichkeiten seines Amtes aus. 66jährig ist Heynlin am 12. März 1496 gestorben; Sebastian Brant, sein engster Freund, war der einzige Laie, der an seinem Totenbett zugegen zu sein die Erlaubnis hatte. «Beim jüngsten Gericht werde ich dein Zeuge sein, wie gern und wie heiter du den Tod erwartet hast», bestätigt er dem väterlichen Freund in einem Gedicht. Den Denkstein, den die gelehrten Basler Verehrer für den Verewigten planten, lehnte der Prior ab, weil er gegen die Einfachheit dessen verstossen hätte, der als Mönch auf alle Eitelkeiten dieser Welt verzichtet habe.

Die Bibliothek Heynlins, eine hervorragende Sammlung von mehr als zweihundert Inkunabeln, hat er dem Kloster bereits bei seinem Eintritt vermacht: mit der gesamten Klosterbibliothek ist sie heute eine Hauptzierde der Basler Universitätsbibliothek.

Die ausführlichste Nachricht über Heynlin findet sich bei Max Hossfeld: ‹Johannes Heynlin aus Stein›, Basler Zeitschrift für Geschichte und Altertumskunde 6 (1907) und 7 (1908).

Über die Geschichte der Kartaus orientiert J. Schweizer: *Aus der Geschichte der Basler Kartaus,* 113. Neujahrsblatt, Basel 1935.

Vor dem Prior, unter dem Heynlin gelitten hat (sein Name sei deswegen geflissentlich verschwiegen), war Heinrich von Ahlfeld Prior gewesen, der in Dialogform eine *Chronik des Kartäuserklosters* geschrieben hat. 1480 war Heinrich als Prior zurückgetreten, hat aber noch bis 1490 gelähmt im Kloster gelebt.

Brant ist ein Vertreter der ‹guten› alten Zeit

Sebastian Brant ist 1458 in Strassburg geboren und dort 1521 gestorben; dazwischen hat er 25 Jahre lang, von 1475 bis 1500, die beste und fruchtbarste Zeit seines Lebens in Basel zugebracht und den Genius loci dieser andern der zwei Bischofsstädte am Oberrhein vielfach gefeiert.
Wie zwei Geistesverwandte, Grimmelshausen und Abraham a Santa Clara, stammt Brant aus einem Gasthaus: Diebolt Brant, der Vater, war Wirt in der ‹Grossen Herberge zum Goldenen Löwen›, starb aber, als Sebastian zehn Jahre alt war. Erste Ausbildung erfuhr der Jüngling in geistlichen Schulen in Strassburg und Schlettstadt. Im Wintersemester 1475 immatrikulierte er sich am Rheinsprung in Basel, erlangte an der Artistenfakultät 1477 das Bakkalaureat und entschloss sich zur

Juristerei, im Widerspruch zum Wunsch seiner Mutter, die ihn gern als Theologen gesehen hätte. 1484 war er Lizentiat; 1485 heiratete er Elisabeth Bürgi, die Tochter des Zunftmeisters der Basler Messerschmiede; 1489 erlangte er das Doktorat beider Rechte. Als sein Vorbild betrachtete er den heiligen Ivo, der als ‹Advokat der Armen› 1303 gestorben war.

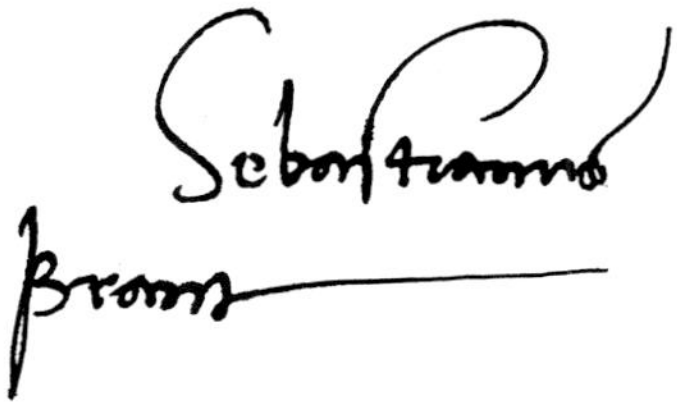

1492, als Kolumbus in Kuba landete und Leonardo eine Flugmaschine entwarf, wurde Brant Dekan der juristischen Fakultät. Er hatte eine Familie mit schliesslich sechs Kindern zu versorgen; sein Sohn Onophrius wurde ebenfalls Jurist und Verfasser von Gelegenheitsgedichten. Neben seiner Lehrtätigkeit an der juristischen und an der artistischen Fakultät war Brant Corrector, Berater verschiedener Basler Drucker und Buchhändler. Er verfasste populäre Schriften über Rechtsfragen (z. B. einen richterlichen *Klagespiegel*), ein Lehrbuch zum *Corpus juris civilis* und zu den Dekretalen, bearbeitete *Freidanks Bescheidenheit*, übersetzte Vergil, Terenz, Petrarcas *Artzney beyder Glück*, lateinische Sequenzen, die er mit alten Melodien versah und als fliegende Blätter verbreitete; er sammelte die Konzilsdekrete und gab Erbauungsbücher, Spruchsammlungen, Fabeln heraus, dazu Flugschriften, die von der Lustseuche handelten (der damals hochaktuellen Syphilis), von astrologischen Prophezeiungen, von einer merkwürdigen Hirschkuh, vom Meteor von Ensisheim, von einer Missgeburt in Worms oder von einer wunderbaren Sau in Landser im Sundgau. Er setzte sich gegen die Flamen für Maximilian ein, feierte bei jeder passenden Gelegenheit die alte Kaiserherrlichkeit und predigte, wie Äneas Silvius, den Kreuzzug gegen die Türken. Sein politisches Hauptwerk, 1495 erschienen, ist *De origine et conversatione bonorum regum,* in dem die Geschichte Jerusalems, Roms und des Heiligen Römischen Reiches Deutscher Nation erzählt ist. Wie alle Elsässer jener Zeit war Brant ein glühender Verehrer Marias; in zahlreichen Gedichten trat er als Verteidiger ihrer Jungfräulichkeit in die Schranken.

‹Uff die Vasenaht 1494› brachte Brant dann das Werk heraus, das ihn über Nacht zum erfolgreichsten Autor seiner Zeit machte: *Das Narren Schyff,* das im 16. Jahrhundert eine Art ‹Weltbibel› wurde. 1496 starb Heynlin, der Freund und Mentor. 1497 übersetzte Jacob Locher, Brants Schüler, das *Narrenschiff* ins Lateinische und führte es dadurch zu europäischer Berühmtheit.

Im gleichen Jahr gab er, mit einem langen Widmungsgedicht an Landgraf Hermann von Hessen, die Schriften des Zürcher Chorherrn Felix Hemmerlin heraus; dieser, im Alten Zürichkrieg ein Sympathisant des Adels und Habsburgs, war 1454 eingekerkert worden und 1458 gestorben, nachdem er mit der Streitschrift *De nobilitate et rusticitate* (Über Adel und Bauerntum) gegen die ‹schwitzenden Schwyzer› gelehrt und wortreich zu Feld gezogen war. 1432 bis 1435 hatte er als Propst von Solothurn am Basler Konzil teilgenommen.

1500, ein Jahr vor dem Eintritt Basels in den Bund der ‹alpicolae›, der Eidgenossen, setzte sich Brant mit seiner Familie nach Strassburg ab. Zuvor, 1498, war in Spanien der Grossinquisitor Torquemada gestorben, hatte Kolumbus seine dritte Seereise nach Westindien unternommen, hatte Vasco da Gama den Seeweg nach Ostindien entdeckt.

In Strassburg wurde Brant, der Spätheimkehrer, Stadtsyndikus, nach 1503 Erzkanzler (Stadtschreiber). 1502 weilte er längere Zeit am Hof Maximilians in Innsbruck; er wurde zum kaiserlichen Rat, später zum Pfalzgrafen und zum Beisitzer des Hofgerichts in Speyer ernannt. Als beispielhaft tüchtiger Beamter starb er, bis in die letzten Tage auf dem Posten, am 10. Mai 1521. Dass seine geistige Physiognomie durch Basel entscheidend geprägt worden sei, hat Manfred Lemmer in Stammlers ‹Verfasserlexikon› festgestellt.

Eine gute Brant-Biographie lässt bis heute auf sich warten. Edwin H. Zeyndels Brant-Buch (New York 1967) und R. Newalds Darstellung in seinen *Elsässischen Charakterköpfen* sind kein ausreichender Ersatz.

In einer ‹Geschichte der deutschen Rechtswissenschaft», 1880 bis 1884, hat Roderich Stintzing (ein Rechtshistoriker, der von 1854 bis 1857 Professor in Basel war) Brant, den Mann und den Schriftsteller, treffend charakterisiert mit der Feststellung, dass er das Kaisertum in alter Herrlichkeit ersehnte und erstrebte, die Kirche in alter Reinheit, die Sitten in alter Einfalt.

Die Brantgasse bei der Mustermesse in Basel ist nach einer alten Kleinbasler Familie benannt, die dort ein Grundstück besass. Zu dieser Familie gehörte der Bürgermeister Theodor Brant, der von 1488 bis 1558 lebte. Sebastian Brant wohnte, wie schon Konrad von Würzburg, an der Augustinergasse.

Das ‹Narrenschiff› ist eine Art Comic Strip

Redende Bilder gab es bereits in Ur und Babylon. Die ägyptischen Totenbücher, der Parthenonfries, das spiralförmig aufstrebende Reliefband der Trajanssäule in Rom, der Wandteppich von Bayeux, auf dem die Eroberung Englands erzählt ist: im Prinzip sind das Bilderzählungen so gut wie Toepffers *M. Cryptogame,* Buschs *Max und Moritz* im 19. Jahrhundert, wie die Micky Maus von Walt Disney, wie Astérix oder die Peanuts im 20. Jahrhundert.

Das *Narrenschiff* war jedoch das erste Werk, in dem nach und mit Gutenbergs Erfindung Bild und Text in einem ganzen Buch eine Einheit bildeten. Dadurch wurde ein breites Publikum angesprochen, das bisher dem Buch, keineswegs nur des Preises wegen, ferngeblieben war. Da hinzu kam ein interessierter Kreis von Analphabeten, die sich den Text vorlesen liessen oder ihn allein durch Bildbetrachtung sich erschlossen. Diese Möglichkeiten konnte aber nur ein Mann realisieren, der neben der erforderlichen schriftstellerischen Begabung und dem volkssprachlichen Repertoire auch über eine intime Kenntnis der technischen Gegebenheiten und über einen verständnisvollen Verleger verfügte.

Johann Bergmann von Olpe war dieser Verleger. Er war Kaplan am Basler Münster; nur nebenbei war er Drucker, und das nur während acht Jahren. In dieser Zeit tat sich seine Offizin vor allem hervor durch die Qualität des Bilderschmucks ihrer Druckerzeugnisse.

Der Kunsthistoriker Daniel Burckhardt (berühmt als Entdekker von Konrad Witz) verfocht 1892 in der Abhandlung *Albrecht Dürers Aufenthalt in Basel* die Annahme, dass die meisten der grösstenteils hervorragenden Holzschnitte im *Narrenschiff* vom jungen Dürer stammen könnten. Werner Weisbach, damals Professor in Berlin, später Privatgelehrter in Basel, widersprach; den genialen Künstler, in dem Burckhardt Dürer erkannt hatte und dem Weisbach zwei Drittel der *Narrenschiff*-Illustrationen zuschrieb, bezeichnete er bescheidener als ‹anonymen Meister der Bergmannschen Offizin›.

1907 verfocht Daniel Burckhardt seine These von neuem, und seit Friedrich Winklers *Dürer und die Illustrationen zum Narrenschiff*, 1951, gilt als gesichertes Forschungsergebnis, dass sich der junge Dürer auf seiner Wanderschaft 1492 bis 1494 in Colmar, Basel und Strassburg aufhielt und ihm die meisten und besten Holzschnitte im *Narrenschiff* einwandfrei zuzurechnen sind.

Mit der Behauptung, Brant habe seine Verse nachträglich zu frei entstandenen Holzschnitten Dürers gedichtet, ging Winkler jedoch zu weit. Hellmut Rosenfeld, in *Sebastian Brant und Albrecht Dürer*, 1972, wies nach, dass der zuweilen recht lockere Zusammenhang zwischen Text und Bild zurückzuführen sei auf mangelnde Koordination in der Bergmannschen Offizin, auf Zeitdruck und auf sprachliche Missverständnisse des Bayern Dürer angesichts der alemannisch eingefärbten Texte von Brant.

Rang und Erfolg scheinen sich nicht zu decken

Schon im Lebenslauf Brants ist angedeutet, dass er mehr Publizist, Moralist und Schriftsteller war als Dichter. Als Dichter ist er durch ein einziges Werk zu Ruhm gelangt, zu einem Weltruhm, der ihm jedoch während der letzten hundert Jahre durch mannigfache Einwände der Fachleute geschmälert worden ist.

Dieses eine Werk, das *Narrenschiff*, ist 1494 erschienen; es wurde sofort nachgedruckt, sofort ins Lateinische, Französische, Englische, Plattdeutsche und Niederländische übersetzt, in einer Prosafassung herausgebracht und in allen diesen Formen noch hundertfünfzig Jahre lang immer neu aufgelegt und gelesen. Sein Siegeszug ist mit dem Erfolg von *Euryalus und Lucretia* und mit *Werther* verglichen worden. Als ‹divina satira› wurde das *Narrenschiff* selbst mit der *Divina Commedia* auf eine Stufe gestellt.

Bei den vielen, die das Buch nicht selber gelesen haben, ist heute die Meinung verbreitet, es handle sich um etwas Lustiges, um etwas in der Art von Busch. Demgegenüber ist festzuhalten, dass Brant kein Humorist war; mit dem *Narrenschiff*, aber auch mit seinem ganzen übrigen literarischen Werk gehört er weit eher in eine Gruppe von Volkserziehern, zu denen Boner, Pestalozzi, Iselin sowie die beiden grössten, Wittenweiler und Gotthelf, gehören.

Auf dem Titelbild des *Narrenschiffs* steht angeschrieben, wo

die Reise hingehen soll: nach Narragonien. Und das Schiff ist vollbeladen mit Narren, die als Sinnbilder zeitgenössischer Narrheiten aufzufassen sind. Dieser Grundgedanke wird allerdings nur in den Anfangs- und Schlussversen deutlich. Später wird aus dem einzelnen Schiff gelegentlich eine ganze Flotte, zuweilen ein Karren. Die Darstellungen der verschiedenen Narrheiten verselbständigen sich, und jedermann könnte aus eigenen Beständen neue dazu gesellen, zu den 111 personifizierten Narrheiten, die Brant vorgestellt hat, je nach Lust, Laune, Talent und Beobachtungsgabe immer andere. So hat Brant selber, in der zweiten Auflage von 1495, den Fastnachtsnarren neu aufgenommen, der für Basel ja tatsächlich kaum fehlen durfte. In der lateinischen Übersetzung, in der *Stultifera navis* von Jacob Locher, 1497, ist für anspruchsvollere Leser, für Lateiner, das Grundkonzept deutlicher durchgezeichnet; auch tritt in dieser Fassung, die unter den Augen Brants entstand, das volkstümlich Derbe der Originalausgabe zurück.
Friedrich Zarncke, dem wir die bis heute massgebende kritische Ausgabe (von 1854) des *Narrenschiffs* verdanken, hat diesem unerhört erfolgreichen Werk nicht nur den Mangel eines durchgehenden Aufbaus vorgeworfen; er hat es vielmehr zu einer blossen ‹übersetzung und zusammenkittung von stellen aus verschiedenen alten, biblischen und classischen, schriftstellern› herabgewürdigt. Jeden literarisch-künstlerischen Rang und jede gedankliche Originalität hat er ihm rundweg abgesprochen und damit das Hauptproblem der seitherigen Brant-Forschung geschaffen: das scheinbare Missverhältnis zwischen fehlendem literarischem Rang und gewaltigem Publikumserfolg.
Merkwürdig ist immerhin, dass bei den hervorragendsten Zeitgenossen Brants, die den Quellen und Anlässen näher waren als wir, die seit Zarncke übliche Geringschätzung nie laut geworden ist. Im Gegenteil. Der Humanist Hutten, der wie Brant vom Latein zum Deutschen übergegangen ist, hat am *Narrenschiff* ausdrücklich die formale Gekonntheit, die dichterische Leistung gewürdigt. Was uns heute als gereimte Prosa vorkommen mag, ist damals offensichtlich und problemlos als Poesie empfunden und genossen worden. Darüber hinaus ist die Literaturgeschichte des 16. Jahrhunderts auf weiten Strekken nur als Wirkungsgeschichte des *Narrenschiffs* zu verstehen.
Erst seit kurzem ist in der Germanistik ein historisch angemesseneres Urteil über Brants Leistung wieder möglich: eine Rehabilitation, wie etwa in Dieter Wuttkes schönem Aufsatz *Sebastian Brant und Maximilian I.* (kommission für humanismusforschung, mitteilung III, 1976) oder bei Ulrich Gaier (*Studien zu Sebastian Brants Narrenschiff*, 1966). «Brant hat sich in der Abfassung seines Werks mit feinem Kunstverstand an die römischen Vorbilder Horaz, Persius und Juvenal gehalten», heisst es beispielsweise bei Gaier; «er hat nach genauem Ausgleich der beiden satirischen Grundhaltungen – Wirklichkeitsanalyse und Belehrung – gestrebt und so eine humani-

stische Dichtung geschaffen, die von den gelehrten Zeitgenossen in ihrer Gattungstradition erkannt und gewürdigt wurde.»
Gaier hat auch ein einheitliches Weltbild skizziert, das er im *Narrenschiff* bis in alle Details durchgehalten gefunden hat. Der Weise erscheint darin als der Mensch, der sich selber und die Menschheit als Abbild des göttlichen Kosmos betrachtet. Und der Dichter, der die Menschheit seiner Übergangszeit als zerrüttet, krank und ausserordentlich gefährdet ansieht (in Kapiteln wie ‹Vom abgang des glouben› und ‹Vom endkrist›), erkennt als seine Aufgabe, die Mitmenschen durch seine Satire, durch Wirklichkeitsanalyse und Belehrung also, zur Weisheit: zu einem angemessenen Anteil an der Weisheit, zu führen.
Der Reichtum dieses Weltbildes ist im *Narrenschiff* als Rügedichtung, als Weltspiegel und Zeitklage so breit aufgefächert, dass sie, weil sie vieles bringt, gar manchem etwas zu bieten hat: dem Analphabeten augenfällige Bilder, dem einfachen Mann eingängige Merksprüche, dem Gebildeten tiefbohrende Philosophie und Theologie, dem Humanisten das Bewusstsein der Zeitgenossenschaft mit der Wiedergeburt römischer Satire. In dieser Vielseitigkeit, deren Einzelheiten aus einer gemeinsamen Quelle gespeist werden, nicht also in dieser oder jener Spezialität, ist der Triumph des Werks begründet: nicht (oder nicht nur) in der derben, deftigen Wirklichkeitsnähe von Brants Sprache, wo im 63. Kapitel selbst das Rotwelsch der Spitzbuben vom Basler Kohlenberg eingefangen ist.

Holzschnitt Dürers zum Narrenschiff

Dem Geizteufel und dem Modegeck, dem eitlen Gelehrten, aufgeblasenen Unwissenden, Schuldenmachern, Schürzen- und Pfründenjägern wird die Schellenkappe übergestülpt, gleich zu Anfang dem Büchernarren: «Den vortanz hat man mir gelan,/ Weil ich ohn nutz viel bücher han,/ Die ich nit lies und nit verstan.»
Ungetreue Dienstboten bedienen sich im Keller aus dem grössten Fass, sobald die Herrschaft schläft; die Grossen dieser Erde werden ermahnt, statt der eigenen die Ehre Gottes zu suchen. Ehebruch, Unverschämtheit der Bettler, Rüpelhaftigkeit der Bauern, Jagd-, Tanz- und Spielleidenschaft, Schwatz- und Trunksucht werden angeprangert. Ein Narr ist also nicht nur, wer eine Sache übertreibt: Narr ist auch der Lasterhafte und mithin Gottlose.
Alle diese Mahnungen und Warnungen trägt Brant aber gutgelaunt vor; er ist denn auch kaum je so angefeindet worden wie der spätere Murner, der, weil er persönlich ehrgeizig war, in seinen Satiren aggressiv, verletzend auftrat.
Brav, wacker, nüchtern erscheint uns Brant heute; positiv, trocken, aufklärerisch, drastisch volkstümlich. Zeitlebens hat er sich, als Jurist und als Schriftsteller, für das eingesetzt, was heute als ‹law and order› angepriesen und verdammt wird. Und als Fürsprech dieser Ordnungswelt hat er zum Angriff geblasen gegen die Narrheit einer heraufsteigenden, ihm anarchisch, heillos erscheinenden Welt und Zeit. Weder zu Eras-

mus noch zu Luther, den Leitgestalten der sprengenden Grundkräfte der neuen Zeit, führt von Brant eine direkte Verbindung.
Er ist der Anwalt eines ‹Kosmos des Mittelalters›, wie es der Basler Mediävist und Goethekenner W. von den Steinen geschildert, wie es Novalis in der ‹Christenheit oder Europa› verherrlicht hat. Was Brant darunter verstand und im *Narrenschiff* angriffsweise verteidigt hat, ist eine gerechte Ordnung der Welt und Selbstbescheidung des Menschen: Hochmittelalterliche ‹mâze› und jene griechische Sophrosyne, Besonnenheit und Mässigung in der Lebensführung, die seit Platon als eine der vier Kardinaltugenden gilt. Der Weise, der Gegenpol aller Narrheit, ist für Brant ‹rotund, gantz wie eyn ey›.

Der ‹Hexenhammer› ist kein Basler Erzeugnis

Dass ‹in Basel am Ende des Jahrhunderts von zwei Pfaffen der *Hexenhammer* verfasst› wurde, steht in Walter Muschgs Einleitung zu den *Schweizer Bildchroniken des 15./16. Jahrhunderts* (1941). Auch nach Gertrud Lendorffs *Kleiner Geschichte der Baslerin* geniesst Basel die zweifelhafte Ehre, Entstehungsort dieses klassischen Gerichtsbuches der Hexenprozesse zu sein.
Der *Malleus maleficarum*, der den Hexenglauben und die Möglichkeiten der Hexenbekämpfung auf päpstliches Geheiss systematisierte und forcierte, stammt von den Dominikanern Heinrich Institoris aus Schlettstadt, und von Jacob Sprenger aus Rheinfelden. Veröffentlicht wurde er 1487 in Köln. Sprenger trat zwar 1468 in Basel in den Dominikanerorden ein, zog aber 1469 nach Köln und blieb dort als Sententiar, Prior und Inquisitor. Institoris, der Hauptverfasser des *Hexenhammers*, der seine Lebensaufgabe ausschliesslich in der Hexenbekämpfung fand, ist in Basel überhaupt nie nachgewiesen. In Basel erschienen ist dafür, 1565, die Schrift von Johann Weyer *De praestigiis Daemonum*, in der die Unmenschlichkeit der Hexenprozesse angeprangert wurde.

Basel wird eidgenössich

Was Sebastian Brant nach Strassburg vertrieb, war die reichsfeindliche Stimmung, die sich gegen die österreichisch gesinnten Adligen, Domherren und gegen die Zunft der Brotbecken richtete und die nach 1499 in Basel überhandnahm. Vorher hatte man mit grossem diplomatischem Geschick zwischen den kriegführenden Eidgenossen und dem kaiserlich-österreichischen Schwabenbund laviert; es war ja nicht nur vernünftig, sich selber aus dem Krieg herauszuhalten: es war auch vorteilhaft, mit beiden Seiten Handel zu treiben.
Nach dem Sieg der Eidgenossen bei Dornach (am 22. Juli 1499) wurde am 22. September der ‹frid zwischen römischen königs Majestät und den Eidgenossen beslozzen›. Im Anschluss daran wurden die Basler von den Österreichern rundum als Feinde behandelt. Die *Anonyme Chronik des Schwabenkriegs*, die wahrscheinlich 1504 in Basel entstanden ist, nimmt nicht nur die Siege der Eidgenossen fast etwas widerwillig zur Kenntnis: sie berichtet auch, wie nach dem Basler Frieden «die von Basel

nienermer sicher waren; man beroupt und erstach sy ... Denn sy waren allenthalben verhaszt und sang man schentliche lieder von ynen».

Basel versuchte der Bedrohung zunächst selber Herr zu werden. Schliesslich sah man ein, dass man sich dieser Feindseligkeiten nur erwehren könne, wenn man sich eines ‹Schirms und Rückens› bei den Eidgenossen versicherte.

‹Als man zalt 1501 jar uff sant Keyser Heinrichstag›, war es nach ausgiebigen Verhandlungen soweit. Nach einer Messe im Münster wurde auf einem Podium vor dem Rathaus der Bundesbrief verlesen und beschworen, worauf man ‹zu lütten anfing mit der ratsglocken und mit allen glocken in der statt›. Noch deutlicher zeigte sich die Erleichterung der Basler in der Anordnung, dass an einem der Stadttore, vielleicht an allen, die bewaffneten Wächter zurückgezogen wurden; ‹an ir stat sass ein frow mit der kunkel, die span und vordert den zol›.

In zwölf Strophen wird dieses freudige Ereignis in dem einzigen historischen Volkslied besungen, das in jener Zeit mit Sicherheit von einem Basler stammt: von Caspar Jöppel, einem Schulmeister. Es findet sich bei Rochus von Liliencron in den *Historischen Volksliedern der Deutschen.* Die Strophe 1 des Liedes lautet:

«Ain newes lied hab ich bedacht
Und wie sich der schimpf hat gemacht
Von denen von Basel zu singen.
Sie haben gebrauchet kraft und macht
Und überkommen ain gmain Aidgnoßschaft.
Es wolt inen nit misslingen»

Dem Historiker Bruckner (Edgar Bonjour und Albert Bruckner: *Basel und die Eidgenossen*, 1951) haben diese ‹kräftigen Strophen› gefallen; der Literarhistoriker Albert Gessler hat sie als ‹ein äusserst geringes Machwerk› bezeichnet. Tatsächlich geht in der Schweiz den meisten dieser Lieder, soweit sie nach den Burgunderkriegen entstanden sind, ein höherer poetischer Reiz und Wert ab. Was das schönste aller historischen Volkslieder, das *Sempacherlied,* ausgezeichnet hatte: echtes, solidarisierendes Kraftbewusstsein, das weicht nach den grossartigen Siegen der Eidgenossen immer mehr einem überheblich auftrumpfenden, den Gegner verhöhnenden Gladiatorenton.

Immer noch lesenswert ist, was die Geschichte des historischen Volksliedes in der Schweiz betrifft: Ludwig Tobler: *Schweizerische Volkslieder,* Frauenfeld 1882 bis 1884.

Erasmus

Johannes Froben

Beatus Rhenanus

Paracelsus

Das sechzehnte ist das goldene Jahrhundert

Ein herliche Tragedi wider die Abgöttery (vß dem propheten Daniel) darinn angezeygt würt/ durch was mittel eyn rechte Religion jnn eynem Regiment mög angericht werden/ zü Basel vff Sontag den neünden tag Meyens/ jm 1535 jor/ durch eyn junge Burgerschafft daselbst/ Gott zü lob vñ eer offenlich gehallten.

¶ Getruckt/ zü Basel/ by Lux Schauber Anno M. D. XXXV. jor.

Die Erde ist auf einmal rund

Durch die Kreuzzüge war Vorderasien wieder ins Blickfeld der abendländischen Menschheit geraten. Zwischen 1200 und 1500 berichteten vereinzelte Reisende von fabelhaften Reichen und Reichtümern; der Venezianer Marco Polo brachte gegen Ende des 13. Jahrhunderts zwanzig Jahre am Hof eines Mongolenkhans zu; Heinrich der Seefahrer, Infant von Portugal, versuchte die südliche Erstreckung Afrikas festzustellen. Durch die Entdeckungsreisen des 15. Jahrhunderts rückten dann Asien, Europa und Amerika einander entscheidend näher; innerhalb von hundert Jahren wurde die Erdoberfläche sozusagen verdoppelt.

Nach der Statik des Mittelalters erwachte der europäische Mensch in der Renaissance zu einer Dynamik und Unternehmungsfreude fast so, als hätte ein lang aufgestauter See endlich einen Abfluss gefunden. Durch Kolumbus und Vasco da Gama wurde die Erde als Kugel eine Erfahrungstatsache. Diese Kugel hatte, von Wandelsternen umkreist, bisher im Mittelpunkt des Universums gestanden; durch Kopernikus wurde sie nun selber zum kleinen Wandelstern degradiert. Die wichtigste Schrift des Kopernikus, *De revolutionibus orbium coelestium*, erschien 1543, in seinem Todesjahr. In seinem heliozentrischen Weltsystem war die Erde ein dramatisch geschrumpfter Himmelskörper, der Jahr für Jahr seine Bahn um eine Sonne verfolgte, die ihrerseits unter Myriaden von Sonnen in einem (wahrscheinlich) hierarchisch geordneten Weltall ihren Stellenwert heute noch sucht.

Zwei Seelen wohnen jetzt in jeder Brust

So war unser Heimatplanet gleichzeitig sehr klein und sehr gross geworden. Die Portugiesen waren die ersten, denen darob das Konzept einer Weltherrschaft Europas aufging, die erst mit dem zweiten Weltkrieg, vierhundert Jahre später, vor unseren Augen ihr Ende gefunden hat.

In diesem Europa hatte vorher ein volles Jahrtausend lang eine lateinisch sprechende, singende und schreibende Kirche die abendländische Kultur sukzessive geprägt und ständisch aufgebaut. Von dieser Kirche wurde, spätestens seit der Konzilszeit, unüberhörbar eine Erneuerung an Haupt und Gliedern verlangt. Als diese aus eigener Substanz und Kompetenz der Kirche nicht oder nur ansatzweise zustande kam, wurde Europa durch ein Schisma nicht nur konfessionell, sondern auch politisch und kulturell in zwei Teile geschieden, die als solche bereits klimatisch vorgegeben waren.

Als Erneuerungsbewegungen wurden ‹reformatio› und ‹rinascita› zunächst als eine Einheit begriffen, insofern man in ihnen eine Wiedergeburt, Renaissance, im Sinne der Mystiker sah: Erweckung, Wiedererweckung eigentlichen Lebens. Damit setzten sie aber das Erlebnis von etwas Altgewordenem, Veraltetem voraus: der plötzlich als barbarisch empfundenen Gotik, des verwahrlosten Mönchslateins, der dekadenten Kirche und Kirchenführer. Und mit der Abwertung des Mittelalters als einer Zwischenzeit, ‹medium aevum›, wurde plötzlich eine weit zurückliegende Vergangenheit aktuell: die griechisch-römische Antike, ihre Kultur, Sprache und Kunstübung. Wie sehr mit dieser Wiederbelebung der antiken Ästhetik und Schriftstellerei die Gefahr verbunden war, dass die ethischen und religiösen Errungenschaften des Christentums zugunsten des Heidentums preisgegeben würden, hat niemand so deutlich erkannt und ausgesprochen wie Erasmus.

Die Renaissance entdeckt das Individuum

«Die Renaissance hat das Individuum entdeckt», steht bei Jacob Burckhardt, an einer berühmten Stelle in der *Cultur der Renaissance*. «Im Mittelalter lagen die beiden Seiten des Bewusstseins – nach der Welt hin und nach dem Innern des Menschen selbst – wie unter einem gemeinsamen Schleier träumend oder halbwach. Der Schleier war gewoben aus Glauben, Kindesbefangenheit und Wahn; durch ihn hindurch gesehen erschienen Welt und Geschichte wundersam gefärbt, der Mensch aber erkannte sich als Rasse, Volk, Partei, Korporation, Familie oder sonst in irgend einer Form des Allgemeinen. In Italien zuerst verweht dieser Schleier in die Lüfte, es entsteht eine objektive Betrachtung und Behandlung des Staates und der sämtlichen Dinge dieser Welt überhaupt; darüber aber erhebt sich mit voller Macht das Subjektive, der Mensch wird geistiges Individuum und erkennt sich als solches.»
Natürlich gab es, auch für Burckhardt, das Individuum schon früher, schon immer. So sprach er selber von einem Kreis ‹kräftiger Frevler› im 10. Jahrhundert. Aber in der Renaissance «beginnt Italien von Persönlichkeiten zu wimmeln; der Bann, welcher auf dem Individualismus gelegen, ist hier völlig gebrochen; schrankenlos spezialisieren sich tausend einzelne Gesichter». Der ‹uomo universale› (Leonardo da Vinci ist das hervorragendste Beispiel) wurde das Ideal: der Mensch, der alles selber machen will.
Darüber hinaus wurden mit der Entdeckung des Individuums zwei Leitgedanken seitheriger Menschheitsentwicklung virulent. Jacob Burckhardt hat sie nicht ausdrücklich als solche herausgestellt, aber ihrer Wirksamkeit hat er als Geschichtsschreiber ständig Rechnung getragen; zum ersten ist das: die Konzeption der Demokratie, die, als Konzeption, in den politischen Schriften des Erasmus eine grosse Rolle spielt und die heute weltweit Voraussetzung ist für jede Art sozialer Bestrebung; zum andern die Entdeckung dessen, was gegenwärtig unter dem Begriff der Selbstverwirklichung programmatisch geworden ist: das Recht und die Pflicht jedes einzelnen, sich nicht nur angemessen an der Entwicklung kollektiver Wahrheit und Wirklichkeit zu beteiligen, sondern, damit verbunden, sein eigenes, individuelles Gesetz (seine Entelechie) zu verwirklichen.

Der Gemeinschaftssinn leidet

«Was könnte in London einen Menschen veranlassen, der Tugend nachzustreben?» fragt Thomas More in einem Brief; er antwortet selber: «Du triffst Zuckerbäcker, Fischhändler,

Geflügelmäster, Köche, Metzger und Vogelsteller. Und alle dienen sie bloss dem Bauch, der Welt und ihrem Herrn, dem Teufel.»

Mit dem Übergang von der Naturalwirtschaft zur Geldwirtschaft, der in jene Zeit fällt, geht Hand in Hand, was unsere Zivilisation noch heute prägt: das schrankenlose Bedürfnis nach Konsum, Luxus, Genuss. Gegen die Türkengefahr eine gemeinsame Abwehrfront zu errichten, war schlechthin unmöglich; zur Wehr setzte sich allemal nur, wer unmittelbar gefährdet war. Die Eidgenossen, die um der Freiheit willen einst vorbildlich zusammengestanden waren, einer für alle, alle für einen: nun machten sie selber Untertanen. Und schamlos war die Ausbeutungstaktik der Söldnerführer und sonstigen Grossverdiener der Reisläuferei. Bei den Basler Dramatikern werden wir auf unserem Gang durch die Literatur des 16. Jahrhunderts diesen Verlust an Gemeinschaftssinn bedrückend dokumentiert finden: Zuchtlosigkeit, Ablasshandel, Hexenwahn, Degeneration der Zünfte zu Zwangsorganisationen, blutige Unterdrückung der leibeigenen Bauern.

Brant hat die Laster und Untugenden seiner Zeitgenossen als Narrheiten gegeisselt. Heynlin hat als Wissenschaftler, dann als Seelsorger und Prediger seinen Beitrag zur Widerherstellung der Sitten zu leisten versucht; am Ende zog er sich resigniert ins Kloster zurück. Einfachere Menschen rechneten mit einem alten Hohenstaufenkaiser, der eines Tages aus seiner Höhle hervortreten und die Welt wieder in Ordnung bringen werde. Und zweihundert Jahre vor Rousseau wurde allenthalben die Rückkehr zur Natur gepredigt; mit der Vorliebe für das Landleben wurde sie, wie zu Rousseaus und in unserer Zeit, sentimental und sentimentalisch auch praktiziert.

Die Humanisten verfolgten ähnlich geartete Absichten; sie gaben die Losung ‹ad fontes› aus: Zurück zu den Quellen. Dass es jeden Dinges höchste Sehnsucht sei, zu seinem Urgrund zurückzukehren, hatte ihr Ahnherr, Dante, schon um 1305 im *Convivio* erklärt. Das galt zutiefst auch noch für die trockenste philologische Textkritik der Humanisten. Ihr Bildungsideal war der ‹homo spiritualis›, der geistige Mensch. Die Krisensituation der Menschheit im Übergang vom Mittelalter zur Neuzeit hofften sie mit wachsender Bildung und kraft des Fortschritts der Wissenschaften zu meistern. Fraglos der wirkungsmächtigste, aber auch der vor- und weitsichtigste dieser Humanisten war Erasmus.

Eramus beginnt als Antibarbarus

Erasmus, die Hauptgestalt des Humanismus nördlich der Alpen, wurde, als illegitimer Sohn eines Priesters und einer Arzttochter, wahrscheinlich 1469 in Rotterdam geboren. Seine Mutter starb 1484 an der Pest, bald danach sein Vater. Der Bildungsweg des Jünglings, für den seine uneheliche Geburt noch lange, vielleicht zeitlebens, einen Makel bedeutete, führte nach Gouda, Utrecht und in die Lehranstalt der Brüder vom Gemeinsamen Leben in Deventer, wo sich 1413 bis 1416

Cusanus ausgezeichnet hatte; in Deventer lernte Erasmus einen Schüler Heynlins kennen, Rudolf Agricola, der ihm, imponierend gebildet und weltgewandt, einen bleibenden Eindruck machte. 1487 trat Erasmus ins Augustinerkloster Steyn bei Gouda ein, wo er mit lateinischen Gedichten brillierte und befremdete. Nach der Priesterweihe, 1492, kam er als Sekretär des Bischofs von Cambrai nach Bergen und 1495 ans Collège de Montaigu in Paris, wo später auch Calvin und Loyola studierten. Aber der scholastische Lehrbetrieb langweilte ihn unendlich, während kleinere humanistische Aktivitätszentren ihn faszinierten.

Bereits dreissigjährig, 1499, erlebte Erasmus, als Tutor des jungen Lord Mountjoy, zum erstenmal ‹merry old England›. Noch weitgehend schöngeistiger Latinist, lernte er Thomas More und auf einem Spaziergang den späteren König Heinrich VIII. kennen; durch John Colet, den Dekan von St. Paul in Oxford, wurde er nicht nur für die griechischen Studien und Plato, sondern auch für eine intensive, nicht ausschliesslich philologische Beschäftigung mit der Bibel gewonnen. Nach einer Diskussion mit Colet schrieb er einen kleinen Dialog über Angst, Furcht und Trauer Jesu.

Über die Jahrhundertwende von 1499 auf 1500 blieb Erasmus ein halbes Jahr in England. In der nobilitierenden Erfahrung freier Geselligkeit mit gelehrten Edelleuten und in der Auseinandersetzung mit den entscheidenden Bildungsmächten seiner Zeit entwickelte er aus dem ästhetisch-literarischen Humanismus seiner Anfänge Schritt für Schritt einen christlichen Humanismus, in dem er dann zeit seines Lebens antike Humanität und frühchristliche Frömmigkeit auf seine Weise zu vereinigen versuchte. In dieser Praxis humanistischer Studien, der ‹bonae literae›, ging es ihm darum, wissenschaftlich gültige Ergebnisse geistreich und in elegantem Latein vorzubringen: ‹sapiens atque eloquens›, wie die Formel des Strassburger Humanisten Johannes Sturm lautete.

Feinde oder Verächter dieser Lebensform und Lebensformel waren für Erasmus Barbaren, gegen die sich seine *Antibarbari* richteten, sein erstes gültiges Werk, das er 1490 in Steyn entworfen hat. In der Sommerresidenz des Bischofs von Cambrai goss er es in die Form eines Dialogs um, arbeitete 1506 in Bologna daran weiter und veröffentlichte es erst 1520, was für die Wichtigkeit zeugt, die er selber diesem Werk beimass. Wie Rudolf Pfeiffer (in der Basler Gedenkschrift zum 400. Todestag des Erasmus) nachwies, sind die *Antibarbari*, die ‹trotz allen Wandlungen durch drei Jahrzehnte ... im Wesen und Ziel gleichgeblieben sind›, dadurch auch ein Zeugnis ‹für die Einheit im Denken des Erasmus›.

Wie im *Synodicus* des Warnerius von Basel treffen sich ein paar gute Freunde, die Antibarbaren, in einer bukolischen Landschaft ‹smaragdener Ufer und schattiger Haine›. Zwanglos unterhalten sie sich über die Möglichkeiten eines gedeihlichen Einvernehmens zwischen lateinischer Literatur und echter Frömmigkeit. Die moralische Bedeutung des sprachlichen Ausdrucks ist ihnen dabei selbstverständlich; als Inbegriff des Barbarentums gilt ihnen das Mönchslatein; blühende Sprache ist für sie Voraussetzung einer blühenden Humanität. Von Barbaren bei alledem in Frage gestellt, werden die Antibarbaren dafür von Augustinus und Hieronymus, dem lateinischen Lieblingskirchenvater des Erasmus, ausdrücklich bestätigt.

Erasmus wird sprichwörtlich berühmt

Auf der Rückreise aus England nahmen, zufolge plötzlich verschärfter Devisenbestimmungen, die Zöllner Erasmus den grössten Teil seiner Ersparnisse ab, obwohl Lord Mountjoy versichert hatte, das Geld sei anstandslos über die Grenze zu bringen. Um dem Lord einerseits das Missgeschick zu klagen, ihn anderseits ungetrübter Zuneigung zu versichern, stellte Erasmus in wenigen Tagen eine lateinische Sammlung sprichwörtlicher Wendungen zusammen, die er Mountjoy zueignete. Unter dem Titel *Collectanea Adagiorum* erschien die Sammlung 1500 in Paris und wurde dort und in Strassburg sofort nachgedruckt.

Erasmus verfügte über einen untrüglichen Sinn für sinnvolle und geistreiche Formulierungen. Und was er mit achthundert Zitaten zunächst als Hilfsmittel für die Sprachpflege anbot, mit ausführlichem Register und, erstmals bei einer solchen Blütenlese, mit genauen Quellennachweisen und philologisch-philosophischen Kommentaren, das wuchs sich bis zur Ausgabe letzter Hand mit 5251 Adagien zu einem enzyklopädischen Nachschlagewerk antiker Lebensweisheit und humanistischer Stilbildung aus. In den Erklärungen der lateinischen und griechischen Sprichwörter wurde es zusehends kräftiger auch zu einem Sprachrohr scharfer, doch gut getarnter Zeitkritik; seine Kommentare entwickelten sich oft zu eigentlichen Essays. Einige dieser ‹Essays› wurden auch separat gedruckt und verbreitet, etwa das Adagium *Dulce bellum inexpertis:* Verlockend ist der Krieg nur für solche, die ihn nicht am eigenen Leib erfahren müssen.

Mit den *Adagia* ist die römisch-griechische Antike für eine breite Schicht von Bildungswilligen erstmals erschlossen worden, was übrigens die humanistischen Kollegen zunächst entrüstet missbilligten, so Budé, der Gründer des Collège de France; Beatus Rhenanus hat berichtet, dass man Erasmus am liebsten einen Prozess wegen Mysterienverrats gemacht hätte. Der beispiellos grosse, anhaltende Erfolg der *Adagia* regte aber nicht nur die Kollegen, sondern auch Erasmus selber an, weitere Sammlungen verwandter Art zu veröffentlichen: 1514 die *Parabolae,* ein Mosaik von Gleichnissen und Allegorien, und 1531 die *Apophthegmata,* eine Blütenlese geistreicher Anekdoten und Zitate.

Die Kunst der Frömmigkeit ist lernbar

Gleichfalls einem Zufall ist ein weiteres wichtiges Werk zu verdanken. Nach der Publikation der *Adagia* floh Erasmus vor der Pest aus Paris. Wo er hinkam, nach Orléans, Steyn,

Harlem, Dordrecht, St-Omer: überall war jetzt sein Hauptanliegen die Erlernung der griechischen Sprache. Im Schloss Tournehem, auf Bitten einer vernachlässigten Ehefrau, schrieb er nur so nebenbei einige Gedanken auf, die ihrem Gatten zum Glauben und zu einem gediegeneren Lebenswandel verhelfen sollten. Diese Aufzeichnungen fanden den Beifall von Johannes Viterius (Jean Vitrier), einem Franziskaner in St-Omer, dessen Einfluss auf Erasmus mit jenem von John Colet zu vergleichen ist. In Löwen arbeitete Erasmus an dieser Rohfassung weiter, und 1504 gab er das Werk unter dem Titel *Enchiridon militis christiani* in Antwerpen heraus.
‹Enchiridon›, ein griechisches Wort, bedeutete gleichzeitig ‹Dolch› und ‹Handbüchlein›. Der Form nach handelt es sich um eine ‹Einübung im Christentum› für einen Kriegsmann. «Ich habe versucht», erläuterte Erasmus seine Absicht John Colet in einem Brief, «eine Kunst der Frömmigkeit zu entwerfen, so wie man Lehrgänge anderer Wissenschaften schreibt.» Nicht im Messebesuch, in Wallfahrten und im Fasten, sondern in werktätiger Nächstenliebe, in getreulicher Erfüllung der Forderungen der Bergpredigt, sieht er das Eigentliche des Christentums. In seiner Kritik des Mönchtums, der Volksfrömmigkeit und zahlreicher theologischer Kapazitäten wird er mit diesem *Handbuch des christlichen Streiters* der Vorkämpfer einer liberalen Reform der katholischen Kirche. «Ihr seid berufen zur Freiheit, fallt nicht zurück in die Knechtschaft», zitierte er Paulus; dieses Programm der Freiheit von blossem Wort- und Zeremonienchristentum wird ihn fünfzehn Jahre später mit Luther verbinden; zwanzig Jahre später wird er deswegen gegen Luther auftreten, weil dieser (von Erasmus aus gesehen) auf der früher gemeinsamen Basis neue Formen der ‹Knechtschaft› etablieren wird. Bekannt ist, wie Loyola auf das *Enchiridon* reagierte; er legte es nach flüchtiger Lektüre beiseite und verbot später ausdrücklich, dass im Jesuitenorden jemand ein Werk von Erasmus lese.

In Italien sind nur Bücher und Buchdruck wichtig

Aus Löwen kehrte Erasmus 1505 nach Paris zurück, wo er bei Badius die *Annotationes in Novum Testamentum* von Lorenzo Valla herausgab, die er in einer Klosterbibliothek in der Nähe von Löwen entdeckt hatte. Mit dieser Veröffentlichung betrat er eine Laufbahn, die in Basel zehn Jahre später mit der Publikation des *Novum Instrumentum* ihren Scheitelpunkt erreichen sollte. Vorderhand reiste er zum zweiten Mal nach England, wohnte bei Mountjoy, More, Colet und traf namhafte Gräzisten. Mit More übersetzte er einen seiner Lieblinge, Lukian, den witzigen Zeitkritiker und glänzenden Stilisten aus dem zweiten Jahrhundert (‹der griechische Voltaire›); dazu kamen zwei Tragödien des Euripides. Im Auftrag des Leibarztes von Heinrich VII., Boerio, begleitete er dessen zwei Söhne als Studienberater auf einer Reise nach Italien, wo eben zu dieser Zeit Dürer weilte und mit einem Schlag berühmt wurde. Bei einem Zwischenhalt in Paris gab Erasmus die Lukian- und

Euripides-Übersetzungen und eine neue Ausgabe der *Adagia* in Druck. Während des Rittes über den Mont-Cenis, im August 1506, schrieb er das *Carmen alpestre,* das Meissinger ‹die merkwürdigste und tiefsinnigste Dichtung› des Erasmus genannt hat. Gewidmet hat er sie Wilhelm Kopp (Copus), dem aus Basel stammenden Leibarzt des französischen Königs, der ihn in Paris eben erst noch gesundgepflegt hatte. Noch nicht vierzig Jahre alt, räsonniert Erasmus in diesem Gedicht über die Nachteile des Greisenalters, darin Shakespeare vergleichbar, der sich in seinen Sonetten bereits mit dreissig Jahren als alt und hinfällig bezeichnet hat.
In Turin promovierte Erasmus, Bakkalaureus der Universität Paris, ohne weitere Vorbereitungen zum Doktor der Theologie. Nach einem Aufenthalt in Florenz erlebte er in Bologna einen sieghaften Einzug des Papstes Julius II. Ohne die Söhne von Boerio kam er schliesslich nach Venedig, wo er acht Monate bei Aldus Manutius, dem berühmtesten Drucker dieser Zeit, zubrachte.
Aldus veröffentlichte sofort die Übersetzungen *Hekuba* und *Iphigenie* von Euripides, die in Paris bereits vergriffen waren, dazu eine stark erweiterte Fassung der *Adagia.* «Mit grosser Vermessenheit», berichtet Erasmus, «begannen wir gleichzeitig zu schreiben und zu drucken.» Gelehrte aus der von Aldus gegründeten Akademie brachten ihm griechische Autoren, Plato, Plutarch, Pausanias, die er im Durcheinander der Drukkerei las und für die *Adagia* exzerpierte; diese Zitate erläuterte er, während ein Setzer schon ungeduldig auf das Manuskript wartete.
Nach den *Adagia* bearbeitete Erasmus für Aldus die Komödien des Terenz und des Plautus, ausserdem die Tragödien von Seneca. Auf die Kost bei seinem Gastgeber, dem Schwiegervater von Aldus, führte er später das Steinleiden zurück (Gallen- oder Nierensteine), das ihn bald danach zu quälen begann. Neben dem Buchdruck in Venedig waren für Erasmus in Italien fast nur die Bibliotheken interessant; für die Landschaften, für alte und zeitgenössische Kunst hatte er kaum Augen, weder in Venedig oder Florenz noch in Siena oder Neapel.
1508 war er Lehrer des jungen Alexander Stewart, der, ein natürlicher Sohn des schottischen Königs, Erzbischof von St. Andrews war und in Padua studierte. Erasmus, der auch in Italien ein bekannter Autor war, traf Anfang 1509 in Rom ein, wo Michelangelo seit einem Jahr an den Fresken in der Sixtinischen Kapelle arbeitete. In Rom lernte Erasmus Giovanni de'Medici kennen, den späteren Papst Leo X.; wenigstens der schönen Bibliotheken wegen hätte er seinen Lebensabend gern in Rom verbracht. Im Mai erreichte ihn aber die Nachricht vom Tod Heinrichs VII.; Mountjoy machte ihn aufmerksam darauf, dass Heinrich VIII., den Erasmus gut kannte, den Thron bestiegen habe.

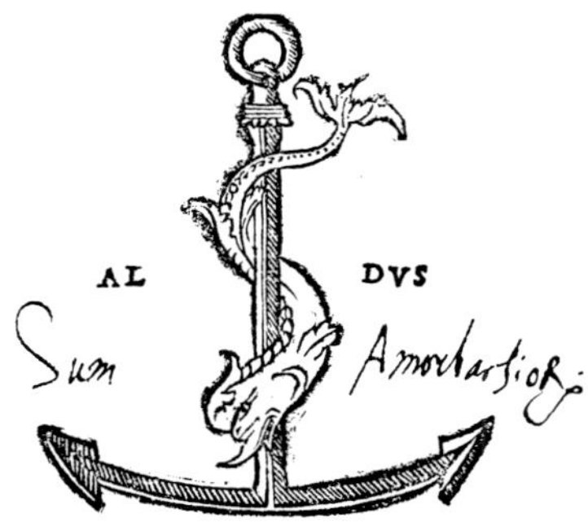

Druckersignet des Aldus Manutius von 1502 mit handschriftlichem Besitzvermerk von Johannes Amerbach

Ein Verstandesmensch lobt die Torheit

Im Juli 1509 reiste Erasmus durch die Schweiz nach England, und auf seinem Ritt über den Septimerpass, zwischen Casaccia im Bergell und Bivio im Oberhalbstein, wurde ihm die Idee zum *Lob der Torheit* geschenkt, nach Meissinger ‹der genialste Einfall der Weltliteratur›. In Thomas Mores Haus in Bucklersbury brachte er es, obwohl von Gallen- oder Nierensteinen arg gepeinigt, in wenigen Tagen oder Wochen zu Papier. Mit einem Augurenlächeln widmete er es More, auf den auch der griechische Originaltitel des Werkes deutet: *Morias Enkomion,* latinisiert *Moriae Enkomium.*

Erasmus, jetzt vierzig, hatte das Bedürfnis, sich über seine italienischen Erfahrungen Rechenschaft abzulegen. Mit dem *Lob der Torheit* wurde weit mehr daraus: auch mehr als jener Rückblick auf sein bisheriges Leben, den er im *Carmen alpestre* gestaltet hatte, auf der Hinreise über die Alpen. Im *Lob der Torheit* ist ein ganzes Panorama seiner Übergangszeit entfaltet: Vorschau auf die Neuzeit, Rückblick ins Mittelalter. Die Menschheit, die Welt als Ganzes wird in diesem Werk gezeigt, davor Erasmus mit der ganzen Problematik seiner Einstellung zu dieser Welt.

Ein Verstandesmensch, wie er im Buch steht, steigt, als Narr verkleidet, auf das Katheder und verkündet in dieser für Erasmus ‹ungewöhnlichen Tracht› das Lob all jener leichtsinnigen Dinge oder Undinge, die einer nötig hat oder lassen sollte, wenn er glücklich sein will. Sozusagen pausenlos, ohne Zwischentitel also, verkündet er die Torheit der Weisheit und die Weisheit der Torheit. Er demonstriert sie an den Baulustigen und an jenen Jägern, denen der Kot der Hunde wie Zimt um die Nase duftet. Er stellt sie zur Schau am Beispiel der Nationalisten und Chauvinisten, findet sie in den Naivgläubigen am Werk, die auf den Beistand heiliger Nothelfer vertrauen und mit dem Ablass der Sündenstrafen gegen Geld und fromme Werke rechnen. Er macht sich lustig über jene, die den Pomp des eigenen Begräbnisses bei Lebzeiten organisieren; nur schlau, aber nicht klug, findet er die Pfiffikusse, die sich nie täuschen lassen, da die Welt doch zu ihrem Glück betrogen sein will.

Alles ist eitel; alles, alles ist Torheit, gibt der abgefeimte Redner mit der Schellenkappe zu verstehen. Nur durch bequeme oder idealisierende Illusionen, meint er, durch Narrheit also, sind Ehe und Freundschaft, ist das Leben überhaupt erträglich. Nicht das Wahre, Schöne oder Gute macht den Menschen glücklich, sondern jener Mischtrank aus Illusion, Triebhaftigkeit und rauschhafter Begeisterung, den er, der Narr auf dem Katheder, uns als sein Rezept, als Torheit kredenzt. Und er hat weiss Gott gut aufgepasst, wie die Dinge zusammengehen in der Harmonie des Widerstreits unserer Welt. Einer plant den Umsturz, der andere ein Riesenwerk. Einen beglückt es, ärmlich zu leben, um auf diese Weise seine Erben reich zu machen. Einer heiratet eine Mitgift, einer hält seine Frau feil, einer hütet sie wie seinen Augapfel. Und gibt es

vielleicht etwas Törichteres als jene grossartigste Gelegenheit zu Heldentaten: den Krieg?
Nacheinander belächelt Erasmus die Schulmeister, die Dichter und Schriftsteller, die Redelehrer und Juristen; ausgiebig verhöhnt er die Mönche und jene Theologen, die genau wissen, wie lang Christus im Leib der Jungfrau gereift ist. Den Königen und ihren Hofleuten, den Bischöfen und Kardinälen hält er kunstvoll verzierte Spiegel vor; angesichts des Papstes heisst es unter anderem: «Wieviel Schönes hätte ein Ende, wenn einmal Weisheit über einen Papst käme.»
«Also, um wieder zur Sache zu kommen: das Glück liebt nun einmal die Unvernünftigen.» Für diese Einsicht werden zu guter Letzt zahlreiche Autoritäten und Zitate bemüht. Und dann setzt diese hektisch sprudelnde Stegreifrede auf einmal aus: «Drum Gott befohlen, brav geklatscht, gelebt, getrunken, ihr hochansehnlichen Jünger der Torheit!»
Betroffen greift sich der Leser an den Kopf. Nachdenklich fragt er sich, um was es Erasmus letztlich gegangen sei in dieser impulsiven und gleichzeitig versteckten Bekundung seines pessimistischen Optimismus, seines Freiheitsbewusstseins, seines Unabhängigkeitswillens.
In beispiellos eleganter, schwereloser Seiltänzerei zwischen Leichtsinn und Tiefsinn, zwischen witzigem Ernst und ironischer Sophistik wird in diesem ‹Spiel der Phantasie› das Fürwahrhalten und eine verbindliche Aussage ständig gefordert und zu gleicher Zeit verpönt. Denn «Ernstes ins Lächerliche ziehen ist plump», heisst es in der Widmung der *Moria* an More; «aber nichts ist feiner, als das Lächerliche so vorzustellen, dass es alles andere als lächerlich ist».
Was Herbert Lüthy über die *Apologie des Raymond Sebundus* von Montaigne äusserte, könnte auch über das *Lob der Torheit* gesagt sein: «Es wird nie gelingen, die seltsamen Labyrinthe dieser seltsamen Streitschrift zu durchleuchten; denn Montaigne hat seine Vorsichtsmassregeln getroffen, dass man ihn irgendwo – und wäre es selbst beim Zweifel – festnagle.»

Neben Sebastian Brants *Narrenschiff* wirkt das *Lob der Torheit* wie ein Feuerwerk neben einem herbstlichen Mottfeuer: wie ein Gefecht mit dem Florett neben einem Kampf mit Säbeln. In ähnlicher Weise unterscheiden sich Holbeins Randzeichnungen zum *Lob der Torheit* von den Holzschnitten zum *Narrenschiff*. Übrigens sind sie, wie der Text selber, ein Gelegenheits- und Zufallswerk; Oswald Geisshüsler, genannt Myconius, Schulmeister zu St. Alban (später Nachfolger Oecolampads als Professor für Neues Testament), hat sein Exemplar eines Frobenschen Druckes von 1516 durch Holbein mit Zeichnungen versehen lassen. Dieses Exemplar, an dem sich schon Erasmus selber ergötzt haben soll, befindet sich heute in der Obhut des Kupferstichkabinetts des Kunstmuseums von Basel.
Die erste Ausgabe der *Moria*, die zunächst bei Freunden handschriftlich zirkuliert hatte, erschien 1511 bei Gilles Gour-

mont in Paris. In Basel, der eigentlichen Heimat, Pflege- und Kultstätte der Narrenidee, sind zwischen 1515 und 1522 fünf Auflagen erschienen. Eine der ersten deutschen Übersetzungen hat Sebastian Franck 1534 herausgebracht, ein furchtloser Wahrheitssucher, den wir noch kennenlernen werden; das *Lob der Torheit* hat er offenbar als eine Apologie der ‹Narrheit in Christo› miss- oder nur teilweise verstanden, allerdings nicht so naiv wie Walter Nigg 1956 in seinem Werk ‹Der christliche Narr›. Erasmus selber hat sein genialstes und berühmtestes Werk nicht sonderlich geschätzt.

Eine vorzügliche Arbeit von Barbara Könnecker, ‹Wesen und Wandlung der Narrenidee im Zeitalter des Humanismus›, 1966, demonstriert die Verwandlungen dieser Idee an Brants Lehr-, an Murners Streitdichtung und an der *Moria* von Erasmus.

Erasmus bereitet sich auf Basel vor

Zwischen 1510 und 1514 hielt Erasmus in Cambridge theologische Vorlesungen. 1511 (als Luther nach Rom pilgerte) erschien von ihm die Schrift über den Sinn des Lernens, *De ratione studii,* und eine zweite über den Wortschatz, *De duplici copia.* In dieser Zeit arbeitete Erasmus auch an einer neuen lateinischen Übersetzung des Neuen Testaments; dazu bereitete er Ausgaben von Hieronymus, Basilius, von Plutarch und Catos Lehren vor. Er förderte seine Paraphrasen zu den Paulusbriefen und schrieb einen berühmten Dialog: *Julius exclusus e coelis,* den Huizinga als die ätzendste und demütigendste Satire bezeichnet hat, die je geschrieben worden sei. Der 1513 verstorbene Papst Julius II., den Erasmus als siegreichen Kriegsherrn in Bologna hat einziehen sehen, lässt er in diesem Pamphlet vergeblich an der Himmelspforte Einlass begehren; ungerührt lässt Petrus ihn da abblitzen. Diesen Dialog hat Erasmus anonym und in aller Heimlichkeit unter die Leute gebracht; seine Autorschaft hat er sogar vor Thomas Morus nicht zugestanden; erstmals gedruckt wurde er bei Cratander in Basel.

Als Erasmus mit seinen Vorarbeiten für die Ausgaben des Neuen Testamentes und des Hieronymus mit eigenen Hilfsmitteln nicht mehr weiterkam, entschloss er sich, 1514, sie am Ort der voraussichtlichen Drucklegung, in Basel, zu vollenden; ‹so schöne Typen›, wie er sie sich für den Druck der beiden Arbeiten wünschte, waren ‹in England nicht zu finden›.

Rheinaufwärts reisend, wurde Erasmus überall wie ein Fürst gefeiert. In Mainz begegnete er Reuchlin und Zwingli. Im August traf er in Basel ein; um das Vergnügen des Erkanntwerdens voll auszukosten, führte er sich beim Druckherrn Froben zunächst als ein Freund des Erasmus ein.

Basel ist ein Zentrum des Buchwesens in Europa

Wie kam es, dass ausgerechnet Basel den bedeutendsten aller humanistischen Schriftsteller, einen ‹Fürsten der Gelehrsamkeit›, nicht nur anziehen, sondern auch festhalten konnte?

Schon 1440 errichtete Heinrich Halbisen in Kleinbasel die erste Papierfabrik; 1451 folgten die Brüder Gallizian mit einer zweiten Fabrik im St.-Alban-Tal. Die 1460 gegründete Universität zog dann Studenten und Dozenten aus dem südwestdeutschen Raum und aus der Eidgenossenschaft an, und manche von ihnen wandten sich während des Studiums oder nachher dem Buchdruck zu. Ein grosser Vorteil für diese neue, vielversprechende Kunst war in Basel durch die ungewöhnlich günstige Verkehrslage am Rhein und an der Rheinbrücke gegeben. Um 1468 begann in Basel ein Geselle Gutenbergs, Berthold Ruppel, zu drucken; ihm ist das erste innerhalb der heutigen Schweizer Grenze mit gesetzten Lettern gedruckte Buch zu verdanken: eine lateinische Bibel. Nach 1472 druckten Johannes Schilling in Basel, ebenso Martin Flach, ein gebürtiger Basler, und Peter Kollicker aus Olten. Bernhard Richel druckte als erster reichillustrierte deutsche Werke, so den *Spiegel menschlicher Behaltnis* und das Volksbuch von der schönen Melusine. Michael Wenssler, aus Strassburg zugezogen, spezialisierte sich auf Messbücher und Breviere und lieferte solche sogar für eine englische Diözese; arg verschuldet, verkaufte er seine Offizin 1490 an Jacob Steinacher, floh 1491 ohne seine Familie nach Frankreich und tauchte 1499 nur kurz noch einmal in Basel auf.

Signet des Bernhard Richel

Nach Richels Tod führte Nicolaus Kessler dessen Druckerei weiter. Bis 1509 gab er vor allem Predigtsammlungen und kanonistische, schliesslich auch humanistische Werke heraus. Nicht von der Universität wie Kessler, sondern von der Handschriften-Illumination, von der Buchmalerei her, kam Lienhard Ysenhuet zum Buchdruck; er gab vor allem Andachtsbücher und Wandkalender heraus. Von Michael Furter stammte der erste illustrierte Druck des Berichts von Columbus, *De Insulis in mari Indico nuper inventis,* der kürzlich in einer Faksimile-Ausgabe neu aufgelegt worden ist. Infolge eines Druckfehlers galt Furter übrigens eine Zeitlang als der älteste Drucker überhaupt, weil er in einem von ihm gedruckten Werk als Erscheinungsjahr MCCCCXLIII angegeben hatte statt MCCCCXCIII.

Signet des Michael Furter (erstes Basler Basilisken-Signet)

Der bedeutendste unter den frühen Basler Druckern war unzweifelhaft Johannes Welcker, der sich nach seinem Geburtsort Amerbach nannte. Bevor er sich in Basel niederliess, hatte er sich in Nürnberg und vermutlich auch in Venedig aufgehalten; in Paris war er ein Schüler Heynlins. Berühmt wurde er vor allem durch seine zahlreichen Bibel- und Väter-Ausgaben; sein erster Druck in Basel, ein durch Reuchlin zusammengestelltes lateinisches Lexikon, datiert von 1478. Als erstes ausserhalb Italiens gedrucktes reines Antiquabuch erschienen bei ihm die Briefe des Francesco Philelfo. Vereinzelt druckte Amerbach auch schon griechisch gesetzte Texte.

Als Mäzen und als Drucker besonders schöner Bücher zeichnete sich Johannes Bergmann von Olpe aus; bei ihm erschien, mit Holzschnitten von Dürer, Brants *Narrenschiff.* Nebenbei oder hauptamtlich war er Kaplan am Münster. Bis 1500 sind in Basel siebzehn Drucker namentlich festgestellt; mit ihnen und ihren Nachfolgern entwickelte sich Basel zu einem Druck-, Verlags- und Buchhandelszentrum für ganz Westeuropa. Was heute die Chemiker und die Chemie für die Stadt bedeuten, waren damals die Gelehrten, die Drucker und Papierer. Ungleich den heutigen Chemikern waren aber damals alle, ‹so den gewerb des buchdrucken triben›, vom Wacht- und Kriegsdienst befreit und auch frei in der Wahl einer Zunft, da ‹soliches gewerb der statt nuzlich› war. Ausserdem genossen die Drucker Zollermässigungen, später sogar Zollfreiheit.

Frobens Druckersignet, 1505 von Urs Graf entworfen

Der berühmteste aller Basler Drucker, Johannes Froben, war (aus Briefen von und an Beatus Rhenanus zu schliessen) ein Mann, der zum Aufbrausen neigte, dafür eine vorzügliche Tafel führte. Mit ihm wurde Basel nach 1500 zum führenden Verlags- und Druckort Europas. Er arbeitete zunächst mit Amerbach und J. Petri; 1512 machte er sich selbständig; seine Offizin hatte er im Haus ‹Zum Sessel› am Totengässlein. Wenn Erasmus ein ‹Fürst der Gelehrsamkeit› war, verdiente Froben (1460 bis 1527) ein Fürst des Buchdrucks genannt zu werden; einzig Aldus Manutius in Venedig (1449 bis 1515) war ihm zu vergleichen oder vorzuziehen; seiner Antiqua wegen wurde Froben als ein ‹zweiter Aldus› bezeichnet. Die Grabinschrift für Froben ist hebräisch, griechisch und lateinisch abgefasst und befindet sich in der Keppenbachkapelle zu St. Peter; hebräisch wird sein Todestag im 5288. Jahr nach der Weltschöpfung angegeben, lateinisch im Oktober 1527.

Berühmt war vor allem Frobens griechischer Satz. Als einer der ersten hat er sich hebräische Typen, besonders für den Druck kleinerer Hebräischlehrbücher, beschafft. Grundsätzlich verlegte er nur bedeutende Werke; kleine Dinge verschmähte er, wie Beatus Rhenanus 1517 dem Erasmus berichtete. Auf Anraten des Erasmus hat er später auch den Druck der Schriften Luthers abgelehnt. Das Signet seiner Firma, ein schlangenumringelter Stab, wurde von Urs Graf entworfen; Hans und Ambrosius Holbein und Urs Graf haben seine Drucke mit kostbaren Titeleien und Initialen verziert. Als Correctoren beschäftigte Froben Beatus Rhenanus, Bruno, den Sohn des Johannes Amerbach, die späteren Reformatoren Pellicanus und Capito. Nach seinem Tod übernahmen Hieronymus, sein Sohn aus erster Ehe, und sein Schwiegersohn Episcopius die Druckerei zusammen mit Johannes Herwagen, der die Witwe Frobens heiratete. Nach 1531 druckte Herwagen auf eigene Rechnung; nach einem Ehebruch mit der Frau seines Stiefsohnes Erasmius (des Patenkindes des Erasmus) wurde er aus der Stadt verbannt, 1545 aber begnadigt; in seiner Druckerei war Thomas Platter einige Zeit als Corrector tätig.

Nach der Reformation verliert Basel seine führende Stellung

Neben Froben und seinen Nachfolgern hat eine neue Generation zwischen 1510 und 1520 zu drucken angefangen. Adam Petri, Andreas Cratander und Pamphilus Gengenbach waren die wichtigsten Drucker von Luthers Schriften in Basel. Gen-

genbach hat neben Luther und seinen eigenen Werken auch klassische Autoren und Erbauungsbücher verlegt. Adam Petri war schon vor Luthers Auftreten auf religiöse Literatur spezialisiert; so hat er Evangelienbücher sogar in niederdeutscher Sprache für Norddeutschland gedruckt.
Ein bedeutender Drucker war Andreas Hartmann, gräzisiert: Cratander. Er hat den *Iulius-exclusus*-Dialog von Erasmus und 1519 Huttens brisante Ausgabe von Lorenzo Vallas *De donatione Constantini* herausgebracht. 1520 druckte er, noch vor Adam Petri (dessen Corrector er gewesen war), einen Sammelband der lateinischen Schriften Luthers und ‹mancherley büchlin und tractetlin›. Er war auch der Verleger Oecolampads, der in seinem Hause wohnte.
Im zweiten Viertel des Jahrhunderts haben unter anderen Thomas Wolf, Valentin Curio (Schaffner), Johann Bebel (auch Welschhans genannt) Reformationsschriften gedruckt. 1535 hat Oporinus, zusammen mit Thomas Platter und zwei weiteren Kollegen, die Cratandersche Druckerei übernommen; mit seinem Sohn Polycarp hat sich Cratander in der Folge ausschliesslich dem Buchhandel gewidmet.
Johannes, der Sohn des Malers Hans Herbst (Herbster), hat die Münsterschule besucht und stand 1527 dem Paracelsus als Famulus bei. Unter dem Namen Oporinus, gräzisiert aus Herbster, war er 1538 bis 1542 Professor der griechischen und lateinischen Sprache und Vorsteher des Collegium Sapientiae. Als Philologe hat er Übersetzungen und die ‹editio princeps› des Kirchenvaters Epiphanius herausgegeben. Mit Thomas Platter, Balthasar Lasius und Ruprecht Winter gab er 1536 Calvins *Institutio religionis christianae* heraus. Nach 1542 hat er auf eigenes Risiko ‹fleyssig getrucket›; bei ihm sind Castellios Schrift für die Toleranz, Weyers Sturmlauf gegen den Hexenglauben und Biblianders lateinische Übersetzung des Korans erschienen, derentwegen Oporinus für kurze Zeit im Gefängnis sass. Seine Meisterleistung war Vesals *Humani corporis fabrica;* in einem Brief hat ihn Vesal als ‹amicus charissimus› bezeichnet. Nacheinander hat er vier Witwen geheiratet; aus seiner ständigen Geldverlegenheit kam er weder durch seine dritte Heirat (mit der Witwe Herwagens) noch durch die vierte (mit einer Witwe Iselin, Schwester von Basilius Amerbach) heraus.
Peter Perna aus Lucca, 1543 an der Basler Universität immatrikuliert, übernahm 1544 Thomas Platters Offizin. Er druckte die Werke italienischer Refugianten und gehörte zu den ersten Verlegern der Werke von Paracelsus; 1560 hat er die erste lateinische Ausgabe des *Principe* von Machiavelli gedruckt.

Signet von Thomas Wolff, 1519 von Urs Graf entworfen

Die führende, sogar beherrschende Stellung des Basler Buchdrucks hatte aber mit der Reformation ihr Ende gefunden. Wegen der sorgfältigen Textwiedergabe, der sauberen Typographie und der einfallsreichen Arbeit der Illustratoren waren dann Basler Drucke zwar weiterhin gesucht und geschätzt; die bedeutendsten Verleger Europas, die vorher in Basel hatten drucken lassen, vergaben ihre Aufträge jetzt häufiger auch nach Paris, Lyon, Nürnberg, Augsburg usw.

Ungeachtet vieler verdienstlicher Ansätze und Vorarbeiten steht eine Geschichte der frühen und grössten Zeit des Basler Buchdrucks bis heute aus. Ein *Kurzer Wandel durch die ersten 100 Jahre d. Basler Buchdrucks* unter Führung von Frank Hieronymus findet sich in der ‹Wandelhalle der Bücherfreunde› (Nachrichtenblatt der Ges. d. Bibliophilen e.V.; N.F., H.4/1979).

Wir blicken hinter die Kulissen

Die grosse Zeit des Basler Buchdrucks wird uns nahegebracht dank den günstigen Umständen, unter denen der grösste Teil der Briefe an die Familie Amerbach erhalten geblieben ist. Wir sehen aber, wenn wir diese Briefe lesen, nicht nur hinter die Kulissen des Basler Buchwesens: Das ganze ‹goldene Jahrhundert› Basels gewinnt dabei für uns Leben und Gestalt.

Abwechslungsreich und immer wieder fesselnd, bezeugen diese Geschäfts-, Freundes- und Familienbriefe, deren erster aus dem Jahr 1482 datiert, auch rund ein Jahrhundert baslerischen Grossbürgertums: lateinisch, wenn die Männer unter sich sind, deutsch an und unter Frauen. Wir schliessen Bekanntschaft mit dem tüchtigen, redlichen, patriarchalisch-autoritären Vater, Johannes Amerbach; einer der Briefe an ihn stammt von Erasmus. In ihrem Hauswesen lernen wir Frau Barbara kennen, eine kluge Baslerin, die Amerbach 1483 als Witwe des Handwerkers Ortenberg heiratete. Ihre drei Söhne, Bruno, Basilius und Bonifacius (dreimal B wie Basel), werden uns in Schlettstadt, Paris, Freiburg und anderswo als Persönlichkeiten sichtbar. Von Bruno heisst es einmal, dass er in den Wirtschaften herumsitze und sich mit Frauen ergötze. Basilius scheint gelegentlich mit sich selber und mit der Familie Schwierigkeiten gehabt zu haben. Bonifacius begegnet uns als verwöhntes Nesthäkchen; die Briefe des Zwölfjährigen erinnern in ihrer ‹kintlichen truw› bisweilen an die Knabenbriefe Mozarts.

Gemeinschaftssignet Amerbach/Froben/Petri (1511 von Meister D. S. entworfen

Zwischen den Haushaltsorgen der ‹Frowen Barbra Amerbachin› erstehen vor uns auch kleine und grosse Festlichkeiten im Haus ‹Keyserstul› (Rheingasse 23); und wir erleben die aufregende Liebesgeschichte der Margareta Amerbach, die schlechterdings nicht Nonne werden wollte. Bei dieser Lektüre ist schwerlich nur mir der Wunsch aufgestiegen, die *Amerbach-Korrespondenz* möge jemanden einmal anregen zu einem historischen, auf baslerische Art witzigen, vornehm-zurückhaltenden, kritik- und spottlustigen Familienroman.

Die sogenannte *Amerbach-Korrespondenz* ist in bisher acht Bänden musterhaft ediert: Bände 1 bis 5 von Alfred Hartmann, Bände 6 bis 8 von Beat Rudolf Jenny.

Basel bereitet sich politisch auf Erasmus vor

Mittelpunkt einer von allen Seiten der Stadt zustrebenden Landschaft, das Gesicht nach Norden gewandt, mit dem Rücken gegen die Wand des Juras angelehnt, war und ist Basel eindeutig rheinabwärts orientiert. Die geographische Lage bestimmte lange Zeit auch ihren politischen Spielraum: Neben dem angrenzenden Juranordfuss waren das der Sundgau und

die Markgrafschaft, wo man Mundarten spricht, die der stadtbaslerischen näher verwandt sind als diese mit anderen schweizerischen Dialekten. Neben der Geographie, der Politik, der Sprache war Basel damals auch mit seiner Wirtschaft nach Norden ausgerichtet; in die reichen Rheinlande exportierte man, von dort importierte man.
Als natürliches Zentrum nicht nur des heutigen Baselbiets, sondern auch des ‹Suntgows› und des ‹Bryssgows› wurde Basel in dieser naturgegebenen Orientierung 1324 plötzlich gestört, als durch Heirat die Grafschaft Pfirt an die Habsburger fiel. Mit einem Schlag waren die baslerischen Expansionsmöglichkeiten im Norden durch ein habsburgisches Vorderösterreich blockiert. Wien richtete zwar ein Verwaltungszentrum in Ensisheim ein, doch das war ausdrücklich ein Provisorium, da man die Hoffnung so schnell nicht aufgab, unter österreichischer Herrschaft die immer noch freie Reichsstadt Basel dafür zu gewinnen.
In der politischen Konstellation der Burgunderkriege wurde Basels resolute Kehrtwendung nach Süden eine realpolitische Notwendigkeit, vor allem die mehrfach bestätigte Verbindung mit Bern und Solothurn; Wurstisen sah später darin die ‹Präludia und Vorläuffin des Pundts› mit den Eidgenossen. Im Schwabenkrieg, 1499, von den Schwaben ‹Schweitzerkrieg› genannt, lavierte Basel äusserst geschickt. In den Frieden zwischen dem Kaiser und den Eidgenossen wurde es zwar mit eingeschlossen, wurde aber von seinen österreichischen Nachbarn nicht in Frieden gelassen. Diese bereiteten nicht nur den Stadtbewohnern Ungelegenheiten; unter schadenfreudiger Mitwirkung der Solothurner versuchten sie, die Baselbieter zur Unbotmässigkeit aufzuwiegeln. Erst nach dem Eintritt in den Bund, 1501, hörten die Feindseligkeiten schlagartig auf.
Durch diesen Beitritt war aber Basel ein abhängiges, wenn auch geschätztes Mitglied der Eidgenossenschaft geworden; in den politischen und militärischen Entscheidungen war es ausdrücklich an die Zustimmung der übrigen Orte gebunden. Seine neue Sicherheit bezahlte es durch einen Verlust an Unabhängigkeit; es war jetzt gehalten, innerhalb seiner bisherigen Grenzen auf andere Weise zu wachsen: durch geistige, kulturelle, wirtschaftliche, finanzielle Expansion. Das war eine ähnliche, wenn auch vorteilhaftere Ausgangslage wie für die zweite grosse Blüte- und Erntezeit Basels; nach der Niederlage vom 3. August 1833, nach der Abtrennung der Landschaft und der Teilung des Staatsvermögens, hat man sich ebenfalls auf innere, geistige und kulturelle, aber auch auf wirtschaftliche und finanzielle Entwicklungsmöglichkeiten konzentriert. Und das, so scheint es, beidemale sogar mit einer gewissen Erleichterung darüber, politischer und militärischer Aktivitäten enthoben zu sein.

Das goldene ist auch ein zorniges Jahrhundert

Beatus Rhenanus hat das sechzehnte als das goldene Jahrhundert bezeichnet; dabei dachte er an Erasmus und an das humanistische Basel bis mindestens 1529. Jakob Baechtold, der mehr an die Reformatoren und an Dramatiker wie Gengenbach, Boltz oder Niklaus Manuel dachte, hat das sechzehnte als ‹das zornige, das krakeelige Jahrhundert› bezeichnet, aber auch als ‹das ernste, grundehrliche›.

Erasmus veröffentlicht 1500 die erste Fassung der *Adagia.* 1501 ist die feierliche Beschwörung des Eintritts Basels in den Bund. 1502 wird Christoph von Utenheim Bischof von Basel und versucht Reformen durchzusetzen. 1503 wird Julius II. Papst; mit Basler Beteiligung findet der Bellenzer Zug der Eidgenossen statt. 1504 veröffentlicht Erasmus das *Enchiridon;* Götz von Berlichingen verliert seine rechte Hand. 1505 wird Luther Mönch, und Erasmus übersetzt mit Morus den Lucian. 1506 verbündet sich Basel mit Mülhausen; Zwingli wird in Basel Magister; Kolumbus stirbt; der Bau der neuen Peterskirche in Rom beginnt; Erasmus schreibt das *Carmen alpestre* und wird in Turin Doctor der Theologie; 1507 ziehen die Eidgenossen nach Genua; Erasmus hält sich bei Aldus in Venedig auf, Beatus Rhenanus bei Sebastian Brant in Strassburg. 1508 ist Erasmus in Rom, und Luther wird Theologieprofessor in Wittenberg. 1509 wird Heinrich der Achte als König eingesetzt; Erasmus schreibt das *Lob der Torheit.* 1510 stirbt Geiler von Kaysersberg; die Eidgenossen ziehen nach Chiasso. 1511 kommt Beatus Rhenanus nach Basel. 1512 siegen die Eidgenossen bei Pavia gegen die Franzosen; der Basler Rat verbietet, Pensionen und Dienstgelder anzunehmen; Erasmus schreibt *De ratione studii;* in Persien wird die Schi'a Staatsreligion. 1513 kauft Basel das Dorf Bettingen für 800 Gulden; Gengenbach schreibt das *Lied vom welschen Fluss;* mit dem Sieg von Novara steht die Eidgenossenschaft auf dem Höhepunkt ihrer Grossmachtspolitik. 1514 kommen Erasmus und Glarean nach Basel. 1514 veröffentlicht Machiavelli *Il principe.* 1515 wird Franz I. König von Frankreich: für 660 Gulden kauft Basel Münchenstein und Muttenz; Gengenbach schreibt *Zehn Alter dieser Welt;* Holbein kommt nach Basel; die Eidgenossen werden bei Marignano besiegt. 1516 wird erstmals ein Vertreter der Zünfte in Basel Bürgermeister, Jacob Meyer zem Hasen; Paracelsus wird in Ferara ‹Doctor beder arzneyen›; bei Froben erscheint das *Novum Instrumentum* des Erasmus. 1517 schlägt Luther in Wittenberg seine 95 Thesen an; Basel kauft Frenkendorf für 150 Gulden; Hutten wird als ‹Dichterkönig› gekrönt. 1519 sterben Leonardo da Vinci und Kaiser Maximilian; eine Pestepidemie sucht die nördliche Schweiz heim; 1520 wird Holbein Basler Bürger. 1521 lässt sich Erasmus für acht Jahre in Basel nieder; Sebastian Brant stirbt; das neue Basler Rathaus ist fertig, und Holbein wird beauftragt, darin für 120 Gulden neun Bilder zu malen; Basel sagt sich endgültig vom Bischof los; Bürgermeister Meyer wird der Bestechung durch die Franzosen überführt; Gengenbach schreibt die *Gauchmatt.* 1522 kommt Oecolampad als Flüchtling nach Basel, und Glarean lässt sich hier nach einem Pariser

Wappen des Bürgermeisters Meyer zum Hasen

Aufenthalt nieder; bei den Ratswahlen wird ein merklicher Fortschritt der ‹Lutherei› registriert. 1523 stirbt Hutten; Pellican und Oecolampad werden Theologieprofessoren; Papst Hadrian mahnt die Basler in einem Breve, sich für den Frieden in der Welt einzusetzen. 1524 schreibt Erasmus *Über den freien Willen;* Pfarrer Stephan Stör heiratet in Liestal seine Haushälterin ‹nit ohne grosse freud und wolgefallen der kirchgenossen›, während der Bischof von Konstanz in diesem Jahr rund sechstausend Gulden ‹Hurenzins› einnimmt; dieser setzt sich aus einer Gebühr von je vier Gulden zusammen, die ihm jeder Priester zahlt, der eine Konkubine ins Pfarrhaus nimmt. Paracelsus verfasst in Salzburg seine ersten Schriften; Farel lebt ein halbes Jahr in Basel; Gengenbach stirbt, aber das Weltende, für dieses Jahr prophezeit, trifft nicht ein. 1525 lehnt Basel die Forderungen der sechs altgläubigen Orte ab; in Deutschland tobt der Grosse Bauernkrieg; Thomas Münzer wird enthauptet; ein Aufstand der Baselbieter Bauern wird durch Verringerung ihrer Lasten erledigt; der Eintritt ins Basler Bürgerrecht wird erschwert; 1526 beendet Holbein die Holzschnittfolge seines Totentanzes; in einer neuen Wirtschaftsordnung wird in Basel zwischen Handel und Handwerk unterschieden. 1527 wird Rom geplündert (Sacco di Roma); der Bischof von Utenheim stirbt als Resignat in Pruntrut; Paracelsus wird Medizinprofessor in Basel. 1528 schreibt Erasmus über *Die richtige Aussprache der lateinischen und der griechischen Sprache;* Dürer stirbt, und Paracelsus flieht aus Basel. 1529 belagern die Türken Wien; durch einen Volksaufstand wird in Basel die Reformation eingeführt; Erasmus und Glarean ziehen nach Freiburg.

Erasmus ist eine zentrale Figur der Theologie

1514 fand Erasmus in Basel jene Lebensbedingungen vor, die er, ein Heimatloser, nötig hatte, um sich geborgen und wohl zu fühlen. Hier genoss er das bewundernde Entgegenkommen der Honoratioren und der Bürgerschaft eines lebendigen, reichen, friedliebenden Gemeinwesens. Er genoss die Unabhängigkeit von Fürstengunst, schätzte die einzigartige Verkehrslage im ‹Mittelpunkt der Christenheit›, wo er für auswärtige Gelehrte verhältnismässig mühelos zu erreichen war. Um Froben hatte sich schon vorher ein humanistischer Freundeskreis, eine Sodalitas, gebildet, in die Erasmus als ein Gebietender eintrat. Und wie seinerzeit bei Aldus in Venedig, fühlte er sich in der grossen Frobenschen Druckerei sofort in seinem Element.

Das ‹foelix aevum›, die grösste Zeit Basels, wurde bei Froben mit einem Büchlein von Erasmus über den lateinischen Satzbau, mit einer Plutarch- und einer Seneca-Ausgabe und einer erweiterten Neuauflage der *Adagia* eröffnet. Ohne Verzögerung wurden auch die Vorbereitungen für die beiden Arbeiten getroffen, um derentwillen Erasmus nach Basel gekommen war: für eine Ausgabe des ‹göttlichen› Hieronymus und für eine bereinigte Textedition des Neuen Testaments.

Bereits Johannes Amerbach, der Vorgänger Frobens, hatte

eine Hieronymus-Ausgabe geplant; Reuchlin, Cono und andere Gelehrte hatten dafür vorbereitende Arbeiten geleistet. Erasmus seinerseits hatte sich seit Jahrhundertanfang mit einer Ausgabe der Briefe des Hieronymus, seines Vorbilds auch in der Epistolographie, beschäftigt. Jetzt schied er diese Briefe in echte, unechte, aber lesenswerte, und in unechte, ‹die irgendein Halunke eingeschmuggelt hat›; diese schloss er, mit entsprechendem Kommentar freilich, für Leser mit ein, ‹die an solchem Unsinn nun einmal Freude haben›. Die übrigen Werke des Hieronymus bearbeiteten unter des Erasmus beflügelnder Leitung Bruno und Basilius Amerbach, Beatus Rhenanus und Oecolampad. 1520 veröffentlichte Oecolampad dazu ein Namen-, Sach- und Wortregister, das allein 360 Seiten stark war.
Den Hieronymus hielt Erasmus für den lesenswertesten Autor gleich nach den Evangelien und den Schriften der Apostel; noch bedeutungsvoller als die Hieronymus-Edition war für ihn deshalb allein die Zurichtung eines gesicherten griechischen Textes und eine revidierte Fassung des lateinischen Vulgata-Textes des Neuen Testaments. In England hatte er bereits 1505 eine lateinische Neuübersetzung versucht, die vom Vulgata-Text des Hieronymus teilweise stark abwich. Das Manuskript dieser ‹translatio› holte er im Frühjahr auf einer Blitzreise aus England nach Basel.
Zu Anfang 1516 erschien dann die Editio princeps des *Novum Instrumentum* bei Froben; nebeneinander gab es den bereinigten griechischen Text, ‹so wie er von den Aposteln geschrieben wurde›, dazu instruktive Anmerkungen und eine lateinische Übersetzung, in der Erasmus gegenüber dem Text, den er in England erarbeitet hatte, wieder etwas näher an den Vulgata-Text herangerückt war. In einer Vorrede legte er Rechenschaft ab über sein Vorgehen; dazu kamen drei Einleitungen: ‹Paraclesis›, ‹Methodus› und ‹Apologia›. Gewidmet war das *Novum Instrumentum* Papst Leo X., wodurch Erasmus den orthodoxen Kritikern zum vorneherein den Wind aus den Segeln nahm.
Was auch für grosse Gelehrte ein Lebenswerk hätte ausmachen können, die Hieronymus-Ausgabe und das *Novum Instrumentum,* hat Erasmus in knapp anderthalb Jahren geleistet. In dieser Zeit reiste er ausserdem nach England. Und zwischendurch schrieb er, Zeugnis seiner dämonischen Arbeitskraft, für Karl V., als Dank für die Verleihung eines Ratstitels, die Schrift *Institutio principis christiani:* eine Erziehungslehre für Fürsten. In diesem Gegenstück zu Machiavellis *Principe,* der fast gleichzeitig erschienen ist, wird eine Art Wohlfahrtsstaat propagiert, in dem es um Verwaltung, nicht um Herrschaft, geht; unter anderem forderte Erasmus eine Art Weltsicherheitsrat. Die ‹Modernität› des Erasmus ist dabei mit Händen zu greifen, ‹wenn man von der mittelalterlichen Tradition, nicht wenn man von der Gegenwart an ihn herantritt› (Gerhard Ritter).
Das Pensum des ersten Basler Aufenthalts war damit erledigt.

Das genialste Werk des Erasmus, das *Lob der Torheit,* lag hinter ihm, sein persönlichstes, literaturgeschichtlich folgenreichstes, die baslerischen *Colloquia,* noch vor ihm; 1515 hat er in Basel sein wirkungsvollstes Instrument, das *Novum Instrumentum,* geschmiedet, durch das er ‹zum Vater der aufgeklärten Theologie› (Ernst Troeltsch) geworden ist. Er hat diese Textedition später noch viermal überarbeitet. Luther hat ihren Text seiner sogenannten Septemberbibel zugrunde gelegt, einer Übersetzung des Neuen Testaments mit einem Glossar für oberdeutsche Leser. Vom Text, aber auch vom kritischen Impetus des Erasmus, wurden ausnahmslos alle Bibelübersetzungen direkt oder indirekt angeregt, die am Ende des 16. Jahrhunderts in sozusagen allen europäischen Volkssprachen vorlagen.

Ernst-Wilhelm Kohls: Die Theologie des Erasmus, 2 Bände, Basel 1966. Ders.: Die theologische Lebensaufgabe des Erasmus und die oberrheinischen Reformatoren, Stuttgart 1969.

Der Freund des Friedens ist ein Meister des Briefes

Einem Aufenthalt in den Niederlanden folgte ein solcher in England, wo Morus soeben seine *Utopia* beendet hatte. Von 1517 bis 1521 lebte Erasmus vorwiegend in Löwen, wo er ein Dreisprachenkolleg (Latein, Griechisch, Hebräisch) einrichtete. Im Jahr des Thesenanschlags in Wittenberg schrieb er seine Klage des Friedens, *Querela Pacis.* Wie im *Lob der Torheit* hält eine allegorische Figur, der Friede, eine Rede. «Ein Friede ist kaum einmal so ungerecht», gibt die Rednerin zu verstehen, «dass er nicht einem anscheinend gerechten Krieg vorzuziehen wäre.»

Einen grossen Teil des Jahres 1518 verbrachte Erasmus in Basel, wo er bei Froben Neuausgaben älterer Werke und einige Jugendwerke erstmals herausgab, so das *Encomium artis medicinae,* ein Lob der ärztlichen Kunstfertigkeit. Dazu gab er weitere antike Schriftsteller heraus und die ersten einer langen Reihe von sogenannten *Paraphrasen:* Erklärungen einzelner Teile des Neuen Testaments. Am wichtigsten waren ihm die völlig neu bearbeitete Ausgabe des *Novum Instrumentum* und die *Ratio verae theologiae,* seine vielleicht bedeutendste theologische Schrift: eine Hermeneutik, die aus der ‹Methodus›, einer der Einleitungen zum *Novum Instrumentum,* herausgewachsen war.

In diesen Jahren stand Erasmus auf der Scheitelhöhe seines Ruhmes. Während Luther 1521 auf der Wartburg das Neue Testament übersetzte, fühlte sich Erasmus «bald als Gehirn, das Herz und das Gewissen seiner Zeit ... Es konnte ihm selbst erscheinen, er sei berufen, das grosse erlösende Wort zu sprechen, oder er habe es vielleicht schon gesprochen» (Huizinga). Eine Folge dieser Situation war eine weitere Expansion seines ohnehin sehr umfangreichen Briefwechsels.

Eigenen Angaben zufolge hat Erasmus die Hälfte des Tages auf seinen Briefwechsel verwendet: am Stehpult, das womöglich immer mit Blumen geschmückt war. Als Vorbilder eleganter Epistolographie waren seine Briefe zu seiner Zeit sehr begehrt; mit Erasmus zu korrespondieren galt als geistiges Adelsprädikat. Nach 1515 nahm er die Veröffentlichung selber in die Hand; nach 1525 kam sozusagen jedes Jahr eine neue Sammlung heraus.

Diese Briefe sind oft ausgewachsene Feuilletons, Leitartikel, Traktate oder Berichte über Unglücksfälle wie die Explosion eines Pulverturms in Basel, die Erasmus am 26. September 1526 seinem Freund Varius in Löwen meisterhaft geschildert hat. Verhältnismässig häufig klagt er über den Zustand seines ‹Körperchens› (corpusculum). Was man von den Baslern behauptet, ‹la médisance, c'est l'esprit des Bâlois›, das ist nicht selten auch der Esprit der Briefe von Erasmus. Alle weisen sie aber jenen staunenswerten Reichtum der Nuancierung auf, der haargenau auf den jeweiligen Adressaten zugeschnitten ist. Und alle sind sie in seinem springlebendigen, alle Möglichkeiten ausschöpfenden Latein abgefasst (das allerdings ciceronianische Puristen später ‹barock› gescholten haben). Für das *Opus epistolarum* des Erasmus gilt deshalb unter Kennern, was P. Sackmann von den Briefen Voltaires gesagt hat: Es ist ‹sein bestes Werk, in dem er allein ganz er selbst ist›.

Bereits 1498, in Paris, hatte Erasmus für einen jungen Engländer, Robert Fisher, eine Abhandlung über die Kunst des Briefeschreibens, *De conscribendis epistolis,* verfasst; jetzt, 1522 in Basel, arbeitete er sie gründlich für den Erstdruck um. Briefe geraten um so besser, erklärt er darin, je besser sie die jeweilige Situation, die präzise Absicht ihrer Entstehung und die Einstellung des Schreibers zum Empfänger transparent machen. Bequeme Briefschemata wie Bebels *Briefkunstlehre* oder andere ‹elegantiarum praecepta› bietet er nicht, weil es sie seiner Meinung nach für einen Brief, der diesen Namen verdient, nicht geben kann und darf. Jeder Brief hat eine einmalige Mitteilung und Stimmung in einer unwiederholbaren Form auszudrücken. Weitere Denk- und Schreibanstösse sind in den mehr als 2200 Briefen, die wir von Erasmus kennen, zu finden.

Eine Sammlung dieser erhaltenen Briefe liegt heute in zwölf Bänden vor, die zwischen 1906 und 1958 von P.S. und H.M. Allen und H.W. Garrod in Oxford herausgegeben worden sind: *Opus Epistolarum Desiderii Erasmi Roterodami.*

Erasmus wischt Hutten mit einem Schwamm aus

Ulrich von Hutten ist 1488 geboren. Zum Geistlichen bestimmt, floh er 1505 aus der Klosterschule und studierte Jurisprudenz. 1517 entdeckte er die unpublizierte Schrift *De donatione Constantini* jenes Lorenzo Valla, der mit seinen *Elegantiarum latinae linguae libri* den jungen Erasmus zum eleganten Humanistenlatein verführt und mit den *Adnotationes in Novum Testamentum* zu seiner epochemachenden zweisprachigen Edition ermuntert hat. In der ‹Konstantinischen Schenkung› Vallas wurde der Nachweis geführt, dass der Anspruch des Papstes auf weltliche Herrschaft im Römischen Reich auf einer Fälschung beruhe; Hutten publizierte diesen Text 1519 und widmete ihn mit einer angriffigen Formulierung Papst Leo X.

Schon vorher war er mehrmals publizistisch für Erasmus eingetreten (gegen Dorpius und Lee). In einem Sippenstreit gegen den Herzog von Württemberg war er mit wirkungsvollen Anklageschriften aufgetreten. Auf dem Reichstag in Augsburg, 1518, wurde er von Maximilian zum Dichterkönig gekrönt; in einem Brief aus diesem Jahr jubelte er: «Es ist eine Lust, zu leben!» In dem Streit zwischen Reuchlin und den Kölner Dominikanern, der sich um die Verbrennung hebräischer Schriften drehte, engagierte sich Hutten für Reuchlin und schrieb möglicherweise den zweiten Teil der vielbelachten *Dunkelmännerbriefe;* Erasmus hat allerdings gerade diesen zweiten Teil einer gewissen Sodalitas Basiliensis zugeschrieben, jenem schon genannten Humanistenkreis im Hause Frobens.

Ulrich von Hutten

Immer mehr wurde Hutten aber danach ‹zum politischen Agitator und abenteuerlichen Verteidiger der deutschen Freiheit› (Kaegi), ‹der in Wahrheit mit der Sache Luthers noch weniger zu tun hatte als Erasmus› (Gerhard Ritter). In seinem *Gesprächsbüchlein* verdeutschte er 1521 eigene lateinische Dialoge, in denen er gegen römische Herrschaftsansprüche vom Leder zog; in der gereimten Vorrede dazu findet sich Huttens Wahlspruch: «Ich hab's gewagt!»

Mit Erasmus verbanden ihn die Verehrung für dessen Leistung, die Abneigung gegen das Mönchstum, die Vorliebe für Lucians Dialoge und das Bedürfnis nach Nobilitierung. «Es würde schlecht um mich stehen», hat er Pirckheimer in einem Brief gestanden, «wenn ich mich schon für einen Edelmann hielte, weil ich als ein solcher geboren bin.» Zeitlebens hinkend, war er, wie Erasmus, doch ununterbrochen auf der Wanderschaft; ein Frühwerk von ihm, der *Nemo*, verwendet dieselbe Technik der ironischen Paradoxie wie das *Lob der Torheit.*

Hutten hat Erasmus, ‹dem Vater aller Bildung›, als Mitstreiter gegen Rom zugejubelt; später hat er ihn angefleht, Luthers Sache zu der seinen zu machen. Erasmus, das grosse Beispiel eines historisch-überhistorischen Einzelgängers, winkte kühl ab, worauf ihn Hutten mit Schmähreden überschüttete. Nach dem Scheitern der Unternehmung Sickingens gegen Trier suchte Hutten, als Wegelagerer und Erpresser geächtet und verfemt, in Basel bei Erasmus Zuflucht. Dieser empfing ihn nicht, obwohl Hutten zwei Monate lang im Gasthaus ‹Zur Blume› darauf wartete. Dabei liess den Erasmus bestimmt auch sein peinliches Sauberkeitsbedürfnis vor der Syphilis Huttens zurückschrecken. Gegen Huttens erzürnte ‹Herausforderung›, *Expostulatio,* die von den Gegnern des Erasmus als eine Demaskierung bejubelt wurde, schrieb dieser umgehend, 1523, die *Spongia:* den ‹Schwamm gegen die Anspritzungen Huttens›, der wenige Tage vor Huttens Tod erschienen ist und in drei rasch aufeinanderfolgenden Auflagen grosse Verbreitung fand.

Ulr. von Hutten, Schriften, hg. E. Böcking, Lpz. 1859ff.

1871, im Jahr der deutschen Reichsgründung, hat C.F. Meyer dem unglück-

lich kämpfenden Ritter mit ‹Huttens letzten Tagen› ein Denkmal gesetzt: «Geduld, es kommt der Tag, da wird gespannt / Ein einig Zelt ob allem deutschen Land!»
In der Historischen Vierteljahrschrift 1924 hat Werner Kaegi über ‹Hutten und Erasmus› eine wohldokumentierte Geschichte ihrer Freundschaft und ihres Streites ‹untersuchend beschrieben›.

Erasmus packt Luther an den Hörnern

Die Geplänkel mit Hutten waren für Erasmus Intermezzi; entscheidend war für ihn die Auseinandersetzung mit Luther. Dabei war er, der ehemalige Augustinermönch, in der Sache (dem Ablass- und Zeremonienwesen, der Sakramentenlehre und in der Kritik der ‹Monarchie des römischen Pontifex›) weitgehend einig mit dem ehemaligen Augustinermönch Luther. Das Wort, Erasmus habe die Eier gelegt, die Luther ausbrütete, bestand durchaus zu Recht. Was Erasmus bei Luther abstiess, waren dessen Scharfmacherei und seine direkten Angriffe auf Biegen und Brechen. Seiner Meinung nach wäre man ‹mit bescheidenem Anstand› weitergekommen als mit Sturm und Drang. («Wer die Zinnen des Himmels stürmen will, erregt damit Gottes Missfallen; wer aber Stufe um Stufe hinaufsteigt, wird nicht verworfen», hatte er bereits in den *Antibarbari* geschrieben.) «Lutheranos bonam comoediam male agere», meinte er jetzt: Die Anhänger Luthers spielen ein gutes Stück schlecht. Ihre Absonderung von der Kirche bezeichnete er als Absonderlichkeit. Und 1524, auf welches Jahr ohnehin der Weltuntergang prophezeit war, ergriff er mit der Schrift über den freien Willen, *De libero arbitrio*, schliesslich doch noch Partei. Und Luther selber hat ihm bestätigt, dass er dabei ins Schwarze traf: «Du allein hast erkannt, um was es eigentlich geht. Du hast den Stier bei den Hörnern gepackt.»
Über die ‹Freyheit eyniss Christen menschen› dachte Erasmus grundlegend anders als Luther. Unter freiem Willen verstand er ‹das Vermögen, mit dem der Mensch sich dem, was zum ewigen Heil führt, zuwenden oder sich von ihm abkehren kann›. Wozu sollte uns die Bibel sonst lehren und ermahnen, wenn uns alles schon nach unentrinnbarer Notwendigkeit zum voraus zugeordnet wäre? «Mir kannst du wünschen was du willst», schrieb er in seinem letzten Brief an Luther, «nur nicht deinen Geist.» Er, der mit einem Petschaft siegelte, das Terminus, der Gott der Grenze, zierte, war überzeugt, dass unserer Erkenntnis Schranken gesetzt sind, die zu übersteigen er als Hybris betrachtete. Und er war überzeugt, dass sein Mittelweg zwischen dem alten und dem neuen Glauben, der Weg des Humanismus, nach Utopia führen werde.
Mit dem Ungestüm des Stiers, auch nicht durchwegs wählerisch in seiner Argumentation, antwortete Luther 1526 mit der Schrift vom knechtischen Willen: *De servo arbitrio.* Durch die Erbsünde ist für ihn die Willensfreiheit aufgehoben worden. Durchdrungen von Gottes Allmacht, für die eine Beteiligung des Menschen am grossen Erlösungswerk eine Anmassung bedeuten müsste, hat sich der Mensch ganz und gar der Gnade

Gottes zu überantworten. Willensfreiheit war für Luther keine philosophische, sondern eine Glaubensfrage, auf die es eine einzige Antwort gab: «Dass nach dem Zeugnis unserer Vernunft weder in einem Menschen noch in einem Engel noch in sonst einem geschaffenen Wesen ein freier Wille sein kann.» Und wie nach ihm Calvin, so sah er sich, nicht nur in Glaubensdingen, ausserstande, eine Opposition gegen seine Überzeugungen zu dulden.

Seine Antwort an Erasmus hat Luther später als das einzige ‹rechte› seiner Bücher neben dem *Deutsch Catechismus* bezeichnet. Erst neuerdings ist jedoch darauf hingewiesen worden, dass Erasmus selbst im Bereich der sich auf Luther berufenden Konfession ‹schliesslich triumphierte›. Luthers Erfahrung, Ton in des Schöpfers Hand zu sein, das ‹servum arbitrium›, hat anderseits Heinrich Weinstock 1953 (in der *Tragödie des Humanismus*) auch bei Aischylos, Sophokles, Plato nachzuweisen versucht: Auch diese Grössten in der grössten Zeit des griechischen Altertums, meinte er, hätten aus der Überzeugung gelebt, dass nur der Wille, der sich dem Unbedingten unbedingt unterwirft, den Menschen wahrhaft freimacht.

Die Weinstocksche Interpretation gipfelt in der Versicherung, dass Luther, nicht Erasmus, ‹der wahre Vertreter eines wirklichen Humanismus im Sinne der Griechen› gewesen sei. Und als ‹ein Verhängnis von unabsehbarer Tragweite› hat Weinstock die Tatsache bezeichnet, dass nicht nur Erasmus selber sich für den wahren Repräsentanten des wahren Humanismus gehalten habe, sondern auch ‹die Humanisten der nachfolgenden Jahrhunderte›.

Martin Luther

Für Walter Muschg stand Zwingli (in Marburg) ‹neben Luther wie ein Verteidiger der Vernunft ... neben einem Besessenen›. Noch krasser war der Gegensatz zwischen dem genialen Stilisten, Künstler, Philologen, Kosmopoliten und Pazifisten Erasmus und dem paulinisch-augustinischen Propheten und bäurischen Polterer Luther. In ihnen verkörperte sich ein tragischer Gegensatz, der, weit über das Entweder-Oder von (möglichst) freiem und (total oder totalitär) unfreiem Willen hinaus, in der Geistesgeschichte der Neuzeit Heil und Unheil wirkte. Echte Tragödien sind jedoch Auseinandersetzungen zwischen Recht und Recht, nicht zwischen Recht und Unrecht; jedenfalls war das Hegels Meinung.

Fast vierhundert Jahre später, zum 400. Todestag des grossen Rotterdamers, hat Werner Kaegi (ein Erasmus-Preisträger) den grossen Theologen Karl Barth zu einem Beitrag für eine Gedenkschrift eingeladen. Schneidend hat Barth abgelehnt und den Erasmusfeiern am Gedenktag demonstrativ im Reitkostüm den Rücken zugewandt. Der Gegensatz, der zwischen Erasmus und Luther in seiner ganzen Breite und Tiefe ausgetragen wurde und zwischen Kaegi und Barth nur punktuell zum Vorschein kam, hat sich im 19. Jahrhundert mit vergleichbaren Inhalten in Basel mehrfach in ein und derselben Person polarisierend ausgewirkt: in Bachofen zwischen Patriarchat und Matriarchat, für Jacob Burckhardt zwischen Kleinstaat und Grossmacht, in Overbeck zwischen Ur- und Spätchristentum, in Nietzsche zwischen Apollo und Dionysos, bei Spitteler zwischen Prometheus und Epimetheus.

Erzieherische Gespräche müssen nicht langweilig sein

Ein Prediger wie Heynlin oder Geiler ist Erasmus nie gewesen. Er hat in Basel oder Freiburg auch nie ein akademisches Amt bekleidet. Übereinstimmend wird er dagegen als ein vollendeter Weltmann geschildert, als eine Mittelpunktsfigur geselliger Zusammenkünfte, als Symposiarch der Sodalitas Basiliensis: jener Musensöhne, deren Tempel, Börse und Gasthaus der ‹Sessel› war, das Haus und die Offizin Frobens. Zu den Mitgliedern dieser freien Vereinigung humanistischer Verehrer des Erasmus gehörten Beatus Rhenanus, Ludwig Ber (Bär), Capito, Pellican, Glarean, Holbein, Paliurus (Lucas Klett), Nepos (Jacob Näf), die Juristen Cantiuncula und Sichardus, Myconius, Fontejus, die drei Brüder Amerbach. Für sie alle war Erasmus nicht nur ‹der Phönix Germaniens› und ‹die Wonne des Erdreichs›, sondern auch ein überaus charmanter, witziger Causeur; gäbe es keine anderen Zeugnisse dafür, könnten allein die ungezwungen geistreichen Gespräche und die effektvoll aufgemachten Szenen, die Erasmus vor allem in Basel geschrieben hat, als ein Indizienbeweis gelten.
Die wichtigste Sammlung solcher Gespräche, die *Colloquia familiaria,* geht zurück auf eine Formelsammlung für gebildete Konversation, die Erasmus 1497 in Paris für zwei Kaufmannssöhne aus Lübeck in erzieherischer Absicht angelegt hat. Auf Umwegen kam 1518 eine Abschrift nach Basel, wo sie Beatus Rhenanus, obwohl ein Intimus von Erasmus, bei Froben herausgab, ohne den Autor davon zu unterrichten. Verärgert gab Erasmus 1519 in Lüttich eine verbesserte Ausgabe heraus; eine stark erweiterte Fassung erschien aber 1522 wieder bei Froben; diese war sogar dem Johannes Erasmus (genannt Erasmius) Froben gewidmet, der von Erasmus und Beatus Rhenanus aus der Taufe gehoben worden war. Bereits im Sommer desselben Jahres erschien eine Ausgabe, die erstmals die ‹Apotheose Reuchlins› enthielt; als Neuigkeit wurde darin bekanntgemacht, Reuchlin, der ‹Phoenix der Gelehrsamkeit›, sei soeben, im Juli 1522, gestorben; zusammen mit dem heiligen Hieronymus sei er in einer Feuersäule in den Himmel aufgestiegen. In den Ausgaben bei Froben kamen zwischen 1523 und 1524 zuerst zehn, dann sechs, schliesslich vier neue Gespräche dazu, manche mit echt baslerischem Lokal- und Personalkolorit. Mit der Ausgabe von 1526 stand als Titel des Bestsellers endgültig fest: *Familiarum Colloquiarum Formulae.*
Auf den jungen Shakespeare, der siebzig Jahre später zu schreiben begann, deuten die Abenteuer des Gauners Pamphagus mit der grossen Nase und Szenen wie der Tod des Georgius Balearicus hin. Unbefangen wird von sexuellen Dingen gesprochen; der Jüngling Vitalis versucht eine Lucretia aus dem

Freudenhaus zu befreien. Im ‹Convivium religiosum› fällt das berühmte Wort: «Sancte Socrate, ora pro nobis.» Zu deutsch: «Heiliger Sokrates, bitt für uns.» Im ‹Epicureus› wird nicht behauptet, dass fromme Christen die besten Epikureer seien, wie oberflächliche oder böswillige Leser behaupteten; vielmehr wird recht gelebtes Christentum darin als Lebenskunst verstanden. In den ‹Bettelreichen› tritt ausnahmsweise ein rechtschaffener Mönch auf. Das Frühaufstehen wird empfohlen; der Junggeselle Erasmus stellt Betrachtungen über die Ehe an, die Hand und Fuss haben; es wird über saure Weine geklagt, deutsche Herbergen und Fischgerichte werden verdammt, französische Gasthäuser werden gepriesen; es werden Gespenstenglauben und das Wallfahren verspottet, vor Ammen gewarnt; den Wöchnerinnen wird das frühzeitige Abstillen abgeraten.

In jeder neuen Ausgabe kommen neue, spottlustig-aktuelle, kritische und gedankenanregende Stücke dazu; ein alchimistischer Virtuose, ein englischer Lord, der seinen Geistlichen verulkt: die bekannten alten und viele, viele neue, kirchliche und weltliche Gegner des Erasmus gehen auf diese Weise laufend in die Weltliteratur ein. In der Ausgabe von 1526 bekennt sich Erasmus mit der Abhandlung *De utilitate colloquiorum* zu den erzieherischen Absichten dieser Gespräche. Was er von den Menschen erwartet, wie er es erwartet, warum er es erwartet, das gibt er, deutlicher als im *Enchiridon,* in den *Colloquia* zu verstehen. Ebenso deutlich zeigt er, dass die erzieherische Absicht für ihn kein Hindernis sei, kurzweilig, amüsant zu schreiben. ‹Docere ridendo›, ‹discere ludendo› war schon immer seine Methode gewesen: lachend zu lehren, spielend zu lernen.

Die endgültige Ausgabe der *Colloquia* wurde 1533 von Hieronymus Froben und Episcopius besorgt. Den Ruhm des Werkes haben Leser wie Montaigne, Ben Jonson, Shakespeare und Wieland weitergetragen. Keimhaft ist in diesen Gesprächen die Charakterkomödie von Molière vorgebildet. Nachgewiesen ist, dass Cervantes entscheidend von den *Colloquia* beeinflusst worden ist.

Wir sehen Erasmus mit den Augen Holbeins

In Basel ist Erasmus zwischen 1522 und 1529 zu der Figur geworden, an die wir heute, nicht nur in Basel, denken, wenn sein Name fällt: souveräner Verstand, Klarheit, Präsenz, ganz Fürst des Humanismus, Gelehrter, Dichter und Weltmann in einer Person: der Erasmus Holbeins.

Beatus Rhenanus hat ihn beschrieben: «Nicht sehr gross, aber auch nicht auffällig klein. Seine zierliche Gestalt sah kräftig und gut aus; nur seine Gesundheit war empfindlich und litt beim kleinsten Wechsel des Weins, der Kost, des Aufenthalts. Im Alter war er häufigen Anfällen des Steinleidens unterworfen, ganz zu schweigen vom Katarrh … Seine Haut war weiss und durchsichtig, seine Haare waren in der Jugend hellblond, seine Augen blau, der Blick lebhaft und heiter, die Stimme fein, die Sprechweise angenehm fliessend, seine Kleidung gepflegt ...» Und jetzt war er finanziell unabhängig. Der Kreis der Menschen, die ihm geistig nahestanden, die ihn bis weit in die subtilen Nuancen seiner Gedanken verstanden, war in Basel erstaunlich gross. «Mir scheint», schrieb er dem Schlettstädter Sapidus, «als ob ich in einem Musentempel weilte. Wie viele Gelehrte gibt es hier – und keineswegs Gelehrte von der ordinären Sorte!» Dennoch spielte er ab und zu mit dem Gedanken, nach Rom überzusiedeln. Was andere über ihn dachten, redeten, schrieben, war ihm allzu wichtig, als dass er zu der gelassenen Ruhe und Selbstverständlichkeit des Daseins hingefunden hätte, von der er träumte. Auch machte die Reformation in Basel Fortschritte, die ihm missfielen. Dazu kam die Sorge, mit der Arbeit, zu der er sich aufgerufen und im Grund allein befähigt wusste, nicht rechtzeitig zu Rande zu kommen.

Mit dem Ciceronianus erzürnt Erasmus seine Zunft

Mit höchster Konzentration, gleichzeitig allerdings fast spielerisch im Vergleich mit anderen Geistesarbeitern, erweiterte er in diesen Jahren den Block seiner Väter-Ausgaben. Es erschienen: 1520 Cyprian, 1522 Pseudo-Arnobius, 1523 Hilarius, 1524 bis 1526 eine Neuausgabe des geliebten Hieronymus, 1526 Irenäus, 1527 in vier Bänden die ‹honigsüssen› Schriften des Ambrosius, 1528 und 1529 in zehn Bänden Augustinus. Später folgten Lactantius und Chrysostomus; aus dem Nachlass gab Beatus Rhenanus die grosse Origenes-Edition heraus. Dazwischen betreute, erneuerte oder erweiterte Erasmus weitere Ausgaben des *Novum Instrumentum,* der *Adagia* und *Colloquia,* der *Briefe.* Neue *Paraphrasen* zu neutestamentlichen Schriften und zu den Psalmen folgten, die zwar hohen Würdenträgern gewidmet, aber, wie Erasmus provokativ betonte, eigentlich ‹für Bauern, Matrosen, Maurer, Prostituierte und Türken› gedacht waren.
Zur Frage des Fleischessens äusserte sich Erasmus in der Schrift *De interdictio esu carnium;* für Katharina von Aragonien, die erste Gemahlin Heinrichs VIII., verfasste er ein Werk über die christliche Ehe und für Königin Maria von Ungarn, deren Gatte im Kampf gegen die Türken gefallen war, ein Trostbüchlein für christliche Witwen. Wenig bedeutend, dafür um so umfangreicher, war *Hyperaspistes,* eine Antwort in zwei Bänden auf Luthers *De servo arbitrio.* ‹Von der Höflichkeit›, genauer: *De civilitate morum puerilium libellus* hiess eine Art Knigge, den Erasmus 1526 dem elfjährigen Sohn des Fürsten Adolf von Burgund widmete. Mit seinen Ratschlägen für Körperpflege, Kleidung, Tischsitten, Konversation, geziemendes Verhalten in der Kirche, beim Spiel, im Schlafzimmer scheint das Büchlein weniger für einen gedacht zu sein, der in die gute Gesellschaft bereits hineingeboren wurde, als vielmehr für jene, die dorthin bewusst und aus eigenem Antrieb (der Fall des jungen Erasmus) hineinzukommen wünschten. Weit über die ‹Manierenbücher› des 15. Jahrhunderts hinaus-

greifend, fordert es Rücksichtnahme auf den Mitmenschen als Grundlage und Ausdruck wirklicher Herzenskultur. (Die Dialoge über den Hofmann, *Il Cortegiano* von Baldessare Castigliane, das klassische Werk dieser Gattung, wurden erst zwei Jahre später, 1528, geschrieben.)
Bereits 1525 hatte Erasmus eine *Abhandlung über die Sprache,* ihren Gebrauch und Missbrauch, für den Kanzler von Polen verfasst. 1528 folgte sein Dialog über die richtige Aussprache des Lateins und des Griechischen, *De recta pronunciatione,* und zu gleicher Zeit erschien (immer bei Froben) der *Ciceronianus:* Anleitungen über die beste Art, lateinisch zu reden und zu schreiben. Im Dialog über die Aussprache wurde zunächst ein eigentliches Bildungssystem entwickelt; die neue Ausspracheregelung, die Erasmus dann vorschlägt, hat im wesentlichen noch heute Gültigkeit. Er selber, wird berichtet, soll sich an diese Regeln nicht konsequent gehalten haben.
Mit dem *Ciceronianus* hat er seine Zunft erzürnt, wie das Nietzsche ebenfalls in Basel, 350 Jahre später, mit der Fragment gebliebenen unzeitgemässen Betrachtung *Wir Philologen* im Sinn gehabt hat (er allerdings genau umgekehrt als Erasmus: in erbitterter Feindseligkeit gegen die Verflechtung der klassischen Philologie mit dem Christentum). Der *Ciceronianus* ist ein Gespräch zu dritt; es gipfelt in der Bemerkung des Bulepholus: «Wenn du dich vollends wie Cicero auszudrücken versuchst, verfehlst du die Möglichkeit, dich selber auszudrükken. Damit wird aber deine Rede oder Schreibe zur Lüge.» Und an die Adresse der Italiener gerichtet, an die ‹Affen Ciceros›, wird ihr rückwärts gerichteter Paganismus verurteilt: ihre Zuwendung nicht allein zu lateinischem Stilpurismus, sondern, damit verbunden, zu einem moralisch und religionsgeschichtlich überholten Heidentum.

Erasmus weicht der Reformation nach Freiburg aus

Ende 1527 starb Froben an einem Schlaganfall, und 1528 trat Bern zum neuen Glauben über. Oecolampad, der sich aus einem begeisterten Erasmianer zum Wortführer des neuen Glaubens entwickelt hatte, drängte auf eine Entscheidung auch in Basel. Durch die Volkserhebung im Februar 1529, ‹tumultuosum negotium› nannte es Erasmus, wurde der zaudernde Rat vor vollendete Tatsachen gestellt.
Nicht nur das Domkapitel, auch die altgläubigen Dozenten und Studenten der Hochschule wanderten nach Freiburg i. Br. aus. Erasmus, der in den Leidenschaften, die von den Reformatoren aufgewühlt worden waren, eine grössere Gefahr für das freie Denken sah als im vortridentinischen Katholizismus, so wie dieser ihm gegenüber auftrat, verliess Basel im April; vorher setzte er sich mit Oecolampad zu einem versöhnlichen Gespräch zusammen.
Als das Schiff wegfuhr, verabschiedete er sich wehmütig mit einer Art Lied, das Bonifacius Amerbach aufgezeichnet und Wurstisen später folgendermassen verdeutscht hat: «Nun bhüt dich Gott, fürgliebte Stadt, / Die mich so lang bherbergen

that: / Ich wünsch dir Heil, und dass kein Gast / Dir mehr bring, dann Erasmus, Last.»

Ungeachtet eines verlockenden Angebots von Fugger aus Augsburg, hatte sich Erasmus für das nahe Freiburg entschieden. Bonifacius Amerbach, der ihn dorthin begleitete, konnte sich, als er die Professorengehälter von Basel und Freiburg verglich, zum Bleiben nicht entschliessen.

In Freiburg wohnte Erasmus in dem Haus, das Kaiser Maximilian für sich als Alterssitz vorgesehen hatte, Franziskanerstrasse 3; rührend bemühte sich Zasius, der bedeutende, leider schwerhörige Jurist, um ihn. Wie immer träumte Erasmus bald von neuen Ufern und Zufluchtsorten, kaufte jedoch 1531 ein Haus, Schiffstrasse 7, und richtete es, trotz schwindenden Einnahmen, geschmackvoll ein. Gelegentlich beklagte er sich über den ewig strömenden Regen und über die Kleinstadtatmosphäre in Freiburg; vor allem fehlte ihm der in Basel unvergleichlich lebhaftere Durchgangsverkehr auswärtiger Gelehrter.

Was Erasmus in Freiburg schrieb, kam nach wie vor bei Froben heraus, dessen Offizin von Hieronymus Froben und dessen Schwager Episcopius erfolgreich weitergeführt wurde. Die Reihe der Kirchenväter-Ausgaben ergänzte Erasmus mit Basilius und mit Neuausgaben von Cyprian und Chrysostomus. Neben einer Aristoteles- und einer Ptolemäus-Edition äusserte sich Erasmus über die Notwendigkeit, die Kinder möglichst frühzeitig zu erziehen: *Declamatio de pueris instituendis.* Er widmete sie dem Herzog von Cleve, wie zwei Jahre später die *Apophthegmata:* eine neue Sprichwörtersammlung. Seine *Paraphrasen* galten vor allem der Erläuterung von Psalmen.

Wie jener Kardinal Capranica, mit dem Äneas Silvius ans Konzil von Basel gekommen war, verfasste Erasmus 1533 eine Schrift über die Vorbereitung auf den Tod, *De praeparatione ad mortem;* diese Schrift hatte Thomas Boleyn bei ihm bestellt, der Vater Annas, der Geliebten und zweiten Gattin Heinrichs VIII. (die dieser, wegen eines unbewiesenen Ehebruchs, 1536 enthaupten liess). «Wanderer sind wir in dieser Welt», stellte Erasmus bei dieser Gelegenheit fest, «keine Einwohner»; gegen die Sünde des Verzweifelnwollens empfiehlt er den Anblick eines Kruzifixes. 1533 erscheint sein Lob auf die Eintracht der Kirche, *De amabili ecclesiae concordia,* und 1535 ein *Gebetbuch für Knaben.* Und über alle diese Jahre in Freiburg erstreckte sich seine Arbeit an dem *Ecclesiastes:* Anweisungen für die beste Art, zu predigen.

Wenn so seine schriftstellerische Tätigkeit auch nicht ins Stocken geraten war, wie er in einem Brief vom 31. Januar 1530 geklagt hat, verlangsamt hatte sie sich auf jeden Fall. Seine Formulierungen waren nach wie vor klar, genau, gebildet. Immer mehr fehlte ihnen nun aber der ‹Biss›, es fehlten die hellwache Spottlust, der unnachahmlich sprühende Charme und der trockene Witz seiner bisherigen Stilmittel. Kein Zweifel: Erasmus, ‹der erste grosse Literat von europäischem Rang› (Gerhard Ritter), war nicht nur alt: Er war müde geworden.

Erasmus stirbt 1536 in Basel

Im Frühjahr 1535 war er nach elfjähriger Beschäftigung mit dem *Ecclesiastes* so weit, dass er, zu der Musik stampfender Pressen, in der Druckerei die letzte Hand an sein Werk legen konnte. Ende Mai holte ihn Bonifacius Amerbach nach Basel zurück. Oecolampad war 1531 gestorben; die konfessionellen Leidenschaften hatten sich abgekühlt. Erasmus wohnte bei Hieronymus Froben im Haus ‹Zum Luft› an der Bäumleingasse. Unter fremdem Namen weilte zur gleichen Zeit Calvin in Basel und schrieb seine Unterweisung in der christlichen Religion, *Institutio religionis christianae:* das Grundbuch der reformierten Glaubenslehre.
Noch in Freiburg hatte Erasmus dem eben neugewählten Papst, Paul III., gratuliert und ihn zur Konzilianz ermahnt. Die Antwort des Oberhirten erreichte ihn jetzt in Basel. Erasmus wurde darin zur Mitwirkung an einem noch einzuberufenden Konzil aufgefordert; im Hinblick auf dieses Konzil sollte er zum Kardinal ernannt werden.
Als der *Ecclesiastes* gedruckt und ausgeliefert war, bereitete Erasmus, obwohl die Gicht ihn arg quälte, eine Ausgabe des Origenes vor, den er, wie den Hieronymus unter den lateinischen Kirchenvätern, unter den griechischen als einen Wahlverwandten hochhielt.
Am 12. Februar 1536 ergänzte Erasmus seine letztwilligen Verfügungen von 1527 und 1535. Als Testamentserben setzte er Bonifacius Amerbach ein; ihm wurden Hieronymus Froben und Episcopius als Testamentsvollstrecker beigegeben. Ihre Aufgabe war, nach Ausrichtung aller Vermächtnisse ein Erasmisches Legat für Arme und Kranke, für heiratswillige Jungfrauen und für die Erleichterung wissenschaftlicher Ausbildung junger Leute zu errichten und zu verwalten.
Die letzte Schrift, die Erasmus fertigstellte, *De puritate ecclesiae,* über die Reinheit der Kirche, war eine Erläuterung des 14. Psalms. Er widmete sie dem Zöllner Christoph Eschenfelder in Boppard, der sich ihm 1518, auf einer Reise rheinabwärts, als grosser Verehrer seiner Schriften rührend vorgestellt hatte.
Am 12. Juli 1536, um Mitternacht, starb er ruhig und gefasst: so wie er den Cornelius Montanus (im ‹Funus› der *Colloquia*) einst hatte sterben lassen. Ununterbrochen hatte er vorher gebetet: «O Jesu misericordia. Domine libera me.» Ganz zuletzt aber plötzlich niederländisch: «Lieve God.»
Studenten trugen ihn auf den Schultern zum Münster. Im Leichenzug schritten der Bürgermeister und die Ratsherren. Keiner der Professoren der Universität fehlte. Einen Misston mischte in die Feier allein die Predigt des Antistes Myconius, die in ihren Formulierungen nicht durchwegs glücklich war.
Und noch heute ist der ‹Herr Erasmus seelig› (wie ihn Hebel in einem Brief genannt hat, ‹als wäre das ein Basler Patrizier›) der Schutzpatron der vornehmen und gebildeten Basler.

Glareanus

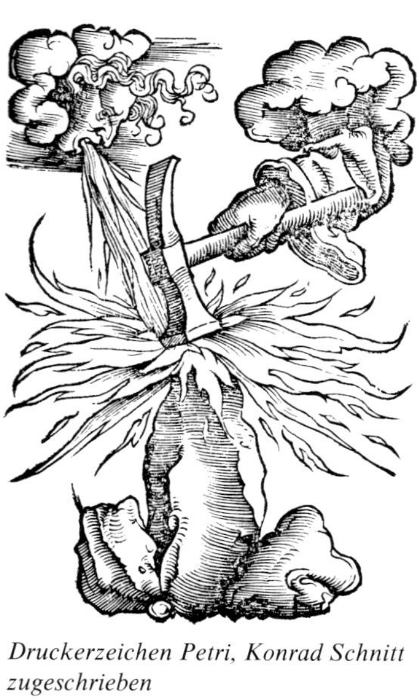

Druckerzeichen Petri, Konrad Schnitt zugeschrieben

zum Lob der Musik und der Zither gewidmet. 1510 wurde er Magister und 1512 für einen schwülstigen Panegyricus von Kaiser Maximilian ‹in einer grandiosen Szene› (Rudolf Wakkernagel) mit dem Dichterlorbeer ausgezeichnet.

1514 kam Glarean nach Basel, wo er Erasmus kennenlernte und, als geborener Lehrer, eine Schülerbursa, eine Art Pensionat, einrichtete. Zweifellos der bedeutendste unter seinen etwa dreissig Scholaren war Aegidius Tschudi, der später ‹Vater der Schweizergeschichte›. 1515 veröffentlichte Glarean bei Adam Petri eine *Helvetiae Descriptio,* in der Geographie und Poesie merkwürdig gemischt erschienen; geschmückt war das Werk mit Holzschnitten von Urs Graf. 1516 gab Glarean bei Froben eine Einführung in die Musik heraus, *Isagoge in musicen.* Im gleichen Jahr folgten bei Petri eine Verslehre für den Unterricht und bei Froben zwei Bücher lyrischer Anreden an Freunde und Schüler, *Duo elegiarum libri.*

In einem Brief an Erasmus erzählt Beatus Rhenanus 1516, dass Glarean zu einer Disputation hoch zu Ross in die Aula eingeritten sei, weil man ihm, dem gekrönten Dichter, keinen angemessenen Platz zugewiesen hatte. Begabt mit prächtigem Humor und grosser geistiger Beweglichkeit, war Glarean zeitlebens heftig, reizbar, oft gallig; auch liebte er zu witzeln und die Namen seiner Widersacher bösartig zu verdrehen.

Mit einem Stipendium von König Franz ging er 1517 nach Paris; von dort aus besuchte er Erasmus in Löwen und kehrte 1520 in die Schweiz zurück; von 1522 bis 1529 lebte er wieder in Basel. Er eröffnete ein Schülerheim, hielt Vorlesungen und heiratete eine natürliche Tochter des Junkers Offenburg; zur Hochzeit schenkte ihm Erasmus zwei Münzen, die eine von Trajan, die andere von Alexander dem Grossen.

1527 gab Glarean bei Faber *De Geographia* heraus: einen Leitfaden, der fünfzig Jahre lang immer neue Auflagen erlebte. Als in Basel die Reformation eingeführt wurde, 1529, zog er, einen Monat nach Ludwig Bär, einen Monat vor Erasmus, nach Freiburg. Er übernahm dort die Professur der Dichtkunst, richtete wieder eine Schülerbursa ein und war, fast ein Menschenalter lang, der wichtigste und rührigste Professor. Von seinen insgesamt 30 Werken sind 22 in Freiburg entstanden, aber, so meinte jedenfalls Rudolf Wackernagel, ‹die ganze Fülle späterer Leistungen geht in ihren Anfängen auf die Basler Jahre zurück›.

Bei dieser ‹Fülle› handelt es sich grösstenteils um kommentierte Textausgaben von Livius, Dionysos von Halikarnass, Horaz, Ovid, Cäsar, Terenz, Lucan usw. Auch ein Elementarbuch der Arithmetik fand sich darunter, eine Bearbeitung der lateinischen Grammatik des Donatus und eine kleine, schwierige Schrift über altrömische Gewichte und Masse: *Liber de asse.* Die bei weitem wichtigste Publikation war das *Dodekachordon,* das er 1547, nach mehr als zwanzigjährigen Studien, bei Henric Petri erscheinen liess: eine neue Tonartenlehre, in der die acht Kirchentonarten des Mittelalters auf zwölf erwei-

tert und aus der Antike abgeleitet sind. Mit diesem Werk hat sich Glarean ‹in die erste Reihe der zeitgenössischen Musikschriftsteller› gestellt.
1539 starb seine erste Gattin; mit Barbara Speyr, die fünf Kinder mitbrachte, ging er eine zweite Ehe ein. Fast fünfundsiebzig Jahre alt, 1563, starb er. Eigenen und fremden Zeugnissen zufolge scheint er nie eigentlich glücklich gewesen zu sein. Auf seine Bedeutung angesprochen, meinte er: «Alles bei mir ist mittelmässig; die Mittelgötter sind mir hold.» In seiner *Rede auf Basel* hat ihn aber Petrus Ramus an der Spitze der Basler Humanisten genannt, gleich nach Äneas Silvius.

Holbein dominiert die bildende Kunst

Die von Petrus Ramus hochgeschätze Gelehrtenstadt war auch eine Stadt der Künste; Holbein ist nicht von ungefähr hierher gezogen. Um 1450 hat Konrad Witz hier gewirkt und neben ihm der ‹Meister der Spielkarten›; noch vor Froben hat der Basler Buchdruck den jungen Dürer angezogen. Den Basler Bartholomäus Rutenzweig hat man zur Ausschmückung einer Kirche nach Chur gerufen; um die Jahrhundertwende hat Konrad Lux den Weinmarktbrunnen in Luzern errichtet. Das grosse, reiche, kunstliebende Basel nährte und förderte vor, mit und nach Holbein eine lange Reihe von Künstlern und Kunsthandwerkern. Abgesehen von Urs Graf, der bedeutendsten Künstlerpersönlichkeit neben Hans Holbein und dessen Bruder Ambrosius (der wahrscheinlich 1519 gestorben ist), waren das Maler wie Hans Dyg, Hans Frank, der Basler Meister von 1445, Hans Herbster (der Vater des Druckers Oporinus), der noch nicht identifizierte Meister D.S., Adam Strow, Conrad Apotheker, Caspar Koch, Thomas Schlick, Hans Bock d.Ä. usw. Dazu kamen die ungezählten Gold- und Silberschmiede, Bildschnitzer und Bildhauer (Remigius Faesch etwa oder Martin Lebzelter), die Baumeister, Glasmaler (die Standesscheiben von Anton Glaser!), Glockengiesser, Formschneider, (Hans Hermann, Jaco Faber, Meister CV), Kunstschmiede, Zinngiesser, Kunsthafner, Tischmacher, Seidensticker usw. Neben Basel, dem ‹domicilium musarum›, waren Bern und Zürich in dieser Hinsicht Provinzstädte; selbst in Italien sprach man von einer ‹scuola di Basilea›.

Druckersignet von Jacob Wolff (Meister D. S. zugeschrieben)

Holbein kam um 1515 nach Basel und hat hier mehr als zwölfhundert Holzschnittvorlagen geschaffen; er ist einer der bedeutendsten Buchillustratoren, welche die Kunstgeschichte kennt. Schon 1516 der führende Künstler der Stadt, erhielt er auch sonst eine Fülle von Aufträgen; ausser Fresken und Wandbildern (die nur als Entwurfszeichnungen und in Fragmenten erhalten sind), neben Glasbildentwürfen, Andachtsbildern waren das vor allem jene Porträts, mit denen sich Holbein als Bildnismaler an die Seite von Rembrandt, Frans Hals, Velasquez und Tizian stellte. «Denk noch die Stimme dazu», hat jemand vor einem dieser Bilder Holbeins gesagt, «dann magst du zweifeln, ob der Maler oder Gottvater diesen Mann hervorgebracht hat.»

So hat er den Bürgermeister Meyer, so Bonifacius Amerbach porträtiert, so mehrmals Erasmus, der ihn, als die bilderstürmende Reformation beiden unheimlich wurde, dem Kreis um Thomas Morus empfohlen hat. So hat er 1521, nach dem ersten Englandaufenthalt, jenes Bildnis seiner Frau und seiner Kinder gemalt, das bei manchen Kennern als sein schönstes gilt. 1532 fuhr er für immer nach England. Mit Stift und Pinsel hielt er, ein unheimlicher Menschenkenner, die englische Nobilität in ihrem reservierten Persönlichkeitsgefühl kühl und distanziert fest. 1538 kam er noch einmal kurz nach Basel; 1543 starb er an der Pest, sechs Jahre vor Elsbeth Binzenstock, seiner Ehefrau, der er nichts als einen Koffer hinterliess.

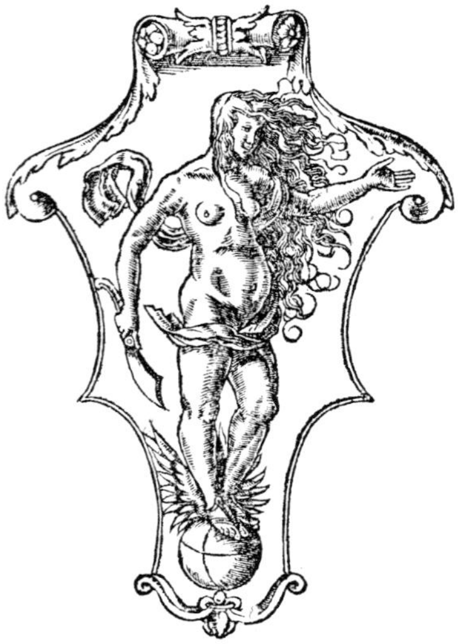

Druckersignet für Cratander, 1525 von Hans Holbein d.J. entworfen

Urs Graf, nicht so bedeutend wie Holbein, aber doch ein Grosser in jener grossen Zeit, ist 1485 als Sohn eines Goldschmieds in Solothurn geboren; 1509 kam er als Goldschmied und Glasmaler nach Basel, wo er um 1527 gestorben ist. 1511 hat er die Patriziertochter Sibylla von Brunn geheiratet. Rothaarig, ein Schrank von einem Mann, war er immer wieder in ‹allerley unfuch›, Raufhändel und Weibergeschichten verstrickt; mehrmals sass er im Gefängnis, aus dem ihn bei einem Schützenfest 1523 Freunde aus den Mailänder Kriegen als Unterhaltungskünstler freibaten. Als erlebnishungriger Reisläufer war er in Dijon, Marignano und Bicoca dabei. Urs, sein einziger Sohn, um 1512 geboren, ist Goldschmied und Glasmaler geworden.

Nur drei kleine Gemälde sind von Urs Graf erhalten; seine Zeichnungen, auf denen sein Rang und Ruhm beruht, hat er offenbar zu seinem Vergnügen, jedenfalls ohne Verkaufsabsicht, geschaffen. Gezeichnet hat er aber ‹wie andere atmen›. Rund vier Fünftel des heutigen Bestandes sind im Besitz des Basler Kunstmuseums, dessen Kupferstichkabinett 1979 damit eine instruktive Ausstellung veranstaltet hat. Dabei wurde deutlich, wie rasch Graf den weiten Weg zurückgelegt hat, der ihn aus seinen spätgotisch gebundenen Anfängen zu den kleinen Freiheiten und zu der grossen Freiheit der Renaissance führte.

In einem dreibändigen Roman hat Emanuel Stickelberger das Leben Holbeins geschildert: *Der Mann mit den zwei Seelen, Holbein in England, Künstler und König.*

Mindestens Erwähnung verdient das *Leben Hans Holbeins d.J.* von Ulrich Hegner (1759–1840), dem nicht unbedeutenden Winterthurer Novellisten und Kunsthistoriker (Berlin 1828).

Aus der Fachliteratur sei hervorgehoben: H.A. Schmid: *Hans Holbein d.J.*, zwei Textbände und ein Tafelband, Basel 1945–1948.

Christiane Andersson: *Urs Graf*, Basel 1978.

Die medizinische Revolution endet nach elf Monaten

Dafür, dass neben den schönen Künsten auch die Heilkunst in Basel gebührend vertreten war, hat Johannes Froben gesorgt. Ein Beinleiden, das ihn schon lange behindert hatte, war im Spätherbst 1526 so schlimm geworden, dass die medizinischen Kapazitäten in Basel etwas anderes als Amputation nicht mehr vorzuschlagen wussten. Froben bat deshalb den Paracelsus, von dessen unbegreiflichen Wunderheilungen er gehört hatte, an sein Krankenbett. Paracelsus heilte ihn sozusagen über Nacht. Dem ewig kränkelnden Erasmus, der die Gelegenheit beim Schopf packte, diagnostizierte er in einem schriftlichen Consilium ausführlich ein Steinleiden. Erasmus bedankte sich brieflich, erklärte aber: «Zurzeit sehe ich keine Möglichkeit für eine Kur, nicht einmal zum Kranksein oder zum Sterben, so tief stecke ich in meinen Studien.» Auf Betreiben Frobens, vielleicht aber auch Oecolampads, wurde Paracelsus kurze Zeit danach als Stadtarzt nach Basel berufen.

Theophrastus Bombastus Aureolus Philippus von Hohenheim, der sich später Paracelsus nannte, wurde um 1494 in Einsiedeln geboren; in Villach war er Schüler, in Wien wurde er Baccalaureus, in Ferrara ‹Doctor beder arzneyen›. Anschliessend kam er zwischen Rhodos und Stockholm, zwischen Lissabon, England und Litauen so ziemlich in ganz Europa herum. In mehreren Kriegen war er Feldarzt und verlor gründlich den Glauben an die damals herrschende Schulmedizin. Er setzte allein noch auf die eigene Beobachtung am Patienten und auf Heilverfahren, die er bei Zigeunern, Alchimisten, Hirten, alten Frauen, Bauern oder Scherern kennenlernte. Neben einer eigenen Praxis entstanden in Salzburg seine ersten Schriften: *Elf Tractat von Ursprung, Ursachen, Zeichen und Kur einzelner Krankheiten* und das *Volumen medicinae Paramirum.* Weil er mit aufständischen Bauern sympathisierte, musste er Salzburg verlassen; auf Umwegen kam er 1526 nach Strassburg und von dort 1527 als Stadtarzt nach Basel. Da mit diesem Amt das Recht verbunden war, an der Universität Vorlesungen zu halten, erschloss sich ihm auf diese Weise ein Wirkungskreis, wie er ihn später nie mehr finden sollte.

Paracelsus war jedoch ein Genie und kein Anpasser. Als einer, der seine eigene Reformation durchsetzen wollte, stiess er Oecolampad, der in ihm einen Bundesgenossen vermutet hatte, vor den Kopf; offen pfiff er auf die Antike und den Humanismus erasmianischer Prägung; vor allem erklärte er den Medizinern und Apothekern sofort den Krieg. Ohne den üblichen Talar führte er den Kampf mit einer lateinischen und, schon das eine Provokation, mit einer deutschen Vorlesung. Er führte ihn mit einem Flugblatt, der *Intimatio,* und am Johannistag warf er den Avicenna, eine Bibel traditioneller Medizin, öffentlich ins Feuer. Daneben fand er Zeit für neue Schriften: für den *Herbarius,* für *De mineralibus, De modo pharmacandi,* für die *Aphorismen des Hippokrates* und den *Antimedicus.*

Seine Kollegen, die ihn ‹Lutherus medicorum› nannten, reagierten heftig; vorderhand hielt der Rat aber mehrheitlich zu ihm. Schlimm war, dass im Oktober 1527 Froben starb; obwohl ein Schlaganfall in Abwesenheit des Paracelsus die Ursache war, feierten seine Gegner einen grossen Triumph. In einem lateinischen Spottgedicht riet man ihm: «Am besten ist für dich ein Strick, an dem du dich aufhängen kannst.»

Das Ende dieser Geschichte hat Wurstisen fünfzig Jahre später folgendermassen geschildert: Der Domherr Cornelius von

Lichtenfels, der ‹des Magenwehtums halben von andern Medicis keine sondere Hülf› erfahren konnte, hatte «vor D. Theophrasto gesagt, er wolte einem hundert Gulden schencken, der ihn hierinn curieren könnte ... Theophrastus gab ihm drey Pillulen, die er Laudani nennete, zu niessen. Der Thumherr, welcher auf die Arzney ... sich besser empfunden, schickte ihm hernach sechs Gulden zur Verehrung ... Theophrast wolte sich dess nicht ersättigen lassen, sondern die vermeldten hundert Gulden haben ... Die Sach geriet für die Richter, welche ihm für seine Gäng und die überreichte Artzney nach ihrem Gutbeduncken Belohnung erkannten. Darob ward Theophrastus unwillig, ... warf böse Karten aus, und pochete ... wider die Urtheil, dess er vor der Oberkeit beklagt ward. Als ihn nun seiner Freunden einer warnte, wie man ihn dieser Unvernunft halben mit Gefangenschaft strafen wolte, verliess er Basel, enthielt sich eine Weil im Elsass, zog demnach gen Nürnberg, in Bayern, und gen Saltzburg, da er auch letstlich Anno 1541 ... soll gestorben seyn ...»

Der Lebenslauf des Paracelsus kulminiert in Basel

Die Sachverständigen versichern, dass Paracelsus mit seiner Basler Lehrtätigkeit den Scheitelpunkt nicht nur seiner Laufbahn, sondern auch ‹seiner adeptischen Renaissance› erreicht und überschritten habe: dass alle seine entscheidenden Erkenntnisse 1527 spruchreif geworden seien. Nicht nur die medizinischen, sondern auch die naturwissenschaftlichen, neuplatonisch-philosophischen und gnostisch-theologischen Schriften seiner späteren Wanderjahre sollen in ihren Umrissen für Paracelsus in Basel festgestanden haben. Zu einem grossen Teil sind diese Schriften später in Basel gedruckt worden, und die erste, grundlegende Gesamtausgabe in zehn Bänden hat Johann Huser zwischen 1589 und 1591 in Basel ediert.

Oporinus

Der spätere Drucker Oporinus, der 1527 Famulus von Paracelsus war, hat diesen 1555 in einem Brief an Johannes Weyer zu schildern versucht. Tag und Nacht hat er gezecht, berichtet Oporinus, doch wenn er am betrunkensten war, hat er mir seine Philosophie so klar und zusammenhängend diktiert, dass der Nüchternste sie einleuchtend fand. Ständig hat er irgendein atemberaubendes Gebräu über dem Feuer gehabt, seine Kleider hat er nachts nie ausgezogen, und nichts hat ihn je zu den Frauen gezogen. Wenn er an einem Abend sein ganzes Geld verprasst hatte, ist dennoch sein Geldbeutel am andern Morgen wieder voll gewesen. Er, Oporinus, ist auch mehrmals Zeuge gewesen, wie Paracelsus Leute, die augenscheinlich tot waren, wieder ins Leben zurückgebracht hat. Und nicht nur von Galen und Hippokrates, auch von Luther und den Kirchenvätern hat Paracelsus behauptet, dass keiner je den Kern des grossen Geheimnisses getroffen habe. Er hat erkannt (und im *Buch über die Nymphen* gesagt): «Die Natur gibt ein Licht, wodurch sie aus ihrem eignen Schein erkannt werden kann. Aber im Menschen ist auch ein Licht, wodurch der Mensch übernatürliche Dinge erfährt, lernt und ergründet. Denn der Mensch ist mehr als die Natur. Er ist auch ein Geist, er ist auch ein Engel, alle Eigenschaften dieser drei hat er. Ein jedes Werk, das Gott geschaffen hat, ist dem Menschen zu ergründen möglich.»

Ich weiss nicht, ob in der sehr umfangreichen Paracelsus-Literatur der Ausdruck Schamanentum gefallen ist. So wie Oporinus seinen Meister schilderte, erscheint er jedenfalls als ein zaubermächtiger Schamane. Begreiflich, dass Basel, das schon vor Erasmus eine erasmianische Stadt war, keine bleibende Stätte für den ‹wunderlich seltsamen Mann› Paracelsus sein konnte. In seinen Schriften tritt er freilich nicht nur als Magier, sondern auch als ein modern experimentierender Arzt und Kräuterkenner auf; als Alchimist ist er nach kompetentem Urteil ‹der erste wirkliche Chemiker in der gesamten Geschichte der Wissenschaft gewesen› (Sir James Jeans). Und als Schriftsteller darf er neben Luther und Sebastian Franck als einer der drei grössten Sprachmeister des 16. Jahrhunderts gelten.

Über Paracelsus (den vor kurzem J.L. Borges, der Argentinier, in einer grossartigen Novelle gefeiert hat), vor allem jedoch über das einschlägige und weiterführende Schrifttum orientiert zuverlässig und trocken eine Rowohlt-Bildmonographie (romo 149).

Selbst Faust besucht Basel

Nicht sehr vielsagend hat Johannes Gast, ein Basler Geistlicher, in seinen *Tischreden* über einen Besuch des schwäbischen Schwarzmagiers Faust berichtet. Im Unterschied zu Paracelsus, dem Grossmeister der weissen Magie, scheint Doktor Faust nur ein paar Tage in Basel geweilt zu haben.

Johannes Gast, um 1500 geboren, ist erstmals 1525 im Hause des Druckers Adam Petri nachgewiesen. Von 1529 bis zu seinem Ableben, 1552, war er Diakon zu St. Alban. Ausser den genannten Tischreden, *Convivales sermones,* hat er ein lateinisches Tagebuch hinterlassen; da sich Gast ständig irgendwie zurückgesetzt fühlte, finden sich in diesem *Diarium* zwar viele gescheite Gedanken, vor allem aber sauertöpfische Bemerkungen, so über seinen Kollegen Boltz, den erfolgreichen Dramatiker. Trotzdem, vielleicht sogar deswegen, ist dieses *Diarium* eine aufschlussreiche Quelle für die Kulturgeschichte seiner Zeit in seiner Stadt; uneingeschränkt gelten liess Gast fast nur den bewunderten Oecolampad. Eine ständige Sorge war für ihn der Alkoholismus im damaligen Basel.

Gasts Tagebuch ist lateinisch in den ‹Basler Chroniken›, Band 8, erschienen; deutsch liegt es vor in einer Übersetzung von Carl Buxtorf.

Über J. Gast orientiert ein Aufsatz von P. Burckhardt in der Basler Zeitschrift, Band 42 (1943).

Die Chroniken widersprechen einander

Zusammenfassend bedauert der Historiker Edgar Bonjour, dass in der Reformationszeit ‹kein überlegener Geist› in Basel ‹die Feder der Grösse der Zeit angemessen geführt› habe. Das Vorhandene nannte Bonjour ‹fanatisch und kleinbürgerlich›.

Vorhanden ist eine *Chronik der Basler Bischöfe von Julius Caesar bis 1538.* Geschrieben hat sie der Jurist Nikolaus

Briefer, der nach den Ereignissen von 1529 nach Frankreich emigrierte, 1532 aber nach Basel zurückkehrte. Aufschlussreich sind in seiner Chronik allein die Berichte über die Zeit der Bischöfe Kaspar zu Rhein, Christoph von Utenheim, J.R. von Hallwil, der knapp zwei Monate im Amt war, und Philipp von Gundelsheim, der 1528 seinen Amtssitz endgültig nach Pruntrut verlegte.

Wappen des Priors Zscheckenbürlin

Heinrich Ryhiner, der bischöfliche Prokurator, hat 1525 eine gutdokumentierte *Chronik der Bauernunruhen in der Basler Gegend* verfasst.

Georg Zimmermann (Carpentarius) war Bibliothekar in der Kartause und führte dort die Chronik Arnolds von Ahlfeld bis 1526 weiter; er berichtete also über Heynlin und Zschekkenbürlin. Als Erasmianer liess er die Glaubensfrage bewusst in der Schwebe. Knapp vor seinem Tod, 1528, hat er, offenbar sehr hastig und erregt, eine *Narratio quae reformationis tempore Basileae et in circumjacentibus regionibus gestae* geschrieben: einen Bericht, der, in zahlreichen Einzelheiten scharf beobachtend, aus betont katholischer Sicht einen Überblick über das Aufkommen des neuen Glaubens in der Region Basel gibt.

Eine weitere *Chronik der Reformationszeit* hat ein katholischer Anonymus hinterlassen, der in gelegentlichen Triumphen schwelgt und in Hasstiraden die Reformatoren beschimpft.

Die *Aufzeichnungen eines unbekannten Karthäusers*, deutsch geschrieben, stammen wahrscheinlich von Nikolaus Müller (Molitor), der den nach Freiburg geflüchteten Prior Zschekkenbürlin 1529 bis 1532 vertrat. Bonjour hat sie treffend ‹das tapfere Büchlein eines Mannes mit ungewaschenem Mundwerk› genannt.

In der *Chronik des Fridolin Ryff* berichtet ein hundertfünfzigprozentiger Reformierter wortreich über die Krisen- und Siegeszeit von 1528 und 1529. Fridolin Ryff, Meister der Stachelschützen, war der Besitzer der Chronik; geschrieben hat sie ein Unbekannter.

Konrad Schnitt schliesslich, Zunftmeister und Ratsherr, hat ein *Wappenbuch* und eine *Weltchronik* hinterlassen. Aus der Weltchronik wurde nachträglich eine *Reformationschronik* abgetrennt und veröffentlicht. Im Gegensatz zu der Ryffschen Chronik einerseits, der Chronik des katholischen Anonymus anderseits bemühte sich Schnitt, ein braver Mann des Gesetzes und der Ordnung, um eine möglichst objektive Darstellung.

Alle diese nur noch in Bibliotheken verfügbaren Werke sind im bibliographischen Anhang der vorliegenden Literaturgeschichte unter *Chroniken, Basler*, aufgeführt.

Oecolampad siegt und scheitert

Von Haus aus hiess er Hans Huszgen oder Huss-chin (= Häuschen); von seinen Freunden wurde er aber Hus-schin (= Leuchter) genannt, was übersetzt den Namen Oecolampadius ergab, unter dem wir ihn heute kennen. Geboren wurde er 1482 in Weinsberg bei Heilbronn; seine Mutter, Anna Pfister, war eine Baslerin. Er studierte in Heidelberg, in Bologna die

Rechte, wieder in Heidelberg Theologie. In Weinsberg Prediger, aber mehrfach beurlaubt, studierte er bei Reuchlin in Stuttgart weiter, mit Melanchthon in Tübingen, dann erneut in Heidelberg, wo er sich Wolfgang Fabricius Capito (Köpfli) anschloss. Als Capito in Basel Theologieprofessor wurde, folgte ihm Oecolampad dorthin; er wurde bei Froben Assistent von Erasmus, der gerade an seiner Ausgabe des Neuen Testaments arbeitete.

1518 wurde Oecolampad als Domprediger nach Augsburg berufen. Als er dort mit seiner Schrift *Canonici indocti Lutherani* für Luther gegen dessen Gegner Eck eintrat, musste er sich diesem durch den Eintritt ins Birgittenkloster Altomünster entziehen. Durch Schriften über die Messe und die Beichte wure er auch im Kloster untragbar; 1522 ging er als Schlosskaplan zu Franz von Sickingen, dem Freund Huttens, und anschliessend wieder nach Basel, wo er als Corrector bei Cratander Unterschlupf fand.

1523 wurde er Theologieprofessor und Prediger an der Martinskirche. In der Schrift *Elleboron* entwickelte er 1525 einen neuen Kirchenbegriff; in weiteren Publikationen trat er durch seine Abendmahlslehre in Gegensatz zu Luther. 1525 führte er in St. Martin einen neuen Tauf-, Eheeinsegnungs- und Abendmahlsritus ein, 1526 als erster in der Schweiz auch den Gemeindegesang; im gleichen Jahr verfasste er einen Katechismus. Erasmus und sein Kreis, Beatus Rhenanus, Glarean und Bonifacius Amerbach, hatten sich inzwischen von ihm abgewandt; nachdem Pellican 1526 einem Ruf Zwinglis nach Zürich gefolgt war, sah sich Oecolampad als verantwortlicher Führer zu einer Glaubenserneuerung allein in Basel; zwei alte Gefährten, Capito und Martin Bucer (Butzer), führten gemeinsam die Reformation in Strassburg durch. Auf der Badener Disputation trat Oecolampad allein gegen Eck auf; an der Berner Disputation führte er zusammen mit Zwingli die Reformation zum Sieg.

Nach einem ersten Basler Bildersturm wurde 1528 vom Rat eine Trennung und Gleichberechtigung der beiden Gruppen verfügt; weder dies noch die Flugschriften Ecks und anderer altgläubiger Eiferer, weder eine Vermittlungskommission noch die Klage des Bonifacius Amerbach über Trojas Ende halfen da noch: Im Februar 1529 fiel die Entscheidung zugunsten der Reformation. Unmittelbarer Anlass war eine gewaltsame Auseinandersetzung zwischen dem Rat und den Zünften. Unschätzbare Werke baslerischen und oberrheinischen Kunstfleisses brannten dann auf zwölf grossen Haufen auf dem Münsterplatz und auf Kirchhöfen.

Am 1. April 1529 trat ‹in dem namen der heyligen trivaltigkeit› eine evangelische Kirchenordnung in Kraft; verfasst hatte sie Oecolampad, der im Mai Münsterpfarrer wurde. An der Seite Zwinglis nahm er 1529 am Marburger Religionsgespräch mit Luther teil. In den zwei Jahren, die ihm noch vergönnt waren, bemühte er sich um die Kirchenlehre; noch wichtiger war ihm, die Kirchenzucht auch durch Laien, durch Seniores oder Presbyter, wahren zu lassen, um so eine kirchliche Tyrannei alten Stils zu vermeiden. Durch den Rat wurde jedoch die Kirchenzucht zu einer Sache der Obrigkeit erklärt, die ‹Basilea reformata› wurde, wie die evangelische Kirche in Bern und Zürich, eine Staatskirche. Was Oecolampad in Basel vergeblich angestrebt hatte, wurde nach ihm von Bucer in Strassburg, vor allem aber von Calvin in Genf, verwirklicht. Immerhin erlaubte das staatskirchliche System einen ‹nie klar definierten, niemals unbegrenzten, aber doch verhältnismässig breiten Spielraum der Toleranz, der die spezifische geistige Atmosphäre Basels bis kurz vor dem Ende des 16. Jahrhunderts prägte› (H.R. Guggisberg).

Capito

Ein merkwürdiges Schicksal war Wibrandis, der Frau Oecolampads, beschieden. Sie war 22 Jahre alt und bereits Witwe, als sie der 46jährigen Reformator heiratete. Nach zwei Jahren war sie erneut Witwe: 1531, als Oecolampad kurz nach Zwingli starb. Später hat sie Oecolampads Freund Capito geheiratet. Als dieser 1541 starb, hat sie 1542 der andere Strassburger Reformator, Bucer, geheiratet. Nach einem Aufenthalt in England zum viertenmal Witwe, ist Wibrandis 1562 in Basel an der Pest gestorben.

Im Basler Schulbuch *Stimmen der Vergangenheit*, herausgegeben von R. Teuteberg, findet sich im ersten Band ein begeisterter Bericht Oecolampads über die Arbeit unter Erasmus.

Aus der umfangreichen Literatur über die Basler Reformation sei hervorgehoben: Ernst Staehelin: *Das Buch der Basler Reformation*, Basel 1929. Von Ernst Staehelin existieren zahlreiche weitere Oecolampadiana. Ausserdem gibt es eine sechsbändige *Aktensammlung zur Geschichte der Basler Reformation*, Basel 1921–1958; Paul Burckhardt orientiert im Basler Neujahrsblatt 1946 über *Basel in den ersten Jahren nach der Reformation.*

Oecolampad regt neue Basler Literatur an

«Er war kein Volksführer, kein Berater mächtiger Fürsten, er wurde auch nicht zum Begründer einer besonderen protestantischen Kirche oder Denomination. Dennoch», so hat H.R. Guggisberg, der in Basel dozierende Historiker, Oecolampads Wesen und Werk resümiert, «haben sowohl seine geistige Leistung als auch die Ausstrahlungskraft, die von seiner überlegenen, massvollen, menschlich gewinnenden Persönlichkeit ausgingen, bedeutende Wirkungen nach sich gezogen und sind aus der Geschichte der religiösen Umwälzung, die Europa in der ersten Hälfte des 16. Jahrhunderts erschütterte, nicht wegzudenken.»

Oecolampad war auch ein produktiver Schriftsteller. Eine ‹Oekolampad-Bibliographie›, die Ernst Staehelin zusammengestellt hat, umfasst 226 Nummern. Aber diese Schriften interessieren heute nur noch theologische Spezialisten (vor allem bei Anlass von Reformationsjubiläen), während von Luther, aber auch von Zwingli (der in Basel studiert und gelehrt hat), immer noch manches von Nichtfachleuten gelesen wird. Und ein Denkmal, wie es Gottfried Keller in der *Ursula* Zwingli gesetzt hat, ist Oecolampad nicht zuteil geworden.

Auf die Entwicklung der Literatur in Basel hat Oecolampad

jedoch durch die Einführung des evangelischen Kirchengesangs gewirkt. Und ohne seine Reformation wären die bedeutenden Basler Dramatiker, wären jedenfalls Kolross, Birck und Boltz undenkbar.

Basel ist die Stadt des evangelischen Kirchenlieds

Schöpfer des evangelischen Kirchenlieds ist Luther. Schon zwei Jahre nach dem ersten Wittenberger Gesangbuch Luthers hat Oecolampad in Basel den deutschen Gemeindegesang eingeführt: In seinem Brief vom 12. August 1526 teilte er Zwingli mit, erstmals in der Schweiz seien deutsche Psalmen in St. Martin gesungen worden. Bern führte den protestantischen Kirchengesang in der Mitte des Jahrhunderts ein, Zürich 1598.
Der erste geistliche Liederdichter in Basel scheint Johannes Kolross gewesen zu sein, der Dramatiker und Grammatiker. Am bekanntesten war sein Morgenlied ‹Ich danck dir lieber Herre›; dieses ‹schön geystlich new liede› war zu singen nach der Melodie des Volksliedes ‹Entlaubet ist der Walde›. Vermutlich ist Kolross auch eine vielgesungene Bearbeitung des 127. Psalms zuzuweisen. Ein anderer Basler Dramatiker, Sixt Birck, hat ebenfalls Kirchenlieder gedichtet; zu erwähnen ist ferner der Chorherr Johann Zimmermann.
Der Konstanzer Johannes Zwick, der möglicherweise (und vorübergehend) Jurist in Basel war, ist der Verfasser von mindestens 36 Liedern; er ist auch der Herausgeber des *Nüw gsangbüchl,* das ‹zu Zürich ... by Christoffel Froschauer im Jar DMXL› erschienen ist. Der Basler Prediger Conrad Wolfhart hat 1559 ein ‹christenlich Gesangbuch› mit 235 Liedern veröffentlicht, das für viele spätere Sammlungen vorbildlich war.
In der zweiten Jahrhunderthälfte ist der frühere geistige Schwung erlahmt; die Reformation hat sich konsolidiert, und die Gegenreformation geht nicht nur politisch, sondern auch literarisch zum Gegenangriff über. Immerhin sind in dieser Zeit als baslersiche Liederdichter noch hervorzuheben: der Lehrer Christoph Weissgerber, der Prediger Hans Wirt, der Antistes Johann Jacob Grynäus mit prosaischen Abendmahlsliedern; der Münsterorganist Gregor Meyer und sein Nachfolger, Samuel Mareschall, haben sich als Komponisten von Kirchenliedern, letzterer auch als Herausgeber des von ihm vierstimmig gesetzten Lobwasserschen Psalters, hervorgetan. Beim Drucker Samuel Apiarius sind neben Volksliederbogen auch Kirchenlieder auf fliegende Blätter gedruckt worden; 1581 hat er eine Sammlung von *Psalmen Davids* verlegt: «Geistliche gesang, wie die inn der Gemein Gottes fürnemlich geübt und gesungen werden.»

Chr. J. Riggenbach: *Der Kirchengesang in Basel seit der Reformation.* Basel 1870.

Vertreter der Musik sind die Amerbachs, Glarean, Senfl und Mareschall

Neben den Wissenschaften, dem Drama und den bildenden Künsten trat die Musik in Basel damals zurück. Immerhin ermöglichen die Singquartetthefte der Amerbachs, die in der Universitätsbibliothek aufbewahrt sind, Einblick in eine beachtliche Hausmusikkultur.

Daneben hat sich Glarean, mit Basel vielfach verbunden, als Musiker und vor allem als Musiktheoretiker ausgezeichnet. 1516 ist bei Froben seine *Isagoge in musicen* erschienen, zehn Kapitel Einführung in die Musik nebst einem Gedicht zum Lob der Zither und der Musik; 1547 ist bei Henrichum Petri sein musikwissenschaftliches Hauptwerk, das *Dodecachordon*, herausgekommen, in dem er das System der acht Kirchentonarten auf zwölf erweiterte.

Von Basel ausgegangen ist auch einer der ganz grossen Komponisten des Jahrhunderts: Ludwig Senfl, ein ‹Fürst der Musik›, der sich immer wieder als ‹einen Schweizer› bezeichnet hat und zwischen 1486 und 1492 in Basel geboren ist. In der *Allgemeinen deutschen Biographie* wird als Geburtsort Basel-Augst genannt; im *Grossen Brockhaus* von 1973 und in *Meyers Lexikon* hat man sich schlicht für Basel entschieden.

Ein Schüler von Isaac, war Senfl auch dessen Nachfolger als kaiserlicher Hofkapellmeister in Innsbruck; von 1533 bis zu seinem Tod, um 1555, war er bayrischer Hofkapellmeister in München. Sein Nachfolger wurde 1556 Orlando di Lasso. Obwohl Senfl, wie Erasmus und Glarean, beim alten Glauben blieb, war er mit Luther befreundet und dessen Lieblingskomponist. In seinem Werk «fluten die Ströme des alten polyphonen Könnens und die eines neuen Ausdruckswollens zusammen ... Am schönsten bekunden das Senfls deutsche Lieder.»

Samuel Mareschall (1554–1640) war der erste ‹Professor musices› in Basel: Musiklehrer an der Universität und gleichzeitig Münsterorganist. Nur handschriftlich erhalten sind von ihm vier Orgeltabulaturbücher. Er ‹stand über ein halbes Jahrhundert an der Spitze des öffentlichen Musiklebens› in Basel. «Auch wenn er musikalisch noch ganz dem 16. Jahrhundert zuzurechnen ist, hat er dem Basler Musikleben doch entscheidende und in die Zukunft weisende Impulse vermittelt» (H. P. Schanzlin).

Arnold Geering: Ludovicus Senflius Basiliensis, in: Basler Nachrichten, Nr. 230, vom 3./4. Juni 1961.
H. P. Schanzlin: Samuel Mareschall, in: *Der Reformation verpflichtet*, Basel 1979.
E. Refardt: *Musik des Basler Volksschauspiels des 16. Jahrhunderts*, Archiv für Musikwissenschaft, 1921.

Das reformierte Basel bleibt ein geistiger Brennpunkt

In der Studie *Polen in Basel zur Zeit des Königs Sigismund August (1548–1572)* stellt der polnische Historiker Stanislas Kot fest, Basel sei zwar ‹weder Rom noch Wittenberg, weder Genf noch Paris›, aber für viele und besonders für polnische Gelehrte und Aristokraten sei es damals ein bedeutender geistiger Umschlagplatz gewesen. «Hier herrschte eine intellektuelle Freizügigkeit, die das Aufwachsen in die Zukunft weisender Ideen ermöglichte und förderte. Eine ähnliche Freizügigkeit war im konfessionellen Zeitalter in keiner der genannten Hauptstädte Europas zu finden» (H. R. Guggisberg).

1531 sterben Zwingli und Oecolampad; Beatus Rhenanus veröffentlicht *Rerum Germanicorum libri tres* und Sebastian Franck seine *Geschichtsbibel;* zwischen Basel und Solothurn gibt es einen ‹Galgenkrieg›. 1532 wird die Basler Universität mit neuen Statuten wieder eröffnet; von Kolross werden die *Fünferlei Betrachtnisse* und von Birck *Susanna* aufgeführt; für zweitausend Gulden erwirbt Basel Arisdorf. 1533 erscheint die endgültige Fassung der *Colloquia* von Erasmus; Heinrich VIII. heiratet Anna Boleyn; Ariost stirbt, und Montaigne wird geboren. 1534 veröffentlicht Rabelais den *Gargantua* und Sebastian Franck seine *Paradoxa.* 1535 wird Thomas Morus enthauptet; Erasmus gibt den *Ecclesiastes* heraus. 1536 erscheint in Basel Calvins *Institutio;* Erasmus stirbt; Anna Boleyn wird enthauptet, und Holbein wird Hofmaler Heinrichs VIII. 1538 wird Calvin aus Genf ausgewiesen. 1539 bis 1541 sind Pestjahre in Basel. 1541 wird Calvin nach Genf zurückgerufen; Paracelsus stirbt in Salzburg, Simon Grynäus in Basel; Franck veröffentlicht die *Sprichwörter.* 1543 kommt von Vesalius *De humani corporis fabrica* heraus; Sebastian Franck, Holbein und Copernicus sterben. 1541 erscheint Sebastian Münsters *Cosmographey;* Wurstisen wird geboren. Mit dem ‹Welschenerlass› von 1546 beschliesst der Rat von Basel, jeden welschen Glaubensflüchtling abzuweisen, er sei denn ein ‹rycher oder kunstrycher man›; die auf diese Weise selektionierten Franzosen und Niederländer führen in Basel die Posamenterie, die Italiener die Samt- und Seidenweberei und die Färberei ein. Im gleichen Jahr 1546 stirbt Luther; von Boltz wird *Pauli Bekehrung* aufgeführt. 1551 stirbt Capito an der Pest. 1553 stirbt Rabelais; in Genf wird Servet hingerichtet. 1555 stirbt Senfl. 1556 stirbt David Joris, der heimliche Prophet einer eigenen, als ketzerisch verfolgten Sekte. Er war ursprünglich Glasmaler und Poet, und die Spenden seiner Anhänger hatten ihm im schönsten Renaissancegebäude Basels (dem ‹Spiesshof›) und im Holeeschloss ein vornehmes Leben ermöglicht. 1559 verrät ein Diener das Doppelleben des Häresiarchen; sein Leichnam wird ausgegraben und öffentlich verbrannt. 1560, zwei Jahre nach dem Tod Karls V., stirbt Boltz in Binzen. 1562 stirbt Bonifacius Amerbach. 1563 sterben Glarean und Castellio. 1564 wird Shakespeare geboren; Calvin und Vesalius sterben; in Basel grassiert die Pest. 1565 schreibt Oporinus, über die Basler Zensur verärgert, in einem Brief: «der tüfel hett uns mitt dem nüwen Babstumb beschissen.» 1566 erscheinen in Basel erste Vorläufer einer Zeitung. 1568 stirbt Oporinus und 1569 Curio. 1572 findet in Paris die Bartholomäusnacht statt; Petrus Ramus wird ermordet; Voltaire schreibt in einem Brief an d'Alembert: «Sind wir noch das Land der Philosophie und der freundlichen Sitten? Wir sind das Land der Bartholomäusnacht.» 1575 wird J.C. Blarer von Wartensee Basler Bischof: das Haupt der Gegenreformation in der Nordwestschweiz; Fischart schreibt in Basel die *Geschichtsklitterung.* 1576 sterben Maximilian II. und Hans Sachs; Fischart schreibt das *Glückhafft Schiff.* 1580 erscheint Wurstisens *Bassler Chronick.* 1583 erscheinen Wertzels orientalische Novellen. 1584 erscheint Giordano Brunos *Dell'infinito, universo e mondi.* 1585 stirbt der Antistes Simon Sulzer, der, von Calvin wegrückend, eine verbindende Stellung zwischen dem lutheranisch-deutschen und dem schweizerischen Protestantismus einnahm; J.J. Grynäus, Sulzers Nachfolger, rückt vom Luthertum ab und führt in Basel eine reformiert-calvinistische Kirchenordnung ein; unter ihm wird Basel ein Zentrum theologischer Ausbildung, das auch Studenten aus Polen, Böhmen und Mähren anzieht. 1587 wird Maria Stuart hingerichtet; Wurstisen stirbt. 1588 geht die Armada unter; Theodor Zwinger stirbt. 1589 erhält Basel vom Bischof eine Generalquittung, mit der auch de jure die Herrschaft des Bischofs über Basel als beendigt erklärt ist. 1590 stirbt Fischart. 1591 stirbt Basilius Amerbach. 1594 findet der ‹Rappenkrieg› statt. 1600 wird auf dem Campo de' Fiori in Rom Giordano Bruno verbrannt.

Calvin schreibt in Basel sein Grundwerk

Guillaume Farel, später einer der Reformatoren der Westschweiz, kam 1523 nach Basel. Er wohnte bei Oecolampad, leitete 1524 ein Religionsgespräch, hielt Vorlesungen und betreute die wachsende Gemeinde französischer Glaubensflüchtlinge. Nach einem halben Jahr wurde er vom Rat als Störenfried aus der Stadt weggewiesen; Farel schrieb diesen Befehl einem Zerwürfnis mit Erasmus zu. Als Prediger zog er danach weiter durch Europa, bis er 1532 in Genf die Reformation in die Wege zu leiten begann.

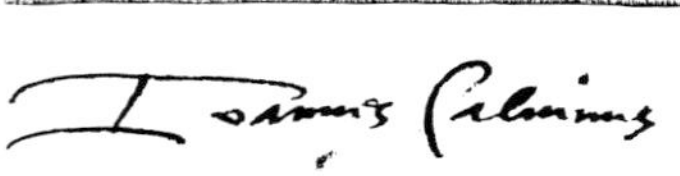

Zwölf Jahre nach Farel, im Februar 1535, kam Jean Calvin, ‹das Licht Galliens›, wie ihn Petrus Ramus nannte, auf der Flucht vor einer neuen Protestantenverfolgung nach Basel. Er war zuerst Gast des Griechisch-Professors Simon Grynäus; später logierte er unter dem Namen Martinus Lucanius bei Frau Katharina Klein. Wenn eine bequeme Formel sagt, dass Luther der Prophet, Zwingli der Vollstrecker, Calvin der Gesetzgeber der Reformation gewesen sei, dann hat Calvin die Gesetzestafeln der Reformation in Basel empfangen und niedergelegt; hier hat er 1535 ‹die klassische Apologie der Reformation›, die *Institutio religionis christianae,* geschrieben. Im Zentrum dieser Gesetzgebung steht die Prädestinationslehre: Nur die von Gott Auserwählten werden erlöst; die Präambel dieser Urkunde ist datiert: Basel, 1. April 1536. Gedruckt wurde das Werk ‹per T. Platterum et B. Lasium›. Französisch erschien es erst 1542.
Nach Abschluss seiner *Institutio* begab sich Calvin nach Ferrara, wo er vor der Herzogin Renata predigte; auf der anschliessenden Reise nach Strassburg, wo er sich ausschliesslich dem Studium und der Schriftstellerei zu widmen gedachte, hielt ihn Farel in Genf fest; die Folgen, der Calvinismus, von Genf auf die Welt ausstrahlend, sind bekannt. (Die These von Max Weber, dass der Ursprung des Kapitalismus in der calvinistischen Ethik zu suchen sei, hat der Basler Historiker Herbert Lüthy widerlegt.)

Erst in Basel geht es Franck endlich gut

Sebastian Franck (Frank von Wörd) ist 1499 in Donauwörth geboren. Er studierte in Ingolstadt und Heidelberg, war Priester im Augsburgischen, nach seinem Übertritt zum neuen Glauben ‹Diener am Wort Gottes› in zwei kleinen Gemeinden. 1528 heiratete er Ottilie Beham, die Schwester zweier renommierter Maler in Nürnberg. Hier wandte er sich von Luther ab und trat in Verbindung mit sogenannten Spiritualisten: Täufern, Servet, Campanus, Paracelsus. 1530 gab er seine *Türkenchronik* heraus, in der schon das eine seiner zwei Hauptwerke angezeigt war: die *Chronica, Zeytbuch und Geschychtsbibel,* die 1531 bei Beck in Strassburg erschien. Im dritten Hauptstück der *Geschychtsbibel* ist in der berühmten ‹Ketzerchronik› Erasmus als Ketzer, will sagen: als Zeuge der Wahrheit, genannt. Der übervorsichtige Rotterdamer beschwerte sich deswegen in Strassburg, worauf Franck dort ausgewiesen wurde. In Esslingen war er 1532 Seifensieder; in Ulm betrieb er nach 1533 eine eigene Druckerei. 1534 gab er sein theologisches Hauptwerk, die *Paradoxa,* heraus, im gleichen Jahr auch sein *Weltbuch,* eine volkstümliche Weltbeschreibung, dazu vier *Kronenbüchlein,* deren erstes die erste deutsche Übersetzung des *Lobs der Torheit* von Erasmus enthielt. 1538 publizierte er *Germaniae Chronicon,* und im Jahr danach wurde er, auf Betreiben vor allem Melanchthons, mit Frau und Kindern aus Ulm vertrieben.

Franck wandte sich nach Basel, ‹der Freistatt aller um des Glaubens willen Ausgetriebenen› (Peuckert). Er vergesellschaftete sich als Drucker mit Nicolaus Brylinger; die eigenen Schriften liess er, durch seine Ulmer Erfahrungen gewitzigt, in Frankfurt und Strassburg erscheinen: *Das verbütschiert* (d.h. versiegelte) *Buch,* die Schrift *Felix Frey,* das *Kriegsbüchlein des frides,* in dem er unter dem Pseudonym Friedrich Werenstreyt den Krieg als ein ‹teuflisch, viehisch, unmenschlich Ding› verdammte; die grosse Sammlung der *Sprichwörter* erschien 1541, achtzehn Jahre bevor Pieter Bruegel seine ‹Niederländischen Sprichwörter› malte. 1540 starb Ottilie, seine Frau; 1541 heiratete er in Strassburg Margaretha Beck. Am 11. Mai 1541 wurde er Basler Bürger, am 24. Juli kaufte er sich in der Safranzunft ein, und am 21. November erwarb er ein Haus beim Urbansbrunnen. Es ging ihm also erstaunlich gut in Basel. In seinen letzten Monaten schrieb er eine Paraphrase über die *Theologia deutsch,* mit deren Herausgabe Luther, Francks Erzfeind, seine schriftstellerische Laufbahn begonnen hatte. Im Herbst 1542 starb er: ‹Sebastianus Franck apud inclytam Basileam typographus.› Am 31. Oktober wurde sein Nachlass inventarisiert; ein gesichertes Porträt von Franck existiert leider nicht.

Franck, S.: *Kriegsbüchlein des Frides,* Neuausg. Schwäbisch-Gmünd 1929.
Ders.: *Paradoxa.* Berlin-Ost 1966.
Ein Verzeichnis der von Franck hinterlassenen Bücher hat A. Bruckner im Zentralblatt für Bibliothekswesen, Leipzig 1937, publiziert.

Francks Ideen fliessen auch uns entgegen

«In hundert Rinnsalen fliessen die Ideen Francks der modernen Zeit entgegen», hat Dilthey gesagt (der 1888 seine akademische Laufbahn in Basel begonnen hat). Historiker finden heute in der Regel, der Theologe Franck sei bedeutender gewesen als der Historiker; die Theologen hinwiederum schätzen ihn als Historiker höher ein. Einig sind sich aber alle darin, dass Franck, ‹des Teufels liebstes Lästermaul›, wie ihn Luther nannte, ein Meister der deutschen Sprache gewesen sei. Dass es Franck in dieser Hinsicht mit Luther ‹an Bilderreichtum, Sprichwörter-Weisheit, volkstümlicher Beredsamkeit und Anschaulichkeit sehr wohl ... aufnehmen kann›, hat A.E. Berger festgestellt, der Autor des vielschichtigen Werkes *Martin Luther in kulturgeschichtlicher Darstellung.*

Franck nahm sich die Freiheit heraus, ‹nicht gebunden (zu) werden, zu glauben, dass ich nicht glauben kann›. Schon früh hat er als Theologe auch erklärt, dass alle drei ‹vornehmlichsten Glauben› (Luther, Zwingli, die Täufer) für ihn überholt seien durch den ‹vierten Glauben› einer unsichtbaren Geistkirche. Positiv hat er sein Glaubensbekenntnis in die Sätze gefasst: «Der Vogel singt und fliegt eigentlich nicht, sondern wird gesungen und in den Lüften daher getragen; Gott ist es, der ihn ihm singt, lebt, webt und fliegt. Er ist aller Wesen Wesen, also dass alle Kreaturen Gottes voll sind.» Ein Fachausdruck dafür ist ‹mystischer Panentheismus›, und damit steht Franck in einer Reihe mit Plotin, Augustin, Scotus Eriugena, Meister Eckehart oder Schleiermacher. Für ihn beweist sich Gott im freien Willen des Menschen; Christus ist für ihn das unsichtbare Wort; den geschichtlichen Christus und die Bibel hält er für unwesentlich.

Als Historiker ist Franck nach Werner Kaegi ‹der Schöpfer der Kirchen- und Ketzergeschichte›. Franck hat sie als ‹Fastnachtsspiele Gottes› bezeichnet, aber auch als die eigentliche Bibel: Ort wortloser Gottesoffenbarung. «Und doch spricht überall eine solche Lust an Gestalten und Geschichten, Sprüchen und Schwänken, dass man nicht daran zweifeln kann», seine Geschichtsbibel «sei aus diesem Antrieb herausgewachsen» (Kuno Räber). Aus solcher Gegensätzlichkeit von Innerem und Äusserem folgt für Franck jedoch als Geschichtsgesetz, dass alle Innerlichkeit sich veräusserlichen muss, und aus dieser Zwangsläufigkeit ergeben sich ihm so berühmte Formulierungen wie die vom ‹papierenen Papst› der protestantischen Schriftautorität.

Infolge der Verketzerung des Theologen und Historikers Franck, vor allem durch Melanchthon, beschränkte sich seine Wirkung zunächst auf deutsche und schweizerische Spiritualisten (Bullinger nannte sie ‹Spirituöser›) und auf holländische Franckisten und Sebastianisten. Durch die Vermittlung von Gottfried Arnold wurde er aber im 18. und 19. Jahrhundert wichtig für Herder, Goethe, Dilthey. Und ein Zeichen fortdauernder Aktualität ist darin zu sehen, dass einige seiner Formulierungen noch heute Anstoss erregen.

Kuno Raeber: *Studien zur Geschichtsbibel Sebastian Francks* (Dissertation Basel 1952).

Das sechzehnte ist ein theaterfreudiges Jahrhundert

Volkstümlich wie Franck, aber nur in Ausnahmefällen wortgewaltig wie dieser, wirkt die volkssprachliche, frühneuhochdeutsche Belletristik meistens anspruchslos. Hauptgattung dieser Literatur ist das Schauspiel. Als bürgerliches Drama hat es sich vor allem in der Schweiz und hier erstmals und hervorragend in Basel entfaltet. «In dieser Stadt sind nachweislich die ersten weltlichen Dramen dargestellt worden», heisst es bei Ernst Weller (*Das alte Volkstheater in der Schweiz*).
In diesen Schauspielen werden uns die Menschen und Zustände deutlicher als in den gleichzeitigen Chroniken. Weil aber die Chroniken aus verschiedenen Lagern stammen, deshalb ein widersprüchliches Bild der Zeit vermitteln, wirken sie in ihrem disparaten Zusammenspiel irgendwie authentischer als die Schauspiele, deren Autoren alle engagiert proreformatorisch eingestellt sind.
Neben dem Volkstheater ist in Basel auch das lateinische Humanisten- und Schuldrama vertreten. Einschlägige Details zur Theaterpraxis finden sich in den Chroniken, bei Gast oder bei Felix Platter. Eine Gesamtdarstellung hat L.A. Burckhardt verfasst (*Geschichte der dramatischen Kunst in Basel*, 1839), an der Weller zu Recht auszusetzen hatte, dass in ihr ‹das Literarische nicht sorgfältig beachtet und Gengenbach nur flüchtig genannt wird›. Ein Verzeichnis der Aufführungen im 16. Jahrhundert in Basel, das die lateinischen Dramen mit einschliesst, hat Fritz Mohr in seiner Dissertation *Die Dramen des Valentin Boltz* zusammengestellt; er hat damit ein chronologisches Verzeichnis in Baechtolds *Geschichte der deutschen Literatur in der Schweiz* ergänzt, das die datierten Aufführungen deutschsprachiger Dramen in der Schweiz zwischen 1500 und 1627 registriert.
Für Basel ist, neben verschiedenen Terenz-Ausgaben, Heinrich Pantaleons lateinisches Schuldrama *Zachäus* erwähnenswert. Solche lateinischen Stücke haben die Schüler in der Regel ‹auf der Mucken›, die Studenten im Oberen Collegium aufgeführt, das sich an der Stelle des heutigen Museums an der Augustinergasse befand; bevor dieses, 1840, errichtet wurde, benützte dort die Universität das aufgehobene Augustinerkloster. Vermutlich ist dort auch das Drama *Hamanus* von Thomas Naogeorgius (Kirchmayer) gespielt worden, als der Autor, ein Zwinglianer, in Basel Pfarrer war; da im *Hamanus* einer gehenkt wird, wäre durch ein Missgeschick der betreffende Student bei einem Haar tatsächlich gehängt worden, ‹hett Humelius, der hencker, nit gleich den strick abgeschnitten›.
Vor allem wichtig für unsere baslerische Literaturgeschichte (aber nicht für sie allein) sind Gengenbach, Kolross, Birck und Boltz; mit ihnen ist der bedeutendste *Antheil Basels an der deutschen Literatur des 16. Jahrhunderts* (so der Titel eines Überblicks von Albert Gessler) geleistet. Für Gessler ist aller-

dings Boltz ‹der bedeutendste aller Basler Dramatiker›; für mich steht dagegen (infolge einer ‹Wettbewerbsverzerrung› durch die veränderten historischen und literarhistorischen Perspektiven, nehme ich an) Gengenbach fraglos hoch über Boltz. Gengenbach ist einer der seltenen Innovatoren der Literaturgeschichte wie nach ihm Lessing: Pionier einer neuen deutschen Schauspielform. Er steht auch durch die allgemein menschliche und politische Thematik über Boltz, dessen biblische Dramen heute recht verstaubt wirken. Und Gengenbach selber, *dieser* Mensch in *seinem* Widerspruch, erscheint mir weit kräftiger, stimmgewaltiger, überzeugender als Boltz. Nur Gengenbach, meine ich, ist der Mann, der sich als Dramatiker neben dem Berner Niklaus Manuel in dieser Zeit als gleichberechtigt und ebenbürtig behaupten kann.

Der Reisläufer Gengenbach wird ein Bürger

Pamphilus Gengenbach ist um 1480 geboren worden als Sohn des Druckers Ulrich Gengenbach (der bei Wenssler Geselle war). In seiner Literaturgeschichte hat ihn Baechtold in Nürnberg zur Welt kommen lassen. Schon Gessler hat an Baechtolds Beweisverfahren Zweifel angemeldet; seit H. König (Zeitschrift für deutsche Philologie, 1905 und 1911) hat man die Baechtoldsche Hypothese endgültig fallengelassen.
Auf seiner Wanderschaft hat Gengenbach als Buchdruckergeselle bei Koberger in Nürnberg gearbeitet. Um 1505 war er wieder in Basel und wurde hier eingeklagt wegen Schulden, die er bei seiner Schlummermutter in Nürnberg hinterlassen hatte. Offenbar ein Hitzkopf, wurde er 1507 wegen einer Prügelei, 1509 wegen Hausfriedensbruchs vor Gericht gezogen. 1509 heiratete er, 1510 machte er sich selbständig. Eindeutig festgestellt sind Druckwerke aus seiner Offizin zwischen 1513 und 1524. Sein wichtigster Illustrator war Hans Holbein und nicht, was zufolge einer gewissen Wesensverwandtschaft nahegelegen wäre, Urs Graf. Neben seiner Druckerei wirkte Gengenbach anfänglich auch als Gastwirt im ‹Rösslein›. Für sechzig Gulden kaufte er das Haus ‹Zum kleinen roten Löwen› an der Freien Strasse, unmittelbar neben dem Zunfthaus ‹Zum Himmel›, wo nach 1519 Hans Holbein Stubenmeister war.
Trotz wachsendem Wohlstand beteiligte sich Gengenbach, wie Urs Graf, am Zug nach Dijon, auf dem die Eidgenossen ihrem Unmut über Frankreichs Militärpolitik drastisch Luft machten. Dass die Franzosen die Bedingungen des ausgehandelten Waffenstillstandes schliesslich missachteten, scheint bei Gengenbach einen Hassreflex gegen die Franzosen ausgelöst zu haben, der sich noch lange danach unverblümt äusserte.
Schon vor Dijon, 1503, hatte er sich vielleicht mit dem Basler Kontingent am Bellenzer Zug beteiligt; vermutlich war er später auch in Pavia, Novara und Marignano dabei. 1520 wird er aber auch als Mitglied einer Bruderschaft der Schildknappen genannt, die sich der kultischen Verehrung der Gottesmutter Maria weihte. Gerichtsakten aus dem gleichen Jahr verraten, dass er neben der Druckerei und dem Verlag eine Buch-

handlung und ein Antiquariat betrieb. 1522 kaufte er ein zweites Haus an der Freien Strasse; noch später ist er als Besitzer eines Rebbergs nachgewiesen.

Ein gemachter Mann zwar, aber ein ungestümes Temperament, hat er bis an sein Lebensende nie ein Blatt vor den Mund genommen. Als Autodidakt mit breitgefächerten Kenntnissen hat er leidenschaftlich, oft mit baslerisch spitzer Zunge, an den politischen, konfessionellen, literarischen und parapsychologischen Auseinandersetzungen seiner Zeit Anteil genommen: knapp, träf, drastisch im Ausdruck, mit wirksam aufgemachten Flugblättern, Dialogen, mit einer Novelle, Gedichten und epochemachenden Fastnachtsspielen.

Wahrscheinlich 1524, als die Welt untergehen sollte und nicht unterging, ist Gengenbach, vielleicht ein Opfer der Pest, gestorben. Am 22. Mai 1525 versuchte Enele Renk, seine Witwe, das Haus ‹Zum kleinen roten Löwen› zu veräussern; 1626 befand sich seine Druckerei nachweislich in anderen Händen.

Die Werke Gengenbachs hat kein Geringerer als Karl Goedeke herausgegeben, dessen *Geschichte der deutschen Literatur*, ausschliesslich auf Originalstudien beruhend, als massgebendes bibliographisches Nachschlagewerk zur deutschen Literatur ausgebaut ist. 1966 ist in Amsterdam ein Nachdruck der Goedekeschen Ausgabe von 1856 erschienen. In Vorbereitung befindet sich zurzeit eine neue, kritische Ausgabe im Verlag de Gruyter in Berlin.

W. Schein: *Stilist. Untersuchungen zu Pamph. Gengenbach.* Diss. Jena 1927.

Gengenbach beginnt als Liedermacher

Das erste Werk, das mit einiger Sicherheit Gengenbach zuzuschreiben ist, trägt den Titel: *Das new hüpsch lyed von dem krieg zwischen dem bapst, keyser, küng von Franckreich und den Venedigern.* In 25 Strophen berichtet es von der Schlacht an der Adda, 1509, in der Kaiser Maximilian mit ‹cluogen sinnen sein feind straffen kan›, die Venezianer nämlich, die sich schändlicherweise mit den Türken zusammengetan hatten. Aufgrund vieler unreiner Verse hat Samuel Singer (in seinem Aufsatz *Die Werke des Pamphilus Gengenbach*, 1901) Gengenbach dieses Lied abgesprochen; aufgrund anderer Indizien, etwa der überquellenden Verehrung für Maximilian, gilt es neuerdings wieder für gengenbachisch.

Unter einigen weiteren Gedichten, die Gengenbach zugeschrieben werden, könnte *Die fromme Hausmagd* deshalb von ihm gedichtet sein, weil unter den drei Gebeten am Schluss sich eines besonders innig ‹Maria der himel künigin› zu Füssen wirft. Den *Weinschlauch* und auch vier *Volkslieder* hat er vermutlich bloss gedruckt, nicht selber verfasst. Und zwei sogenannte Meisterlieder, wie er sie möglicherweise im Nürnberg des Hans Sachs kennenlernte (*Tod, Teufel und Engel* das eine, *Fünf Juden* das andere), hat er vielleicht für einen Bänkelsänger geschrieben; nicht auszuschliessen ist, dass er sie im ‹Rösslein›, seiner Gastwirtschaft, selber vorgetragen hat. Nach Singer stammt das zweitgenannte mit Sicherheit von Gengenbach; nach Singer und Lendi (Carl Lendi: *Der Dichter P. Gengenbach*, Dissertation, Bern 1926) auch das erstgenannte. Als Tod, Teufel und Engel verkleidet, versuchen in diesem Lied drei Handwerksburschen einen Wirt auszurauben, werden daran gehindert und dann gefoltert und gehängt; in dem anderen Lied vergehen sich fünf Juden an einem Marienbildnis, worauf der Hauptmissetäter, durch ein Gottesurteil überführt, zwischen zwei Hunden an den Füssen aufgehängt wird.

Der Liedermacher sucht seinen Weg zum Drama

Vermutlich 1513, nach dem Dijoner Zug, hat Gengenbach das Lied vom *Wälschen Fluss* geschrieben. Frankreich, der Papst, Venedig, Mailand, Kardinal Schiner spielen miteinander ‹Flüssli›, ein französisches Kartenspiel, ‹le flux›, das gerade en vogue war. Mit jedem Blatt, das einer wirft, werden drei gleichgereimte Verse ausgespielt, die stark an Brants *Narrenschiff* erinnern. Auf diese Weise wird die Geschichte der Jahre zwischen 1499 und 1513 rekapituliert; sie mündet in eine Warnung vor Frankreich. Vor allem wird vor dem französischen Gold gewarnt. Dass dieses Parteilied gute Wirkung tat, ersehen wir daraus, dass es in Zürich und Schaffhausen sofort nachgeahmt wurde. Im *Wälschen Fluss* wird gegen die Franzosen und für den deutschen Kaiser Partei genommen. Im *Alten Eydgnoss,* 1514 entstanden, wird generell vor jedem Bündnis gewarnt. Um ein solches bewerben sich der Papst, der französische, englische und der spanische König, der Herzog von Mailand, Kaiser Maximilian. Bruder Klaus wird beschworen, und wie von Zwingli (und zweihundert Jahre später von Albrecht von Haller) wird mit patriotischem Pathos an das einfache, sittenstrenge Leben der Altvordern erinnert: «Käs und ziger was ir spys, / Sie zugen här in helden wys, / Eyn säcklin uff dem rucken. / Frisch wasser was in (ihnen) edel trank.»
Der *Alt Eydgnoss* wurde von Gengenbach als ein Lied bezeichnet; nicht ausgeschlossen, aber auch nicht belegt, ist die Möglichkeit, dass er als Spiel in Basel aufgeführt worden ist. Noch deutlicher als der *Wälsche Fluss* bezeichnet er im Schaffen Gengenbachs einen Übergang zwischen dem historischen Lied und seinen späteren Reihen- oder Revuedramen.

Die Bilder fangen zu reden an

Gengenbachs *Zehen Alter dyser welt* sind 1515 ‹von etlichen ersamen und geschickten bürgeren eir loblichen stat Basel uff der herren fastnacht› aufgeführt und 1516 oder 1517 erstmals in Gengenbachs Offizin gedruckt worden. Das Wort Drama verdeutschend, hat Gengenbach sein Stück ein ‹Tatspiel› genannt.
«Mit diesem Stück», hat Baechtold gesagt, «beginnt die Geschichte des neueren Schauspiels.» Es ist das älteste dramatische Werk deutscher Sprache im 16. Jahrhundert. Mit ihm ist eine Stimmung und Bereitschaft der Zeit mit zeiteigentümlichen Mitteln erstmals Wort, Gestalt, Suggestion, Szene geworden: derb, nüchtern, oft polternd. Was damit gewonnen war, hat man nicht nur in Basel gemerkt, wo die *Zehn Alter* vermutlich mehrmals wiederholt worden sind und wo die Burschen,

wie Felix Platter in seiner *Lebensbeschreibung* berichtet, das Stück auf eigene Faust aufzuführen versuchten. Es wurde auch in Memmingen, Frankfurt, Winterthur und St. Gallen gespielt, in rätoromanischer Sprache in Ardez, 1531 in einer Überarbeitung als Mysterienspiel von Jörg Wickram in Colmar, in anderen Bearbeitungen in Köln, Sindelfingen und in Utzenstorf (wo man im letzten Drittel des Stücks *Wie man alte Weiber jung schmiedet* die Colmarer Fassung der *Zehn Alter* wörtlich übernommen hat).

Mit Gengenbachs allegorisch-didaktischem Fastnachtsspiel beginnt die Geschichte des neuzeitlichen deutschen Schauspiels als reine Revue. Ein Einsiedler bewegt sich, auf- und absteigend, zu den Vertretern der zehn Altersstufen, die, vom Zehn- bis zum Hundertjährigen, wahrscheinlich auf einem beidseitig treppenartigen Gerüst postiert sind: wie auf jenen Darstellungen der Altersstufen des menschlichen Lebens, die als Wandschmuck die gute Stube noch unserer Grosseltern schmückten. Einer nach dem andern legt sein Bekenntnis ab und wird vom Einsiedler zu besserem, sinnvollerem Wandel ermahnt. Möglicherweise gab es auch Aufführungen, bei denen der Einsiedler die Repräsentanten der zehn Altersstufen nacheinander an sich hat vorüberziehen lassen. In seiner Colmarer Bearbeitung hat Wickram den fortgesetzten Dialog mit zwei Teufelsszenen unterbrochen; ausserdem hat er den Hundertjährigen vom Tod holen lassen.

Nach tastenden Versuchen im *Wälschen Fluss* und im *Alten Eydgnoss* hat Gengenbach die vielfach vorgegebenen Möglichkeiten ‹redender Bilder› erstmals und mit einem Theaterspürsinn, der an Dürrenmatt denken lässt, auf die Bühne gebracht. Dazu kam die Instinktsicherheit des Psychologen Gengenbach, der Mal für Mal den Nagel auf den Kopf traf, wenn und wie das zehnjährige Kind für alle seine Ungezogenheit die Eltern und deren Erziehung verantwortlich erklärt; wenn sich der Jüngling mit seinem Prassen und seiner Spielwut wichtig macht; wenn der Dreissigjährige, seiner Frau und der Kinder überdrüssig, auf abenteuerliche Kriegsfahrten sinnt; wenn der Vierziger, brünstig wie ein Stier, die Ehe bricht und sich dabei auf Salomo und andere Weiberhelden beruft; wenn der Fünfziger, aus fremdem Kriegsdienst heimkehrend, sich mit den Schandtaten seiner Reisläuferei brüstet; wenn der Sechzigjährige, weil impotent, sich dafür an verbotenen Gnadengeldern und Pensionen schadlos hält; wenn der Siebzigjährige in Neid- und Hassphantasien zügellos schwelgt; wenn erst der Hundertjährige es langsam mit der Reue zu tun bekommt und eine zaghafte Sehnsucht nach dem kühlen Grab entwickelt. Das letzte Wort hat der Einsiedel; unmissverständlich winkt er mit dem Zaunpfahl des Jüngsten Gerichts.

‹Nollhart› verkündet die Zukunft

Ein Reihen- oder Revuestück ist auch der *Nollhart*, doch ist die Handlung bereits breiter angelegt. Es geht dabei, was es in den Nürnberger Fastnachtsspielen nie gegeben hat, um aktuelle

wiederkommen: mit dem, was er zu Hause zu stehlen beauftragt worden ist.

Ähnlich ergeht es dem Ehemann, obwohl er, um seine Lust zu büssen, zu schlechterdings allem bereit ist: «Venus», sagt er, «schyss mir ein draeck uff dnasen.» Selbst der abgebrühte Krieger entbrennt in sogenannter Liebe; er wird seines Harnischs entkleidet und in Weibergewändern weggeschickt. Übel ergeht es dem Gelehrten; es handelt sich um einen persönlichen Feind Gengenbachs, um Laurentius Friess, einen Astrologen und Wettermacher, der am Schluss in einen Esel verwandelt wird. Arg mitgespielt wird auch dem alten Lüstling, der an seiner ‹krucken› erscheint und dem das Herz hörbar ‹gumplet› beim Anblick der Frau Venus. Den Abschluss macht eine währschafte Prügelei zwischen dem Bauern und der Bäuerin, die ihren lüsternen Ehemann heimholen kommt.

In der *Gauchmatt* wird mehr Handlung geboten als in den beiden anderen Spielen; es wird auch getanzt, und ‹pfyffer› blasen einen ‹reyen›. Pikante Anspielungen auf Personen und Ereignisse haben für die Zeitgenossen sicher zusätzlichen Reiz gehabt. Frau Venus, erklärt der Hofmeister am Schluss, sei nicht unzufrieden mit der Veranstaltung; sie habe sich entschlossen, ‹mit iren töchteren› in der Malentzgasse (an der Malzgasse) Quartier zu nehmen.

Murners ‹Gauchmatt› ist früher und anders

Eine *Gauchmatt* (bzw. *Geuchmatt*) schrieb auch der einzige Satiriker von Rang auf katholischer Seite: der Franziskaner Thomas Murner, den Fischart ‹des heiligen Römischen Reiches obersten Dreckrüttler› genannt hat. Er ist 1475 in Oberehnheim (Obernai) im Elsass geboren und dort 1537 gestorben. Dazwischen war er in Strassburg, 1508 in Bern, wo er den berüchtigten Jetzerhandel publizistisch in drei Flugschriften ausschlachtete; 1518 studierte er in Basel Jurisprudenz. Als Antwort auf den *Karsthans,* eine Streitschrift gegen ihn, die wahrscheinlich von Vadian stammt, schrieb er 1522 die Fehdedichtung *Von dem grossen lutherischen Narren,* in der er mit Luthers Tochter verheiratet zu sein vorgab, sie in der Hochzeitsnacht verstiess, Luthers Leichnam später ins ‹scheisshaus› warf; eine Antwort auf diese Antwort, die an Deutlichkeit auch nichts zu wünschen übrigliess, war Gengenbachs *Novella.* 1525 wieder zu Hause, flüchtete sich Murner vor dem elsässischen Bauernkrieg nach Luzern; mit einem *Kirchendieb- und Ketzerkalender* trat er dort gegen Zwingli auf, musste aber nach dem ersten Kappeler Landfrieden, 1529, die Schweiz verlassen.

Thomas Murner

1518 brachte Murner seine 1515 geschriebene *Geuchmatt* nach Basel, wo er, als Doktor der Theologie und gekrönter Dichter, mit 42 Jahren noch das Doktorat beider Rechte erwarb. Die *Geuchmatt,* deren Druck in Strassburg verboten worden war, erschien 1519 bei Adam Petri und war ausdrücklich ‹einer frummen gemeyn und löblichen statt Basel in freyden› zugeeignet.

Murners *Geuchmatt* ist deutlich vom *Narrenschiff* beeinflusst, jedoch auf die Narrheiten der Weiberdiener spezialisiert. Ausführlich wird all das Unheil katalogisiert, das die Frauen mit dem Spiel ihrer Reize seit Eva angerichtet haben. Parodiert wird der hochmittelalterliche Minnedienst mit seinen Regeln und seiner Gerichtsbarkeit. Polemisiert wird gegen lockere Liebesgeschichten im italienischen Stil des Poggio oder des Äneas Silvius (in *Euryalus und Lucretia).* Mit dieser *Geuchmatt* hat Gengenbach lediglich den Stoff, das Handlungsgerüst, gemeinsam, das auch Murner in den *Facetien* des Heinrich Bebel vorgefunden hat, dazu den Titel und den Schauplatz auf einer Gauchmatte in Basel.

Römische Geistliche sind Totenfresser

Mit Adam Petri war Gengenbach der wahrscheinlich wichtigste Drucker von Luthers Schriften für das deutsche Sprachgebiet und darüber hinaus. Nach der *Gauchmatt,* 1521 oder 1522, hat er sich mit seiner *Clag über die Todten fresser* selber gegen Rom zum Wort gemeldet. Der Titel bezieht sich darauf, dass die Geistlichkeit mit den Totenmessen reiche Einkünfte scheffelte, mit denen sie einen aufwendigen Lebenswandel finanzierte; der Ausdruck ‹Totenfresser› ist damals vielleicht sprichwörtlich gewesen; Niklaus Manuel hat ihn ebenfalls verwendet.
Die *Totenfresser* sind, deutlicher als die *Zehn Alter,* aus der Spruchdichtung hervorgegangen. Mit 235 Versen bleiben sie selbst hinter dem Umfang des *Wälschen Flusses* zurück. Für ein Fastnachtsspiel zu kurz geraten, sind sie, wenn auch ohne Vorrede, dennoch ganz im Stil eines solchen gehalten. Frech und flott hingeworfen, eine Improvisation, sind sie Gengenbachs witzigstes Stück. Aufgrund wenig überzeugender Indizien haben es Singer und Lendi einem andern, anonymen Basler jener Zeit zugesprochen. Ich sehe jedoch keinen Anlass, ausgerechnet das gengenbachischste aller Werke Gengenbachs diesem vorzuenthalten.
Auf einem Titelholzschnitt ist angedeutet, was im Spiel zu erwarten ist. Der Papst zerlegt auf dem Tisch einen Leichnam und fordert die Tafelgenossen auf, kräftig zuzugreifen: den Bischof, eine Klosterfrau, einen Priester mit seiner Magd, einen Bernhardiner, einen Bettelmönch. Christus, meint der Papst, habe für die Seinen gelitten, damit wenigstens diese es sich auf Erden wohl sein liessen. Derselben Meinung ist der Bischof. Die Nonne und die Magd versichern, Totenbeine seien ausgesprochene Leckerbissen, während der Weltpriester und der Bernhardiner sich beklagen, dass Luther sie je länger desto mehr um die Freuden dieser Welt zu betrügen drohe, und das um so mehr, als die Ansprüche der höheren Geistlichkeit für die niedrigeren Chargen überhaupt nichts mehr übrigliessen.

Bei D.M. van Abbé: *Development of dramatic Form in Pamphilus Gengenbach,* in: Modern Language Review 45, Cambridge 1950, wird diese Entwicklung am Beispiel der *Totenfresser* demonstriert.
Neuausg. *Die Totenfresser*, Reclam Nr. 8304.

Sieben Kleinigkeiten sind kulturhistorisch reizvoll

Gemeint sind: der *Bundtschu* von 1514, die *Practica* von 1518 oder 1519, das *Wiener Prognosticon* von 1519, *Das Lied von Carolo* von 1519, die *Novella* von 1521 oder später, der *Bettlerorden* und das *Mönchskalb* von 1523 oder 1524.

Nach Singer ist der *Bundtschu* sicher, nach Lendi nur teilweise von Gengenbach. In der gereimten Einleitung wird, im Hinblick auf Bauernunruhen im Breisgau, zum Gehorsam dem Rat gegenüber geraten, und zwar ‹den buren nit allein, / sunder den burgern in der stat›. Im Prosateil wird eine Darstellung des Bauernaufstandes unter Jost Fritz und Jacob Huser geboten, die durch Basler Gerichtsakten teilweise wörtlich beglaubigt ist.

Die *Practica* und das *Wiener Prognosticon* befassen sich mit Zukunftsvorhersagen. In der *Practica* geht es um die ‹spil uff karten›, die ‹würffel›, die ‹fastnachtsfewer›, ‹Johannsfewer›, die ‹herpstfür› und das ‹kegeln›. Im mittleren, dem Prosateil, werden Dinge prophezeit, die, was lustig wirkt, längst eingetroffen sind; im gereimten Schlussteil wird jede Art von Zukunftsvorhersage als unbiblisch nachgewiesen. Im *Prognosticon* auf das Jahr 1520 prophezeit Gengenbach selber aufgrund von Wunderzeichen, die ‹zuo Wien› am ‹hymel› gesehen worden sind; seine Vorhersagen entsprechen weitgehend seinem politischen und konfessionellen Wunschdenken. Die *Practica* haben sowohl Singer als auch Lendi übereinstimmend Gengenbach zugeschrieben; das *Prognosticon* hat ihm allein Lendi zugebilligt.

Die *Novella* haben sowohl Singer als auch Lendi Gengenbach abgesprochen; aufgrund von Parallelstellen, auf die H. König aufmerksam machte, war Lendi so freundlich, dieses Werk wenigstens einem Nachahmer Gengenbachs zuzuweisen, ‹der vielleicht unter seinen Augen arbeitete›. Die *Novella* ist eine Satire auf Murners Satire *Vom grossen lutherischen Narren* in Form einer Rahmenerzählung. Ein literarischer Sonntagsbraten für heutige Gourmets ist sie nicht.

Das Lied von Carolo hat Gengenbach ‹zuo lob dem allerhochgebornsten grossmächtigsten Carolo› gemacht. Die Hochschätzung, die er dem 1519 gestorbenen Maximilian I. entgegengebracht hatte, bezeugt Gengenbach in elf Strophen auch dem Nachfolger, Karl V.; die Urheberschaft Gengenbachs ist von keiner Seite in Zweifel gezogen.

Der *Bettlerorden,* ebenfalls in Versen, ist eine Arbeit, die, wenn nicht von Gengenbach selber, unter seiner Aufsicht geleistet und in seiner Offizin gedruckt worden ist. Die Bettler vom Kohlenberg verraten darin, wie sie unter dem Deckmantel der Erbarmungswürdigkeit sich bereichern und wohlmeinende Basler hinters Licht führen. Nach Goedeke ist das Glossar, das dem Bettlerorden beigefügt ist, ‹die Grundlage der rotwelschen Literatur geworden, der selbst Luther seine Aufmerksamkeit zuwandte›.

Ein kurzes dramatisches Gedicht, *Das Mönchskalb vor Papst Hadrian,* ist, falls Gengenbach tatsächlich der Verfasser ist,

dadurch merkwürdig, dass dieser dann zwei oder drei Jahre vor seinem Tod eine Erneuerung des Glaubens vom Papst, nicht mehr von Luther, erwartet hat.
Das Mönchskalb selber ist ein Monstrum, durch dessen Erscheinen eine Prophezeiung, die auf Luther ging, erfüllt worden ist. Zu diesem Luther, der die alte Kirche reformieren will, bekennt sich der Narr des Papstes; der ‹frumme Pabst Adrian› selber wird aufgefordert, das ganze verdorbene Mönchspack zum Teufel zu jagen, um so das einfache Volk der Kirche zurückzugewinnen.
Hadrian VI., der vielzitierte letzte nichtitalienische Papst vor dem Polen Johannes Paul II., hat sich während seines Pontifikats, 1522 bis 1523, vor allem um die sittliche Erneuerung der Kirche bemüht. Mit seinen Beweggründen und mit seinem Charakter hat sich Schiller in seiner Schrift *Über naive und sentimentalische Dichtung* auseinandergesetzt.

Kolross lehrt lesen, schreiben und singen

Etwa zwanzig Jahre jünger als Gengenbach, ist Johannes Kolross (Rhodontracius) um 1500 geboren. Er stammte wahrscheinlich aus Hochdorf; aus dem konservativen Luzern ist er, ein Sympathisant des neuen religiösen Aufbruchs, nach Basel gezogen. Als ‹tütsch lehrmeister› an der Knabenschule ‹zu Barfüssern› hat er 1530 ein *Enchiridon* verfasst: ein ‹Handbüechlin tütscher Orthography› mit der Anleitung, ‹hochtütsche spraach artlich zeschryben unnd läsen›. Das kam vornehmlich dem Bibelleser zustatten, für den schon 1523 eine Basler Ausgabe von Luthers Neuem Testament mit einem Glossar versehen worden war: ‹Die ussländigen Wörter auf unser Teutsch angezeigt.›
Mit seinem *Enchiridon* hat sich Kolross den Ruhm erworben, als erster ‹die deutsche Orthographie auf systematische, nahezu vollständige Weise› behandelt zu haben. Als Dokument aus der Ur- oder doch Frühzeit des Deutschunterrichts ist seine Schrift auch sonst eine reizvolle Lektüre; die Vokale heissen da ‹Rufer› oder ‹Stimmen›, und vom ‹ch› wird gesagt, es töne ‹wie eine Gans pfeift, die Junge hat, so man gegen ihr geht›.
Daneben scheint Kolross der erste reformierte Liederdichter der Schweiz gewesen zu sein; am bekanntesten war sein Morgenlied ‹Ich danck dir lieber Herre›. Nach Ernst Läuchli (‹Fünferlei Betrachtnisse des Johannes Kollros›, Basler Jahrbuch 1960) wäre dem *Enchiridon* zu entnehmen, ‹dass der Dichter seinen Namen Kollros – nach heutiger Schreibweise – aussprach, nicht Kolross, wie er durch seine Orthographie hatte vermuten lassen›.

Das *Enchiridon* ist enthalten in: Joh. Müller, *Gesch. d. deutschsprachl. Unterrichts bis zur Mitte d. 16. Jhdts.*, Gotha 1882.

Auf fünferlei Art reizt Kolross zur Busse

‹Uff den ersten Sontag nach Ostern› 1532 wurde ‹eyn schön spil von *Fünfferley betrachtnissten,* den menschen zur buss reytzende, durch Johannem Kolrossen ... offentlich zu Basel gehalten› und im gleichen Jahr gedruckt. Obwohl in der

Titelei ferner versprochen war, das Stück sei ‹uss der heyligen geschrift gezogen›, wurde, an den Jedermann-Stoff und an die in Basel besonders lebendigen Totentanzmotive angelehnt, ein mehr oder weniger frei erfundenes Bild menschlichen Lebens entworfen.

Es ist Ostern, und ein Jüngling, der mit seinen Kumpanen die Nacht durch weiterzuprassen gedenkt, wird von seinem Pfarrer ermahnt: «Du sollt nit suochen ander fröud, / Wann dir Jesus hat bereit / Im Himmel durch syn bittren Tod, / Die evig ist und nit zergot.» In korrekter Schreibweise nach Kolross ist dies die erste Betrachtnis.

Der Jüngling weist den Pfaffen grob ab. Während er mit einem leichten Mädchen, der Irmeltraud, zu tanzen anfängt, ‹kumpt der Tod ... und schüsst ihn›. Der Jüngling fleht um eine Gnadenfrist; weil er aufrichtig bereut, wird sie gewährt. Entsprechend lautet die zweite Betrachtnis: Der Mensch wache und bete, da er jederzeit des Todes gewärtig sein muss.

Jetzt tritt der Jüngling in einem Büssergewand auf und wird von seinen früheren Spiessgesellen als ‹Apostitzer›, ‹Tüsseler› und ‹Lufätsch› (Frömmler) verhöhnt. Er bleibt standhaft, und der Pfarrer steht ihm bei mit der dritten Betrachtnis: «dWelt ist nichts andres dann ein Btrug.»

Schliesslich taucht der Höllenfürst persönlich auf, in Menschengestalt, aber mit Gänsefüssen. Er versucht, den Jüngling mit allen Mitteln zurückzugewinnen; tapfer weist ihn aber dieser ab: «Dorum heb dich, du Satanas.»

Am Schluss erscheint ein gesprächiger Engel. Er stellt die dritte und vierte Betrachtnis an und geleitet den Jüngling ins Paradies. In einem Nachspiel, vermutlich speziell für Kinder angehängt, treten Tod, Teufel, Irmeltraud, ein Narr nochmals auf; fromme Knaben werden dazu aufgeboten, die gemeinsam gottesfürchtige Vorsätze fassen.

Cäsar von Arx bearbeitet Kolross

Dieses Nachspiel, nachträglich eingeschobene Szenen, die vielen Bibelzitate, erbauliche Monologe und Chöre in sapphischen Strophen verwischen die klare Kontur der Handlung. Damalige Zuschauer hat das schwerlich gestört. Im Gegenteil: wie schon bei Gengenbach, deutlicher bei Birck und Boltz, kommen solche Zusätze und überwuchernde, der Belehrung und Bekehrung dienende Einschiebsel einem zeitgenössischen Bedürfnis entgegen. Später, im Barock, wurde der Wildwuchs solchen Rankenwerks stilisiert und ornamental gebändigt.

«Mit seiner noch nicht äusserlich sichtbaren Akteinteilung», hat Gessler über das Kolross-Stück geurteilt, «mit seiner im ganzen, aber recht belebten abgeschlossenen Handlung, an der 18 Personen teilnehmen, bezeichnet dieses Spiel so recht den ersten Schritt ins Neue hinein.» Neu sind jedenfalls die motivierenden Überschriften. Am Rand werden ausserdem Hinweise auf den Inhalt, dazu Kapitelnachweise der Bibelzitate, geboten.

Wie ein solches Spiel ohne überladenes Beiwerk nicht nur

wirken könnte, sondern wirklich wirkt, ist am Vergleich zwischen dem Originaltext und der Bearbeitung durch Cäsar von Arx zu studieren. Cäsar von Arx, der bedeutendste Dramatiker der Schweiz in der ersten Hälfte des 20. Jahrhunderts, in Basel geboren und aufgewachsen, hat 1919 als Inspizient am Basler Stadttheater das Stück von Kolross (von Arx schrieb: Kollros) als ‹Totentanzspiel› szenisch und sprachlich auf eine Weise erneuert, die deutlich macht, was da an dramatischer Spannung zwischen Gut und Böse immer schon zu Gebote stand. Von den fünf Spielen aus dem 16. Jahrhundert, die von Arx bearbeitet hat, ist (neben zwei Legenden- und zwei Fastnachtsspielen) das Totentanzspiel nach Kolross seine ‹schönste und ergreifendste Bearbeitung› (E. Prodolliet). Und das nicht ohne Verdienst von Kolross, obwohl Emil Ermatinger diesen schulmeisterlich abkanzelte mit der Bemerkung, er, Kolross, sei ‹jedenfalls ein besserer Schulmeister und Grammatiker gewesen als Dichter›.

Ernst Prodolliet: *Caesar von Arx.* (Dissertation, Aarau 1953).

Ein gelehrter Pädagoge schreibt Volksschauspiele

Sixt Birck (lateinisch Xystus Betulejus) ist 1500 oder 1501 als Sohn eines Webers in Augsburg geboren (wo vierhundert Jahre später, ebenso einsilbig in beiden Namensformen, Bert Brecht zur Welt kam). Birck studierte in Erfurt, Tübingen und Basel. In Basel blieb er; am 13. Juni 1527 figuriert er als Zeuge auf dem Testament von Erasmus. 1530 wurde er Lehrer zu St. Theodor, 1534 Rektor des Pädagogiums. 1536 erhielt er als erster nach der Reformation den Magistertitel und wurde 1537 Professor der Rhetorik. 1538 kehrte er in seine Heimatstadt zurück, um dort Rektor des neugegründeten St.-Anna-Gymnasiums zu werden; 1549 lehnte er einen Ruf der Berner Regierung ab; 1554 ist er in Augsburg gestorben.

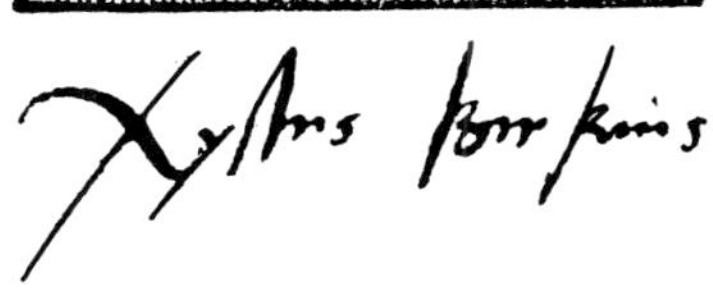

Wie Kolross hat Birck Kirchenlieder gedichtet. Vor Kolross oder gleichzeitig mit ihm ist er der erste gelehrte Pädagoge, der deutschsprachige Volksschauspiele verfasst hat. In ausdrücklichem Gegensatz zu den (seiner Meinung nach) sittenverderbenden Stücken des Terenz hat Birck mit den seinen ausgesprochen pädagogische Absichten verfolgt. Die meisten seiner Schauspiele sind (falls sie tatsächlich alle von ihm selber sein sollten) in seinen Basler Jahren entstanden, teilweise aber erst später gedruckt worden. Wie Kolross hat er die Handlung meistens durch Chöre gegliedert; eine eigentliche Trennung in Akte praktizierte er nur in der *Tragödie wider die Abgötterei.* Gewisse Bestandteile der Handlung hat er, um die Einheit des Schauplatzes zu wahren, jeweils hinter die Szene verlegt.

Von Birck existieren vier deutsche Stücke, deren lateinische Fassung nicht von ihm selbst stammt; in der Reihenfolge ihrer Entstehung (nach der Lebensbeschreibung von Johannes Nysaeus) handelt es sich um *Ezechias, Zorobabel, Joseph* und *Beel* (wobei der *Beel* eine Neufassung der *Tragödie wider die Abgötterei* ist, die vor dem *Ezechias* geschrieben wurde). Zwei Dramen, *Susanna* und *Judith,* hat Birck selber ins Lateinische übersetzt.

In Augsburg hat sich Birck grösstenteils auf klassische Philologie beschränkt. Er hat Ciceros *De officiis* und *De natura deorum* kommentiert, hat *Sibyllorum oraculorum libri VIII* und eine kritische Edition des Lactantius (des ‹christlichen Cicero›) eingerichtet. Eine neutestamentliche Konkordanz von ihm hat Petrus Ramus besonders geschätzt. In der *Amerbach-Korrespondenz* sind 34 lateinische Briefe von ihm aus der Augsburger Zeit erhalten. Mit Bonifacius Amerbach diskutiert Birck vor allem Interpretationsmöglichkeiten lateinischer Texte. Er berichtet aber auch von der Hochzeit seines Sohnes und von seiner zweiten Eheschliessung; seine erste Frau, die Baslerin Ursula Glaser, war 1538 gestorben, was vielleicht mit ein Anlass zu seiner Heimkehr nach Augsburg gewesen ist.

Eine kritische Ausgabe aller Dramen von Birck, deutsch und lateinisch, hat in zwei Bänden Manfred Brauneck herausgegeben. Der zugehörende Realienband steht zurzeit noch aus.

Susanna wäscht sich in einem zinnernen Trog

‹Die history von der frommen gottesförchtigen frouwen Susanna› ist 1532 ‹offentlich inn Mindren Basel durch die jungen Burger› aufgeführt und von Thomas Wolff gedruckt worden. Die schöne, ‹gottesförchtige› Jüdin in Babylon wird von zwei alten Lüstlingen beim Baden überrascht; als Liebhaber verschmäht, bezichtigen sie Susanna des Ehebruchs. Deswegen zum Tod verurteilt, wird sie vom Propheten Daniel gerettet: Eine Geschichte, die im 13. Kapitel des apokryphen Buches Daniel erzählt ist.

Birck ist der erste in einer längeren Reihe von Dramatikern, die im 16. Jahrhundert diesen dankbaren Stoff auf die Bühne gebracht haben; nach ihm haben es Paul Rebhuhn, Leonhard Stöckel und Hans Sachs getan.

Bei Birck folgt die Handlung ohne Abschweifung dem Text im Buch Daniel. Etwas zu breit geraten ist lediglich die Gerichtsverhandlung, in der es zum Todesurteil für Susanna kommt; aber auch dort sind alle Personen lebendig charakterisiert, selbst die acht Gerichtsbeisitzer. Schon der Anfang des Schauspiels, wo die beiden Lüstlinge einander am Badeplatz der Susanna belauern, ist im Vergleich mit vorangegangener Dramenpraxis ein psychologisches Kabinettstück. Baechtold fand am erfreulichsten die Kinderszenen. Bühnenwirksam ist der Schluss des Stücks: die Steinigung der zwei alten Gauner.

Über eine weitere Aufführung im Jahr 1544 hat Felix Platter in seinem Tagebuch notiert: «Do lugt ich zu in meins schniders hus. Die brüge war uf dem brunnen und war ein zinnener kasten, darin, da die Susanna sich weschet.»

Robert Pilger: *Die Dramatisierung der Susanna im 16. Jahrhundert*, Zeitschrift für Philologie 11 (1879).

Daniel wird aus der Löwengrube gerettet

Wie der Susanna liegen der *Tragedi wider die Abgöttery* apokryphe Erzählungen des Propheten Daniel zugrunde. Anders als etwa im hochmittelalterlichen *Ludus Danielis* von Beauvais, 1140, vertritt Daniel jetzt reformatorische Tendenzen; dargestellt wird der Kampf des Propheten gegen den Gott

Beel (Baal) und die Entlarvung seiner Priester, die sich (an Gengenbachs *Totenfresser* erinnernd) an den Opfern gütlich tun, die dem falschen Gott dargebracht wurden. Das Volk hängt trotzdem am alten Glauben; Daniel wird in die Löwengrube geworfen. Doch die Löwen verschonen ihn; ein Engel fliegt den Propheten Habakuk ein, Daniel erlangt die Freiheit, dafür werden seine Ankläger in die Grube gestürzt.
Gessler hat, wie vor ihm L. A. Burckhardt, die *Tragödie wider die Abgötterei* irrtümlicherweise als ein Schauspiel von Kolross betrachtet. Immerhin gibt Gessler zu, in technischer Hinsicht habe *dieser* Kolross viel zugelernt seit den *Fünferlei Betrachtnissen:* sein Dialog sei fliessender geworden, die Rede geradezu gewandt, und erstmals sei ein deutsches Stück auch äusserlich deutlich auf drei Akten verteilt.
Innerlich ist aber auch die *Abgötterei* Bircks ein reformatorisches Tendenzdrama: eine Waffe in den Händen der Anhänger des neuen Glaubens. Entsprechend endet das Stück mit der Aufforderung, jeglichen Bilderdienst abzuschaffen und den Tempel Gottes rein zu halten. Das Glaubensbekenntnis Daniels lautet:

«Der Gott allein der êr ist wert,
Der gschaffen hat himmel und erd.
Er hat den zoum in siner hend,
Regiert von anfang bis zu end.
Er hat kein lyb, er ist ein geist,
Kein spys noch trank er von uns heischt.»

Auf Umwegen kommt Boltz von Rufach nach Basel

Boltz ist in Rufach geboren, jenem reizenden Winzerstädtchen im Oberelsass, aus dem der erste urkundliche Beleg für den Weinbau im Elsass stammt: aus dem Jahr 682. Das Geburtsdatum von Valentin Boltz dagegen ist nirgends festgehalten; nur so viel weiss man, dass seine Mutter 1515, nach dem Tod des Vaters, von Mitgliedern der Rufacher Gilgenzunft unterstützt worden ist.
Auch über den Schulbesuch und den Studiengang von Boltz sind wir auf Vermutungen angewiesen. Urkundlich greifbar wird er erstmals als Prädikant, mit der Aufgabe betraut, das Kloster Alpirsbach zu reformieren; 1534 ist er zu diesem Zweck in den Dienst des Herzogs Ulrich von Württemberg getreten. Vier Jahre später treffen wir ihn als Diakon in Tübingen; 1539 ist sein erster literarischer Erfolg mit sechs verdeutschten *Comedien von Terenz* zu verzeichnen, die in der Folge sechs Auflagen erlebten.
Für Boltz war das Latein nur gut, ‹das(s) wir erst anfahen, unser eygen spraach regulieren und wolstellen›. Er findet, ‹das alt gifft und pestilentzisch übel› sei, ‹dz wir Teütschen nie vil acht uff unser mutterspraach› gehabt haben. (Für manche heutige Elsässer mag das eine aktuelle Bemerkung sein.) In den Terenz-Verdeutschungen wie in späteren Übersetzungen von Boltz muss sich das Latein deshalb dem heimatlichen

Sprachgebrauch fügen, nicht umgekehrt, wie bei Niclas von Wyle.
1540 predigte Boltz in Schorndorf. Hier verliess ihn, dem zeit seines Lebens der Umgang mit Frauen schwer fiel, seine erste Frau, die er als eine blutsaugende ‹Bremse› bezeichnet hat. Weil noch nicht geschieden, durfte er seine Magd weder heiraten noch länger in seinem Haus dulden, da man nach der Reformation darauf hielt, dass die Geistlichen ihre Mägde entweder heirateten oder entliessen.
Der Hebräischlehrer Pellicanus in Zürich, der, wie Boltz, aus Rufach stammte, vermittelte diesem 1542 ein Pfarramt auf dem Hirzel; ‹von eines wybs wägen› musste Boltz aber dort bald weichen und kam als Pfarrer ins Glarnerland. Dann war ihm neuerdings Pellicanus hilfreich, der, zusammen mit Oecolampad, als Professor in Basel gewirkt hatte, bevor er, 1526, ans Carolinum nach Zürich weitergezogen war; im Todesjahr Luthers, 1546, wurde Boltz Prädikant von Laufen und Blauen im Birstal, wo man sich damals zur neuen Lehre bekannte und kirchlich von Basel abhing. 1547, nach dem Erfolg seines Stücks *Pauli Bekehrung*, aber kaum deswegen, kam Boltz als Spitalpfarrer nach Basel.

Paulus bekehrt sich unter Blitz und Donner

Biblische Dramen waren damals Plakatwände antirömischer Propaganda. Gleichzeitig waren sie Fortbildungsschulen. Boltz hat die Schaubühne ausdrücklich ‹als moralische Anstalt› in Dienst genommen. 1546 spielte eine ‹burgerschaft der wytberümpten frystatt Basel› erstmals seine ‹Tragicomödia *Sant Pauls bekerung*›, wie es auf dem Titelblatt der Buchausgabe heisst, die allerdings erst 1551, bei Jacob Kündig ‹uff dem Nüwen Platz› (dem Barfüsserplatz) in Basel, erschienen ist.
Pauli Bekehrung ist ein Drama in fünf Akten oder ‹Händeln›. In engem Anschluss an einen neutestamentlichen Text, Apostelgeschichte 9, 1 bis 25, hat Boltz in diesem Spiel die bekannte Geschichte jenes Saulus auf die Bühne gebracht, der unter ‹dunderen und blitzgen› vor Damaskus zum Paulus wird. Aber die Juden, denen er als Saulus versprochen hatte, ‹er well all Christen ztod schlagen›, wenden sich nun gegen ihn; in einem Korb muss er über die Stadtmauer von Damaskus gerettet werden. Von den Reisigen des Landesherren Aretes wird sein Haus deshalb vergeblich belagert. Zum Schluss ‹fahend die trummeter an blosen›, und der Herold verkündet unter anderem die Vergänglichkeit des Daseins.
Mit 74 Sprechrollen ist *Pauli Bekehrung* ein kriegerisch-lärmendes Volks- und Massenschauspiel, ‹wie es namentlich die Schweiz pflegte, in deren freien, von Bürgern geleiteten Gemeinwesen es auch allein sich so weit entwickeln konnte› (Gessler). Wie gleichzeitige Maler die biblischen Szenen in Kostümen und Bauten des 16. Jahrhunderts darstellten, so wurden biblische Dramen, nicht nur die von Boltz, in zeitgenössischen Gewändern und Kulissen gespielt. Und ohne das Bewusstsein des Anachronismus oder des Stilbruchs, jedenfalls

ohne Skrupel deswegen, fielen ununterbrochen zeitkritische Seitenhiebe.
Über die Aufführung auf dem Kornmarkt notierte Felix Platter in seinem *Tagebuch:* «ich sach zu am eckhaus an der hutgassen ... der burgermeister von Brun war Saulus, der Balthasar Han der hergoth, in eim runden himmel, der hieng oben am Pfuwen, dorus der strol schoss, ein fürige racketen, so dem Saulo, als er vom ross fiel, die hosen anzündet. der rudolf Fry war hauptmann, hatte by 100 burger, alle seiner farb angethon under seim fenlein. im himmel macht man den donner mit fassen, so vol stein umgedriben waren.»

Der ‹Weltspiegel› ist ein Baslerspiegel

Neben seinem Amt als Spitalpfarrer predigte Boltz auch in der Barfüsserkirche. Johannes Gast, selber Pfarrer, notierte lateinisch in seinem *Tagebuch:* «Sie laufen wie Narren selbst aus Kleinbasel in Valentins Predigten. Dieser neue Pfarrer sagt dem Volkshaufen, was ihm lieb ... ist. Er säet Hass und wird Sturm ... erregen, wenn der Herr nicht hilft.»
Für seine Predigten in der Barfüsserkirche wurde Boltz nicht eigens entschädigt. Um sein Einkommen aufzubessern, trieb er das ‹handwärk des molens›. Aus dieser Tätigkeit erwuchs sein *Illuminierbuch:* eine Anleitung, ‹wie man allerlei Farben bereiten, mischen und auftragen soll›. In erster Linie war es für Illuminatoren bestimmt, für Buchmaler, enthielt aber auch Rezepte für Dekorationsmaler. 1549 bei Kündig erschienen, erlebte es achtzehn Auflagen, kam auch in Frankfurt, Erfurt und 1648 in einer dänischen Übersetzung in Kopenhagen heraus.
Von theaterfreudigen Baslern aufgefordert, schrieb Boltz den *Wellt Spiegel.* In Buchform erschien er 1550 und jahrs darauf in zweiter Auflage, beide Male bei Kündig. Diese Drucke und der Neudruck von Gessler, 1891, enthalten auch die Noten der Lieder, die in diesem Stück gesungen wurden.
Beim *Weltspiegel* handelt es sich um eine Satire auf ‹die art un eigenschafft jetzigen läbens, das so gar ... zerrüttet ist›. Mit seinen mehr als hundertfünfzig Sprechrollen gehört es zum ‹Ungeheuerlichsten, was die Stoffwut der Zeit im Drama hervorgebracht hat› (Ermatinger); die Aufführung erstreckte sich auf zwei Tage.
Im ersten Akt treten personifiziert Laster und Tugenden auf, Übermut, Klugheit, Hoffart, Zaghaftigkeit, Logik usw. Dann wird eine Äbtissin, die heiraten will. gezeigt; der Prophet Elias, ein ‹alter keib›, knallt mit der Peitsche. Moses erscheint mit Bruder Klaus, und die dreizehn Alten Orte der Eidgenossenschaft werden samt ihrer geschichtlichen Vergangenheit vorgeführt. Standesunterschiede werden erörtert, Adam wird bemüht, die Mässigkeit wird in Person ermordet, und mit einer Horde betrunkener Deutscher fahren die Teufel Belial und Vollbock in die Hölle.
Der zweite Akt ist wesentlich kurzer. Eine Art Modeschau findet statt, und ‹uf der braite Bruck›, auf der Rheinbrücke,

Holschnitt zum ‹Weltspiegel›

produziert sich ein Schwätzer. Ein Mädchen wird beim Tanz vom Tod ereilt; eilends ‹tragendts› die Teufel ‹in dhell›. Noch kürzer ist der dritte Akt; Kartenspieler werden durch die Teufel Behemot und Asterot in die Hölle abgeschleppt.

Im vierten Akt treten am folgenden Tag der Erznarr, ein Philosoph, ein Fechtmeister und die ‹dorff bürin Binätsch› auf. Ein Geizhals wird vom Blitz erschlagen. Beatus Rhenanus rügt den liederlichen Lebenswandel der Basler Studenten, und die Justitia tadelt einen bösartigen Landvogt, der ihr kurzerhand die Augen verbindet und sie ersticht.

Erstaunlich ist im fünften Akt ein Ehemann, der ein wirklich treues Eheweib sein eigen nennt. Ihm folgt jedoch ‹Frauw Hadermätz›, die ihren Mann verprügelt. Eine Kupplerin unterweist anschliessend eine junge Frau, wie diese am besten ihren alten Mann betrügen könne.

Der sechste Akt spielt bei den Landstreichern und Kirchweihbettlern: bei den Kohlenbergleuten und ihren Gaunereien. Ein Jude versichert, auch die Christen verstünden sich auf den Wucher. Die Propheten und ausgewiesene Jungfrauen ausgenommen, treten dann alle Personen des Stücks ‹us den hüslin› und werden vom Tod mit einer Sense niedergemäht. Wer aber glaubt, damit sei das Spiel zu Ende, hat sich getäuscht. Noch einmal treten die dreizehn Alten Orte der Eidgenossenschaft auf; sie geloben dem Bruder Klaus, inskünftig den ‹pundsbrieff› getreulich einhalten zu wollen: «Das helff uns der Gott aller heilgen.»

Die ‹Ölung Davids› ist keine lustige Komödie

In den vierziger Jahren hatte Boltz, der erfolgreiche Dramatiker aus Rufach, dem Rufacher Ulrich Wieland, der 1541 bis 1564 Bürgermeister von Mülhausen war, eine lustige Komödie versprochen. Was er 1551 fertigstellte, die *Ölung Davidis,* entsprach schwerlich Wielands ursprünglichem Wunsch. Das Stück wurde auch nicht in Mülhausen aufgeführt, aber nicht infolge fehlender Spassigkeit; vielmehr war das Rathaus, vor dem das Werk hätte in Szene gehen sollen, im Jahr 1551 abgebrannt. Dem ‹widerwertig Vulcanus› schrieb jedenfalls Boltz die Verhinderung zu. Gedruckt wurde das Stück auf Veranlassung ‹ettlicher guett muetiger leut› 1554 durch Bartholome Stähälin. Nadler hat an diesem ‹Heldenliebesdrama› gerühmt, dass es ‹seelische Vorgänge … in edler Sprache und in schönen Kleinbildern› verdichtet habe.

Mit der *Ölung Davids* hat Boltz, von dem vielleicht etliche Werke verschollen sind, zum biblischen Drama seiner Anfänge zurückgefunden. Es ist mit 62 Sprechrollen das schlankste seiner Spiele. Dem Bericht im ersten Buch Samuel folgend, schildert es den Aufstieg jenes Königs und Psalmendichters David, der, wie Thomas Platter, als Hirtenknabe angefangen hat, später Harfenspieler und Waffenträger des Königs Saul wurde und Sieger im Zweikampf mit dem Riesen Goliath. Seine Geschichte hat Hans Sachs in fünf verschiedenen Stükken behandelt; erst nach Boltz ging es ihm dabei um das

gespannte Verhältnis zwischen Saul und David; mehr als dieses hat ihn der Ehebruch Davids mit Bathseba und die Auseinandersetzung mit seinem Sohn Absalom zur Dramatisierung gereizt.
Saul ist vom bösen Geist besessen: ihm läuft ‹eyn gar kleyns Tüffelin allweg nach›. Während die Kriegsmacht der Philister schon naht, gelingt es David, den König mit Harfenspiel zu beruhigen. Im Zusammenstoss mit den Philistern fliehen dann die Israeliten angesichts des Riesen Goliath; aber David besiegt ihn mit der Steinschleuder. Saul, der David seine Tochter Michol versprochen hatte, wird darauf wortbrüchig: zuerst soll David noch zweihundert Vorhäute von Philistern abliefern. Nach seiner erfolgreichen Rückkehr wird der junge Held endlich mit Michol, die ihn liebt, vermählt.
Der Abschied Michols von ihrem Vater Saul, mit dem das Stück endet, hat es Gessler, dem Verehrer von Boltz, ganz besonders angetan. Im Rückblick auf das Schauspiel würdigt er ausserdem den Schwung, zu dem Boltzens Sprache sich in der Herausforderung Goliaths erhoben habe; überall hat er daneben «kleine liebliche Züge› eingestreut gefunden. Das alles hat ihm das abschliessende Urteil abgelockt: «Boltz ist ... der grösste, der in der Schweiz im 16. Jahrhundert thätig gewesen ist, in diesem Stück unzweifelhaft grösser als Manuel in irgendeinem.»
Fritz Mohr: *Die Dramen des V. Boltz*, Diss. Basel 1916.

Boltz hat genug und zieht sich zurück

Nach Conrad Gessner (im *Appendix Bibliothecae*, 1555) hat Boltz neben den drei behandelten Stücken eine *Komödie der sieben freien Künste*, eine *Passion Christi*, ein *Konzil Christi und des Papstes*, einen *Samson* und eine *Susanna* geschrieben. Diese Werke sind jedoch durch keine Textfunde oder Zitate seither gesichert worden.
Fest steht dagegen, dass Boltz bei Kündig 1552 ein *Gesprächsbüchlein* veröffentlicht hat: eine Seneca-Übersetzung, die in Reimen dazu anleitet, Unglücks- und Todesfälle mit Fassung zu tragen. Abweichungen von der lateinischen Vorlage hat sich Boltz vor allem im 13. Kapitel erlaubt, in dem es um den ‹verlust der wyberen› geht.
Eine zweite Ehe des Dramatikers und Pfarrers war infolge Ehebruchs der Frau um diese Zeit geschieden worden. Mit der rücksichtslosen Kraft seiner Kanzelreden scheint sich aber Boltz auch sonst in Basel nicht lauter Freund erworben zu haben. Kam vielleicht dazu, dass er gelegentlich dem Wein über das für ihn zuträgliche Mass zusprach.
Was immer die Ursache gewesen ist: 1555 treffen wir Boltz unvermittelt in Ungerhusen, einem Dorf in der Nähe von Memmingen. Wie über die Umstände seiner Jugend sind wir über diesen Aufenthalt nur auf Vermutungen angewiesen. Am 6. März 1559 erhielt aber der bischöfliche Burgvogt in Binzen den Auftrag, ‹Veltin Boltzen, dem Predikanten, zwen Som Wins von unseres gnädigen Fürsten und Herrn wegen zum

uffzug zu geben›. (‹Saum› ist ein altes schweizerisches Hohlmass.) Sein neues Amt in Binzen, auf Spaziergangsdistanz von Basel entfernt, hat Boltz noch etwas mehr als ein Jahr versehen. Am 27. Juli 1560 berichtet der Burgvogt dem Fürstbischof in Pruntrut, dass Pfarrer Valentin Boltz ‹hinacht gestorben› sei.

Holtzwarts Komitragödie ist weder neu noch schön

Kolross war vor dreizehn, Birck vor siebzehn Jahren gestorben, als im August 1571 die Basler Bürgerschaft auf dem Kornmarkt den *Saul* des Mathias Holtzwart spielte: ‹eyn schön new spil von künig Saul und dem hirten David›. Die sogenannte Komitragödie war aber alles andere als neu, da sie weitgehend wörtlich mit Boltzens *Ölung Davids* identisch war. Sie war auch keineswegs schön, sondern unendlich langweilig, selbst wenn die damaligen Zuschauer das nicht bemerkt haben sollten, da sie, wenigstens die illustren auswärtigen Gäste, vom Rat dazu reichlich bewirtet wurden. Nötig war das schon deshalb, weil die Aufführung sich, allerdings mit grossem kriegerischem und musikalischem Aufwand, über zwei Tage hinzog. Mit einer Dedikation, die 28 Seiten umfasste, war das Stück dem Bürgermeister und dem Rat der Stadt Basel zugeeignet.
Mathias Holtzwart ist 1540 in Horburg bei Colmar geboren. Wahrscheinlich hat er in Basel studiert; später war er Stadtschreiber zu Rappoltsweiler. In seinem gereimten *Lustgart newer teutscher Poetery* Blümlein zu pflücken, rate ich entschieden ab. Sein *Emblematum Tyrocinia* hat Fischart herausgegeben, ‹inhaltend Allerhand Geheymnuss-Lehren›.

M. Holtzwart: *Emblematum Tyrocinia,* Reclam 1968.
A. Merz: M. Holtzwart. Rappoltsweiler 1888.

Basels Anteil an Fischarts Werk ist schwer abzuschätzen

Johann Fischart ist der grösste deutsche Satiriker, nach Gessler ‹der bedeutendste Prosaiker des 16. Jahrhunderts›; Wilhelm Wackernagel hat sich noch in seinem Todesjahr mit *Basels Anteil an Fischart* befasst. Als Sohn eines Gewürzkrämers aus Mainz, deshalb Mentzer genannt, wurde Fischart um 1548 in Strassburg geboren und besuchte in Worms die Schule. Nach Wanderjahren in Frankreich und Italien hielt er sich 1572 vermutlich in Basel auf und verfasste hier die erste Fassung von *Aller Practick Grossmutter:* eine an Gengenbachs *Nollhart* erinnernde Satire auf die Kalenderwahrsagerei. Die *Flöh Hatz,* 1573 erschienen, das vorzüglichste unter Fischarts ‹in Reimen abgefassten Werken›, hat Wackernagel ausdrücklich nicht für Basel in Anspruch genommen.
1574 hat Fischart nach einem Englandaufenthalt in Basel nicht nur die juristische Doktorwürde erlangt und nicht nur eine erweiterte Fassung der *Practick*, sondern Anfang 1576 auch die *Affentheuerliche und ungeheuerliche Geschichtsschrift* geschrieben, seit der zweiten Auflage von 1582 als *Geschichtsklitterung* bekannt: ein barock überquellendes, dschungelhaft wucherndes, gleichzeitig realistisches und phantastisches Sprachkunstwerk. Ein Sprachrausch, dessen Höhepunkt ‹die trunkene Litanei› ist, die Schilderung eines gigantischen Saufgelages.

Das Werk, das als Übersetzung des *Gargantua* von Rabelais begonnen hatte, auch immer wieder dorthin zurückzukehren versuchte, gedieh schliesslich, mit fast fünfhundert Seiten, auf den dreifachen Umfang der französischen Vorlage.
Nach 1576, wahrscheinlich bereits in Strassburg, ist Fischart das *Glückhafft Schiff* von Zürich gelungen, sein bekanntestes Werk, in dem kraftvolle, freundeidgenössische Schützenfeststimmung herrscht. Geschildert wird eine ‹glückliche und wolfertige Schiffart einer Burgerlichen Gesellschafft auss Zürich›, die den Strassburgern mit einem heissgebliebenen Hirsebrei die Möglichkeit rascher Hilfeleistung demonstriert. Die Zuneigung Fischarts zu Basel kommt unter anderem zum Ausdruck mit dem Gruss der Vorbeifahrenden: «O Basel, du holtselig statt, – Du musst gewiss sehr früntlich sein, Weil durch dich früntlich rinnt der Rein.»
Nach 1576 hat Fischart, nun ‹freier Schriftsteller› in Strassburg, die literarischen und persönlichen Beziehungen zu Basel, wo er vielleicht Verwandte wohnen hatte, gewiss nicht abgebrochen; mit Sicherheit sind sie jedoch nicht nachgewiesen. Auch fehlen jetzt ausdrücklich baslerische Aspekte in seinem Werk. Dafür bietet das *Podagrammisch Trostbüchlein* von 1577 wortreichen Trost gegen den ‹Pfotengram›, wie Podagra darin verdeutscht ist, und im *Ehzuchtbüchlein* nimmt er 1578 Stellung zu damals auch schon aktuellen Eheproblemen. *Der Bienenkorb des heiligen römischen Immenschwarms* und *Das viereckige Jesuitenhütlein* von 1580 sind Satiren gegen die Invasion der Gegenreformation im Elsass. Nach 1580 ist Fischart als Schriftsteller verstummt; 1581 wurde er Fürsprech am Reichskammergericht in Speyer, wo er Anna Elisabeth kennenlernte, die Tochter des Chronisten Hertzog, die er 1583 in Wörth heiratete. 1585 wurde er Amtmann in Forbach; dort ist er 1590 gestorben.

Sommerhalder, H.: *Joh. Fischarts Werk*. Berlin 1960.

Kaiser Beramus findet Diliramma wieder

Diese Geschichte hat Gessler in seinem Überblick über die baslerische Literatur im 16. Jahrhundert bedauerlicherweise vernachlässigt. Er hatte zwar in Wackernagels Literaturgeschichte gelesen, dass der ‹mährchenhafte Reiseroman von den drei Königssöhnen von Serendippe› 1583 in Basel gedruckt worden sei; dem Buch selber und seinem Urheber hatte er nicht weiter nachgeforscht.
Autor des fraglichen Werkes war Johann Wetzel, der zwischen 1576 und 1597 als Drucker und Advokat in Basel nachgewiesen ist. Aus Venedig hatte er von einer Reise das Novellenbuch *Peregrinaggio di tre giovani figliuoli del Rè di Serendippo* mitgebracht, wo es von einem Armenier aus dem Persischen ins Italienische übersetzt worden sein soll. Die reizenden Märchen dieses Werkes, die durch eine Rahmenerzählung zusammengehalten sind, hat Wetzel sehr gewandt übersetzt, wobei er geflissentlich alles vermied, was zarten Ohren hätte verdriesslich werden können.

nicht herunter», schrieb er darüber, «Pomeranzen machen mir lange Zähne, dass ich mein Brot nicht beissen mag … Ich esse nach altem Brauch ein gut Stück Habermus wie die andern Bauern.»

Th. Platter: *Selbstbiographie,* hg. A. Hartmann. Vorwort W. Muschg. Basel 1944.

Felix Platters ‹Lebensbeschreibung› ist ein Tagebuch

Als Siebzigjähriger hat Felix Platter die Tagebücher, deren Originale er vielleicht selber vernichtet hat, in eine Lebensbeschreibung in Tagebuchform umgesetzt. «Anno Christi 1536 bin ich durch gottes des almechtigen ewige firsechung, gnodt und giete ein lebendiger mensch in diese welt geboren, in welchem jar der hochgeleerte herr Erasmus Roterodamus im julio verscheiden was.» Mit diesen Worten beginnt der Lebensablauf.

Aufgewachsen ist Felix im Haus ‹Zum Gejägd› an der oberen Freien Strasse. 1551 bis 1557 studierte er Medizin in Montpellier, 1557 doktorierte er in Basel und heiratete eine Frau, die ihm der Vater ausgesucht hatte: Magdalena, des Scherers (Chirurgen) und Ratsherrn Daniel Jeckelmann Tochter. 1571 wurde er Professor der praktischen Medizin und Stadtarzt; sechsmal war er Rektor der Universität, ‹der Stolz und Ruhm seiner Fakultät und ihr guter Geist›. Hochangesehen, als Arzt auch an Fürstenhöfen gesucht (Baden, Württemberg, Sachsen, Brandenburg), ein schwerreicher Mann ausserdem, ist er, ohne leibliche Nachkommen zu hinterlassen, 1614 gestorben, ein Jahr nach seiner Frau, vier Jahre vor Ausbruch des Dreissigjährigen Kireges.

Seine *Lebensbeschreibung* hat er nur bis in sein 31. Lebensjahr, 1561, geführt. Die Lebensbeschreibungen von Vater und Sohn decken also einen Zeitraum von etwa dreissig Jahren, 1536 bis 1567, gemeinsam ab, und es ist reizvoll, den einen durch die Augen des andern zu betrachten, vor allem das Selbstbildnis des Vaters durch das Porträt des Sohnes vergleichend zu präzisieren.

Als Gelehrter hat Felix Platter 1583 eine *Anatomie* veröffentlicht, die dem Vorbild des Vesalius nicht nur mit verkleinerten Abbildungen aus dessen *Humani corporis fabrica* verpflichtet war. Die drei Bände seiner *Praxis medica* von 1602 erlebten bis 1736 fünf Auflagen; seine *Observationes,* eine Sammlung von 680 Krankengeschichten, sind ‹Muster von Genauigkeit›; noch Albrecht von Haller hat sie lesenswert gefunden. Einige Gelegenheitsgedichte von Felix Platter wurden im ‹Basler Taschenbuch› von 1850 veröffentlicht. In der Dissertation *Die baseldeutsche Dichtung vor J.P. Hebel* von Rudolf Suter ist eine derbe Satire abgedruckt auf den ‹neuwen brauch zu Basell zwo zinnen Bruntskacheln fir die fenster zestellen›.

Die scharfe Beobachtungsgabe, die alle seine Werke auszeichnet, ist für uns besonders aufschlussreich, wo in seinem Tagebuch Aufführungen der Dramen von Gengenbach, Birck und Boltz geschildert sind. Dem Tagebuch verdanken die Kulturhistoriker auch sonst mancherlei intime Aufschlüsse, die für sie

anderswie und anderswo nicht zu gewinnen waren. So ist diese *Lebensbeschreibung*, von Felix Platter eine reizvolle Lektüre, und das keineswegs nur für Historiker und Lokalpatrioten; von Eitelkeit nicht durchwegs frei, steht sie jedoch an Substanz des Erlebens und an sprachlicher Wucht weit hinter der urwüchsigen Niederschrift von Thomas Platter zurück.
Obwohl Felix nach dem Tod von drei Schwestern vom Vater vergöttert wurde, hat er stets ein gesundes Gleichgewicht zwischen Pflicht und Lebensgenuss bewahrt. Sein Naturalienkabinett war eine Sehenswürdigkeit; er besass die ersten Kanarienvögel in Basel, züchtete Pflanzen und Seidenraupen; in der Rede *Basilea* von Petrus Ramus ist seine Meisterschaft im Drechseln und Giessen hervorgehoben. Michel de Montaigne hat als Gast bei ihm erstmals beobachtet, dass man Pflanzen nicht bloss abmalen, sondern zwischen Papier konservieren kann; in seinem *Journal de voyage* hat er Platters Haus geschildert: «... la plus pinte et enrichie de mignardise à la Françoise qu'il est possible de voir.»
Thomas II Platter, der Stiefbruder von Felix, war Mediziner wie dieser; seine Beschreibung der *Reisen durch Frankreich, Spanien, England und die Niederlande* hat Rut Keiser herausgegeben; im Globe-Theatre in London hat er Shakespeares Tragödie von ‹Kaiser Julio Caesare› gesehen.
Eine in ihrer Sorgfalt schwer zu überbietende Ausgabe des *Tagebuchs* von Felix Platter hat, erstmals vollständig, 1976 Valentin Lötscher herausgebracht.

Pantlin ernennt sich zum Kirchenvater Pantaleon

Als ein Beispiel ‹für die Neigung zum Einzelmenschen, mit der› nach Nadler ‹in Basel immer Geschichte geschrieben› wurde, hat uns Heinrich Pantaleon eine Galerie von Helden vorgestellt; sie reicht von Adam auf der einen Seite bis zu Pantaleon höchstselber auf der anderen Seite.
Heinrich Pantlin ist 1522 als Sohn eines Schneiders in Basel geboren. Nach dem Erlebnis des Begräbnisses von Erasmus war er unwiderruflich entschlossen, ein Gelehrter zu werden. Auf dem Umweg über den Buchdruck in Basel und Augsburg und als Dolmetscher in Ingolstadt und Wien ertrotzte er gegen den Willen des Vaters ein Studium in Heidelberg; 1541 wurde er dort Baccalaureus, 1543 in Basel Magister und 1544 Professor der lateinischen Sprache.
Im Oberen Collegium wurde 1546 seine lateinische Komödie *Zachäus* ein einziges Mal gespielt, während Bircks *Susanna* mehr als dreissig Aufführungen erlebte. Dafür wurde Pantaleon 1545 durch seine Heirat Schwager des Bürgermeisters Brand, dem er in seinem *Heldenbuch* später ein Denkmal gesetzt hat. 1548 wurde er Professor der Rhetorik; 1550 publizierte er bei Brylinger eine *Chronographia Ecclesiae Christianae.* Als Kirchenväter sind darin gewürdigt: Sebastian Brant, Erasmus, Thomas Morus, Luther und – last, not least – Henricus Pantaleon. Ungelegenheiten verursachte dem neugebackenen Kirchenvater in diesen Jahren seine Schwägerin, die Frau seines Bruders, der Schneider geworden war: ‹ein verruckt und sellos wib.› Noch schlimmer war der Unzuchtsver-

Goldbulle des Kaisers Ferdinand I.

such, den sein alter Vater mit einer Schusterstochter auf dem Petersplatz unternahm.
Vergeblich bewarb sich Pantaleon danach um die Hauptpfarrstelle an der Peterskirche. Verärgert ging er nach Valence, wo man rascher als sonstwo zu akademischen Titeln gelangte. 1553 kehrte Dr. med. Pantaleon nach Basel zurück, eröffnete eine Arztpraxis und wurde 1557 Professor der Physik. Durch die vielen Glaubensflüchtlinge jener Jahre wurde er zu einem Märtyrerbuch, *Martyrum Historia,* angeregt; erstaunlicherweise ist er selbst nicht als Märtyrer darin aufgeführt. Der Besuch des Kaisers Ferdinand I. in Basel, 1563, veranlasste ihn, seine *Prosographia* zu schreiben, die 1565 bei Brylinger erschien. Als Pantaleon dieses Werk am Reichstag in Augsburg Kaiser Maximilian II. überreichte, wurde er, wie Hutten, Locher und Glarean durch Maximilian I., zum Dichter gekrönt.

Der Sohn des Schneiders schneidert ein Heldenbuch

Als ‹Poeta Caesareus laureatus›, wie sein Titel offiziell lautete, machte sich Pantaleon sofort an die Übersetzung der *Prosographia,* die zwischen 1567 und 1570 in drei Teilen bei Brylingers Erben erschien: *Teutscher Nation Heldenbuch.* Dieses Werk trug ihm den Titel eines Pfalzgrafen ein, den auch Sebastian Brant getragen hat; von den Privilegien, die damit verbunden waren, hat der ‹Sohn des Hosenplätzers›, wie neidische Kollegen den Pantaleon nannten, weit ausgiebiger Gebrauch gemacht als Brant.
Das *Heldenbuch* ist rund 1600 Seiten stark. In ihm werden die «hochverrüempten Teütschen personen, Geistlicher und Weltlicher hohen und niederen staths, Leben un namhafftige thaten gantz warhafftig beschriben, welliche durch ihre tugendten, grosse authoritet, starcke waffen, frommkeit, weisheit und gute künst ... ihr vatterland Teütsche nation höchlichen bezieret und gross gemachet». Der erste Teil führt von Adam bis zu Karl dem Grossen, der zweite bis zu Maximilian I., der dritte bis zum Pfalzgrafen Pantaleon. Jeder der rund 1750 Helden ist auch mit einem Porträt bedacht. Davon sind etwa fünfzig als mehr oder weniger authentisch zu betrachten, weitere zweihundert sind als Variationen typischer Standesdarstellungen anzusehen, in der Manier unserer Spielkarten: König, Dame, Bauer; diese zweihundertfünfzig verschiedenen Sujets sind, immer wiederkehrend, auf 1700 Helden verteilt.
Trotzdem: das *Heldenbuch* war die erste allgemeine deutsche Biographie. Ausserdem verfügte Pantaleon über eine beachtliche gemeinverständliche Ausdrucksfähigkeit; er war auch ein Feind des beliebten Vermischens von Deutsch und Latein. Damit trat er in die Fusstapfen Brants, dem er auch als Bannerträger des teutschen Reichsgedankens folgte. Ungeachtet der gelehrten Ambitionen Pantaleons, ist das *Heldenbuch* ein Volksbuch: ‹Gantz lustig, kurzweilig und nutzlich zu lesen.›
Nach dem *Heldenbuch* veröffentlichte er ein historisches Tage-

buch, *Diarium historicum.* Seine zwölf Bücher sind den zwölf Monaten und den zwölf Orten der Eidgenossenschaft zugeordnet; als Ganzes ist es dem dreizehnten Ort, der Stadt Basel, zugeeignet. 1574 folgte eine Porträtgalerie der französischen Könige in Hexametern: *Omnium regum Francorum,* und 1578 eine durch ihre Naivität reizvolle *Wahrhafftige und fleissige beschreybung der uralten statt und graveschaft Baden ... so in dem Ergow gelegen.* Die letzte grössere Arbeit Pantaleons war eine Geschichte des Johanniterordens.

Drei Jahre vor seiner Frau ist Pantaleon 1595 gestorben. Er hat zwölf Kinder und einen ansehnlichen Grundbesitz hinterlassen. Auf einer roten Sandsteinplatte im Münsterkreuzgang ist er verewigt als ‹Arzt und Dichter›; dass er mit seiner Schriftstellerei die Ehre Deutschlands rettete, steht ebenfalls dort zu lesen. Und dass er dafür zum Pfalzgrafen ernannt worden ist.

In einer umfangreichen Dissertation von Hans Buscher, 1946, ist über das Leben und die Werke alles Wissenswerte zusammengetragen.

Wurstisen ist erstaunlich vielseitig

Ein Mann, dem Pantaleon vielleicht in seiner Vielseitigkeit, sicher an Charakter und echter Gelehrsamkeit weit überlegen war, Christian Wurstisen, wurde am Neujahrstag 1544 als Sohn des Ratsherrn Pantaleon Wurstisen geboren. Auf der ‹schuoll uff Burg› war er Zögling von Thomas Platter; im Nachlass Wurstisens fand sich eine Biographie Platters und im *Diarium* gesteht er, von Platter zur Strafe geprügelt worden zu sein. Das *Diarium* hat er, deutsch und lateinisch durcheinander, 1557 zu schreiben angefangen; aufgehört hat er damit 1573; publiziert hat es 1902 R. Luginbühl in der ‹Basler Zeitschrift für Geschichte und Altertumskunde.›

Mit achtzehn Jahren war Wurstisen Magister; anschliessend studierte er Mathematik und Theologie, lernte Hebräisch und trieb historische Studien. Mit neunzehn war er Pfarrer in Grosshüningen, das damals zu Basel gehörte; später wurde er als Pfarrer von der Theodorsgemeinde abgelehnt; seinen Verstand und Lebenswandel fand man zwar über jeden Zweifel erhaben, aber ‹sie kondent ihn nit verston und fassen in sinen predigen, was er rede›. Stattdessen wurde er 1564, mit zwanzig Jahren, Professor der Mathematik und damit Nachfolger seines Lehrers Acronius, der nicht als Mathematiker bekannt war, sondern durch seine Schrift *Miraculorum quorundam et eorum effectuum descriptio,* ein Büchlein über Missgeburten, Nordlichter und Meteore, die schon Sebastian Brant zu manchen Flugschriften gereizt hatten.

Tycho de Brahe

Als Mathematiker hat Wurstisen seine *Fragen zu Purbachs Planetentheorie* und 1579 *Elementa Arithmeticae* veröffentlicht; beide Werke erlebten mehrere Auflagen; im Purbach-Buch wurde Copernicus als ein geschickter, ‹mit wahrhaft göttlichem Geist begnadeter Mann› bezeichnet. 1568 besuchte Tycho de Brahe Wurstisens Vorlesungen. (Später hat er auf der Insel Hven in seinem Schloss Uraniborg residiert und durch präzise Beobachtungen die Auffindung der Planetengesetze durch

Kepler ermöglicht. Gestorben ist er als Hofastronom des Kaisers Rudolf in Prag; seine Beziehungen zu Kepler und Rudolf schildert der Roman *Tycho Brahes Weg zu Gott* von Max Brod.) Sehr angetan von Wurstisens Lehrtätigkeit war auch Petrus Ramus, der französische Humanist, Anti-Aristoteliker und Unterrichtsreformator, der damals in Basel bei Theodor Zwinger Aufnahme gefunden hatte; Wurstisen hat ein Werk von Ramus später unter dem Titel *Arithmetick* übersetzt.

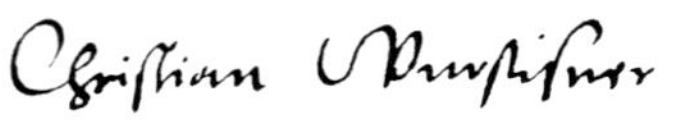

Nach Lehrplan hatte Wurstisen auch über das ptolemäische Weltsystem zu lesen. Obwohl er von der Richtigkeit des copernicanischen Systems überzeugt war, durfte er sich vom Lehrstuhl aus nicht offen zu dem Mann bekennen, von dem er geschrieben hatte, dass er ‹zu unserer Zeit eine Erneuerung der Astronomie mit Glück versucht› habe. Noch hundert Jahre später wurde Peter Megerlin, ein Nachfolger Wurstisens, vom Dekan der Fakultät scharf gerüffelt, weil er ‹ohne Wissen und Zustimmung der Regenz neue, die copernikanischen Träumereien billigende Gewährsmänner beiziehe›. (Stähelin, Rud.: *Peter Megerlin n. s. Konflikt mit d. Theologie,* in: Jahrb. f. prof. Theol., Lpzg 1883.)

Megerlin hat trotzdem geschrieben: «Nachdem Galileo Galilei von Christian Wurstisen, meinem Vorgänger, zur Meinung des Copernicus durch einige öffentliche Vorlesungen zu Padua bekehrt war, wie er selbst berichtet, hat er diese Lehre in jener Abhandlung über das Weltsystem mit vielen Gründen ausgebaut.» Tatsächlich hat Galilei in seinem Dialog über das Weltsystem durch Sagredo erklärt, dass er durch ‹Vurstisio› die erste Anregung dazu erhalten habe. Ein Aufenthalt Wurstisens in Padua oder Pisa ist allerdings nicht nachgewiesen; es besteht aber die Möglichkeit, dass Caspar Bauhin als Medizinstudent um 1578 über seinen Lehrer Wurstisen dort referiert hat.

Im Jahr 1572 gab sich Wurstisen als Historiker zu erkennen mit der Übersetzung der *Französischen und anderer Nationen mitlaufender Historien von Pharamund bis Karl VIII.* von Paulus Aemilius; 1574 erschien die Übersetzung auch der anschliessenden *Historien* von Ferronius; den abschliessenden Bericht über die Jahre 1568 bis 1573 hat ‹der Tolmetsch verlängert›: die hat Wurstisen selber verfasst, wobei er sich durch französische Flüchtlinge genau ins Bild setzen liess über manche Einzelheiten der Bartholomäusnacht, so über die Ermordung des Hugenottenführers Coligny und des Petrus Ramus.

1577 erschien, ‹gewissermassen als Talentprobe›, Wurstisens *Epitome Historiae Basiliensis:* in lateinischer Sprache nicht ein Abriss der Geschichte, wie der Titel vermuten lässt, sondern der Heimatkunde von Basel; 1757 ist sie, von J.C. Beck übersetzt, unter dem Titel *Kurzer Begriff der Geschichte von Basel* auch deutsch erschienen. Ausdrücklich hat Wurstisen diesen Abriss als Vorläufer seiner grossen *Baszler Chronick* bezeichnet, die dann 1580 herausgekommen ist; handschriftlich existiert ein erster Entwurf von 1572 mit späteren Zusätzen. Offensichtlich hat sich Wurstisen auch mit der Ausgabe von 1580 nicht zufriedengegeben; mit den handschriftlichen *Analecta*, den *Collectanea varia* und weiteren Sammlungen und Notizen in der Basler Universitätsbibliothek liegen Materialien vor, die er offensichtlich für eine weitere Ausgestaltung des Werkes zusammengetragen hat.

Einer der alten jüdischen Grabsteine aus Basel, deren Inschriften Wurstisen übersetzte

Dass Wurstisens übrige Interessen dabei zwar zu kurz kamen, aber nicht litten, bewies er, als er in der verwaisten theologischen Fakultät einsprang, Hebräisch unterrichtete und 1585 als Nachfolger von Ulrich Coccius Professor für Altes Testament wurde, ohne daneben seine Vorlesungen als ‹freyer mathematischer kunsten Lehrer› zu vernachlässigen.
Völlig unvermittelt wurde er dann 1586 zum Stadtschreiber gewählt. Ihm ging es dabei möglicherweise um die Präzisierung und Ergänzung seiner Chronik durch den Zutritt zum Staatsarchiv, der ihm vorher verwehrt gewesen war. Vielleicht war ihn aber auch plötzlich die Lust angekommen, selber, wenn schon in bescheidener Rolle, Geschichte mitzubestimmen, statt nur darüber zu berichten. Er wurde denn auch gleich nach seinem Amtsantritt mit der Aufgabe betraut, zusammen mit anderen eidgenössischen Gesandten bei Unruhen in Mülhausen zu vermitteln.
Ebenso unvermittelt wie sein Amtswechsel war auch sein Tod. Er ist am 30. März 1588 gestorben. Ein Porträt des Vaters der Basler Geschichtsschreibung ist uns leider nicht überliefert.

Wurstisen ist «ein Erzähler von erstem Talent»

«Nicht wissen, was geschehen ist, bevor man geboren wurde, das heisst für immer ein Kind bleiben», zitierte Wurstisen in der *Baszler Chronick* den Cicero. Als weitere Gründe für seine Geschichtsschreibung nannte er die ‹Anmut›, die Zuneigung zu seinem Vaterland, daneben den Trieb, die Weisheit Gottes in seinen Werken aufzuzeigen; auch war es sein Bestreben, als Lokalhistoriker mit seinen ‹Partikularhistorien recht gruntlich› (wie Machiavelli in Florenz, wie Aventin in Bayern) einen Beitrag zu einer künftigen ‹Generalhistorie› zu leisten.
Schon in seiner *Epitome* war er sich vorgekommen wie ein Landmann, der nach einem Hagelwetter die verschonten Ähren aufliest; durch das Erdbeben war ja ein grosser Teil der baslerischen Urkunden vernichtet worden. Zehn Jahre häufte Wurstisen Stein um Stein das Baumaterial für seine Rekonstruktion: Notizen über Münzen, Siegel, Instrumente; Abschriften aus Kirchen- und Klosterarchiven, aus Briefen, aus der Beinheimischen oder der Knebelschen Chronik, von Grab- oder Wandinschriften; er verfasste Schilderungen von Ruinen oder durchkrochenen Wasserleitungen in Augst. Auf seinen vielen Erkundungsfahrten kam er durch die Pierre Pertuis nach Aventicum; er zeichnete in St. Ursitz; auf dem Belchen dachte er über diesen Namen nach, den er im Schwarzwald und in den Vogesen ebenfalls angetroffen hatte. In zwei langen Kolonnen stellte er dann am Anfang seines

Werkes eine Liste seiner Gewährsleute zusammen: die ‹fürnehmsten Authoren, Scribenten und Personen, aus deren Schriften und Zuschub diese *Baszler Chronick* zusammen kommen›.

In acht Büchern mit ‹viel Genealogien und Wapen› berichtet die *Baszler Chronick* über ‹alles, was sich in Obere Teutsche Landen, nicht nur in der Statt und Bistumb Basel von ihrem Ursprung her, nach Ordnung der Zeiten und Welthändeln, bis in das gegenwirtige MDLXXX Jar gedenckwirdigs zugetragen›. Die meisten Zeichnungen zu den Holzschnitten des Werkes, das wieder Sebastian Henricpetri gedruckt hat, stammen von Tobias Stimmer.

Natürlich wissen wir heute sehr viel besser Bescheid über die Geschichte Basels als Wurstisen. Wenn er nicht mehr zu bieten hätte als seine annalistisch gegliederte Darstellung der Stoffmassen, die er mit unglaublichem Fleiss aufgeschichtet hat, wäre seine Chronik heute ein Quellenwerk für Spezialisten wie die Werke von Stumpf, Vadianus und selbst die *Helvetische Chronik* von Gilg Tschudi, dem Schüler von Glarean. Mindestens in Basel ist Wurstisens Chronik aber noch heute eine Lektüre auch für Nichthistoriker.

Dies ist um so erstaunlicher, als es sich um Annalen handelt: Wurstisen hat die geschichtlichen Tatsachen in der Aufeinanderfolge der Jahre verzeichnet, was eine inhaltlich gliedernde Gestaltung ausschloss. Dabei ging es ihm aber weniger um die möglichst genau festgestellte ‹historische Wahrheit› (was immer man darunter verstehen mag) als vielmehr um eine Verlebendigung der Geschichte. Neben seiner bildhaften, sinnlich malenden, mit treffenden Vergleichen durchsetzten Sprache macht dies den Hauptreiz seines Werkes aus. Unumwunden nannte ihn Gessler deshalb einen ‹Erzähler von erstem Talent›; seine Chronik bezeichnete er als ‹die vollendetste Frucht, welche in Basel die deutsche Literatur im 16. Jahrhundert gezeitigt hat›, womit er allerdings Gengenbach und Thomas Platter zu Unrecht hintangesetzt hat.

Eine zweite Auflage mit Fortführung der Chronik hat Daniel Bruckner 1779 herausgegeben; diese Ausgabe ist 1883 bei Birkhäuser in Basel neu aufgelegt worden. Ein Nachdruck der ersten Ausgabe ist 1979 in Genf erschienen.

Ein grundlegender Beitrag zur Kenntnis Wurstisens findet sich in einem Vortrag von Achilles Burckhardt in den ‹Beiträgen zur vaterländischen Geschichte› [N.F.], Band 2, Basel 1888.

Die Ryffs sind die Chronisten vom Dienst

Die Reformationschronik, die unter dem Namen des Fridolin Ryff geht, hat sein Vetter Diebold, ein Tuchhändler, mit kunstlosen, merkwürdig pessimistisch eingefärbten Aufzeichnungen über politische, gesellschaftliche, wirtschaftliche, medizinische und Naturereignisse in den Jahren 1560 bis 1574 angereichert. Schon vorher hatte Peter Ryff, ein Grossneffe des Fridolin, der als Mathematikprofessor der Nachfolger von Wurstisen war, ähnliche Angaben über die Jahre 1541 bis 1585 gesammelt.

Andreas Ryff, das ‹Urbild des Basler Kaufmanns seiner Zeit›, hat 1592 eine *Selbstbiographie* verfasst. Sie ist nach Gessler ein ‹unschätzbares, wenn auch ... erst im engeren Kreis genug gewürdigtes Werk›, doch mit Thomas Platters Autobiographie kann sie sich hinsichtlich sprachlicher Originalität oder erzählerischer Ursprünglichkeit in keiner Weise messen.

Neben dieser Selbstbiographie hat Andreas Ryff eine Beschreibung seiner Tätigkeit als Gesandter, ein Verzeichnis seiner vielen Ämter, eine kleine Geschichte des sogenannten Rappenkrieges und eine Beschreibung seiner Reisen und seiner Münzen- und Mineraliensammlungen verfasst. Unter dem Eindruck der Escalade in Genf machte er sich Gedanken über die mangelnde Verteidigungsbereitschaft Basels.

Sein *Cirkell der Eidgenossenschaft*, 1597 geschrieben, ist überwiegend aus Wurstisens Chronik, zu einem kleinen Teil aus Stumpf, abgeschrieben; dagegen ist der Abschnitt über das ‹Regiment und Ordnung 1597› der Stadt Basel ein wertvoller, selbständig erarbeiteter verfassungsgeschichtlicher Beitrag zur vaterländischen Geschichte.

Andreas Ryff: *Der Stadt Basel Regiment und Ordnung*, Basel 1888. Ryffs Selbstbiographie erschien in den Basler Beiträgen z. Vaterl. Gesch. Bd. 4. Andreas Heusler: Andreas Ryff (Beiträge zur Vaterländischen Geschichte, Band 9, Basel 1870).

Die Gelehrtenrepublik löst die Sodalitas ab

Über das, was uns das 16. Jahrhundert heute bedeutet, über Erasmus und die eigentliche kulturelle Blütezeit Basels als solche, steht in der Chronik von Wurstisen und in denjenigen der Ryffs merkwürdig wenig zu lesen; den Auszug der Gelehrten aus der Stadt, 1529, registrierte Wurstisen fünfzig Jahre später sehr kurz und kühl: «Die namhafftigsten waren Doctor Baer, ein Bassler, der heiligen Schrift Doctor, Heinrich Loriti von Glaris, ein Philosophus und Poet. Dessgleichen Erasmus Roterddamus, ein gebohrener Holländer, und in Turin in Piemont promovierter Theologus, so bey acht Jahren immer da gewohnet.»

Begeistert hatte Erasmus, der ‹Fürst der Gelehrsamkeit›, zu Anfang der goldenen zwanziger Jahre dem Sapidus über Basel geschrieben: «Wie viele Gelehrte gibt es hier, und keineswegs Gelehrte von der ordinären Sorte!» Diese Sodalitas Basiliensis war eine freundschaftliche Vereinigung von Humanisten, in der sich Gelehrte zusammenfanden, die für die Basler Drucker tätig waren: Erasmus an ihrer Spitze, das unerreichbare Vorbild, aber auch Beatus Rhenanus, Capito, Pellican, Paliurus, Nepos, Bruno und Basilius Amerbach, Fontejus und andere. Einige von ihnen waren daneben Dozenten an der Universität, so Ludwig Baer, Glarean, Sichardus, Cantiuncula oder Bonifacius Amerbach. Wenn Erasmus jedoch vom Basler ‹Musentempel› schwärmte, meinte er die Sodalitas, nicht die Universität.

Bis zur Einführung der Reformation lockerte sich der freundschaftliche Zusammenhalt der Sodalitas vor allem infolge der Zuspitzung der konfessionellen Gegensätze, die auch die Abwanderung von Gelehrten zur Folge hatten, so der Juristen

Sichardus und Cantiuncula; dieser, wie Bonifacius Amerbach für seinen Briefstil berühmt, hat wichtige rechtsphilosophische Werke verfasst und als erster die *Utopia* des Morus ins Deutsche übersetzt; später wurde er Kanzler der vorderösterreichischen Regierung in Ensisheim.

Bonifacius Amerbach ist ein geborener Vermittler

Nach der Einführung der Reformation gab es in Basel keine Sodalitas mehr. Dank dem Zuzug hochstehender Glaubensflüchtlinge und dank der Tatsache, dass die Universität in weitem Umkreis als einzige protestantisch war, blieb Basel dennoch ein geistiger Brennpunkt: an die Stelle der Sodalitas trat die Gelehrtenrepublik der Hochschulprofessoren.
Tolerant auf einer Grundlage nachsichtiger Skepsis, ein geborener Vermittler, hat sich Bonifacius Amerbach (1945 bis 1562) als Reorganisator und führender Kopf der Universität besondere Verdienste um diese Entwicklung erworben. Zum alten Glauben hatte er eine kritisch wohlwollende Haltung bewahrt wie sein väterlicher Freund Erasmus; nach anfänglichem Zaudern hatte er sich der neuen Ordnung, auch der neuen Abendmahlsordnung, zu fügen gewusst. Ein bedeutender, aber kein geborener und kein begeisterter Jurist, hat er die Moralphilosophie als Grundlage der Rechtswissenschaft gelobt; quälende Selbstkritik hat ihn gehindert, viel zu publizieren. Dafür war er ein Anreger juristischer Werke und ein ausgezeichneter Rechtskonsulent des Rates und Gutachter einer grossen, auch herzoglich-württembergischen Kundschaft; den Basler Verlegern hat er wichtige Autoren vermittelt.
Ein Liebhaber der Humaniora, dazu von einer fast modern anmutenden Sensibilität, hat er musiziert und Kunst gesammelt; sein stolzester Besitz war eine aussergewöhnlich reiche, dreitausend Bände umfassende Bibliothek. Immer konziliant und liebenswürdig, war er ein lebendiges Bindeglied zwischen der alten erasmianischen Sodalitas und der neuen Gelehrtenrepublik. Wo seine Sympathien geblieben waren, zeigt ein Vergleich zwischen dem Holbeinporträt des vielversprechenden Jünglings und den Porträts des älteren und alten, resignierten, entzauberten Mannes von Roman und Klauser.

Die theologische Fakultät wird calvinistisch

«Dieweyl die Theology in der universitet die oberiste und fürnemiste profession ist», wie es in den Statuten von 1539 heisst, steht Oswald Myconius (1488–1552), der Nachfolger Oecolompads, an der Spitze der Gelehrtenrepublik. Wir verdanken ihm die Randzeichnungen Holbeins zum *Lob der Torheit;* Thomas Platter verdankte ihm mannigfache Bildungseinflüsse und die erste Frau. Er war ein reizbarer, aufbrausender Mann, der an der Trauerfeier für Erasmus das Gefühl für das Schickliche vermissen liess. Neben religionsphilosophischen Schriften hat er einen Kommentar zu Glareans *Descriptio Helvetiae* und die erste Biographie Zwinglis verfasst: *Narratio de vita et obitu Zwinglii.* (Über Myconius sind weitere Auskünfte zu finden in einem Aufsatz von F. Rudolf im Basler Jahrbuch 1945.)

Ein Widersacher Luthers war Andreas Bodenstein von Karlstadt, den Johannes Gast als kirchlichen Störenfried, ‹turbator ecclesiae›, bezeichnet hat. Mit Luther ebenfalls entzweit war Martin Borrhaus (Cellarius), der den Spiritualisten nahestand. Simon Sulzer dagegen, als Antistes (= Oberpfarrer, Vorsteher) Nachfolger von Myconius, war ein entschiedener Anhänger und Förderer der augsburgisch-lutherischen Konfession. Johann Jacob Grynäus hinwiederum, der Nachfolger Sulzers, manövrierte das baslerische Kirchenschiff in ein reformiert-calvinistisches Fahrwasser; von ihm stammt ein *Bericht von dem heiligen Nachtmal Jesu Christi unseres Säligmachers;* er hat aber auch mit Tycho de Brahe Briefe gewechselt. (Ein Lebenslauf, von F. Weiss verfasst, findet sich in Band 1 der Basler Biographien, Basel 1900.) Engster Mitarbeiter von Grynäus war Polanus von Polansdorf, ein Verfechter der Doktrin von der doppelten Prädestination; dem einfachen Kirchenvolk erklärte er sie in der Schrift *Kurtzer Inhalt der gantzen Lehr, welche in der Theologischen Schul der loblichen Universitet Basel geführet wird.* Ein merkwürdiger Theologe war offenbar Johann Brandmüller (1533–1596), gegen den beim Rat geklagt wurde, er misshandle Frau und Kinder; auf der Kanzel soll er geäussert haben, ‹die Liebe sei in den Predigern erkaltet und es sei in ihnen allen der Teufel› (Thommen). In Basel studiert hat 1579 Karl von Zierotin, der spätere Schwager Wallensteins und Landeshauptmann von Mähren; nach seinem eigenen Zeugnis hat er die Stadt am Rheinknie wie eine zweite Heimat schätzen gelernt.

Unter den Juristen ragt Basilius Amerbach hervor

In der juristischen Fakultät erreichte keiner der Dozenten mehr den Rang und die Ausstrahlungskraft von Bonifacius Amerbach. Neben Professoren wie Pitrellius, Jeuchdenhammer (bekannt aus dem Prozess gegen den verstorbenen Joris), Hopper, Bernhard Brand (Sohn des Bürgermeisters Theodor Brand), Ulrich Iselin (dessen Witwe die vierte Frau von Oporinus wurde), neben dem Verlegerssohn Adam Henricpetri (der auch Stadtschreiber war) und Samuel Grynäus, Sohn des Linguisten Simon Grynäus, ragt Basilius Amerbach hervor, der einzige Sohn des Bonifacius. Er war der Nachfolger des Vaters in der juristischen Professur und in allen übrigen Ämtern. Ohne publizistischen Ehrgeiz hat auch er verhalten, sich selber ständig kontrollierend, ein reiches, erfülltes Leben gelebt. Für uns Heutige wurde er dadurch wichtig, dass er, systematischer als der Vater, dessen Kunst- und Altertümersammlung, das Amerbachsche Kunstkabinett, ausbaute, aus dem unsere Öffentliche Kunstsammlung hervorgegangen ist. In zwei Briefen von ihm (vom 23. Dezember 1588 und vom 19. März 1589) findet sich eine historische Darstellung des Basler Münzrechts.

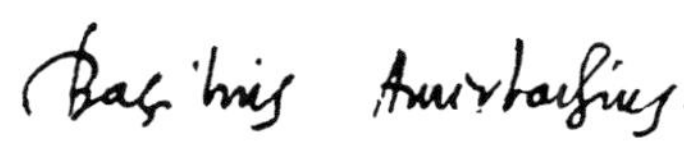

Die medizinische Fakultät geniesst internationales Ansehen

In der medizinischen Fakultät wirkten sich, allen Anfeindungen und Neidern zum Trotz, die Anregungen von Paracelsus und Vesalius in einer Weise aus, dass in der zweiten Jahrhunderthälfte und zu Anfang des 17. Jahrhunderts von einer eigentlichen ‹Basler Schule› gesprochen werden konnte, die internationales Ansehen genoss. Ihre prominentesten Vertreter waren Felix Platter, Caspar Bauhin und Theodor Zwinger d. Ä.

Andreas Vesalius kam 1543 nach Basel, um bei Oporinus den Druck von *De humani corporis fabrica* zu überwachen, nachdem schon früher zwei Werke von ihm in Basel erschienen waren. Die Geschichte, unter welchen Umständen Vesal ‹ein menschlichen cörper mit allen gebainen ordentlich zusammengestellet› (Pantaleon im *Heldenbuch*), die Geschichte des ältesten erhaltenen anatomischen Präparats der Welt, hat Wurstisen in seiner *Chronick* ausführlich und richtig spannend erzählt.

Caspar Bauhin (1560–1624), Sohn eines Hugenotten, war bei Thomas Platter in die Schule gegangen und hatte in Padua, Paris und Basel studiert. Zunächst Griechischprofessor, übernahm er 1598 den anatomisch-botanischen Lehrstuhl. In seinen medizinischen Schriften hat er einen wesentlichen Beitrag zur Vereinheitlichung der anatomischen Terminologie geleistet; als Botaniker hat er als erster eine natürliche Ordnung der Pflanze systematisch festgestellt und dafür eine binäre Nomenklatur geschaffen; den Begriff ‹genus› (= Gattung) hat *er* eingeführt. Berühmt war sein *Pinax Theatri Botanici.* 1622 hat er eine Schrift über die Pflanzen in der Umgebung von Basel veröffentlicht.

L. Thurneysser

Als Mediziner erwähnenswert sind auch der ‹Italogermanus› Wilhelm Gratarolus, der ein Pestbüchlein verfasst hat; Adam von Bodenstein, der Sohn des Theologen, hat sich in Wort und Schrift für Paracelsus eingesetzt und ist deshalb aus der Fakultät ausgeschlossen worden; auch Alban Torinus (Zum Thor) wurde als Anhänger Vesals 1545 abgesetzt.

Eine mehr als zwielichtige Figur, vielleicht aber auch mehr als eine zwielichtige Figur, war Leonhard Thurneysser (1531 bis 1596), der als Goldschmied, Metallurg, Bergwerksbesitzer, Arzt, Apotheker, Buchdrucker, Alchimist und Astrolog in Basel, im Tirol, in Berlin, wieder in Basel, in Rom, Spanien und Köln allen Glanz und alles Elend dieser Welt erfahren hat. Als Wunderheiler und Hochstapler scheint er eine Mischung aus Paracelsus und Cagliostro gewesen zu sein; nach einem Rechtsstreit mit dem Rat von Basel gab er 1583 gegen diesen eine umfangreiche Schmähschrift heraus.

Sebastian Münster schreibt eine berühmte Kosmographie

Ein stiller, bescheidener Gelehrter, der sich viele Jahre dagegen sträubte, als Rektor gewählt zu werden, war Sebastian Münster (1489–1552). Er war zwischen 1524 und 1527 Professor in Heidelberg; 1529 trat er aus dem Franziskanerorden aus, heiratete und wirkte in Basel bis 1552 als Professor für hebräische Sprache an der Artistenfakultät; neben Reuchlin galt er als der kenntnisreichste Hebraist seiner Zeit. 1534 gab er nach vielen Einzelarbeiten die erste vollständige hebräische Bibel mit lateinischer Übersetzung heraus. Als Mathematiker edierte er die *Elemente* des Euklid und den ptolemäischen *Almagest;* ein spezielles Interesse widmete er den Sonnenuhren, über die er drei Schriften verfasst hat. Sein berühmtestes Werk ist die *Cosmographey,* die 1544 bei Henrichum Petri in sechs Büchern, mit 24 Karten und 46 Städtebildern, erschien: eine ‹Beschreibung aller Lender ... in welcher begriffen, Aller völcker Herrschaften, Stetten, gebreüch, ordnung, glouben, secten und hantierung, durch die gantze Welt, und fürnemlich Teütscher nation ...›. Die *Cosmographey* ist die erste vergleichende Länder- und Völkerkunde; sie hatte grossen Erfolg und wurde ins Lateinische, Italienische, Französische und Tschechische übersetzt. 1522 ist Sebastian Münster an der Pest gestorben. An seinem Grab hat als Freund Oswald Schreckenfuchs mit einer hebräischen Ansprache um ihn getrauert. (Ein Neudruck der *Cosmographey* ist 1968 in Amsterdam erschienen.)

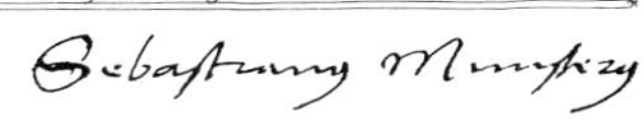

Gleichzeitig mit Sebastian Münster war durch Oecolompad auch Simon Grynäus (1493–1541) nach Basel berufen worden, zunächst für die griechische Sprache, später auch für das Neue Testament. Er hat griechische Klassiker ediert und eine Biographie Oecolompads verfasst; eine Pionierleistung waren seine Euklid-Kommentare; grosses Lob wurde ihm durch Erasmus zuteil, als er in einem Codex im Kloster Lorch die ersten fünf Bücher der fünften Dekade des Livius entdeckte.

In Italien als Häretiker verfolgt, kam über Lausanne Celio Seondo Curione (1503–1569) nach Basel. Ein produktiver Schriftsteller, schrieb er vor allem Werke antiquarischen und theologischen Inhalts; sein Hauptwerk, in Dialogform abgefasst, ist *De amplitudine beati regni Dei,* das er dem polnischen König widmete; dass Curione in diesem Werk auch Nichtevangelische nicht zum vorneherein der ewigen Verdammnis preisgegeben glaubte, hat man ihm übelgenommen.

Bernardino Ochino (1491–1564), Verfasser der Schrift *Labyrinthe* und von *Dreissig Dialogen,* lebte unter drei Malen jeweils kurze Zeit in Basel, fand hier aber, weil er kein Gelehrter war, keine Gelegenheit, den Lebensunterhalt für sich und seine Familie zu verdienen.

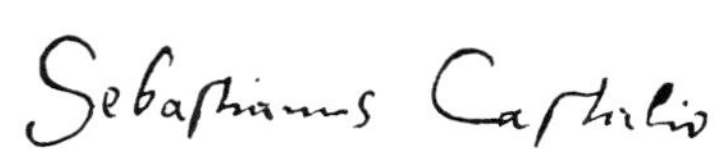

Sebastian Castellio (1515–1563) war mit Calvin befreundet, dann verfeindet; er kam 1544 aus Genf nach Basel, arbeitete als Corrector bei Oporinus und übersetzte die Bibel ins Lateinische und Französische. Als 1553 der Spanier Servet, der Entdecker des Blutkreislaufs, infolge theologischer Differenzen mit Calvin in Genf verbrannt wurde, schrieb Castellio *De haereticis an sint persequendi* (‹Von den Ketzern, ob sie zu verfolgen seien›), das Grundbuch religiöser Toleranz. 1553 wurde ihm die Professur für griechische Sprache anvertraut; Friedrich Oser, der Castellio in einem langen Gedicht gefeiert hat, zeigt ihn in diesem Amt: «Wie fliegt sein Geist/ Hoch aller meist,/ Erklärt er den Homer,/ Wenn er den Psalter sichren Blickes/ Auslegt zu Gottes Ehr!»

Edgar Bonjour: Die Universität Basel 1460–1960, Basel 1960. R. Thommen: Geschichte der Universität Basel 1532–1632, Basel 1889. A. Burckhardt: Geschichte der medizinischen Fakultät Basel 1532–1632, Basel 1889. P. Ganz und E. Major: Die Entstehung des Amerbachschen Kunstkabinetts, Basel 1907. M. Geiger: Die Basler Kirche und Theologie im Zeitalter der Hochorthodoxie, Zollikon 1952. V. Hantzsch: Sebastian Münster, Basel 1898. Werner Kaegi: Castellio und die Anfänge der Toleranz, Basel 1953. G. Kisch: Forschungen zur Geschichte des Humanismus in Basel, Archiv für Kulturgeschichte 40 (1958). Markus Kutter: Celio Secondo Curione, Dissertation, Basel 1955. M. Roth: Vesalius Bruxellensis, Berlin 1892. J.W. Hess: Caspar Bauhin, Beiträge zur vaterländischen Geschichte 1860. Delio Cantimori: Italienische Häretiker der Spätrenaissance, Basel 1949. Roland H. Bainton: Michael Servet, Gütersloh 1960. Huldrych Blanke: Basel als Zufluchtsstätte der humanistischen Reformatoren, Basler Zeitung 18.8.1979.

Zwinger ist ein Beispiel zeitgenössischer Gelehrsamkeit

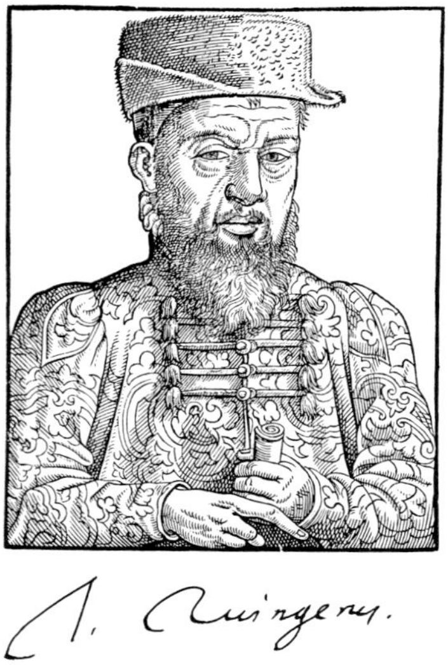

1580 wurde Thomas Erastus (Liebler) Professor der Ethik in Basel und schrieb eine damals aktuelle Schrift gegen den Kirchenbann Calvins. Vorher, als Mediziner, hatte er in Heidelberg in einem vierbändigen Werk gegen Paracelsus polemisiert; als eines der Hauptargumente gegen Paracelsus hatte er die Behauptung aufgestellt, dieser sei ein Eunuch gewesen.
Mit Paracelsus hat sich in Basel, nachdem Adam Bodenstein gescheitert war, erstmals Theodor Zwinger wieder ernsthaft beschäftigt, dessen Onkel, der Buchdrucker Oporinus, als Jüngling Famulus von Paracelsus gewesen war.
Die Mutter Zwingers, Christiane Herbster, die Schwester Oporins, hatte ihren Mann, den Kürschner Zwinger, früh verloren und danach Conrad Wolfhardt geheiratet, einen Neffen Pellicans, der sich Lycosthenes nannte und eine Rhetorikprofessur bekleidete. Statt zum Handwerker, wie der Vater es getan hätte, bestimmte der Stiefvater Theodor zum Gelehrten.
Theodor Zwinger wurde 1533 geboren, besuchte die Schule auf Burg und bezog danach die Universität. Von plötzlichem Fernweh gepackt, setzte er sich nach Lyon ab, wo er Buchhandlungsgehilfe war. In Paris, bei Petrus Ramus, dem Anti-Aristoteliker, studierte er anschliessend Logik, daneben Latein, Griechisch, Hebräisch und Syrisch. Sein Berufsziel war zu dieser Zeit ein Pfarramt.
Nach Hause zurückgekehrt, entschloss er sich zur Medizin. Er studierte in Padua, das neben Montpellier damals die wichtigste Ausbildungsstätte für angehende Ärzte war. Da sich Zwinger dort auch um die Humaniora bemühte, doktorierte er erst 1559. Noch im gleichen Jahr wurde er in Basel von der medizinischen Fakultät ins Ärzte-Collegium aufgenommen. 1561 heiratete er eine wohlhabende Witwe, Valeria Rüdin, beschäftigte sich mit dem Kirchenhistoriker Eusebius und schrieb einen Psalmenkommentar. Von seinem Stiefvater Lycosthenes übernahm er das Material für eine Universalenzyklopädie, das jenem über den Kopf gewachsen war. Zwinger stellte daraus das dreibändige *Theatrum vitae humanae* zusammen: eine umfassende Darstellung menschlicher Charaktere und Fähigkeiten am Beispiel geschichtlich bedeutsamer Persönlichkeiten. Das Werk erschien 1565, hatte sofort grossen Erfolg und erlebte innert vierzig Jahren fünf Auflagen.

1565 übernahm Zwinger in Basel die Griechischprofessur, 1571 diejenige für Ethik. In dieser Zeit erwarb er sich Verdienste um die Administration der Universität; er beriet den Drucker Pietro Perna bei dessen naturwissenschaftlichen Publikationen und führte ein gastliches Haus, dessen Wandschmuck aus griechischen und hebräischen Inschriften bestand; auch soll er damals einen botanischen Garten angelegt haben. Pate seines ältesten Sohnes Jacob wurde Petrus Ramus, der sich 1568 und 1569 in Basel aufhielt. Die *Rede an die Stadt Basel* hat Ramus erst 1570 geschrieben.

1570 schrieb Zwinger seine *Methodus apodemica:* Ratschläge für Bildungsreisende in fremden Ländern, verbunden mit eingehenden, noch heute interessanten Schilderungen von Basel, Padua, Paris und Athen. 1580 wurde er mit der Professur für theoretische Medizin betraut; sein Nachfolger als Ethikprofessor wurde jener Erastus, der in Heidelberg mit vier Bänden gegen Paracelsus aufgetreten war. Mit der Behutsamkeit des gelernten Altphilologen edierte Zwinger zunächst Texte von Galenos; er gab auch eine Monographie über Hippokrates heraus. Danach beteiligte er sich engagiert an der international sehr lebhaft geführten Diskussion über die Erneuerung der Medizin durch Paracelsus und Vesalius. Zwingers Beiträge erschienen als *Praelectiones,* in denen vor allem von der Pharmazeutik des Paracelsus die Rede war; mit dieser befasste sich Zwinger auch experimentell in seinem eigenen Laboratorium.

Mit 55 Jahren starb er als Stammvater eines bedeutenden Mediziner- und Theologengeschlechts; aus seinem Nachlass gab 1610 sein ältester Sohn, Jacob, seine *Physiologia medica* heraus.

Neben Petrus Ramus haben in Basel zeitweise studiert oder gelehrt: der Lyriker J. Peletier du Mans (1517–1582), der Lyriker und Poetologe François de Malherbe (1555–1628) und der Lyriker und Gräzist Jean de Sponde (1557–1595).

Jacob I. Bernoulli

Johannes II. Bernoulli

Johannes I. Bernoulli

Daniel I. Bernoulli

Zwei Jahrhunderte stehen im Zeichen der Mathematik

berühmt als der profundeste christliche Kenner der gesamten rabbinischen Literatur. Seine Kenntnisse erweiterte er durch persönlichen und brieflichen Verkehr mit Rabbinern; um diese bewirten zu können, hatte er eine koschere Küche eingerichtet; einmal wurde er als Teilnehmer an einer Beschneidung vom Rat gebüsst. Seine bis heut nicht überbotenen Hauptwerke sind ein *Lexicon hebraicum et chaldaicum,* 1607, und eine vierbändige *Biblia hebraica rabbinice,* 1618. Verhältnismässig alt für jene Zeit, starb er mit 65 an der Pest; einer seiner Nachfolger, Emil Kautzsch, hat sich mehrfach mit ihm auseinandergesetzt und hat ihn 1879 in einer Rektoratsrede ausführlich gewürdigt.

Die Tradition der orientalischen Philologie, die er in Basel gestiftet hat, setzte sein Sohn, Johannes II, mit einer hebräischen Bibelkonkordanz und einem *Lexicon Chaldaicum, talmudicum et rabbinicum* fort. Nach dessen Tod folgte sein Sohn Johann Jacob, danach dessen Neffe, Johannes III. Durch vier Generationen hat so die Familie Buxtorf (die heute noch in zwei baslerischen und in einer französischen Linie weiterblüht) die Professur der hebräischen Sprache während 144 Jahren bekleidet.

Die Mediziner zeichnen sich besonders aus

Der Theologe Johannes Wolleb (1588–1629) hat 1626 ein *Christianae Theologiae Compendium* herausgegeben, das 1935 ‹als vorzügliche Einleitung in die nachreformatorische Theologie› neu aufgelegt worden ist. Samuel Werenfels (1657–1740), Sohn des Peter Enkel des Johann Jacob (Prediger zu St. Martin), gilt mit zahlreichen Schriften (*Opuscula theologica, philosophica et philologica,* 1782 erschienen) als Initiator einer ‹vernünftigen Orthodoxie›; selbst Voltaire und dem ähnlich suspekten Theaterspielen hat er gute Seiten abzugewinnen verstanden. Der Jurist Remigius Faesch (1595–1667), Sohn des Bürgermeisters Rudolf Faesch-Gebwiler, ist uns wichtig als Begründer des Faeschischen Museums; mit Bildern von Holbein, Witz, Baldung, mit Zeichnungen, Holzschnitten, Stichen, Skulpturen, Antiken usw. hat es das Amerbachsche Kabinett später ebenbürtig ergänzt. Die Universitätsbibliothek hat Faesch wichtige griechische, karolingische und hochmittelalterliche Handschriften zu verdanken.

Johann Caspar Bauhin (1606–1685) war 56 Jahre lang Professor der Botanik und Anatomie. Er gab das *Theatrum Botanicum* seines Vaters heraus und führte das Mikroskop in den Anatomie-Unterricht ein. Ludwig XIV. ernannte ihn zum Medicus ordinarius regis. Johann Heinrich Glaser (1629–1675) führte die Ausbildung am Krankenbett und die Obduktion ein; 1670 beförderte er seinen berühmten *Tractatus de cerebro* zum Druck; eine Fissur des Schläfenbeins heisst nach ihm die Glasersche Spalte. Johann Jacob Harder (1656–1711) war nach Paracelsus, Vesalius, Theodor Zwinger, Felix Platter und Caspar Bauhin der sechste in der Reihe der Grössten der ‹Basler Schule der Medizin›. Als erster hat er Physiologie und Toxikologie gelehrt; die Zwitternatur der Schnecken hat er als erster erkannt und die akzessorische Tränendrüse am Hirsch entdeckt, die bis heute als Hardersche Drüse bezeichnet wird. Sein berühmtestes Werk ist das *Apiarium:* eine Sammlung klinischer und anatomischer Beobachtungen. Wie vor ihm Sebastian Brant und Pantaleon, wurde er vom Kaiser zum Pfalzgrafen ernannt: Comes Palatinus Caesareus. Sein Kollege Theodor III Zwinger (1658–1724) schrieb die *Historia Collegii Medicorum* und in einem Brief von 1682: «Von neuem liege ich den philosophischen und medizinischen Studien ob und setze alle Hebel in Bewegung, um den Ruhm des Zwingerschen Namens ... wieder ins Leben zurückzurufen.» Johann Rudolf Zwinger (1692–1777) gründete die ‹Societas physica-medica Helvetica›, aus der die heutige Schweizerische Naturforschende Gesellschaft hervorgegangen ist; er war der letzte Vertreter des illustren Geschlechts.

Die Bernoulli sind die berühmteste Gelehrtenfamilie der Welt

Voltaire hat gesagt, die Schweiz habe Helden hervorgebracht, welche für sie die Freiheit erstritten, und danach die Bernoulli, welche die Menschheit aufklärten. Stammvater dieser berühmtesten Gelehrtenfamilie der Welt ist Jacob Bernoulli, der, aus Frankfurt kommend, 1622 das Basler Bürgerrecht erwarb. Er heiratete zwar dreimal, wurde aber nur 36 Jahre alt. Sein Sohn Niclas (1623–1708) zeugte mit einer Baslerin nach fünf frühverstorbenen Töchtern vier Söhne: Jacob (1654–1705), den bedeutendsten Mathematiker der Familie; Niclaus (1662–1705), der Maler und Ratsherr wurde; Johann (1667–1705), den berühmtesten und charakterlich schwierigsten unter den Bernoulli jener Zeit; schliesslich Hieronymus (1669–1770), der, wie der Vater, Apotheker und Spezereigrosshändler wurde.

Jacob I wurde vom Vater zur Gottesgelehrsamkeit gezwungen; in seiner freien Zeit trieb er Mathematik und Astronomie. Als Sinnbild seines Strebens wählte er den Phaeton auf dem Sonnenwagen (cum grano salis natürlich, da Phaeton bekanntlich mit dem Sonnenwagen abstürzte); sein dazu passender Wahlspruch lautete: ‹Invito patre sidera verso› (‹entgegen dem Willen des Vaters lasse ich die Sterne kreisen›). 1671 wurde er Magister; zwischen 1676 und 1680 hielt er sich als gelernter Theologe in Genf, Nède und Bordeaux auf; er hat darüber ein *Reissbüchlein* verfasst. In Genf hat er eine Blinde nach einer selbstentwickelten Methode unterrichtet, in Nède hat er französisch gepredigt. 1682 war er in Holland und England, wo er die moderne Mathematik von Descartes und Huygens kennenlernte.

Plötzlich wusste er danach seinen Weg. Er heiratete Judith Stupanus, hielt in Basel Vorlesungen über Experimentalphysik, schrieb Abhandlungen und wurde 1687 als Nachfolger von Peter Megerlin Mathematikprofessor. Er bildete die Leibnizsche Infinitesimalrechnung weiter aus, beschäftigte sich mit weiteren jungfräulich-unerprobten Rechnungsarten: Differentialgeometrie, Reihenentwicklung, Integrationsverfahren. In

Epitaph für Jacob I. Bernoulli

seiner *Ars conjectandi* hat er als völlig selbständige Leistung die Wahrscheinlichkeitsrechnung entwickelt; im vierten Teil dieses erst postum erschienenen Werkes ist das berühmte ‹Gesetz der grossen Zahlen› enthalten. Die letzten zehn Jahre seines kurzen Lebens verdarb ihm der öffentlich ausgetragene Konflikt mit seinem zwölf Jahre jüngeren Bruder Johann, der sich aus einem Schüler zu einem Rivalen entwickelt hatte. Ursache des Zwistes war das sogenannte isoperimetrische Problem. Jacobs Epitaph, heute an einer Säule des Münsterkreuzgangs, ziert seine logarithmische Spirale mit der Anmerkung: ‹Eadem mutata resurgo› (‹nach jeder Verwandlung erstehe ich unverändert von neuem›).

Johann Bernoulli entscheidet sich für Leibniz

Johann I, der ‹Archimedes seiner Zeit›, war im Gegensatz zu Jacob ein verwinkelter Charakter: eitel, eifersüchtig und der einzige Streitmacher unter den grossen Mathematikern der Familie. Vom Vater wurde er zum Drogisten, dann für das Medizinstudium bestimmt; daneben war er Schüler von Jacob, der ihm an Intuition und Ausmass des Erkenntnisvermögens überlegen, an formaler Behendigkeit unterlegen war. 1685 wurde Johann Magister; zwischen 1690 und 1692 hielt er sich in Genf und Paris auf; 1694 promovierte er als Mediziner und heiratete 1695 Dorothea Falckner, ‹dont le père était un des premiers magistrats de notre République›, wie er, nicht nur ein grosser Mathematiker, sondern auch ein guter Redner, selbstgefällig feststellte. 1695 wurde er Professor für Mathematik und Experimentalphysik in Groningen, wo er ein leuchtendes Wetterglas erfand; 1705 kam er, Nachfolger des frühverstorbenen Jacob I, nach Basel zurück.

Vergleichbar der einstigen Auseinandersetzung zwischen Nominalisten und Realisten, stritten sich jetzt die sogenannten Sensualisten (Empiristen) unter Newton und die sogenannten Rationalisten unter Leibniz um die Führungsrolle in der Naturphilosophie. Während Jacob I sich, zu einer Wahl genötigt, für Newton entschlossen hätte, entschied sich Johann I für Leibniz; er war es dann auch, der die Partei der Rationalisten (die ohne Anschauung auszukommen versuchten und als Analytiker mit Symbolen rechneten) zum Sieg führte. Nach dem Tod von Newton und Leibniz galt er unbestritten als ‹Princeps mathematicorum›, als der erste Mathematiker seiner Zeit (nach seinem Tod wurde er in dieser Rolle durch Euler abgelöst). Er erschloss, wie Jacob I, neue Anwendungsbereiche der Infinitesimalrechnung und begründete die Variationsrechnung. Sein Hauptwerk, die *Lectiones mathematicae de methodo integralium*, erschien 1742; 1745 gab er in zwei Bänden seinen Briefwechsel mit Leibniz heraus, in dem es auch um philosophische Probleme ging.

Drei kleinere Bernoulli bewähren sich zwischen den drei grossen

Im 17. und 18. Jahrhundert war Basel (wo man das Unendliche und den Zufall durch präzisen, zahlenmässigen Zugriff zähmte) der europäische Hauptort der Mathematik. Hier

haben sich königliche und kaiserliche Akademien bei Vakanzen beraten lassen oder ihren Bedarf neu eingedeckt.
Johann II Bernoulli (1710–1790) war zunächst Professor der Beredsamkeit in Basel; da man hier die Zuteilung der Professuren und Pfarrämter durch das Los unter drei geeignet erscheinenden Bewerbern entscheiden liess, folgte auf Johann I zunächst der Mediziner und Physiker J. C. Ramspeck, der aber die Mathematikprofessur gegen diejenige der Eloquenz mit Johann II tauschte. Dieser hatte bereits mit neun Jahren die Maturität bestanden, war mit vierzehn Magister geworden, hatte die Rechte und beim Vater Mathematik studiert; viermal errang er einen Preis der Pariser Akademie, 1736 mit dem Thema ‹Fortpflanzung des Lichts›. Schliesslich begnügte er sich aber damit, in Familie und Beruf die Rolle eines ‹Rokokopatriarchen› zu spielen. «Wenn mein Bruder nicht so indolent wäre», hat Daniel I über ihn an Euler geschrieben, «würde er die übrigen Bernoulli leicht übertreffen.» Im Haus von Johann II, dem ‹Engelhof›, ist sein Freund Maupertuis gestorben (der jedoch, als Katholik, in Dornach begraben wurde). Von Johann II und von seinem Onkel Hieronymus, dem Spezereigrosshändler und Gönner der Universität, stammen alle heute noch lebenden Bernoulli ab.
Niclaus I Bernoulli (1687–1759), ein Sohn des Malers Niclaus und Vetter von Johann II, wurde Mathematikprofessor in Padua, später Rechtsprofessor in Basel; er hat als erster die Wahrscheinlichkeitsrechnung auf die menschliche Lebensdauer angewendet und 1713 die *Ars conjectandi* seines Onkels Jacob I zum Druck befördert. Niclaus II (1695–1726), Lieblingssohn von Johann I und ältester Bruder von Johann II, war Jurist in Bern, später ortsanwesendes Mitglied der Petersburger Akademie; er starb früh an einem Darmgeschwür; sein Nachfolger in Petersburg war Euler.

In Bd. IV der «Basler Zeitschrift für Altertumskunde» wurde eine deutsch geschriebene Lebensbeschreibung von Johann II veröffentlicht, in der dieser (im Unterschied zu einer Autobiographie von Johann I) ehrlich und psychologisch interessant Rechenschaft abgelegt hat.

Daniel Bernoulli entscheidet sich für Newton

Akademiemitglied in Petersburg war bis 1733 auch Daniel I (1700–1782); als Sohn von Johann I stand er im Alter zwischen Niclaus I und Johann II. Er war der dritte der drei ganz grossen Bernoulli und offenbar der bequemste, liebenswürdigste, umgänglichste. Er wurde in Groningen geboren, war zuerst Handelslehrling, studierte dann Medizin, publizierte in Venedig ein mathematisches Werk und gewann in Paris einen Preis. Von Johann I, dem Vater, nie ganz für voll genommen, wurde er, aus Petersburg zurückgekehrt, 1733 Professor für Anatomie und Botanik in Basel, 1743 für Anatomie und Physiologie, 1750 bis 1782 für Physik. Im Widerspruch zu seinem Vater, der eine Abneigung gegen alles Englische hatte, war Daniel I einer der ersten und damals der wichtigste Vertreter der Newtonschen Physik auf dem Kontinent.

In genial vereinfachender Weise wandte er die Infinitesimalrechnung auf sämtliche physikalischen Probleme an. Als Mediziner berechnete er als erster die Herzarbeit; als Physiker bestimmte er als erster die Schwingungen von Saiten. Sein Hauptwerk, die *Hydrodynamica,* hat sein ehrsüchtiger und neidischer Vater geplündert; wichtige Teile daraus hat er als eigene Leistung publiziert. Unangefochten gilt jedoch Daniel I heute unter anderem als Begründer der kinetischen Gastheorie; in seiner *Hydrodynamica* findet sich auch eine berühmte Gleichung, die im Flugwesen eine grosse Rolle spielt, weil durch sie der Auftrieb bestimmt ist. Ein Hagestolz, hat Daniel neben seinem Bruder im ‹Kleinen Engelhof› an der Stiftsgasse ein behagliches Leben geführt. 1762, zwanzig Jahre vor seinem Tod, hat er eine Stiftung für arme durchreisende Studenten errichtet. Begraben ist er, wie Johann I und II, im Chor der Peterskirche.

Hervorgetan haben sich schliesslich drei von den fünf Söhnen von Johann II. Johann III (1744–1807) wurde Direktor der Sternwarte in Berlin; Jacob II (1759–1789) war Vicar des Physikprofessors in Basel und hat hier an Isaac Iselins ‹Ephemeriden› mitgearbeitet. Später wurde er Mitglied der Petersburger Akademie und heiratete eine Enkelin Eulers. Erst dreissigjährig, ertrank er in der Newa; zuvor veröffentlichte er jedoch in seinen zwei Petersburger Jahren acht bedeutende Abhandlungen. Daniel II (1751–1834) war Professor der Physik in Basel.

Peter Merian: Die Mathematiker Bernoulli, Basel 1860. Andreas Speiser: Die Basler Mathematiker, Basel 1939. C.A. Bernoulli: Gedenkbuch der Familie Bernoulli, Basel 1922. René Bernoulli-Sutter: Die Familie Bernoulli, Basel 1972.

Die Bernoulli stehen nicht allein

Neben den Bernoulli gab es im 17. und 18. Jahrhundert eine längere Reihe beachtlicher Mathematiker und Physiker in Basel: Johann Burckhardt, Isaac Bruckner, J.C. Ramspeck, Nicolaus Fuss, Abel Socin, Johannes Fürstenberger. Bernhard Merian (1723–1807) wurde Direktor der philosophischen Klasse der Berliner Akademie, nachdem er in Basel keine der gewünschten Professuren erhalten hatte. In französischer Sprache hat er vor allem philosophische Abhandlungen verfasst. Als gebürtige Basler gehören auch Jean-Christophe Fatio (1656–1720) und Nicolas Fatio (1664–1753) hierher, die bei Nyon die erste schweizerische Privatsternwarte eingerichtet haben. Nicolas war später in England mit Newton befreundet; er hat ausgezeichnete mathematische und astronomische Abhandlungen verfasst, tat jedoch als übereifriger Methodist seiner wissenschaftlichen Geltung selber Abbruch. Jacob Hermann (1678–1733) war Theologe und Schüler von Jacob I. In seiner Erstlingsschrift hat er Leibniz gegen den holländischen Mathematiker Niewentijt verteidigt und wurde darauf zum Mitglied der Berliner Akademie ernannt. 1707 wurde er Mathematikprofessor in Padua, 1713–1724 in Frankfurt an der Oder und, zusammen mit Niclaus II und Daniel I, in Peters-

burg. Er war wegweisend in der Anwendung der Infinitesimalrechnung auf geometrische Probleme und hat unter dem Titel *Phoronomia* ‹das erste Lehrbuch der Mechanik in der Sprache der modernen Analysis› geschrieben. In Basel nahm er 1731 mit einer Professur für Moral und Naturrecht vorlieb.
Johann Heinrich Lambert (1728–1777) hat sich als ‹Mulhusino Helveticus› bezeichnet (Mülhausen war ja bis 1798 mit der Eidgenossenschaft verbunden). Zuerst Sekretär eines Iselin in Basel, gehörte er als Mitglied der Berliner Akademie zum dortigen Basler Kreis mit Euler, Sulzer, Johann III Bernoulli und Merian. Seit 1936 liegt sein Nachlass in der Basler Universitätsbibliothek. Lambert hat unter anderem über das Parallelenaxiom und die Lichtabsorption gearbeitet und *Kosmologische Briefe über die Einrichtung des Weltbaues* geschrieben. Seine *Versuche einer Zeichenkunst der Vernunftlehre* hat nach seinem Tod Johann III Bernoulli herausgegeben. Für Lambert ging es darum, alle Philosophie möglichst vollständig auf die Mathematik zu gründen, was Bernhard Merian, sein Basler Kollege in Berlin, als schädliche ‹Sucht nach der geometrischen Methode› verdammte. (Im Verfolg seiner philosophischen Bemühungen um den ‹Instrumentalismus› hat in Basel nach dem Zweiten Weltkrieg der inzwischen verstorbene Eugen Heuss wichtige, leider unpublizierte ‹Lambertiana› verfasst.) Johann Jacob Huber (1733–1798) war Vorgänger von Johann III Bernoulli als königlich preussischer Astronom. Sein Sohn, Daniel Huber (1768–1829), war in Basel Nachfolger von Johann II; er hat über die *Theorie der Parallelen* publiziert, die trigonometrische Vermessung des noch ungeteilten Kantons Basel in die Wege geleitet und nach 1802 die Universitätsbibliothek verwaltet.

Ed. Fueter: Geschichte der exakten Wissenschaften in der Schweiz, Aarau 1941.

Euler ist der Grösste

Andreas Speiser, einer der Nachfolger der Bernoulli auf dem Lehrstuhl der Mathematik in Basel, nannte Euler den ‹grössten Mathematiker aller Zeiten und einen der umfassendsten Geister, vielleicht den einzigen Weisen, den die neuere Geschichte den Alten zur Seite stellen kann›.
Leonhard Euler (1707–1783), Sohn des Pfarrers Paul Euler, hat Theologie studiert, war dann Vorzugsschüler von Johann I und hat 1726 seine erste mathematische Abhandlung in den Leipziger ‹Acta Eruditorum› veröffentlicht. 1727 bewarb er sich vergeblich um die Physikprofessur in Basel, wurde dafür im gleichen Jahr als Adjunkt der Akademie nach Petersburg berufen. 1730 rückte er dort als Professor der Physik nach; 1733 wurde er, als Nachfolger seines Freundes Daniel I Bernoulli, Professor der Mathematik. Er heiratete Katharina Gsell, die Tochter des Hofmalers von Peter dem Grossen, der, ein St. Galler, die Tochter der Maria Sibylla Merian geheiratet hatte; mit ihr hatte er dreizehn Kinder, von denen ihn aber nur drei überlebten. Daneben beschäftigte er sich mit Kartogra-

phie, Schiffbau und grundlegend mit Optik, wobei seine Berechnungen leistungsfähigere Teleskope ermöglichten; seine Arbeiten über Strömungslehre führten zur Konzeption der Turbine. 1739 veröffentlichte er seine Musiktheorie, *Novum tentamen musicae;* das Hauptwerk seiner ersten Petersburger Zeit war die zweibändige *Mechanica.*

Von Friedrich dem Grossen wurde Euler 1741 an die Berliner Akademie berufen, deren mathematische Klasse er nach 1744 leitete. Mit Rücksicht auf Daniel I und Johann II Bernoulli schlug er 1748 einen Ruf nach Basel aus. Mit einer Reihe von Preisaufgaben, die er als Akademieleiter ausschrieb, belebte er das philosophische Interesse in Deutschland; mit eigenen Arbeiten über Raum und Zeit, den Trägheitsbegriff und über die Bewegungsgesetze übte er auf Kant in dessen vorkritischer Epoche massgebenden Einfluss aus. Aussergewöhnlichen Erfolg hatte er mit seinen *Lettres à une princesse d'Allemagne sur divers sujets de physique et de philosophie;* er gab sie erst 1768 heraus, hat sie aber schon 1762 in Berlin geschrieben. Das Werk wurde in alle Kultursprachen übersetzt; bis 1910 wurden hundertzehn verschiedene Ausgaben gezählt. Wie alle Veröffentlichungen Eulers waren diese Briefe unmittelbar einleuchtend, geistreich, oft aufreizend vernünftig; Wahrheit und Klarheit waren für Euler, wie für Voltaire, Synonyme. «Ein Geist ohne Freiheit wäre kein Geist mehr, sowenig ein Körper ohne Ausdehnung noch ein Körper wäre», hat er seiner Prinzessin eingeschärft. Tiefgreifende Spekulation glückte ihm aber sowenig wie Voltaire: weder in dieser noch in seinen anderen philosophischen Schriften. Daniel I Bernoulli, der in dieser Hinsicht klarer sah als später Andreas Speiser, hat Euler in aller Freundschaft geraten: «Sie sollten sich nicht auf dergleichen Materien einlassen, denn von Ihnen erwartet man nichts als sublime Sachen.»

Eulers Hauptwerke in seiner Berliner Zeit waren der *Methodus* (Variationsrechnung), *Introductio* (Funktionentheorie), *Theoria motus* (die ‹zweite Mechanik›).

Hoppe, Edm.: *Die Philosophie L. Eulers,* Göttingen 1940.

Euler ist ein Wunder an Arbeitskraft

Einem zweiten Ruf nach Petersburg folgte Euler 1766; dort erblindete er kurz danach vollständig, nachdem er schon seit Jahren am linken Auge blind gewesen war. 1771 brannte sein Wohnhaus ab, und 1773 starb seine Frau, deren Halbschwester seine zweite Frau wurde. Seine phänomenale Arbeitskraft blieb ihm ungebrochen erhalten. Neben seinem Sohn Johann Albrecht und dem Schweden Lexell war ihm Nicolaus Fuss, ein Mathematiker aus Basel, behilflich. So hat er in seinen letzten siebzehn Jahren etwa die Hälfte seiner rund neunhundert Abhandlungen abgefasst; bei seinem Tod lagen dann immer noch ungefähr zweihundert ungedruckte Mémoires vor. Davon abgesehen hat Euler in seiner zweiten Petersburger Zeit eine Reihe klassischer Lehrbücher veröffentlicht: die *Institutio calculi integralis,* die *Dioptrica,* eine *Vollständige Anleitung zur*

Algebra. In diesen Jahren wurde er auch zum Schöpfer der sphärischen Trigonometrie, der kombinatorischen Topologie und der Funktionentheorie; ohne sich schon dieses Namens zu bedienen, benutzte er die Vektorrechnung; mit Euler setzte die moderne Zahlentheorie ein.

Euler rechnete, wie andere atmen. Rein vom Umfang her übertrifft sein Werk selbst das von Erasmus. Ein entschiedener Christ wie Erasmus, hat auch er theologische Schriften verfasst (*Leonhard Euler als Apologet des Christentums* ist der Titel einer Schrift von Carl Rudolf Hagenbach). Im Gespräch war er, wie Erasmus, unterhaltend und geistreich; wie der Erasmus der *Colloquia* hat er gern drollige Geschichten erzählt. Anders als Erasmus, der auch bei geselligem Zusammensein nie anders als lateinisch sprach, hat Euler, wie Nicolaus Fuss berichtete, im Gespräch mit Vorliebe baslerische Dialektausdrücke eingemischt. Dass er eine Seele von einem Menschen war, wissen wir aus zahlreichen anderen zeitgenössischen Berichten. Bei Dieudonné Thiébault ist zu erfahren, wie er arbeitete: «Einen Enkel auf dem Schoss, eine Katze auf der Schulter, so schrieb Euler seine unsterblichen Werke.»

Spiess, O.: *Leonhard Euler.* Frauenfeld 1929.

Die Gesamtausgabe, *Leonhardi Euleri Opera omnia,* wird von der Schweizerischen Naturforschenden Gesellschaft gemeinsam mit der Sowjetischen Akademie der Wissenschaften (Akademia Nauk SSR) betreut. Sie umfasst heute siebzig Quartbände, denen noch etwa zwölf Bände ‹Briefe und Manuskripte› folgen sollen.

Das 18. Jahrhundert entfaltet sich in dreierlei Tendenzen

Das 18. ist das Jahrhundert Voltaires und der Aufklärung; gleichzeitig ist es aber auch das Jahrhundert Rousseaus, der Empfindsamkeit und der Entwicklung zum naturverbundenen Ich. Die Französische Revolution als Konsequenz der Epoche lässt für die deutsche Literatur in der zweiten Jahrhunderthälfte den Namen des Sturm und Drang sinnvoll erscheinen. Die Grenzen zwischen den verschiedenen Gruppen und die Zugehörigkeit zur einen oder anderen Strömung sind aber, wie bei charakterologischen Typen, kaum eindeutig festzulegen.

Für uns Heutige ist Lessing der wichtigste Autor der Aufklärung: ‹der Erzvater alles klugen und wachen Dichtertums›. Neben ihm behauptet sich Lichtenberg, der aus pietistischen Ursprüngen zum geistreichen Satiriker der Aufklärung heranwächst. Gottsched ist wichtig als Literaturpapst, der, nach Frankreich ausgerichtet, von den Zürchern Bodmer und Breitinger, die sich nach England orientieren, erfolgreich befehdet wird.

Bedeutende Vertreter der Empfindsamkeit und Gefühlskultur sind Klopstock, Gellert, Claudius, Jung-Stilling, Stolberg und Hölty. Dieser Gruppe zuzurechnen sind der menschenumarmende Lavater und Salomon Gessner aus dem Umkreis von Bodmer, aber auch die Pietisten Tersteegen und Zinzendorf. Basel ist das schweizerische Zentrum des Pietismus; den hierhergehörenden Liederdichter Hieronymus Annoni hat Karl Barth ausdrücklich ‹sehr sympathisch› genannt.

Den Sturm und Drang repräsentieren in erster Linie der junge Goethe und der junge Schiller. Vor und neben diesen ist Herder einflussreich als Theoretiker. Bedeutend sind Bürger, Gerstenberg, Hamann, Heinse, Leisewitz, K. Ph. Moritz, Schubart, H. L. Wagner. Zwei kräftige Vertreter dieser Gruppe, Lenz und Klinger, gehören zu den Protégés des Basler Mäzens Jacob Sarasin.
Führend ist in dieser Zeit die englische Literatur. («Es ist ein grosses Unglück», schreibt Voltaire in seinem *Essay über epische Poesie* «dass es in Frankreich so wenige Nachahmer unserer Nachbarn, der Engländer, gibt.») Führende Vertreter dieser Literatur sind: Swift, Pope, Gay, Defoe, Congreve, Hume, Fielding, Shaftsbury, Macpherson, Sterne, Adam Smith, Blake, Coleridge. Neben Voltaire und dem Genfer Uhrmachersohn Rousseau sind in Frankreich bedeutend: d'Alembert, Vauvenargues, Beaumarchais, Montesquieu, Buffon, Diderot, Saint-Pierre, Chénier. In Italien, das nach der kulturellen Hochkonjunktur in der Renaissance in die zweite Reihe zurücktritt: Vico, Goldoni, Gozzi, Alfieri. In Dänemark tut sich Holberg hervor, in Schweden tun es zwei so verschiedene Autoren wie Swedenborg und Bellman.
In allen diesen Repräsentanten des 18. Jahrhunderts ist entweder der Aufstand des Menschen gegen die Natur oder der Widerstand gegen diesen Aufstand am Werk. Das wichtigste Ereignis der Epoche ist ohne Frage die Französische Revolution; zusehends reissender, wie ein Fluss vor einem mächtigen Wasserfall, treibt das ganze Zeitalter darauf zu.

Drollingers Wappen zieren drei Bienen

Mit dem Wiedereintritt der Eidgenossenschaft in die schöne Literatur wurde auch die Epoche der Aufklärung für die gesamte deutsche Literatur eingeleitet; dieser Beginn ist mit den Namen Drollinger und Haller verbunden.
Carl Friedrich Drollinger wurde 1688 in Durlach bei Karlsruhe geboren. 1703 bezog er die Universität Basel, wo er bei J. J. Battier die Rechte, daneben Mathematik, Naturwissenschaften und Geschichte studierte. 1726 wurde er durch Carl III. Wilhelm zum Betreuer des Baden-Durlachischen Archivs ernannt, das man im ‹Markgräflerhof› in Basel untergebracht hatte, nachdem das Stammschloss der evangelischen Markgrafen 1689 von den Franzosen eingeäschert worden war. Drollinger, dessen Wappen drei Bienen zierten, brachte neben dem Archiv die Bibliothek, die Münzsammlung und die Kunstkammer mit eisernem Amtsfleiss in Ordnung. Über ein Jahrzehnt wohnte er, um die Kosten für ein Logis zu sparen, in seinem Kanzleiraum. Auch als er 1722 Hofrat geworden war, lebte er eingezogen, bescheiden, blieb Junggeselle. Pfarrer A. J. Buxtorf, mit dem er erfolgreich als Dichter wetteiferte, und Professor Benedict Stähelin, mit dem er botanisierte und über englische Literatur diskutierte, waren seine besten Freunde. Niclaus I Bernoulli, der Jurist und Mathematiker, machte ihn auf den Lyriker Canitz aufmerksam, vielleicht auch auf Brok-

kes und den einen oder anderen Engländer. Neben seinem Amt war Drollinger Rechtsbeistand; Spreng versichert in seiner Gedächtnisrede, dass sich auch hohe Basler Gerichte an Drollinger als an eine Art Orakel gewandt hätten. Für J.C. Iselins *Baselisches, neu-vermehrtes Historisches und Geographisches allgemeines Lexicon* hat er zahlreiche Artikel verfasst. Nach ‹langjährigem Leiden am Halbkopfwehe› ist er 1742 überraschend gestorben. Sein Andenken haben unter anderen Brockes und J.J. Bodmer in längeren Gedichten gefeiert.

Wilhelm Wackernagel: *Karl Friedrich Drollinger,* Academische Festrede, Basel 1841.
Paul Roth: *Hofrat C.F. Drollinger u. d. Baden-Durlachschen Sammlungen zu Basel.* (Basl. Ztschr. 1958).
Th. Löhlein: *K.F. Drollinger.* 1873.

Drollinger ist ein Haller vor Haller

Als Dichter hat Drollinger zunächst ‹mit den Hofmannswaldauen, Lohensteinen, und andern dergleichen Flittergeistern ... einige Zeit verloren› (J.J. Spreng). Später wurde Brockes sein Vorbild, der, Jurist wie Canitz und Drollinger, ebenfalls einen Weg vom Barock zur Aufklärung suchte und sich dabei von Alexander Pope inspirieren liess, dem verkrüppelten, ständig kränkelnden, recht mittelmässigen Dichter des *Lockenraubs,* den aber Voltaire ‹den bedeutendsten Dichter Englands und gegenwärtig der ganzen Welt› genannt hat. Neben dem hamburgischen ‹Blümchenmaler› Brockes wirkt Drollinger heute frischer, kräftiger. «Ein Widerhall von Brokkes, aber verschönt und vergeistigt», stellte Wackernagel Drollingers literaturgeschichtliche Position fest, «von Haller ein starker Vorklang, dessen Herold, man könnte sagen ein Haller vor Haller.»

Mit feinspüriger Langsamkeit hat Drollinger, ‹ein mühsamer Reimeschmied, ... den ersten Guss lange überarbeiten müssen, bis er eine erträgliche Gestalt› gewann. In seinen berühmtesten Oden: ‹Lob der Gottheit›, ‹Über die Unsterblichkeit der Seele› und ‹Über die göttliche Fürsehung›, nimmt die Bukolik eine Wendung ins Erhabene. Und das waren nicht allein Vorklänge Hallers, sondern auch der Gedankenlyrik Schillers. Und nicht nur für diese Oden, auch für die andern geistlichen und moralischen Gedichte, für die Epigramme, Fabeln und für das kurze Prosastück ‹Klage des i wider das e› gilt durchaus, was Hettner in seiner *Literaturgeschichte des 18. Jahrhunderts* feststellte: Sie lesen sich nicht nur ohne Anstoss, sondern mit einer gewissen Erquickung.

In der Fabel vom Tod und dem Bettelmann warf dieser seine Krücke «voll Unmuts in den tiefen Rhein,/ Und sprach, erzürnt auf sein Geschicke:/ O Tod, verkürze meine Pein!/ Der Tod erschien ihm aus Erbarmen./ Ey, sprach der Bettler, bist du hier./ Mein Trost und Stab entfiel mir Armen,/ Ach schwimm ihm nach und hol ihn mir.» Und in der ‹Grabschrift eines Geitzigen› heisst es: «Hier liegt in seiner Ruhestatt / Ein Mann von listigem Geschlechte,/ Der sich zu Tod gehungert hat,/ Damit er nicht verarmen möchte.»

Drollingers Gedichte sind, wie ‹rationalistische› Gedichte der Frühaufklärung ganz allgemein, etwas anderes als das, was Emil Staiger an Beispielen vor allem von Goethe und den deutschen Romantikern als Prototypen des Lyrischen vorgestellt hat. Das sind keine ‹Würfe› eines ‹lyrischen Ichs›, sondern logisch konstruierte Entfaltungen von Einfällen. Dabei hat sich Drollinger, allerdings widerwillig, oft schwankend, den konventionellen Vorschriften Gottscheds für das Versemachen gefügt.

Drollingers *Gedichte* sind heute in den ‹Deutschen Neudrucken›, Stuttgart 1972, wieder greifbar.

Haller schreibt in Basel ‹Die Alpen›

1728 und 1729 hielt Albrecht Haller (das ‹von› wurde ihm erst später verliehen) in Basel einen anatomischen Demonstrationskurs ab und studierte bei Johannes I Bernoulli Mathematik, bei Benedict Stähelin Botanik. Er wohnte beim Stadtarzt Claude Passavant und wurde von Drollinger für die neuen englischen Vorbilder gewonnen; Drollingers Beispiel trug die Schuld daran, dass nach längerem Unterbruch ‹die poetische Krankheit› wieder über den Wissenschaftler Haller kam. Bis auf zwei Ausnahmen vernichtete dieser jetzt seine Jugendgedichte im Lohensteinschen Stil; von einer Reise durch die Schweizer Berge zurückgekehrt, schrieb er in Basel das berühmteste Gedicht der ganzen Epoche, *Die Alpen:* den poetischen Traum von einem goldenen Zeitalter der Unschuld. «Sag an, Helvetien, du Helden-Vaterland,/ Wie ist dein altes Volk dem jetzigen verwandt?»

Wieder in Bern, wo er eine ärztliche Praxis eröffnete, glückten ihm als Nebenprodukte seiner wissenschaftlichen Hauptarbeit lyrische ‹Gedanken über Vernunft, Aberglauben und Unglauben› und über die ‹Falschheit menschlicher Tugenden›, die er an Benedict Stähelin richtete; die Ode an die ‹Tugend› widmete er ‹Herrn Hofrath Drollinger›: «Freund, die Tugend ist kein leerer Name.» 1732 gab er seinen *Versuch Schweizerischer Gedichten* in erster, 1734 in vermehrter Auflage heraus. Dem Bändchen wurde ein erstaunlicher Erfolg zuteil; sowohl für Gottsched wie auch für Bodmer wurde Haller damit der gefeierte Erneuerer der deutschen Dichtung. Goethe, der ihn (und Drollinger) schon als Knabe gelesen hatte, nannte *Die Alpen* im *Wilhelm Meister* den ‹Anfang einer nationalen Poesie›.

A. von Haller: *Gedichte*, kritisch durchgesehene Ausgabe, Frauenfeld 1923. Ch. Siegrist: A. von Haller, Stuttgart 1967.

Spreng ist der erste Germanistikprofessor in Basel

Ein Jahr vor seinem Tod hat Drollinger seine Gedichte dem Theologen Spreng anvertraut, der sie, offenbar nach Gottscheds schriftsprachlichen und poetologischen Anweisungen, bearbeitete. Herausgegeben hat er sie ein Jahr nach Drollingers Tod, 1743; mit allerlei Zubehör hat er dabei Wasser auf seine eigene Mühle abzuleiten versucht.

Johann Jacob Spreng (1699–1768) ist ein Gegenbeispiel zu Drollingers Bescheidenheit und Zurückhaltung. Er war der

Sohn eines Basler Schreibmeisters, studierte Theologie, war Hauslehrer in Wien, dann Pfarrer in ein paar kleinen süddeutschen Gemeinden. 1741 wurde er mit der ersten Germanistikprofessur in Basel betraut; ohne oder fast ohne Besoldung hat er in dieser Eigenschaft rhetorische Übungen für angehende Kanzelredner und Staatsdiener abgehalten. 1746 wurde er zusätzlich Geistlicher im Waisenhaus; 1754 übertrug man ihm eine Professur für vaterländische Geschichte; 1762 wurde er Professor der griechischen Sprache.

Noch Prediger in Ludweiler, 1741, veröffentlichte Spreng eine *Neüe Übersetzung der Psalmen Davids;* sie waren für den Gemeindegesang in der Kirche gedacht. 1748 folgten die *Auserlesenen, geistreichen Kirchen- und Hausgesänge,* auf die sich Spreng allerhand zugute tat; sie bestanden in der Hauptsache aus gereimten Predigten, so den sechzig fünfzeiligen Strophen über den heiligen Geist: ‹O werther Geist im höchsten Thron.›

1749 gab Spreng die Wochenschrift ‹Eidgenoss› heraus, an der auch Isaac Iselin mitarbeitete; 1759 folgte ‹Sintemal›. Beide Zeitschriften gediehen nicht über den ersten Jahrgang hinaus. Als Historiker veröffentlichte Spreng 1752 die *Kronika* Petermann Etterlins mit einem Glossar. Als Germanist regte er Bodmer zu einer Ausgabe der Manessischen Handschrift an. Sein Hauptwerk war ein historisch-kritisches Wörterbuch der deutschen Sprache, das *Allgemeine deutsche Glossar.* Da er mit seinem Probebogen nicht genügend Subskribenten fand, blieb das Werk unvollendet und ungedruckt; das Manuskript, 22 Bände, befindet sich in der Basler Universitätsbibliothek. Ungedruckt blieb auch das *Idioticon Rauracum oder baselisches Wörterbuch,* das als Bestandesaufnahme der Basler Mundart um 1760, aber auch durch seine lokalgeschichtlichen und volkskundlichen Einfügungen, wertvoll geblieben ist.

Ein Mann zwar ‹von vielfacher Gelehrsamkeit›, aber unverträglich, sarkastisch, illoyal, hat es Spreng verstanden, sich mit jedermann zu verfeinden; in dezenter Form kam Pfarrer Grynäus sogar in der Leichenrede darauf zu sprechen.

Adolf Socin: J.J. Sprengs *Idioticon Rauracum,* Bonn 1888. Derselbe: J.J. Spreng, Basler Jahrbuch 1893.

Drollinger hält sich aus dem Streit

In der Auseinandersetzung zwischen Gottsched in ‹Kleinparis› (Leipzig) einerseits, Bodmer und Breitinger in Zürich anderseits, hat sich Basel nie richtig zum Wort gemeldet. Gottsched (1700–1766) hatte 1730 mit seinem *Versuch einer critischen Dichtkunst vor die Deutschen* eine selbständige nationale Literatur aufgrund der Regeln des französischen Klassizismus einzuleiten versucht. J.J. Bodmer (1698–1783), Professor der vaterländischen Geschichte, ein produktiver, aber schwacher Dichter, dafür eine ‹Hebamme des Genies› (Goethe), und J.J. Breitinger (1701–1776) traten gegen Gottsched für die Berechtigung des Wunderbaren in der Poesie ein, für die neue englische und die alte griechische Dichtung, für Gefühl, Phan-

tasie und shakespearschen Wildwuchs. Vor allem Breitingers *Critische Dichtkunst* von 1740 trug entscheidend zur Niederlage Gottscheds bei; in diesem Werk setzte Breitinger, vereinfachend formuliert, das Prinzip der gottverwandten Schöpferkraft des Dichters an die Stelle der reglementierten Naturnachahmung.
Drollinger war als Mitglied in die ‹Deutsche Gesellschaft› Gottscheds aufgenommen worden und hatte diesem, als ‹dem Mann, den Phöbus kennt und liebt›, einmal gehuldigt; nach 1740 neigte er sich eher den Zürchern zu und schickte Bodmer seine Übersetzung von Popes *Essay on Criticism.* Daneben übersetzte er aber, auf beiden Schultern tragend, auch aus der *Art Poétique* von Boileau. Engagiert hat er sich weder für noch gegen jemand. In aller Bescheidenheit fühlte er sich als praktizierender Dichter, nicht als Parteigänger: wie der Maler Conti in Lessings *Emilia Galotti* gab er sich zufrieden mit seiner Unzufriedenheit mit sich selbst.

Der früheste Mundartdichter heisst Emanuel Wolleb

Nach dem Fiasko Sprengs mit dem ‹Eidgenossen› und mit ‹Sintemal› versuchte der Gerichtspräsident Emanuel Wolleb (1706–1788) sein Glück mit einer dritten moralischen Wochenschrift: mit dem ‹Helvetischen Patrioten›. Auch an dieser Zeitschrift arbeitete Isaac Iselin mit, der Wolleb in einem Brief als seinen besten Freund in Basel bezeichnet hat; auch dem ‹Helvetischen Patrioten› war aber kein langes Leben beschieden.
Über das damalige Konzertleben schrieb Wolleb, ein praktizierender Musikfreund, die satirische *Reise nach dem Concerte.* In Basler Mundart verfasste er eine grössere Anzahl von Kurzkomödien oder Sketches. Vier davon sind in der Dissertation *Die baseldeutsche Dichtung vor J. P. Hebel* von Rudolf Suter wiedergegeben. Aufgrund dieser Texte bezeichnet Suter Wolleb als den ‹frühesten Mundartdichter auf Basler, ja vielleicht auf Schweizer Boden›. Im Spiel *Die Burger-Vermehrung* ging es um ein Problem, das vor allem Isaac Iselin stark beschäftigte. 1718 war nämlich eine Sperre für Neubürger erlassen und 1758 nur geringfügig gemildert worden; in hundert Jahren gab es in Basel damals knapp hundert Einbürgerungen. Als Jurist hat Wolleb eine Arbeit über das Basler Strafrecht publiziert.
Fritz Mangold: Die Bevölkerung und die Bevölkerungspolitik Basels seit dem 15. Jahrhundert, Basler Universitätsreden 1939.

Neben dem Musikleben gibt es einen regen Kunstbetrieb

Tonangeber im Musikleben Basels, über das Wolleb sich lustig gemacht hat, war Lucas Sarasin, ein Bandfabrikant. Im ‹Blauen Haus›, seiner Stadtresidenz, hat er einen Konzertsaal samt Orgel eingerichtet und einen eigenen Konzertmeister beschäftigt. Ein Mäzen lang vor Paul Sacher, hat er Kompositionen angeregt; berühmt war seine Musikbibliothek. (Genauere Auskünfte über Basels Musikkultur in der Aufklärung gibt Edgar Refardt: *Biographische Beiträge zur Basler Musikgeschichte,* Basler Jahrbuch 1920.)

Den Kunstbetrieb dominierte der Kupferstecher und Verleger Christian von Mechel (1737-1817), ein Grandseigneur, in dessen Auftrag und unter dessen Namen Kleinmeister wie Juillerat oder F.C. Reinermann graphische Souvenirartikel produzierten; im ‹Kunstsaal› Mechels im ‹Erlacherhof› hat Goethe dreimal zu Besuch geweilt; unter anderem hat er dort ‹interessante Wiener Portraits› betrachtet. Ein Mädchen für alles war Marquard Wocher (1760-1830), dessen Panorama von Thun, heute ein Anziehungspunkt im Schadau-Park in Thun, bis 1830 an der Sternengasse in Basel zu sehen war. Emanuel Büchel (1705-1775), ein Bäckermeister, hat in der genauen Manier der Aufklärung nicht nur Blumen und Vögel, sondern auch den Grossbasler Totentanz, die Kartause und viele Veduten gezeichnet, die als Illustrationen für Bruckners *Merkwürdigkeiten der Landschaft Basel* gestochen wurden. Johann Rudolf Huber war ein gewandter Porträtist, Franz Feyerabend tat sich als Karikaturist hervor, und der Bandfabrikant, Freizeitmaler und Sammler Daniel Burckhardt-Wildt (1752-1819) war Mitbegründer der Basler Künstlergesellschaft.

Dank der Seidenindustrie war Basel die reichste Stadt der Schweiz. («Es ist an wenigen Orten so viel Geld beisammen wie hier», notierte 1760 der ungarische Graf Jos. Teleki in seinem Reisetagebuch.) Sichtbarer Ausdruck davon war eine unverwechselbare, auf schlichte Art grossartige Architektur, die man sich im späten Ancien régime zu leisten anfing: das Haus ‹Zum goldenen Löwen›, den ‹Holsteinerhof›, das Haus ‹Zum Sausenberg›, den ‹Augustinerhof›, das Haus ‹Zur hohen Sonne›, das Haus ‹Zur Sandgrube›, das Wildtsche Haus, das Haus ‹Zum Delphin›, das ‹Blaue› und das ‹Weisse Haus›, das Haus ‹Zum Raben›, das Stadthaus, den ‹Kirschgarten› usw. Maximilian Neustück (1756-1834) hat als erster in Basel abbruchreife Häuser und Strassenzüge gemalt.

Im Jahrhundert zuvor hatte Matthäus Merian (1593-1650), ein Basler, in Frankfurt einen ähnlichen Verlag betrieben wie Mechel; er war aber nicht allein der Herausgeber der berühmten *Topographien,* sondern auch der Vater der Malerin und Naturforscherin Maria Sibylla Merian (1647-1717). Die Tochter der Maria Sibylla ihrerseits hat Georg Gsell, den Hofmaler Peters des Grossen geheiratet, dessen Tochter in Petersburg Leonhard Euler heiratete, so dass sich in der russischen Hauptstadt ein Ring schloss, der nach zwei Seiten von Basel ausgegangen war.

H. Lanz: Basler Wohnkunst und Lebensart im 18. Jahrhundert, Neujahrsblatt 1959.
Lucas Sarasin: *Catalogus der L. Sarasinschen Musiksammlung* (O. O. u. J.)
Teleki von Szek: *Basel anno 1760* (Basel 1936)

Den Literaturbetrieb beherrscht Jacob Sarasin

Was den Literaturbetrieb betrifft, blühte er am Münsterberg, wo Jungfer Salome Geymüller einen literarischen Salon unterhielt, in dem auch der junge Isaac Iselin verkehrte. Erst gegen

Ende des Jahrhunderts tat sich der Apotheker Wernhard Huber hervor. Als ‹bel Esprit› publizierte er eine Sammlung selbstgefälliger, meist abgeschmackter, teils lasziv sein sollender, teils tugendbegeisterter Einfälle. Dieses Büchlein betitelte er *Funken vom Herd meiner Laren;* auf diese Weise kam er zu seinem Übernamen ‹Larifunkus›. In der Helvetischen Republik hat er später als Kommissar zahlreiche Todesurteile gnadenlos vollstrecken lassen.

Die beherrschende Figur der baslerischen Literaturszene war Jacob Sarasin-Battier (1742–1802), der Bruder des Musikenthusiasten nebenan im ‹Blauen Haus›. Er dilettierte nicht ohne Geschmack in Vers und Prosa; im ‹Weissen Haus› und in seiner Sommerresidenz ‹Zum Engel› in Pratteln versammelte er die schönen und starken Geister seiner Wahl: den blinden Dichter und Erzieher Gottlieb Conrad Pfeffel; Lerse, dem Goethe im *Götz* ein Denkmal gesetzt hat; Goethes Schwager J.G. Schlosser; Maximilian Klinger, den Dramatiker, der später in Russland General wurde; den unglücklichen Lenz, den Büchner verewigt hat, soweit das der Autor der *Soldaten* und des *Hofmeisters* nötig hatte. Neben Pestalozzi und dem überschwenglichen Lavater verkehrten bei Sarasin Theosophen, Spiritisten, Freimaurer und auch Cagliostro, der Gertrud Sarasin von einer bösartigen Krankheit befreite. Die Satire *Pimplamplasko,* die das Geniewesen um 1780 verulkte, entstand im ‹Engel› als Gemeinschaftsjux Sarasins, Lavaters, Klingers und Pfeffels. Eine ständige Bühne in Basel war der grösste Wunsch Sarasins; mit Isaac Iselin war er, neben Friedrich Münch, einer der Stifter der ‹Gesellschaft des Guten und Gemeinnützigen›.

C.R. Hagenbach: Jacob Sarasin und seine Freunde, Beiträge zur vaterländischen Geschichte, Basel 1850.

Den letzten beissen die Hunde

Simon Grynäus (1725–1799), der Letzte seines Geschlechts, war nach einer grossen Bildungsreise Pfarrer in Wintersingen, danach im Elsass; zuletzt war er Helfer (Diacon) zu St. Peter in Basel. Er war wohlhabend, von schwacher Gesundheit, hat Thomas a Kempis, in Prosa Juvenal und als erster *Johann Miltons wieder-erobertes Paradies* übersetzt. Seine Ausgabe des *Lobes der Narrheit* von Erasmus, das er ebenfalls verdeutschte, enthielt hübsche Kupfer von Chodowiecki. In Hexametern brachte er eine Übersetzung von *Vier auserlesenen Meisterstükken* von Pope, Prior, Young und Glover heraus. «Wozu», fragte Lessing in seinem 39. Literaturbrief spöttisch, hat er sich «die Mühe genommen, Gedichte, welche bereits in Prosa recht gut übersetzt sind, noch einmal in Verse zu übersetzen, die weit schlechter als schlechte Prosa sind?» In Almanachform hat Grynäus schliesslich eine neue Bibelübersetzung verbrochen; das erste Buch Mose beginnt da folgendermassen: «Gott, ausser dem nichts war, machte den Anfang aller Dinge mit Erschaffung des Grundstoffs derselben.»
Aus ganz anderem Holz geschnitzt war Friedrich Münch, der,

1729 geboren, schon Magister war und noch Theologie studieren wollte, als sein Vater, ein Bäckermeister, starb. Der Sohn entsagte der Gottesgelehrsamkeit, übernahm das väterliche Gewerbe, wurde Grossrat und verwaltete nach 1771 als Dreierherr die Staatskasse; 1777 war er neben Isaac Iselin und Jacob Sarasin eines der sieben Gründungsmitglieder der ‹Gesellschaft des Guten und Gemeinnützigen›; 1783 präsidierte er die ‹Helvetische Gesellschaft› in Olten. Nebenbei hat er lateinische Gedichte verfasst, ‹die sich durch Anmuth der Gedanken, Leichtigkeit und Reinheit der Sprache› auszeichneten. 1787 war er in einer Anthologie, *Schweizerlieder von verschiedenen Verfassern,* vertreten, einer Nachahmung der *Schweizerlieder* J.C. Lavaters von 1767.

Hans Küry: *Simon Grynäus von Basel, der erste deutsche Übersetzer von Shakespeares Romeo und Julia,* Zürich 1934.

Die Anakreontik ist vertreten durch Wirz und La Roche

Zwei andere Basler, Achilles Wirz (1745–1778) und David La Roche (1745–1817), haben in sehr jungen Jahren jeder ein einziges Gedichtbändchen veröffentlicht. Stilgeschichtlich haben sie sich damit zwischen Drollinger und der deutschen Anakreontik angesiedelt, Wirz näher bei Drollinger, La Roche dichter bei Uz oder Gleim.

Achilles Wirz (auch Wierz) studierte Theologie in Basel, übernahm 1768 Sprengs Lehrstuhl der griechischen Sprache, wurde 1769 Helfer zu St. Theodor und heiratete 1773 die Schwester seines engen Freundes La Roche. 1766 veröffentlichte er *Gedichte von A. W.*, halbwegs anonym also. In Anlehnung an die berühmten *Betrachtungen über die Einsamkeit* von J.G. Zimmermann und an J.F. Cronegks Gedichte *Einsamkeiten* hat Wirz in schwermütigen Liedern Freundschaft und Einsamkeit besungen: «Gewölb der Nacht! Einsiedlerische Stille!» Im Stil Drollingers hat er Horaz-Oden und, in einem Anhang seines Bändchens, *Hero und Leander* von Musaios, dazu Briefe von Pope und Dryden, übersetzt.

In einer etwas umfangreicheren Sammlung, aber vollends anonym, hat David La Roche 1768 *Dramatische und andere Gedichte* zum Druck befördert. Er hatte die Rechte studiert, ohne Abschluss nahm er aber den Posten eines Fuhrknechtes (‹Wägeliherrn›) des Basler Kaufhauses an, um jene ‹liebenswürdige Person› heiraten zu können, ‹welche der Wunsch seines Herzens› war. In den ‹Abendstunden›, einem Lehrgedicht, stellte er fest, dass das Vaterland frei sei, nicht aber dessen Bürger. In einem kürzeren Gedicht bat er Amor, ihn als Blume im Garten der Geliebten einzupflanzen. «Kömmt Doris in den Garten», bat er weiter, «Mache, dass sie mich dann pflücke,/ Und an ihrem schönen Busen / Eine Stelle mir vergönne.»

Iselin ist ‹der› Basler der Aufklärungszeit

Isaac Iselin (1728–1782), sicher der baslerischste Basler zur Zeit der Aufklärung, ist als einziges Kind der schuldlos geschiedenen Anna-Maria Iselin-Burckhardt aufgewachsen. Er

hat die Rechte studiert, zunächst in Basel, danach in Göttingen, wo er Albrecht von Haller kennenlernte und mit J.G. Zimmermann Freundschaft schloss. Wieder in Basel, hat er, anonym natürlich, ein Bändchen lyrischer *Versuche* im Stil Hallers veröffentlicht; diesen hat er in einem der Gedichte als ‹Herrn H.› angesprochen. Eine Heirat mit der Tochter des Historikers Daniel Bruckner wurde ihm verwehrt; dem Doktorexamen, 1751, schloss sich ein Aufenthalt in Paris an, wo Buffon, Fontenelle und Rousseau seinen Weg kreuzten; mit Rousseau diskutierte er bei Baron Grimm über die Gleichheit der Stände.

Wieder zu Hause, wurde er zum Sechser seiner Zunft und ins Grossbasler Stadtgericht gewählt. 1755 gab er seine *Philosophischen und patriotischen Träume eines Menschenfreundes* heraus, die er J.J. Bodmer widmete. 1756, ein Jahr nach dem ganz Europa erschreckenden Erdbeben von Lissabon, erfolgte die Wahl Iselins zum Ratsschreiber: eine Lebensstelle, da bei seinen späteren Bewerbungen um das Amt des Oberzunftmeisters dreimal das Los gegen ihn entschied. Im gleichen Jahr 1756 heiratete er die sechzehnjährige Helene Forcart, durch die er Vater von sieben Töchtern und zwei Söhnen wurde. Seine Amtswohnung im ‹Schönauerhof› konnte er 1765 gegen eine solche im ‹Reischacherhof› tauschen (wo sich heute die Wirtschaft ‹Zum Isaak› befindet); 1767 kaufte er ein kleines Gütlein vor dem Aeschentor dazu, wo er im kleinen Rahmen landwirtschaftliche Versuche anstellte.

Die bevorzugten Freunde Iselins in Basel waren Daniel I Bernoulli, der Botaniker Lachenal, der Logiker Legrand, der Gerichtspräsident Wolleb. 1760 veröffentlichte er die *Philosophischen und patriotischen Versuche,* denen bis 1764 sieben kleinere Schriften folgten; 1764 erschien sein Hauptwerk, die *Geschichte der Menschheit.* 1770 sammelte er in *Vermischten Schriften* einen grossen Teil seiner kleinen, eigens umgearbeiteten Publikationen; 1772 brachte er den *Versuch über die gesellige Ordnung* heraus.

Im Jahr 1776 erschien das erste Stück der Monatsschrift ‹Ephemeriden des Menschengeschlechts›, die Iselin, mit einem kleinen Unterbruch, bis zu seinem Tod mit erstaunlich grossem Erfolg herausgab. Das ganze Spektrum seiner Interessen leuchtet darin auf: Wirtschaftstheorie und Landbau, Geschichtsphilosophie, Politik, Gesetzgebung, Ethik, Erziehung, Religion, Armenwesen; den breitesten Raum nahmen Themen der Physiokratie ein, einer damals faszinierenden Theorie, in der die Priorität des Ackerbaus behauptet und nur den Grundeigentümern, den einzigen Steuerzahlern, politische Vollberechtigung zuerkannt wurde. Mitarbeiter der Zeitschrift waren J.R. Frey, N.E. Tscharner, J.G. Schlosser, J.G. Zimmermann, Ulysses von Salis, D. Fellenberg, J.A. Schlettwein, S. Hirzel, E. von Rochow, Pestalozzi usw.: als Übersetzer und Redaktionssekretär war Jacob II Bernoulli wichtig.

1780 kam Pestalozzi nach Basel; Iselin, der die späteren schriftstellerischen Erfolge dieses seines Gastes überhaupt erst ermöglichte, redigierte zunächst die *Abendstunde eines Einsiedlers* und brachte das ‹uncorrecte und von Sprachfehlern äusserst beladene Manuscript› von *Lienhard und Gertrud* in Ordnung. Den Tod Iselins, 1782, beklagte Pestalozzi in seinem Nachruf als den Verlust ‹seines Vaters und Lehrers, seiner Stütze und seiner Erhebung›. In der Helvetischen Gesellschaft hat J. G. Schlosser, Gœthes Schwager, die Trauerrede gehalten.

Ulrich Im Hof: Isaak Iselin und die Spätaufklärung, Bern 1967. Ein interessanter «Entwurf meines künftigen Lebens» findet sich in Iselins *Pariser Tagebuch*, das F. Schwarz 1919 in Basel veröffentlicht hat.

Der Patrizier Iselin hat Schwierigkeiten mit seiner Herkunft

«Im Lande der Ideen fand ich nichts als Ordnung, Richtigkeit, Tugend, Gerechtigkeit, Erhabenheit», hat Iselin in den *Philosophischen und patriotischen Träumen eines Menschenfreundes* geschrieben, «im Lande der Wirklichkeit hingegen nichts als Unordnung, Verwirrung, Falschheit, Scheintugend und betrügerische Grösse.» Die Nachwelt hat ihm hiebei nicht zugestimmt. ‹Im Lande der Ideen› ist Iselin heute weitgehend vergessen; in breiten Kreisen ist er dagegen lebendig geblieben als Mann der Wirklichkeit: als Gründer der ‹Helvetischen Gesellschaft› und der Basler ‹Gesellschaft zur Beförderung des Guten und Gemeinnützigen›.

Die *Träume eines Menschenfreundes,* die Iselin viermal umgeschrieben hat, sind eine Art staatsbürgerliches Lehrbuch; er hat darin eine physiokratische und gleichzeitig urbaslerische Verfassung entworfen, die den steuerzahlenden Grundherrn privilegierte; bereits im Hochmittelalter hatten ja die grundbesitzenden Basler die herrschende Gesellschaftsschicht gestellt, und für Johannes Knebel war 1450 bestätigt worden: «Als Hausbesitzer und Grundeigentümer stand er in seiner Vaterstadt auf sicherem Boden.»

Die zwiespältige Haltung des Angehörigen einer privilegierten Familie zu den Reformen, deren Notwendigkeit er auch in ihren radikalen Formulierungen durchaus einsah, wurde noch deutlicher in Iselins Schriften *Freimüthige Gedanken über die Entvölkerung unserer Vaterstadt* von 1757 und in den *Neuen Betrachtungen über die Annahme neuer Bürger in Basel* von 1762, wo sich die Auseinandersetzung um jenen Standpunkt drehte, den der Bürgermeister Emanuel Falckner 1760 formuliert hat: «Wir sind alle vom gleichem Geblüt; lasst uns nicht dieses edele, reine, baselische Blut mit fremdem Zusatz verpesten.»

Überdeutlich wurde dieselbe Ambivalenz im *Versuch über die gesellige Ordnung;* auf breiter Front wurde darin das Gedankengut der Physiokratie durchdiskutiert. «Wie Rousseau *für* die soziale Gleichheit, so beruft sich Iselin *gegen* sie auf Gott», hat Teucher diese Auseinandersetzung resümiert. Denn «kein Aufklärer ist widerspruchsvoller als er, weil sich keiner mit der gleichen Beweglichkeit überall da bemüht hat, wo Ideen vorhanden waren».

Eugen Teucher: Die schweizerische Aufklärung als Wegbereitung der sozialen Emanzipation, Basel 1935.

Iselin, Herder, Kant lautet die Reihenfolge

Aus diesen Schwierigkeiten hat sich Iselin in die Darstellung einer umfassenden Geschichte der Menschheit gerettet. Die Morgansche Dreistufentheorie vorwegnehmend, hat er die Entwicklung des Menschengeschlechts grundlegend in die drei Hauptepochen Wildheit, Barbarei, Zivilisation eingeteilt. Das Goldene Zeitalter weiss er, im Gegensatz zu aller Mythologie, am Ende, nicht am Anfang des Geschichtsprozesses: in der Zukunft. Fortschritte sind für ihn Fortschritte in der Vernünftigung der Menschen. Als typischer Aufklärer ist Iselin überzeugt, dass der Mensch nur durch Tugendstreben und Vernunftgebrauch echtes, wahres, grosses Glück erlange. «Und nichts», meint er, «hat in den Menschen einen grösseren Einfluss als der Mensch selbst.»
Nachdem die Last der Amtsgeschäfte den ursprünglichen Plan einer Geschichte Basels oder der Eidgenossenschaft verunmöglicht hatte, sammelte Iselin für seine *Geschichte der Menschheit* ‹eigne Gedanken ... aber noch mehr facta, um daraus allgemeine Sätze zu ziehen und die Geschichtskunde mit der Psychologie zu vereinigen›. Als Gegener von Rousseaus Annahme eines glücklichen Urzustandes der Menschheit durchkämmte er die ethnologische Literatur systematisch im Hinblick auf Gegenbeweise; die neuesten Ergebnisse der Ethnologie baute er in jeder neuen Auflage seines Buches ein.
Als Gesamtschau der Menschheitsgeschichte war Iselins Werk ein Novum; weil anscheinend die Zeit dafür reif geworden war, hat sein Buch eine eigentliche Lawine geschichtsphilosophischer Unternehmungen ausgelöst. Lessings *Erziehung des Menschengeschlechts,* Herders *Ideen zu einer Philosophie der Geschichte der Menschheit* und Kants *Idee zu einer allgemeinen Geschichte in weltbürgerlicher Absicht* sind die wichtigsten Titel in einer fast unabsehbar langen Reihe. 1799, siebzehn Jahre nach dem Tod Iselins, hat Herder dessen Priorität ausdrücklich festgestellt: «Eigentlich folgen wir so aufeinander: Iselin, ich und Kant.»
Iselin war jedoch überzeugt, dass ‹Europa seinen männlichen Jahren entgegenreife› und die ‹Verbesserung der Geister und Gemüter durch die Vernunft ... den Nachkömmlingen schöne Tage› verheisse, während Herder, der ein völlig anderes, zyklisches Weltbild hatte, der Überzeugung war: «Die Kultur rückt fort, sie wird aber damit nicht vollkommener.» Damit hatte allerdings auch Herder keineswegs schon die ganze Problematik zu Gesicht bekommen. Erst der Nietzsche der ersten Basler Jahre hat mit seinen Einwänden gegen Euripides und gegen Sokrates (in der *Geburt der Tragödie*) auch Iselin und mit ihm die gesamte Aufklärungsphilosophie in Frage gestellt; der kritische Geist, argumentierte er, der eudämonistische Vernunftglaube, die rein wissenschaftliche Fragestellung und Problemanalyse sind Todfeinde aller echten Kultur.

Alfred Stern: Über Isaak Iselins Geschichte der Menschheit, in: Zeitschrift für schweizerische Geschichte 10 (1930). Regli, M.A.: *Iselins Gesch. d. Mensch.*, Diss. München 1920.

Basel befruchtet die Geschichtswissenschaft

Mit dem Vorwiegen kritischer Intelligenz und mit der ‹Sprödigkeit des Basler Charakters› hängt es, nach Bonjour, zusammen, ‹dass Basel in der Geschichtswissenschaft Vortreffliches leistete und damit die ganze Eidgenossenschaft befruchtete›.
Der Jurist J.R. von Waldkirch schrieb eine *Grundliche Einleitung zu der Eydgenossischen Bundes- und Staats-Historie;* der Historiker Johann Heinrich Brucker (1725–1754) gab 1752 ein Quellenbuch der Basler Geschichte heraus: die *Scriptores rerum Basiliensium minores.* Johann Heinrich Gleser publizierte als erster den Bundesbrief von 1291, und J.J. Spreng edierte 1752 Petermann Etterlins *Kronika von der loblichen Eidgnoschaft.* Johann Rudolf Iselin (1705–1779), ein Onkel Isaac Iselins, war Professor der Rechte und Redaktor der Basler Mittwoch- und Samstagzeitung; 1734 gab er die Schweizergeschichte von Aegidius (Gilg) Tschudi erstmals und unter dem Titel *Chronicon Helveticum* heraus. (Über *diesen* Iselin, der kein einfach zu behandelnder Mensch, dafür ein vielseitiger, anregender Gelehrter war, informiert eine Schrift von F. Heitz: *J.R. Iselin*, Ein Beitrag zur Historiographie des 18.Jahrhunderts, Basel 1945.)
J.C. Beck, ein Theologieprofessor und Lector am Frey-Grynäum, hat Wurstisens *Epitome* übersetzt; lateinisch und deutsch hat er ausserdem eine *Einleitung in die Helvetischen Geschichten* verfasst. Daniel Bruckner (1707–1781) studierte die Rechte; als Registrator hat er das baslerische Staatsarchiv grundlegend reorganisiert. 1765 gab er eine Neuauflage der Wurstisen-Chronik nebst Fortsetzung bis 1620 heraus, seine Weiterführung für die Zeit nach 1620 ist Manuskript geblieben. Bruckners Hauptwerk, zwischen 1748 und 1763 entstanden, ist der *Versuch einer Beschreibung historischer und natürlicher Merkwürdigkeiten der Landschaft Basel.* Das Werk ist mit Kupfern nach Vorlagen von Emanuel Büchel ausgestattet; Bonjour hat es als ‹Muster einer Heimatkunde auf wissenschaftlicher Grundlage› bezeichnet.

Peter Ochs ist ein zwielichtiger Charakter

Isaac Iselin war durch die Grossmutter seiner Frau, einer Faesch, mit Peter Ochs entfernt verwandt, dessen Grossmutter auch eine Faesch gewesen war. Als Sohn eines der bedeutendsten Grosskaufleute jener Zeit, des Baslers Albrecht Ochs-His, ist Peter 1752 in Nantes geboren und in der französischen Kolonie in Hamburg aufgewachsen; Lessing und Basedow gehörten dort zu den Protegés des Vaters. Als der verwöhnte Jüngling 1769 in seiner Vaterstadt weilte, bewog ihn Iselin zum Rechtsstudium; 1776, im Jahr der Unabhängigkeitserklärung der USA, schloss er es in Basel ab; seine Dissertation handelte vom Tatbestand der Verleumdung: *De famae laesione.* Nach weiteren Studien in Leyden verheiratete er sich mit Salome Vischer und führte nach dem Tod des Vaters, 1780, im ‹Hol-

steinerhof› das Leben eines Grandseigneurs. 1782 wurde er, als Nachfolger Iselins, Ratsschreiber und 1790 Stadtschreiber. 1795 vermittelte er im ‹Holsteinerhof› den Frieden zwischen Frankreich und Preussen, der den Krieg von Preussen und Österreich gegen Frankreich beendete. 1796 erreichte er die zweithöchste Stufe in der baslerischen Ämterhierarchie; er wurde, was Iselin auch gern geworden wäre: Obristzunftmeister.

Über die zwiespältige Rolle, die er in der Folge als Gesandter in Paris, als Schöpfer der Verfassung der Helvetischen Republik (des ‹Ochsenbüchleins›) und als Mitglied des Direktoriums spielte: über seine Rolle als baslerischer und schweizerischer ‹Vaterlandsverräter› sind mit Vorteil mehrere Berichte gegeneinander abzuwägen.

Zwielichtig war schon der Beginn seines Lebens, da man ihn ‹für alle Fälle› protestantisch und katholisch taufen liess. Verstärkt wurde die Zwielichtigkeit durch die Einflüsse des unternehmenden, grosszügig-extravertierten Vaters einerseits und der selbstquälerischen, depressiven Mutter anderseits. Wichtig war ferner, dass er bilingue war und seine literarischen Werke in französischer Sprache, seine Geschichte Basels deutsch abfasste. Da er kein Baseldeutsch sprach, blieb er in seiner Vaterstadt, ungeachtet seiner Ämter und Würden, zeitlebens ein Fremdling. Als Politiker hatte er nach Bonjour ‹Einfälle, nicht aber Grundsätze›. Und seine Affinität zu Frankreich wurde selbst durch massivste Vermögensverluste und durch die Hinrichtung seines Schwagers in Strassburg nie ernstlich in Mitleidenschaft gezogen.

Als Ochs 1799 von Laharpe aus dem Direktorium verdrängt wurde, zog er sich als Verfemter nach Basel zurück, wo man ihm auf einem schadenfreudigen Plakat zu verstehen gab: «Der Exdirektor Peter, / Der erzinfame Landesverräter, / Ist nun auch bald zur Hölle reif.» 1801 verkaufte er den ‹Holsteinerhof› für hunderttausend Franken. Von den Baselbietern, die ihm die Gleichstellung mit den Stadtbürgern verdankten, wurde er aber 1803 in den Kleinen Rat gewählt; er kümmerte sich um das Erziehungswesen und verfasste auch ein Schulbuch. Seinen Söhnen gab er den Rat, den grossmütterlichen Namen His anzunehmen. Vereinsamt, resigniert und in ökonomischer Bedrängnis ist er 1821 in Basel gestorben.

Hauptquelle für eine unvoreingenommene Beurteilung von Peter Ochs ist seine Korrespondenz, die Gustav Steiner in den «Quellen zur Schweizergeschichte» herausgegeben hat, 3 Bände 1927–1937.

Der Literat Peter Ochs schreibt französisch

1769 hat Ochs eine unreife Versarbeit, *Les adieux aux muses d'un jeune homme de 17 ans*, verfasst und 1782 die ‹lyrische Szene› *La journée des quatre sapins*, die, mit einer Vignette von Salomon Gessner geschmückt, bei J.J. Thurneysen in Basel herauskam. Nach 1798 schrieb er das ungedruckt gebliebene Stück *Zeltner ou La Prise de Soleure*, dessen Handlung in Albert Gesslers *Peter Ochs als Dramatiker* (Basel 1893) zusammengefasst ist. 1806 und 1807 folgten drei Kinder nicht nur seiner Muse, sondern auch seiner unfreiwilligen Musse: die Tragödie *L'Incas d'Otahis*, die Oper *Prométhée* und das Lustspiel *L'homme à l'heure*, in dem die Tatsache, dass Basels Uhren damals anders gingen als anderswo, in der Spalenvorstadt einige uhrmacherische und sonstige Verwirrung stiftete. Im Widerspruch zu Virgile Rossel (in dessen *Histoire littéraire de la Suisse romande*) ist Albert Gessler dezidiert der Meinung, Peter Ochs habe ‹auch als Literat seiner Vaterstadt Ehre gemacht›.

Zwiespältig ist auch das Urteil über den Historiker Ochs

«Isaac Iselin, mein Vorfahrer, mein Freund und mein Lehrer, schrieb die Geschichte der Menschheit; sein Nachfolger, sein Verehrer, sein Schüler liefert die Geschichte des kleinsten Theils derselben.» So setzt der erste von acht Bänden der *Geschichte der Stadt und Landschaft Basel* ein, der 1786 in Basel herauskam. Der zweite Band folgte 1792; zwischen 1819 und 1822 erschienen, nach verschiedenen Schwierigkeiten mit verschiedenen Verlegern, bei Schweighauser in Basel die Bände drei bis acht; den Registerband, 1832 erschienen, besorgte ein Freund von Ochs, Markus Lutz, Pfarrer in Läufelfingen (der unter anderem auch *Neue Merkwürdigkeiten der Landschaft Basel* veröffentlicht hat).

«Deine Historie, edler Freund», hat Johannes von Müller über den ersten Band geurteilt, «wird ein unvergessliches Denkmal für deine Vaterstadt und für alle Eidgenossen lehrreich und erwünscht sein.» Dem war und ist jedoch nicht so; das Denkmal, das der zwiespältige Historiker seiner Vaterstadt setzte, fand bei der Fach- und Nachwelt eine zwiespältige Aufnahme: zwiespältig, auch wenn man absieht von politischen Anti- und Sympathien. Als Fazit fachmännischer Bemühungen um die ‹Ochssche Geschichte› gilt die Feststellung, dass sie einerseits von grossem Wert sei aufgrund des immensen, in ihr (zum Teil unkritisch) verarbeiteten Materials (das uns zum Teil nur noch in dieser Form zugänglich ist), dass aber anderseits die Darstellung ‹dilettantenhaft und veraltet› (Boos) sei.

Anstelle der Annalistik, des Berichts über geschichtliche Ereignisse nach der Aufeinanderfolge der Jahre, dessen Gefahren Ochs unter anderem bei Wurstisen beobachtet hat, strebte er eine ‹pragmatische Geschichtsschreibung› an, in der nicht allein Ereignisse dargestellt werden, sondern, um sie herum gruppiert, deren Ursachen und Wirkungen. Eine solche ‹verflechtende Zusammenschau› der geschichtlichen Elemente ging jedoch über die Kraft und Souveränität von Ochs; sie ist, für die Renaissance und die griechische Antike, Jacob Burckhardt gelungen. Bisweilen hat die Überfülle des Archivmaterials Ochs offensichtlich fast erstickt. Da ihm zudem Wurstisens urwüchsige Sprachkraft fehlte, ist die Lektüre seiner Geschichte eine starke Zumutung.

Andreas Staehelin: Peter Ochs als Historiker, Dissertation, Basel 1952.

Jacob Burckhardt

J.J. Bachofen

Friedrich Nietzsche

Carl Spitteler

Die Gegenwart beginnt im neunzehnten Jahrhundert

Wir suchen aktuelle Antworten auf alte Fragen

Nietzsche hat das 17. Jahrhundert als das aristokratische, das 18. Jahrhundert als das feminine bezeichnet. Das 19. war für ihn das animalische Jahrhundert.
In diesem 19. Jahrhundert ‹stehen wir plötzlich vor ganz neuen Verhältnissen, neuen Lebensformen ... und fühlen uns von der Vergangenheit wie abgeschnitten›. Das hat Arnold Hauser in seiner *Sozialgeschichte der Kunst und Literatur* festgestellt. Und weiter: «In keinem Gebiet ist aber wohl der Einschnitt so tief wie in der Literatur, wo die Grenze zwischen den älteren, für uns bereits historisch gewordenen, und den von nun an entstehenden, mehr oder weniger... noch aktuellen Werken die empfindlichste Zäsur darstellt, die wir in der Geschichte der Kunst kennen. Erst die Werke diesseits der Grenze bilden die ... lebendige, unsere Lebensprobleme unmittelbar betreffende Literatur; von den älteren sind wir durch einen unüberbrückbaren Abgrund geschieden ... Wir lesen die Werke der älteren Literatur mit ganz anderen Augen als die Schöpfungen unserer eigenen Zeit; wir geniessen sie rein ästhetisch, das heisst unnaiv, desinteressiert, uns ihrer Fiktivität und unserer Selbsttäuschung durchaus bewusst.»
Die Lektüre von Werken, die vor dem 19. Jahrhundert entstanden sind, setzt deshalb ‹Gesichtspunkte und Fähigkeiten voraus, über die der Durchschnittsleser keineswegs verfügt; aber auch der historisch und ästhetisch interessierte Leser empfindet einen unermesslichen Unterschied› einerseits ‹zwischen Werken, die zu seiner Gegenwart, seinem Lebensgefühl und Lebensziel keine unmittelbare Beziehung haben›, anderseits zu solchen, die auch für uns nach einer Antwort suchen ‹auf die Frage: Wie kann man, wie soll man in dieser Gegenwart leben?›.

Wir gehen zwei Schritte vorwärts und einen Schritt zurück

Für Hauser beginnt das 19. Jahrhundert erst um 1830. J.P. Hebel, dessen erstes Buch, die *Alemannischen Gedichte,* 1803 erschien, ist 1760 geboren und 1826 gestorben; er müsste also von uns ‹durch einen unüberbrückbaren Abgrund geschieden› sein. Die zahlreichen baslerischen Hebel-Epigonen, die nach 1830 in Erscheinung traten, sprächen dagegen ganz unmittelbar noch zu uns. Tun sie das tatsächlich? Und tut es Hebel nicht mehr?
Was im 19. Jahrhundert grundsätzlich neu war, die bürgerliche Revolution, der Aufstieg des Bürgertums: das setzte um1780 ein. Mit dem Wiener Kongress kam es 1814/15 nicht nur zum Stillstand: Hebel, der ‹Hausfreund›, hat damals ‹fast ein wenig wollen erschrecken, dass der Zeiger der grossen Weltuhr wieder auf einmal auf das Jahr 1789 zurückschnellte›. Mit der Julirevolution in Paris geriet er 1830 erneut in Bewegung. Und schon vorher setzte in der westlichen Welt die Industrialisierung ein, die mit dem Kapitalismus und dem Kolonialismus im Laufe des 19. Jahrhunderts zu einer völligen Neuordnung und zur Integration des gesamten Erdballs führten.
In Basel reicht ein erster Abschnitt der politischen Geschichte

von der unblutigen Revolution von 1798 zur Neuordnung der Helvetik, dann von der Mediation zur Restauration von 1815. Ein zweiter führt bis zur Abtrennung von Baselland, 1833, ein dritter bis zum Bundesstaat von 1848, ein vierter bis zur Verfassung von 1875 und ein fünfter bis zur Verfassungsrevision von 1905. Für diese Geschichte gilt jedoch, was Peter Ochs am Schluss seiner *Geschichte der Stadt und Landschaft Basel* sagte: «Von nun an kann» diese «Geschichte von der Geschichte des Ganzen nicht mehr getrennt werden.»

Mit dreizehn Jahren ist Hebel auf sich selbst gestellt

Die Jugend und die aufwärtsführenden Mannesjahre Hebels gehören in die Spätzeit der Aufklärung. Die Jahre seiner dichterischen Produktivität, zwischen 1800 und 1815, fallen mit dem Zeitraum der Herrschaft Napoleons zusammen. Die Restauration nach 1815 brachte für Hebel Titel und Ehren, nur vereinzelt noch Literarisches. Solche Gegenläufigkeiten könnten Zufälligkeiten sein, sind jedoch bedenkenswert, wenn es einen Mann zu verstehen gilt, der, wie Erasmus (den er verehrte), ein Meister der Feder und des unterhaltenden Gesprächs war, dazu ein vielschichtiger Künstler der Camouflage und des Verschweigens.

‹Von armen, aber frommen Eltern› in Basel geboren, hat Hebel ‹die Hälfte› seiner ‹Kindheit bald in einem einsamen Dorf, bald in den vornehmen Häusern einer berühmten Stadt zugebracht›. Früh hat er dabei ‹gelernt, arm seyn und reich seyn›. Der Vater, Johann Jacob, war 1720 in Simmern auf dem Hunsrück geboren. Ursprünglich Leineweber, hatte er, der ‹Dragunerjobbi›, J.J. Iselin-Ryhiner, einem Major in französischen Diensten, auf zahlreichen Kriegszügen als Offiziersknecht und schliesslich in dessen Heimatstadt gedient. Bei den Iselins war auch die sieben Jahre jüngere Ursula Oertlin in Stellung, und es scheint, dass sie es war, die dem ‹Draguner› zuerst Avancen gemacht hat. Die beiden heirateten 1759, wohnten winters in Hausen, dem Heimatort von Frau Ursula; im Sommer dienten sie gemeinsam bei Iselins.

In der ‹berühmten Stadt Basel› ist ihnen am 10. Mai 1760 der Sohn Johann Peter geboren worden. Lange Zeit galt ein Gartenhaus in der Fäschischen Liegenschaft am Petersplatz als Geburtshaus. 1871 wurde dort die Gedächtnistafel mit dem Text von Jacob Burckhardt angebracht; sie wurde 1928 disloziert, nachdem Fritz Liebrich das eigentliche Geburtshaus 1926 ausfindig gemacht hatte, ‹und zwar just in der Santehans ... n. 14, das 2 te Haus vor dem Schwiebbogen›, wie Hebel selber in einem Brief von 1815 erklärt hatte.

Dort wurde 1761 auch Hebels Schwesterchen Susanne geboren; im Juli starb aber der Vater an Typhus und im August Susanne. Im Sommer diente die Mutter weiterhin in Basel, wo Johann Peter die Schulen besuchte; den Winter über war sie Arbeiterin des Schmelzwerks in Hausen; nach 1769 besuchte der Sohn im Winter die Lateinschule in Schopfheim. Zusammen mit dem Bürgermeister Maurer von Hausen holte er 1773

die erkrankte Mutter in einem Ochsenkarren in Basel ab; unterwegs, auf dem ‹Baselweg› zwischen Steinen und Brombach, der Ruine des Rötteler Schlosses direkt gegenüber, starb sie am 13. Oktober.
So war Hebel mit dreizehn Jahren Vollwaise, hatte aber rechtzeitig ‹gelernt ... mit den Fröhlichen froh seyn und mit den Weinenden traurig›. Früh auf sich selbst gestellt, trat er ohne verwandtschaftliche Betreuung seine Laufbahn an, doch seiner Lebtage bezog sich für ihn alles Wesentliche auf den Schatz der Erinnerungen an seine ersten dreizehn Jahre. Dreissig Jahre nach dem Tod der Mutter liess er eines der ‹ewigen, grossen Gedichte der Weltliteratur› (Jacob Burckhardt), ‹Die Vergänglichkeit›, an dem für ihn heiligen Ort zwischen Steinen und Brombach spielen. Und 1819, als er zum Prälaten der evangelischen Landeskirche Badens ernannt wurde, schrieb er einem Freund: «Was würde meine Mutter sagen?»
Fritz Liebrich: *J. P. Hebel und Basel,* 1926.

Mit vierzig fängt Hebel an zu dichten

Hebel war nicht ganz mittellos, als er 1774 ins ‹Unterland›, ans Gymnasium von Karlsruhe, kam; ihm standen das Ersparte der Eltern und ein Legat von J. J. Iselin zur Verfügung. Wie in Schopfheim und am Humanistischen Gymnasium in Basel war er am Gymnasium illustre in Karlsruhe ein guter Schüler; er hielt lateinische Reden in der ‹Societas latina› und erhielt 1778 vom Erbprinzen Carl Ludwig einen Preis von 25 Gulden zugesprochen. Im gleichen Jahr bezog er die Universität Erlangen, da er als Lutheraner im reformierten Basel nicht Theologie studieren konnte. In Erlangen lernte er das Pfeifenrauchen und war im Rahmen seiner finanziellen Möglichkeiten ein flotter Student. 1780 bestand er in Karlsruhe ein theologisches Examen und wurde Kandidat für ein geistliches Amt; weder anschliessend noch später kam er jedoch zu der ersehnten Pfarrei im ‹Oberland›. Zunächst nahm er vorlieb mit einer Hauslehrerstelle und seelsorgerlichen Hilfsdiensten bei Pfarrer Schlotterbeck in Hertingen. ‹Zwischen Milchkänsterlein und den nassen Strümpfen und Handzwellen am Ofenstängelein› las er Bodmer, Klopstock, Young, Jung-Stilling, Erasmus und lateinische Klassiker; sein Lieblingsdichter war Theokrit.
Am Pädagogium in Lörrach wurde er 1783 ein schlechtbezahlter Präzeptoratsvikari. Er las jetzt Herder, Bräker, Kant; mehrmals suchte er die Anlagen der Ermitage in Arlesheim auf, die dann, eine Folge der Französischen Revolution, 1793 zerstört wurden. Sein engster Freund wurde der Pfarrvikar F. W. Hitzig. Nach 1788 trat immer merkbarer die kühle und gescheite Gustave Fecht, die ‹ewige Freundin›, in seinen Gesichtskreis. Im Gasthof zum ‹Wilden Mann› und auf vielen Wanderungen zelebrierte er mit Hitzig, A. Welper und Pfarrer Günttert (dem Schwager von Gustave Fecht) eine selbstgeschaffene, ständig weiter ausgebaute ‹Geheimlehre›. Im Mittelpunkt dieser lörrachischen Spielart der Freimaurerei stand

Proteus, der uralte Gott des Wandels und des Nichts. Lörrach hiess im Jargon dieses Mysteriendienstes ‹Proteopolis›, und auf dem Feldberg wohnte der Antiproteus oder (weil Wortverdrehungen zum ‹belchistischen› Kult gehörten) der ‹Deselesgeinet› genannte Dengelegeist.

1790 reichte Hebel in Karlsruhe ein Gutachten ein, in dem er Verbesserungen für den Unterricht in der Muttersprache vorschlug. Ein Jahr darauf wurde er als Subdiakonus ans Gymnasium in Karlsruhe berufen. Er unterrichtete in den drei alten Sprachen, las viel, Jean Paul vor allem. Zunehmend interessierte er sich für botanische Dinge, so für die Kryptogamen; als er in einem Traum als Spion ertappt wurde, diente ein Moos, das sich in seiner Tasche fand, zu seiner Identifizierung. 1793 schrieb er den Hymnus ‹Ekstase›, den er Hitzig gegenüber als ‹Bettel› bezeichnete.

Mit Gustave Fecht führte er einen zart hinhaltenden Briefwechsel, in dem er aber, bis zum letzten Brief von 1826, beim ‹Sie› blieb. Die Pfarrei in Grenzach bei Basel, um die er sich 1794 bewarb, blieb ihm versagt. 1795 erlebte er die Besetzung von Karlsruhe durch die Franzosen, und im Revolutionsjahr der Basler, 1798, wurde er Professor der Dogmatik und der hebräischen Sprache. Um die Jahrhundertwende fing er an, im Dialekt zu dichten; ‹fast unwillkürlich, doch nicht ganz ohne Veranlassung›, nämlich mit seinem ‹mutterenden und bruttlenden Heimweh› brach seine Mundartpoesie wie ein Sturzbach hervor.

Der Erfolg heckt neuen Erfolg

Dem ‹heiligen Geist›, der ihn ‹damals umschwebte›, verdanken Hebel und wir die *Alemannischen Gedichte;* 1801 liegen nahezu alle 32 Stücke der ersten Auflage fertig vor. J.G. Jacobi, Professor in Freiburg i. Br., gibt ein günstiges Urteil ab, und Hebel versucht, sie bei Samuel Flick in Basel zu veröffentlichen. Dieser lehnt ab; so zu dichten, wie man redet, meint dieser, sei keine Kunst. 1803 erscheinen sie in Macklots Hofbuchhandlung in Karlsruhe; Hebel muss dem Landesvater Carl Friedrich persönlich daraus vorlesen. Im Herbst erscheint in der ‹Zeitung für die elegante Welt› eine Besprechung von Jean Paul; zum Jahresende ist eine zweite Auflage notwendig. 1805 lobt Goethe in der ‹Jenaer Allgemeinen Literaturzeitung› die Gedichte, mit denen auf die ‹naivste, anmutigste Weise durchaus das Universum verbauert› worden sei. Hebel tut sich auf diese Rezension nicht viel zugute; eine solche von J.H. Voss wäre ihm wichtiger gewesen. 1806 trifft er mit Tieck zusammen, der seine Gedichte ins Hochdeutsche zu übersetzen gedenkt.

Bereits eine dritte Auflage erscheint 1806; Hebel meldet J.G. Müller: «Ich komme mir allmählich vor wie einer, der einmal das Glück hatte, durch etwas eigenes in der Gesellschaft zu gefallen ... und der hernach, wo er sich sehen lässt, immer mit dem nämlichen Pfeiflein am Mund erscheint.» Er ist jetzt ein gemachter Mann von gesetztem Wesen und wird zum Kirchenrat ernannt. Was in Lörrach einst als ‹Belchismus› kuriose Blüten getrieben hatte, findet eine gutbürgerliche Fortsetzung als ‹Rätsel- und Charadenwesen› im Café Drechsler. 1807 übernimmt Hebel die Redaktion des lutherischen Landeskalenders, wird Direktor des Lyceums und freundet sich mit der Schauspielerin Henriette Hendel an. 1808 erscheint von ihm in der Zeitschrift ‹Jason› sein Sendschreiben *Die Juden*, und mit der Hendel verbringt er ‹drei schöne Maimondtage im Dezember›. 1810 trifft er den ungleich spröderen Schwaben Uhland, und mit der jungen Frau seines ehemaligen Schülers Gottfried Haufe führt er einen überaus launigen Briefwechsel; sein Plan, mit ihr einen Briefroman in Jean Pauls Stil zu schreiben, schlägt leider fehl. Mit Ehrenfried Stöber, Arnold, Pfeffel und Lamey gibt er ‹Alsatische Taschenbücher› heraus, die im Elsass die ‹Liebe für deutsche Poesie und vaterländische Geschichte› wecken sollen. 1811 erscheinen bei Cotta ausgewählte Kalendergeschichten unter dem Titel *Schatzkästlein des Rheinischen Hausfreundes*, die sich Goethe als Geschenk ausbittet; gewidmet sind sie Henriette Hendel. In einem Brief an Gustave Fecht berichtet Hebel nicht ohne Vergnügen von einem schwedischen Anhänger der Schädellehre von Gall: «Er fand an meinem Kopf Scharfsinn, Schlauheit, Bedächtigkeit, Religion und Poesie.»

Hebel übt sich im grossen Aus- und Einzug

Im Jahr des russischen Feldzugs von Napoleon, 1812, besuchte Hebel zum letztenmal seine oberländische Heimat (mit der Postkutsche brauchte man damals von Karlsruhe nach Basel vier Tage). In Weil kam er noch einmal mit Gustave Fecht zusammen. 1813 schrieb ihm Jean Paul, er habe das *Schatzkästlein* schon fünfmal gelesen. 1814 traf er mehrmals mit Jacob Grimm zusammen, der von ihm berichtete, dass er ‹etwa so aussieht, wie er aussehen muss›; mit einer Empfehlung Hebels an die Iselins reiste Grimm nach Basel weiter.

Als die harmlose Anekdote ‹Der fromme Rat› nach massivem katholischem Einspruch aus dem ‹Rheinischen Hausfreund› entfernt werden musste, gab Hebel die Redaktion kurzerhand auf. Im Oktober 1815 zog ihn Goethe, der mit Boisserée in Karlsruhe weilte, in seine Gesellschaft; 1819 wurde er mit dem neugeschaffenen Amt des Prälaten der evangelischen Landeskirche betraut; 1820 erschien eine fünfte Auflage der *Alemannischen Gedichte* bei Sauerländer in Aarau; sie war um zwölf neue Stücke erweitert. 1821 wurde Hebel theologischer Ehrendoktor der Universität Heidelberg; mit einer nie gehaltenen *Antrittspredigt vor einer Landgemeinde* vergewisserte er sich ungefähr gleichzeitig seines lebenslang gehätschelten, aber nie zielbewusst, in allem Ernst angestrebten, Traumplans: als Pfarrer im Wiesental mit Gustave Fecht des Lebens froh zu sein. 1823 erschienen bei Cotta die *Biblischen Geschichten*, ein Schulbuch, dessen Bearbeitung sich über mehrere Jahre hingezogen hatte.

Der Umzug in eine neue Wohnung, 1822, war für Hebel ‹ein

Beispiel, bei dem man sich etwas denken kann›; solche ‹Aus- und Einzüge›, dachte er, seien ‹im kleinen nur Vorübungen des grossen Aus- und Einzugs›. Eine andere Vorübung war der Verlust der einen Hälfte seines Vermögens, den er 1824, beim Konkurs des mit ihm befreundeten Bankiers Meerwein, erlitt. Wie sehr Hebel da schon geübt war, bewies sein Ausspruch bei dieser Einbusse: «Der arme Meerwein dauert mich tief.»

Im Herbst 1824 legte er alle Schulämter nieder. ‹Ich habe vielleicht 2000 Jünglinge in Sprache und Wissenschaft unterrichtet›, zog er Bilanz und hoffte dabei, ‹ihnen das Beispiel eines frohen Schulmannes gegeben zu haben›. (Über *Hebel – Schulmann und Lehrer des Volkes* hat auch Arnold Schneider im ‹Schatzkästlein› des Hebelbundes 1978 einen kompetenten ‹Rechnungsabschluss› vorgelegt.)

In einem Brief an Gustave vom 6. Januar 1825 hiess es dann: «In noch fünf Jahren bin ich siebzig. Alsdann bitte ich um mein Ruhegehalt und komme heim. Ich bin bekanntlich in Basel daheim.» Am 9. September schrieb er den letzten seiner vielen reizenden Briefe an Gustave. Noch träumte er davon, das grosse Los zu gewinnen, in Basel in seinem Geburtshaus zu wohnen und mit einem Schimmelgespann zu Jungfrau Gustave nach Weil oder zu Kirchenrat Hitzig nach Lörrach zu fahren. Auf einer Inspektionsreise starb er am 22. September bei einem Freund, dem Gartenbaudirektor Zeyher in Schwetzingen, der mit einer Baslerin verheiratet und in Basel vorher Gärtner im ‹Markgräfischen Hof› und im ‹Kirschgarten› gewesen war. Auf dem Friedhof wurde am folgenden Tag der Sarg noch einmal geöffnet; einige Knaben sangen; der Nachfolger Hebels als Prälat, Bähr, hielt eine kurze Ansprache. Dann legte man, bevor der Sarg eingesenkt wurde, dem Verewigten einen Lorbeerkranz um die gewölbte Stirn.

Die beiden wichtigsten Hebel-Biographien stammen von Wilhelm Altwegg (Frauenfeld 1935) und von W. Zehntner (Karlsruhe 1965). Unter dem Titel *Lebendiger Hebel* hat 1960 O. Kleiber Rechenschaft abgelegt über ‹Hundert Jahre Basler Hebelstiftung›.

Hebel lässt die Dinge gern in der Schwebe

Hebel war grossgewachsen, stämmig, breit in der Brust; den Kopf mit der markanten Nase und den krausen Haaren trug er aufrecht; durch einen Kropfansatz wurde seine Stimme ein wenig gedämpft. Sein Gang war wiegend; in seiner Mimik und Gestik war er sparsam. Und freundlich war er, herzlich, aber auf eine merkbar zurückhaltende, diskrete Art. Sicher war er kein Leisetreter oder gar ein Duckmäuser; er war aber auch kein Kämpfer, kein Mann der Tat oder gar ein Rebell. In mehr als einer Hinsicht war er auf diese Weise ein Geistesverwandter ‹vom Herr Erasmus seelig›, dessen Streben nach Nobilitierung ihm allerdings abging.

Wie in vielen seiner Erzählungen liess er in seiner Lebenspraxis die Dinge gern in der Schwebe. Das hatte nicht nur Gustave Fecht zu beklagen. Der geneigte Leser weiss es bereits: auch der Theologe Hebel entschloss sich nie richtig zum Kirchendienst. Von einer Pfarrei im Markgräflerland träumte er noch, als ihm in den späteren Karlsruher Jahren der Weg zur Verwirklichung durchaus offenstand. Und hat er sich vielleicht zu seinem Dichtertum entschlossen? Das eine oder andere Mal probierte er zwar etwas Poetisches, liess aber die Sache immer sehr rasch auf sich beruhen. Um 1800 war er deshalb mächtig überrascht, als es plötzlich in ihm und mit ihm zu dichten anfing. Als dann ‹der heilige Anflug des Genius› vorüber war und ihn die Muse nur noch gelegentlich besuchte, war er darüber eher froh als unglücklich. Und seine Geschichten fing er zu schreiben erst an, als ihm die Redaktion des Landeskalenders aufgedrängt worden war; nachdem er dieses Amt mit Anstand wieder losgeworden war, liess er auch das Geschichtenschreiben.

Hebel ist ein Mann mit seinem Widerspruch

Hebel war ein Mann der Grenzen wie Erasmus. Ein Idylliker, wie der von ihm hochgeschätzte J.H. Voss, war er nicht, obwohl für uns die Versuchung gross sein mag, den launigen Poeten und Erzähler auf dieses Rollenfach zu reduzieren. Anderseits war er auch nicht die tragische Figur, als die ihn Eberhard Meckel zu stilisieren versucht hat. Jener ‹tieftragische Riss›, den Meckel beobachtet haben will, ‹die ganze Hintergründigkeit› von Hebels ‹Tragik›: bei genauem Zusehen beschränkt sie sich auf jenes Verzichtenmüssen, das jedem blüht (oder welkt), der sein Leben unter Kontrolle und in Grenzen halten will. «Entbehren sollst du, sollst entbehren!» ist ein Imperativ, den nicht nur Faust zu hören bekam: «Das ist der ewige Gesang, der jedem an die Ohren klingt.»
In seiner Rede im ‹Schatzkästlein› 1957 zeichnete Meckel einen Hebel, der stets den Weg des geringsten Widerstands wählte. In politischer Hinsicht ‹ging das bis zum Opportunismus›; im religiösen Bezirk Schlug Hebel ‹ohne viel eigene Gedanken den vorgewiesenen Glaubenspfad› ein, täuschte damit sich selber in seinen religiösen Bedürfnissen, ‹bis sich ... der Geist, der lange vernunftgemäss vergewaltigte›, rächte, indem nun Hebel, ‹ein Suchender, ... aus vollem religiösem Gefühl zu dichten beginnt›.
Als ein Mann der Grenzen hat er sich nie voll, nie auf Biegen oder Brechen gewagt, wie das Kleist oder Rimbaud getan haben. Ihm jedoch aus seiner Diskretion, aus seiner seelischen Keuschheit einen Vorwurf zu machen, hiesse Klagen wiederholen, die Hutten oder Luther gegen Erasmus erhoben haben. Hebel war ein Mann mit seinem Widerspruch, vielschichtig, schwer durchschaubar, proteisch: ein ‹homo per se›. Nach lang andauernden Stauungsvorgängen, die charakterlich, aber auch durch äussere Lebensumstände verursacht waren, hat sich in ihm um die Jahrhundertwende ein lyrischer Dammbruch ereignet. Psychologisch ist das einleuchtend zu erklären: weit überzeugender als mit den gewagten theologischen Argumentationen von Meckel. Hat nicht auch Gotthelf, ebenfalls um sein vierzigstes Lebensjahr, etwas Ähnliches erlebt? Bei diesem

war es (wie er in einem Brief an Carl Bitzius schrieb) ‹der Ausbruch eines Bergsees›.

Jeder hat seinen eigenen Hebel

Wenn jemand, dann ist Hebel leicht zugänglich. Hat nicht der ‹Herr Stephan›, der Pfarrknecht in Weil, die sämtlichen *Alemannischen Gedichte* auswendig gekonnt? Trotzdem: es gibt den ‹unschätzbaren› Hebel Goethes, den Hebel Jean Pauls, Klaus Groths, Mörikes, Tolstojs, Jacob Burckhardts, den Hebel Rilkes, Benjamins, Blochs, den ‹erasmischen› Hebel Robert Minders und den ‹dumpf hinterwäldlerischen› Hebel Heideggers, den Hebel Burtes, den ‹polytheistischen› Hebel von Meckel, den naiven und den sentimentalischen Hebel, den Hebel des Abenteuers und denjenigen der Ordnung, des Gesetzes, der Sicherheit.
Jeder hat seinen eigenen Hebel, und wie wir uns selber wandeln, wandelt sich auch unser Hebel-Bild, unser Verständnis, unsere Schätzung und deren Verteilung auf den Hebel der alemannischen und der hochdeutschen Gedichte, der Erzählungen oder der Briefe; für manche Verehrer sind auch die Predigten, die *Biblischen Geschichten*, die Rätsel und die verschiedenen Aufsätze Hebels kostbar.

Die *Briefe* liegen in einer zweibändigen Gesamtausgabe (von W. Zentner) vor (2. Auflage 1957). Untadelig ediert sind darin 583 Episteln und damit ungezählte anmutige und drollige Einfälle, verschnörkelt-phantasievolle Formulierungen, scharf beobachtete und präzis geschilderte Details, aber auch erstaunlich tiefgreifende Analysen und Ratschläge wie im Brief an Pfarrer Schmidt von 1805, wo es um ein heikles Erziehungsproblem geht. Grundsätzlich schrieb er, wenn er etwas zu sagen hatte, an Männer, wenn nichts, an Frauen; für die, die er besonders lieb hatte, wartete er eine besonders heitere Stunde ab. Neben Lessing, Mozart, Goethe, Bettina von Arnim, neben Keller, Stifter, Fontane oder Jacob Burckhardt steht Hebel damit in der Reihe der bedeutenden und erquickenden Briefschreiber deutscher Sprache.

In Hebel wird der Dialekt dichterisch

Hebel machte schon als Knabe Verse. Aber, so gestand er in einem Brief, «je mehr mein Urtheil über Dichterwerke reifte, desto mehr überzeugte ich mich von dem Unwerth meiner eigenen ... Im 28 st. Jahr, als ich Minnesänger las, versuchte ich den alemannischen Dialekt. Aber es wollte nicht gehen.»
Die *Alemannischen Gedichte*, die in der zweiten Hälfte von 1800 und in der ersten von 1801 entstanden, könnte man (ohne germanistisch-klassifikatorischen Ehrgeiz) einteilen in Fest-, Tages- und Jahreszeitengedichte (z. B. Morgenstern, Abendstern, Sonntagsfrühe, Der Winter, Der Jänner, Christabend, Sommerabend usw.), in Naturgedichte (z. B. Der Käfer, Das Spinnlein, Der Storch, Der Sperling am Fenster, Das Gewitter usw.), in pädagogische und erbauliche Stücke (z. B. Zufriedenheit, Trost, Der Knabe im Erdbeerschlag, Der Mann im Mond, Der Wegweiser usw.), in liedhafte Stücke (z. B. Freude in

Ehren, Das Hexlein, Hans und Vrene, Erinnerung an Basel); in eine weitere Gruppe gehören die grösseren und erzählenden Gedichte (z. B. Die Wiese, Das Habermus, Der Statthalter von Schopfheim, Karfunkel, Die Vergänglichkeit usw.). Neben den hochdeutschen Gedichten gibt es schliesslich die alemannischen Versepisteln, die Hebel in seine Sammlungen von 1803 und 1820 nicht aufgenommen hat.
Nur drei von den 32 Gedichten von 1803 und den zwölf Nachzüglern von 1820 sind Ich-Gedichte. Für Hebel charakteristisch ist vielmehr, dass die meisten seiner Gedichte Rollengedichte sind. Mehrmals, nicht nur Gustave gegenüber, nannte er als sein Lieblingsstück ‹Das Spinnlein›. Die ‹Sonntagsfrühe› stellte Goethe in seiner Besprechung als besonders gelungene Probe vor; am wenigsten geglückt erschienen ihm die ‹Marktweiber in der Stadt›. In einem Vortrag von 1937 beschäftigte sich Andreas Heusler III mit den grösseren, epischen Stücken. Das Gedicht ‹Erinnerung an Basel›, das in der Vertonung von H. Abt zur baslerischen Stadthymne geworden ist, widmete er Frau Susanna Miville-Kolb, die in der ‹Sante-Hans› wohnte.
Durch die einleitenden zwei ersten Verse des ‹Gewitters› kamen am *Vormittag beim Buchhändler* der Bibliothekar Lucien Herr und Rilke über Hebel ins Gespräch. ‹Nicht dass Hebel im Dialekt gedichtet hat, sondern dass der Dialekt in ihm dichterisch geworden ist›: das war für Rilke ‹das Entscheidende›. Wie Hebel selber in einem Brief an D. F. Gräter ausgeführt hat, handelte es sich dabei um den Dialekt ‹aus der badischen Landgrafschaft Sausenberg, zwischen der Schweiz und dem Breisgau, und mit Schweizerischen, Breisgauischen und Oberelsassischen bis auf unwesentliche Variationen der nämliche›.
Mit dem Dialekt hängt bei Hebel untrennbar seine Verbundenheit mit den kleinen Leuten zusammen: der ‹Ton der Popularität und Natur›. Nach Dilthey hat Hebel als erster neben Pestalozzi und Jean Paul in seiner Zeit ‹die Schönheit, Kraft und die Tiefe des niederen Lebens entdeckt›. Wie Gotthelf hatte er eine unmittelbare Beziehung zum Volk. ‹In gewissen Momenten› konnte Hebel denn auch ‹unbändig stolz werden› und sich ‹bis zur Trunkenheit glücklich fühlen›, dass es ihm gelungen war, seine sonst so verachtete und lächerlich gemachte Sprache, die Sprache seiner Mutter, ‹classisch zu machen und ihr eine solche Celebrität zu ersingen›. Indem er ‹die Ruinen einer einst machtvollen Sprache› wieder bewohnbar machte, ist er zum Begründer und vielleicht bedeutendsten Vertreter der deutschen Mundartdichtung geworden. Und wie Burns mit seinen schottischen Dialektliedern, wie Mistral mit seinen provenzalischen Epen, Gedichten und Erzählungen, hat Hebel mit seinen *Alemannischen Gedichten* einen noch heute lebendigen Beitrag zur Weltliteratur geleistet.

In den Kalendergeschichten lebt die Welt des Vaters

In den *Alemannischen Gedichten* lebt die Welt der Mutter Hebels weiter. In einem Aufbruch, in dem es für Hebel um

Gedeih oder Verderb seines Dichtertums ging, ist mit diesem Werk auf ein Ganzes hingezielt; die Sammlung von 1803 ist als ein geschlossenes Werk beabsichtigt. Dass Hebel in dieser Zeit häufig von seiner Mutter träumte, steht, mit Datum vom 5. Januar 1805, in seinen nachgelassenen *Traumbildern*.

In den Erzählungen des ‹Rheinländischen Hausfreundes› lebt der Vater weiter. «Sämtliche Hebelbiographen stimmen darin überein, dass die geistige Beweglichkeit und vielleicht der Schalk, der ihm im Nacken sass, väterliches Erbgut seien» (F. Metz). Wenn Hebel auch keine persönlichen Erinnerungen an seinen Erzeuger haben konnte: er kannte ihn aus den Erzählungen der Mutter. Und immer wieder stand er ihm deutlich vor Augen bei der Lektüre der hinterlassenen Aufzeichnungen des ehemaligen Draguners.

Im Taschenbuch des Vaters, das dieser 1749 in Basel begonnen hatte, waren unter kalligraphischen Titeln die Kriegszüge verzeichnet, die den Begleiter des Majors Iselin bis nach Korsika führten. Soll und Haben waren säuberlich registriert, dazu Zahlen über die Kriegsstärke der europäischen Armeen. Es fanden sich darin Lesefrüchte aus Geschichtswerken, Notizen über Masse und Münzen, über Ebbe und Flut, Musterstücke aus deutschen und französischen Liebesbriefstellern, Volkslieder, Sprüche, Abschriften der Liebesgedichte ‹Doris› und ‹Marianne› von Haller.

Hebel wäre aber nicht Hebel gewesen, wenn er, ungeachtet solcher Voraussetzungen und Vorräte, nicht Umstände gemacht hätte, als ihm 1807 die Redaktion des Landeskalenders angetragen wurde. Nach Anfangsschwierigkeiten mit der Kommission hat er den ‹Rheinländischen Hausfreund› bei einer Auflage, die schliesslich 50000 Exemplare betrug, zu einem auch kommerziell beachtlichen Erfolg geführt. Als er sich 1814 wegen einer Zensurmassnahme zurückzog, war er der Sache vielleicht auch sonst schon überdrüssig geworden; jedenfalls ist nicht zu verkennen, dass die Erzählungen in den späteren Jahrgängen etwas schwächer geworden sind. Die besten Stücke hat er bereits 1811 in dem bei Cotta erschienenen *Schatzkästlein des Rheinländischen Hausfreundes* gesammelt.

Eine Gesamtdarstellung der Redaktionstätigkeit Hebels findet sich in einer Festschrift zur 300-Jahr-Feier des Gymnasiums von Karlsruhe: H. Funck, Über den Rheinländischen Hausfreund und J.P. Hebel, Karlsruhe 1886.

Hebel hält trauliche Zwiesprache mit dem Leser

Hebel war, wie Konrad von Würzburg oder Fischart, kein grosser Erfinder. Allein im *Mildheimischen Liederbuch* sind Muster und Anregungen für vierzehn seiner *Alemannischen Gedichte* nachgewiesen. Als Kalendermacher benützte er Vorlagen nicht nur für seine belehrenden Beiträge; auch für gute zwei Drittel seiner Geschichten kennen wir die Quelle. Welche Meisterwerke deutscher Prosa wir Hebel verdanken, erkennen wir aber besonders deutlich, wenn wir seine Erzählungen mit ihren meist sehr dürftigen Vorlagen vergleichen.

Die Entstehung dieser *Erzählungen des Rheinländischen Hausfreundes* verdanken wir, im Unterschied zu den *Alemannischen Gedichten,* nicht einer Zeit eruptiver Schöpferkraft. Die ursprüngliche Erzählgabe, die sichere Linienführung der Schilderung, ansprechende Nachdenklichkeit der unterbrechenden Zwischenbemerkungen, Unmittelbarkeit, trauliche Zwiesprache mit dem Leser: das alles hat Hebel als Briefschreiber lange vorher schon geübt.

Wie jeder seinen eigenen Hebel hat, so hat jeder Hebelfreund auch seine eigenen Lieblingserzählungen des Hausfreunds. Die berühmteste unter allen, der ‹Kannitverstan›, geht auf ein selbstberichtetes Erlebnis des französischen Grafen Custine zurück. Hebel hat den Text dreiteilig aufgebaut und das Volkstümliche in ihm in eine so klassische Form gebracht, dass er nicht umhin konnte, ihn selber ins Lateinische zu übersetzen: ‹Amstelodami advena quidem Germanus et linguae eius gentis ignarus practerentem compellavit curiosulus: Dic mihi, bone vir ...›

Ebenso meisterlich ist eine Geschichte, die Goethe unter deutlicher Rührung seiner Gäste mehr als einmal vorgelesen hat: ‹Unverhofftes Wiedersehen›; das Urteil Kafkas über sie hat Canetti (in der Ansprache, mit der er 1980 für den Hebelpreis dankte) überliefert: ‹Das ist die wunderbarste Geschichte, die es gibt.› Hebel verdankte den Stoff einem Bericht des Naturphilosophen G. H. Schubert.

Hat man nach den vier Seiten der ‹Franziska› nicht das Gefühl, einen dickleibigen Roman gelesen zu haben? Der ‹Spaziergang am See›, ein merkwürdiges Stück aus dem Nachlass, könnte ohne weiteres von Stifter sein. Oder von Robert Walser. Und nicht ohne Absicht ist der Held der ‹Langen Kriegsfuhr› nach dem Dragunerjobbi, Hebels Vater, genannt; aufgrund eines ihm zugesandten Berichts hat der Sohn mit dieser Geschichte ein Denkmal für das Verhältnis zwischen Johann Jacob Hebel und Johann Jacob Iselin gesetzt.

Susanna Ronus ist die erste Basler Schriftstellerin

Die früheste Basler Schriftstellerin hielt sich, wie Hebel, mit ihrer Erzählkunst durchaus im Rahmen der aufklärerischen Tradition des 18. Jahrhunderts; damit verband sie jedoch keinerlei literarische Ambitionen. Susanna Ronus (1769–1835) hat unter dem Pseudonym Selma *Grossvaters Erzählungen und Mährchen für die Jugendwelt* und *Der Tante Märchenbuch oder Abendunterhaltungen für die weibliche Jugend* veröffentlicht. Sie war die Tochter eines Tuchhändlers am Marktplatz, kam früh als Erzieherin zu einem Onkel nach Biel und leitete nach dem Tod des Vaters die Tuchhandlung. Nach deren Verkauf und nach dem Tod der Mutter und ihrer Schwester war sie in der Aeschenvorstadt der Mittelpunkt der gesamten Jugend ihrer Verwandtschaft. Mit ausgesprochen erzieherischer Absicht erzählte sie selbsterfundene Märchen; fern aller romantischen Verspieltheit entwickelte sie deren Phantastik, ähnlich wie später Hauff, in einer greifbar lebenswahren Situation.

Schonend gekürzt und mit einem klugen, feinspürigen Vorwort hat Hanna Riggenbach diese Geschichten 1909 noch einmal herausgegeben.

Scheik Ibrahim könnte eine Gestalt aus Hebels Schatzkästlein sein

Unweit der Wohnung von Susanna Ronus hat Oberst Johann Rudolf Burckhardt den ‹Kirschgarten› gebaut: für die damalige Zeit ein ausnehmend modernes und luxuriöses Stadtpalais. Weil er ein engagierter Parteigänger des Ancien régime war, hat ihm Peter Ochs den Prozess gemacht; 1798 verliess Burckhardt Basel für immer. In österreichischen Diensten kam er weit in Europa herum; nach 1803 lebte er auf seinem Landsitz bei Gelterkinden und sah, wenn ihn das Heimweh ankam, vom Gempenstollen nach Basel hinüber.
Johann Ludwig, sein Sohn kam 1784 in Lausanne zur Welt, wo die Eltern gerade zu Besuch waren. In Neuenburg lernte er später Französisch; in Leipzig und Göttingen studierte er Jurisprudenz. Da sich keine Laufbahn für ihn auftat, versuchte er sein Glück in England und trat 1803 in die Dienste der ‹Afrikanischen Gesellschaft›, die zur Erforschung des Schwarzen Erdteils gegründet worden war. In London und Cambridge studierte er orientalische Sprachen, Naturwissenschaften und Medizin; daneben härtete er sich auf jede erdenkliche Weise ab.
Seine Forscherlaufbahn begann er 1809 in Aleppo. Er lernte die arabische Vulgärsprache, nannte sich Ibrahim ibn Abdullah, vertiefte sich in den Koran. Als angeblich indo-arabischer Kaufmann bereiste er Syrien und den Hauran; er entdeckte Palmyra, Baalbek und die Ruinen von Petra; durch die Wüste El Tyr erreichte er 1812 Kairo. Als er unterwegs einmal seine indische Herkunft sprachlich nachzuweisen hatte, soll er, alle Zuhörer überzeugend, eine Weile baseldeutsch gesprochen haben.
Nilaufwärts reiste er 1813 bis Sennaar. Ein ganzes Jahr verbrachte er im Bereich primitiver, fanatischer Völkerschaften. Auf einem vorher unbekannten Weg kam er von Schendi nach Dschidda. Vor zwei islamischen Gottesgelehrten bestand er eine strenge Prüfung seiner Rechtgläubigkeit, verbrachte vier Monate in Mekka, besuchte Medina, bestieg den Ararat, um 1815 als approbierter Hadschi wieder nach Kairo zurückzukehren.
Sein eigentlicher Auftrag war, bis nach Timbuktu im heutigen Sudan vorzudringen, das noch kein Europäer erreicht hatte; von dort hätte er die Nigerländer zu erforschen gehabt. Zu diesem Zweck wartete Scheik Ibrahim in Kairo auf die Fezzan-Karawane, der er sich anzuschliessen gedachte. Unterdessen arbeitete er seine Reiseberichte aus und ordnete seine Sammlungen. Um der Pest auszuweichen, besuchte er den Sinai. Nach Kairo zurückgekehrt, starb er, erst dreissigjährig, an der Ruhr.

350 orientalische Handschriften, die er gesammelt hatte, vermachte er der Universität Cambridge. Seine Tagebücher und sonstigen Aufzeichnungen gingen an die ‹African Society›, deren Sekretär sie gewissenhaft publiziert hat: *Travels in Syria an the holyland* (1822, deutsch 1823); *Travels in Nubia* (1819,

dt. 1823); *Travels in Arabia* (1829, dt. 1830); *Notes on the Bedouins and Wahabys* (1830, dt. 1831); *Arabic proverbs, or the manners and customs of the modern Egyptians* (1831, dt. 1834). Eine Biographie, die Briefe an Eltern und Geschwister und ein Verzeichnis der Literatur über Scheik Ibrahim enthält das Buch von Carl Burckhardt-Sarasin und H.R. Schwabe: *Scheik Ibrahim* (Basel 1956).

Mit den literarischen Kleinmeistern ist es nicht getan

Nach diesem kurzen Ausflug in die weite, damals nur zum Teil schon erforschte Welt kehren wir in ein ausgesprochen altmodisches Basel zurück: in das Basel ‹literarischer Kleinmeister› des 19. Jahrhunderts.
‹Hebel ist für Basel der grosse Sämann›, hat Ernst Jenny (in *Basler Dichtung und Basler Art im 19. Jahrhundert*, Neujahrsblatt 1927) erklärt. In seiner Darstellung fehlen jedoch ausgerechnet jene Gestalten, die die zweite Blütezeit des Basler Humanismus massgebend destimmt haben: es fehlen Bachofen, Nietzsche und Spitteler; Jacob Burckhardt ist mit echt baslerischem Understatement allein mit einem *Hämpfeli Lieder* und den *Ferien* vertreten.
Dass es mit Hebel und mit der von ihm ausgelösten Dialektbewegung ‹nicht getan› war, hat freilich auch Jenny bemerkt. Für ihn beschränkte sich aber der ‹allgemeine Aufschwung des Geisteslebens› auf die Neuordnung der Universität zwischen 1813 und 1818, auf das Erscheinen der ‹Neujahrsblätter›, der ‹Wissenschaftlichen Zeitschrift›, der ‹Baslerischen Mitteilungen zur Förderung des Gemeinwohls›, der ‹Basler Taschenbücher›, auf die Berufung ausländischer Gelehrter wie de Wette, der Schaffung einer Bürgerbibliothek für bescheidenere Kreise und auf die Errichtung eines ständigen Theaters (in dem allerdings ‹die Oper bald genug den Spielplan› beherrschte). So bleibt dieser ‹Aufschwung› schliesslich eine Veranstaltung, die eine Dichtung nährte und beflügelte, von der selbst Jenny gestehen muss, dass ihre Vertreter ‹Epigonen aller Schattierungen› gewesen seien.

Hindermann schreibt eine Basler Reimchronik

Den volkstümlichsten und den gebildetsten unter den frühen ‹Kleinmeistern›, Philipp Hindermann und C.R. Hagenbach, treffen wir 1819 auf dem Landgut der Hagenbachs auf dem Dietisberg bei Eptingen. «In jugendlichem Mutwillen», hat Hindermann später erzählt, «kleideten wir uns an einem schönen klaren Sonntag in Mähdersleute um und begaben uns, er mit der Violine und ich mit dem Klarinett, nach Ruch-Eptingen, wo eine grosse Badegesellschaft, mehrenteils Basler, im Freien zu Mittag speiste. Der junge Hagenbach stellte den Blinden vor und hielt sich an meinem Rocke fest. So blieben wir in ehrfurchtvoller Ferne vor der Gesellschaft stehen und produzierten unsere vorher eingeübten Gassenhauer. Schon sammelte man für uns Gaben, aber bald wurden wir erkannt und an den Tisch gezogen.»
Philipp Hindermann (1796–1844) verliess mit zwölf Jahren die Schule, wurde Schriftsetzer, schloss sich der ‹Bildenden Gesellschaft› an und wurde von Hagenbach in seinen dichterischen

Anfängen beraten. Einen ‹Bauerngesang›, den Hindermann 1820 für einen fasnächtlichen Anlass dichtete, kennt man heute noch: «In der Schwyz, in der Schwyz, do simmer dehei,/ In de Berge hei juchhei!/ Mer sind e chli go Basel abe cho/ Und händ e lustigi Musik mit is gno» usw.
Nach einem Kurs für Schulaspiranten wurde Hindermann 1831 Lehrer an der Knabenschule St. Theodor. Dort war er Nachfolger von Rudolf Kölner (dem ‹Sauren›), der sich in den Trennungswirren für die Landschäftler eingesetzt hatte und deshalb abgesetzt worden war. (In seinen *Raurachischen Liedern* und im Disteli-Kalender versuchte er noch eine Weile gegen Basel Stimmung zu machen, kehrte später zurück und hat in Basel als Gelegenheitsschriftsteller ein dürftiges Leben geführt.)
Hindermann dagegen gab im Laufe der Jahre vier Bändchen *Humor und Ernst* heraus, grösstenteils baseldeutsche Gedichte, in denen er sich satirisch mit lokalgeschichtlichen Ereignissen, mit Mutter Helvetia in Bern, mit dem für viele ärgerlichen Eisenbahnbau, mit Kaiser Napoleon III. befasste. Diese Gedichte und Travestien trug er mit Erfolg selber vor: bei Zusammenkünften der Liedertafel, bei Hochzeiten, Taufen oder Schlachtfesten. Im Bad Lostorf unterhielt er die Gäste als Bauchredner. Nach dem Tod seiner Frau, mit der er eine ordentliche Ehe geführt haben soll, antwortete er einem kondolierenden Freund: «Jo, jo, i ha nyt als Pech. Vorere Zyt isch d'Magd chrank worde, die hemmer miesen ins Spital tue, das het mi viel Geld kostet. Und jetzt stierbt mer no d'Frau.»

Die Brüder Gengenbach sind späte Vertreter der deutschen Klassik

Ein anderer Schützling Hagenbachs, Franz August Gengenbach (1807–1829) hatte ihn nötiger als Hindermann: Hagenbachs Freundschaft war der letzte und grösste Dienst und Trost, der ihm zuteil geworden ist. Bereits als Gymnasiast war er unheilbar erkrankt; von seinem kurzen, leiderfüllten Leben zeugen: *Franz August Gengenbachs Gedichte, nach dessen Tod herausgegeben von seinen Freunden, nebst einem Anhang vermischter Gedanken und Einfälle aus des Dichters Tagebuch.*
Ausgedehnte Lektüre verbindet sich in diesem Werklein mit dem Versuch, dem eigenen Schicksal einen Sinn abzutrotzen. Schiller steht hinter diesem Bemühen, Hebel natürlich, Jean Paul und jener J. G. Jacobi, der einen penetrant süsslichen Briefwechsel mit Gleim geführt hat. Herausgegeben hat die Hinterlassenschaft C. R. Hagenbach; schon damals hat man aber daran gezweifelt, ob dieser Freundesdienst mehr als ein Akt der Pietät zu nennen sei. Ein Kalenderspruch F. A. Gengenbachs lautet: «Will einer keinen Narren sehn,/ Der muss nicht aus der Stube gehn./ Und schlage, wenn's ihm ganz soll glücken,/ Auch noch das Spiegelglas in Stücken.»
Der Jurist J. P. Carl Gengenbach (1811–1844), der jüngere Bruder von Franz August, ist älter geworden als dieser; alt geworden ist auch er nicht. In seinem *Liederkranz,* den er 1834 in Petersburg herausgab, stellte er auf mehr als 400 Seiten die

lyrischen Versuche eines Formtalents zusammen und bezeugte auf diese Weise, was den literarisch interessierten Jüngling in Basel zur Nachahmung gelockt hatte: wieder Schiller, wieder Hebel, dazu Uhland, Fouqué, Körner, Rückert, Schenkendorf, vor allem aber der elegisch-elegante Lyriker Ernst Schulze mit seinem Stanzenepos *Die bezauberte Rose.*
J.P.C. Gengenbach hat 1833 ‹für die rechtmässige Regierung des Canton Basel› gegen die Landschäftler gekämpft. Nach einem Aufenthalt in Petersburg war er Redaktor der konservativen ‹Basler Zeitung›: nach seinem Tod löste ihn dort Jacob Burckhardt ab. Von Wilhelm Wackernagel ermuntert, publizierte er in den ‹Alpenrosen›. Ausserdem hinterliess er ein Drama im pathetischen Jambenstil Schillers: *Dietrich von Ramstein oder Die Sterner und Psitticher.* Veröffentlicht wurde das Stück im ‹Basler Taschenbuch› von 1852.

Hagenbach ist nicht nur Theologe

Der schon mehrfach erwähnte Carl Rudolf Hagenbach (1801–1874) war Sohn eines Aufklärers, des Medizinprofessors und Botanikers C.F. Hagenbach. Nach Pestalozzis Methoden wurde er in privaten Instituten erzogen. Bei Schleiermacher und Neander in Berlin studierte er Theologie. Von de Wette empfohlen, wurde er 1824 Professor in Basel speziell für Kirchengeschichte, las jedoch über nahezu den ganzen Bereich der theologischen Lehrfächer; als der ‹milde Hagenbach› war er Schöpfer und fünfzig Jahre lang Hauptvertreter der ‹Vermittlungstheologie›, die in Holland als ‹schweizerische Übergangstheologie› bekannt war. Mit Rosina Geigy verheiratet, wohnte er im ‹Sennhof›, dem Haus der Frey-Grynäischen Stiftung, wo ihn 1830 Schleiermacher besuchte. Eine *Encyclopädie und Methodologie der theologischen Wissenschaften* (1833, 6.Auflage 1861), eine siebenbändige *Kirchengeschichte von der ältesten Zeit bis zum 19.Jahrhundert* (1834–1842), die in mehrere Sprachen übersetzt worden ist, ferner ein *Lehrbuch der Dogmengeschichte* (1837) sind die Hauptwerke des Gelehrten. ‹Eine Friedensgestalt aus der streitenden Kirche der Gegenwart› war der Titel einer Darstellung seines Lebens.

Aber ‹Theologe und nur Theologe zu sein war mir nicht gegeben›, hat er in seiner Selbstbiographie gestanden. Neben den vielen Werken des Gottesgelehrten und sieben Bänden gesammelter Predigten gibt es von ihm Publikationen über die Schlacht bei St.Jakob, über das Basler Konzil, über Erasmus, Scheik Ibrahim, Rudolf von Habsburg, über den Mäzen Jacob Sarasin, über Bürgermeister Wettstein usw. Er redigierte das ‹Kirchenblatt für die reformierte Schweiz›, präsidierte den ‹Protestantisch-kirchlichen Hülfsverein› und war Mitglied des Grossen Rates. Schon als Knabe hatte er Lustspiele verfasst. Der Mummenschanz, über den Hindermann berichtet hat, war kein Einzelfall; zeit seines Lebens machten ihm Volksfeste, die Messe, die Fasnacht Freude. Dramatische Werke hat er aber nicht hinterlassen.
Ein ‹allgefeierter Stadtdichter› wurde Hagenbach im Zeichen

Hebels, den er, seinen ‹Weltheiligen›, 1820 in Karlsruhe besuchte. Auf der Heimreise von Berlin besuchte er auch Goethe, der ihm jedoch weniger bedeutete als Gellert, Rückert, Eichendorff, Pestalozzi und vor allem eben Hebel. Sein eigenes poetisches Werk sammelte er in den Liedern und Sprüchen des *Geigyschen Familienbuches,* in dem seine biedermeierliche Häuslichkeit gefeiert wird, in der zweibändigen Ausgabe seiner *Gedichte* von 1863, in den Gedichten unter dem Titel *Luther und seine Zeit,* in einem *Leben Jesu* in Versen. Noch 1927 hat ihn Ernst Jenny als ‹einen Dichter von bleibender Bedeutung› gepriesen. Inzwischen sind selbst seine Lesebuch-Balladen, etwa ‹Graf Rudolf von Habsburg und der Gerber›, in Vergessenheit geraten, während die gleichzeitigen *Kinderlieder* von Abel Burckhardt in gewissen Basler Familien noch heute gesungen werden.

Von der Freundschaft Hagenbachs mit Gotthelf ist die Rede in Walter Muschgs Aufsatz ‹Gotthelf und Basel› (im ‹Basler Jahrbuch› 1954). «Was sind meine luftigen Gebilde anders als Schaum, der auf den Wellen tanzt», hat Gotthelf am 6. Februar 1843 Hagenbach gestanden, «während Dein Werk ein Fels ist, an dem die Wellen sich brechen.»

Abel Burckhardt ‹Kinderlieder› singt man heute noch

Abel Burchkardt (1805–1882) hatte mit Jacob Burckhardt den Grossvater, den Pfarrer J.R. Burckhardt, gemeinsam; sein Vater war Botanikprofessor. Er selber war als Student ein freiheitstrunkener Zofinger; aus dieser Zeit stammt von ihm das Lied ‹Was brausest du, mein junges Blut?›. Nach seinem Theologiestudium in Basel und Berlin war er Gemeindehelfer in Basel, fünfzehn Jahre Pfarrer in Gelterkinden, zuletzt, als ein Pietist ‹orthodoxer Richtung›, Obersthelfer (= zweiter Pfarrer am Münster) in Basel.

In verschiedenen ‹Neujahrsblättern› stellte er für die Jugend Gestalten wie Thomas Platter, Holbein, *Die ersten Buchdrucker in Basel* usw. dar. Seine frommen, vielgesungenen *Kinderlieder* gab er zu Weihnachten 1845 heraus; «s isch wärli bald jetz Zyt,/ dass s Kind ins Bettli lyt», fängt sein ‹Abendlied› an. 1892 erschienen sie in einer hochdeutschen Übertragung von Fr. Spitta; 1909 gab Th. Burchkardt-Biedermann sie unverändert, aber mit bereicherten Melodien und mit Richter-Bildchen wieder heraus.

Wackernagel ist der bedeutendste Germanist seiner Zeit

Die Berufung Wilhelm Wackernagels nach Basel hat am wirksamsten Abel Burckhardt betrieben; die beiden hatten sich an der Berliner Universität kennengelernt. Ein grosser Blonder, sehr ernst und stolz, kam er 1883 tatsächlich: Carl Heinrich Wilhelm Wackernagel (1806–1869). Früh verwaist, hatte er unter schwierigen Umständen in Berlin Germanistik studiert; seine zwei Schwestern, die als Stickerinnen arbeiteten, hatten damals für ihn gesorgt. Seine früheste wissenschaftliche Arbeit, eine textkritische Edition des Wessobrunner Gebets, entstand in einer Kegelbahn: seiner damaligen Notwohnung. In mittelhochdeutscher Sprache dichtete er 1828 *Lieder eines fahrenden Schülers.* Zu seinem Freundeskreis in Berlin gehörten Chamisso, Simrock, Eichendorff und Holtei. Von 1828 bis 1830 wirkte er als Literatur- und Theaterkritiker in Breslau. Wieder in Berlin, gab er eine *Geschichte des deutschen Hexameters bis auf Klopstock* heraus; zusammen mit Simrock erläuterte er 1833 die Gedichte Walthers von der Vogelweide.

Als Bewerber um die Basler Professur setzte er sich gegen zwei Basler durch; ausser Abel Burckhardt verwendeten sich für ihn de Wette, C.R. Hagenbach, Jacob Grimm und Lachmann. Neben seinen Vorlesungen, den exegetischen Übungen und dem germanistischen Kränzlein fand er in Basel auch Zeit für antiquarische, rechtshistorische, mythologische und kunsthistorische Interessen und Aufgaben. Nach dem Tod Jacob Grimms, 1863, galt er als der grösste Germanist seiner Zeit; er lehnte Berufungen nach München, Berlin und Wien ab. Als Lehrer am Pädagogium förderte er u.a. Bachofen und Jacob Burckhardt; ein anderer Schüler, Spitteler, hat bekannt: «Nicht zu preisen, sondern ihn zu segnen heisst mich mein Dankgefühl.»

Während sich Jacob Burckhardt in der Zeit seiner zweiten Basler Professur ausschliesslich der Lehrtätigkeit widmete, hat Wackernagel ständig auch ausgiebig publiziert. Allein das Verzeichnis seiner Abhandlungen und Bücher umfasst mehrere kleingedruckte Seiten. Als seine Hauptwerkte hervorzuheben sind das zweibändige *Deutsche Lesebuch* (1835–1843) und die zweibändige *Geschichte der dt. Literatur* (1845-1855); seine *kleineren Schriften* hat sein Nachfolger, Moritz Heyne, in drei Bänden gesammelt. War es in seiner Antrittvorlesung um *Die Verdienste der Schweizer um die dt. Literatur* gegangen, beschäftigte sich Wackernagels letztes Werk mit *Johann Fischart von Strassburg und Basels Antheil an ihm.* Eine Würdigung Wackernagels findet sich in der Festschrift für Karl Schwarber von 1949: H. Nidecker, Wilhelm Wackernagel.

Wackernagel ist nicht nur Germanist

Jahrelang hatten Hagenbach und seine Freunde beschaulich jeder so für sich hin gedichtet. Mit Wackernagel kam plötzlich Schwung, Umschwung und Methode in die Sache. Wackernagel selber hatte bereits in Breslau Gedichte herausgegeben, u.a. das *Weinbüchlein.* Einzelne Gedichte veröffentlichte er jetzt in den ‹Alpenrosen›, in den ‹Weihnachtsgaben› und in den ‹Gedichten zur Feier des Johannistages 1840›. 1842 erschien die Sammlung *Neue Gedichte 1832–1841* und 1843 die deutschpatriotischen *Zeitgedichte* mit einem Anhang von Balthasar Reber. 1845 folgte ‹Wackernagels Bestes›: *Das neue Weinbüchlein.* Nach dem Tod des Dichters gab 1873 einer seiner Freunde, Salomon Vögelin, eine fast vierhundert Seiten starke Auswahl aus dem lyrischen Werk heraus. ‹Nur ein Leben› ist darin das schlichte, einst vielbewunderte Gedicht überschrieben von dem Tropfen, der ins Meer fällt: «Es war ein Leben nur und nur ein Sterben,/Und kam, auch eine Spur sich zu erwerben.»

Aus dem Dichterkränzlein Wackernagels entwickelte sich die spätromantische ‹Basler Dichterschule›, zu der nicht nur Hagenbach, Meyer-Merian oder Oser, sondern auch Jacob Burckhardt und als Randfiguren Leuthold, Spitteler und Widmann zu rechnen sind. Mit Burckhardt hat Wackernagel noch

Wilhelm Wackernagel

Friedrich Oser

lange ‹fröhliche Briefe gewechselt›. Nach einer undurchsichtigen ‹Misshelligkeit mit einer Schulinspektion› hat Burckhardt unvermittelt jede Beziehung abgebrochen; möglicherweise spielte auch eine Abneigung gegen gewisse grossdeutsche Weltmachtsträume Wackernagels dabei eine Rolle.
Mit Hagenbach übernahm Wackernagel 1837 die Leitung der ‹Schweizerischen Alpenrosen›; 1838 vermittelte er die Beteiligung der Basler an der ‹Erwinia› der Brüder Adolf und August Stöber in Strassburg. Mit diesen gab er auch die ‹Elsässischen Neujahrsblätter› heraus; der erste Band erschien 1843; fünf weitere Bände erschienen 1844 bis 1848 in Basel; sie enthielten u.a. drei Erstveröffentlichungen von Gotthelf-Erzählungen.
Persönlichen und brieflichen Kontakt unterhielt Wackernagel mit dem ‹altschwäbisch einfachen› Uhland, mit Hoffmann von Fallersleben und mit dem Aargauer Fabeldichter A.E. Fröhlich. Gotthelf mochte er nicht. Die Abneigung war aber gegenseitig, und in dem bereits zitierten Brief von 1843, in dem Gotthelf ein Gedicht von Hagenbach rühmte, fuhr jener wie folgt fort: «Wackernagels Sachen nehmen sich daneben aus wie ein blanker Dolch ... neben einer Schale voll süsser Kirschen ... Wackernagel nähert sich überhaupt der gegenwärtigen deutschen poetischen Mode, die in die Sprache alles setzt ..., deren Produkte aber kalt sind wie Eisschollen und manchmal schwer zu verstehen wie Hegelische Sätze.»

C. G. Jung d. Ä.

Wilhelm Vischer I.

R. Wackernagel: Wilhelm Wackernagels Jugendjahre (Basel 1885). Jacob Wackernagel: Zur Erinnerung an die Basler Zeit von W.W. (Basel 1933). W. Kaegi, Jacob Burckhardt I, S.355ff.

Die beiden Reber sind publikumswirksame Dilettanten

Balthasar Reber (1805–1875), studierte in Berlin Philologie, Geschichte und Theologie. An der Gewerbeschule unterrichtete er dann in Basel Geschichte; von 1855 bis 1875 las er an der Universität vaterländische Geschichte. Neben weiteren historischen und biographischen Schriften verfasste er eine Monographie über jenen Meister Hemmerlin, dessen Werke Sebastian Brant 1497 in Basel herausgebracht hatte. Nach Bonjour zeichnete sich Reber ‹mehr durch schwungvolle Diktion als durch tiefere Forschung› aus.

Zu Wackernagels *Zeitgedichten* steuerte er einen Anhang bei. Als ‹ächt vaterländischer Epiker› malte er ‹al fresco› fünf *Bilder aus den Burgunderkriegen.* Sprachlich sind diese Verserzählungen überspannt, inhaltlich mit Fachwissen überladen; in der ‹Safranzunft› hat sie der Verfasser jedoch mit grossem Erfolg persönlich vorgetragen. Mit dem Theologen Immanuel Stockmeyer (dem Vater des Dichters gleichen Namens) verfasste er *Beiträge zur Geschichte des Buchdrucks in Basel.* Charakterbilder von *Erasmus,* Thomas *Platter* und *Holbein* gab er als ‹Nachklänge› zur 400-Jahr-Feier der Universität heraus. Seine Verse zu Holbeins Totentanz schätzte wenigstens Adolf Socin (in: *Basler Mundart und Basler Dichter*).

Paul Reber (1835–1908), Balthasars Sohn, war gegen Ende des Jahrhunderts eine stadtbekannte, sehenswerte, im Auftreten an grosse Künstler erinnernde Figur. Ausserdem war er Architekt und baute u.a. das Vesalianum, die Psychiatrische Universitätsklinik ‹Friedmatt›, die Marienkirche und bei der Erweiterung der Basler Synagoge die zweite Kuppel. Seine Verse drechselte er vornehmlich für baslerische Festanlässe, so ein Festspiel für die Spinnwetternzunft.

Der Meister der Kleinmeister heisst Th. Meyer-Merian

Theodor Meyer-Merian (1818–1867) erwarb sich, wie sein Freund und Schulkamerad Jacob Burckhardt, im Ausland Weltkenntnis und ein unabhängiges Urteil. In Basel begann er 1842 als Assistenzarzt; er richtete später eine eigene Praxis ein, wurde Privatdozent und 1852 Direktor des Bürgerspitals. Mit Burckhardt nahm er an Wackernagels Dichterkränzlein teil. In knapp bemessenen Mussestunden brachte er in nicht ganz 25 Jahren eine erstaunliche Vielzahl von Gedichten, Dramen, Erzählungen und Skizzen hervor.
Seinen Einstand als Dichter gab er 1844 mit den auflüpfigen *Liedern eines Schweizers.* Die Gedichtbändchen in alemannischer Mundart, das *Wintermayeli* von 1857 und 1860, sollen aus einer ursprünglich schriftsprachlichen Fassung in einen nicht immer treffsicheren Dialekt umgegossen sein. Von den späteren hochdeutschen Gedichten sagte Adolf Socin, dass sie ‹ganz wohl ein Pfarrer könnte verfasst haben›.
Die Dramen mit vaterländischer Thematik, *Adalbert Meyer* (1846), *Winkelried* (1861), *Samuel Henzi* (1867) sind, wie die zwei *Alten Komödien auf neuen Brettern* (1858), teilweise effektvoll zurechtgemacht; nur zu deutlich wird jedoch bei allen diesen Arbeiten, dass Meyer-Merian ein ursprünglicher Instinkt für dramatische Situationen und Konflikte fehlte.
Auch die grösseren Erzählungen des Volksschriftstellers Meyer-Merian, *Der verlorene Sohn* (1853), *Kienseppli* (1856), *Johanna* (1858), *Mareili* (1860), *Dienen und Verdienen* (1856) waren und sind selbst in geschickt gekürzten Fassungen nicht wieder zu neuer Wirkung zu erwecken. Aus der Idylle *Die Nachbarn* (1864) ist es immerhin interessant zu erfahren, wie aufregend der Bau der Eisenbahnen zu jener Zeit wirkte.
Was heute noch von Meyer-Merian zu lesen sich lohnt, nicht allein für die Liebhaber von Alt-Basel, sind manche seiner späten Skizzen und Kurzgeschichten. Zu finden sind sie in seinem ‹Schweizerischen Hausboten›, einem Kalender, den er 1853 bis 1856 herausgegeben und selber illustriert hat. Zu finden sind sie ferner in einem Nachlassband, den Oser unter dem Titel *Entschwundene Zeiten* 1869 veröffentlichte.
Meyer-Merian war ein Wissenschafter und Organisator, der in einer entscheidenden Phase den Um- und Ausbau des Bürgerspitals leitete, der die Sanierung von Altstadtwohnungen betrieb und sich für den Tierschutz einsetzte. Nachdem er sich auch in vielen Dichtungsarten und als talentierter Zeichner versucht hatte, fand er um die Jahrhundertmitte eine Möglich-

keit, sich gültiger als bisher in der Schilderung verwunschener Winkel, kleiner Butiken und Begebenheiten des biedermeierlichen Basels auszudrücken. Dass ihm damit sein Eigentlichstes gelang, war ihm freilich so wenig bewusst wie die Tatsache, dass er sich auf diese Weise mit jenen ‹Ansichten über Grosses und Kleines› traf, die zur selben Zeit, 1853, Stifter in seiner Vorrede zu den *Bunten Steinen* formulierte.
Ein Jahr vor Stifter ist Meyer-Merian an der gleichen Krankheit gestorben wie jener. Mit einer Arbeit über das Leberkarzinom hatte er einst doktoriert. Am Ende seines Lebens überreichte er, zum Zeichen seiner Gewissheit und Gefasstheit, diese Dissertation seiner Frau.

Friedrich Oser: Th. Meyer-Merian (Basel 1865). Ernst Jenny: Theodor Meyer-Merian (105. Neujahrsblatt, Basel 1920).

Jacob Mähly ist erstaunlich produktiv

Jacob Achilles Mähly (1828–1902), der Sohn eines Küfers, erregte als Gymnasiast Aufsehen durch sein phänomenales Gedächtnis. Als Student schloss er sich dem gleichaltrigen Böcklin und dem zehn Jahre älteren Jacob Burckhardt an. Er studierte in Basel und Göttingen; in Basel wurde er danach Lehrer am Pädagogium, 1853 Privatdozent und 1875, als Kollege und Stellvertreter von Nietzsche, Ordinarius für lateinische Sprache und Literatur.
Als wissenschaftlicher Schriftsteller debütierte er 1875 mit einer Arbeit über *Beatus Rhenanus;* 1862 publizierte er über *Sebastian Castellio* und *Über das Wesen und die Geschichte des Lustspieles.* Es folgten 1868 eine grundlegende Biographie des genialen englischen Textkritikers *Richard Bentley,* 1868 ein Aufsatz über *Friedrich Rückert,* 1874 eine Schrift über *Angelus Politanus,* 1872 eine andere über den *Roman des 19. Jahrhunderts,* in der er u. a. mit dem damals gefeierten Gustav Freytag ins Gericht ging. Als Hauptwerk Mählys gilt die zweibändige *Geschichte der antiken Literatur* von 1880. Eine Untersuchung *Über vergleichende Mythologie* vollendete Mähly 1875. Als Übersetzer verdeutschte er 1868 den Ödipus des Sophokles, 1880 Dramen des Euripides, 1885 die Werke des Aristophanes, 1885 den Aischylos und 1889 griechische Lyriker.

Eine ungewöhnlich stattliche Erscheinung mit wehender Künstlermähne, war Mähly von den Frauen umschwärmt und jederzeit auch ein Liebhaber fröhlicher Geselligkeit. Als Dichter ähnlich fruchtbar wie Th. Meyer-Merian, hat er sich, wie dieser, in fast allen literarischen Gattungen und Stilmöglichkeiten versucht. Von Wackernagels Literaturbetrieb hielt er sich demonstrativ fern.
Als Dichter hat er begonnen mit dem satirischen Lustspiel *Die Centralhochschule* (1854) und mit dem Kleinepos *Mathilde. Das Erdbeben von Basel,* ein Epos, erinnert an die Katastrophe von 1356; mit einer Liebesgeschichte verquickt, erinnert es gleichzeitig an die Epen von Scheffel, Roquette und Baumbach, die in der zweiten Hälfte des 19. Jahrhunderts im Schwange waren. In der *Sängerfahrt,* einer Novelle von 1856,

söhnen sich unglücklich Liebende an einem Gesangsfest in St. Gallen mit ihren Eltern aus. Der Dialekt im Gedichtbändchen *Rhigmurmel* ist nach C. R. Hagenbach ‹Gelehrten-Baseldeutsch›. Mit *Frieden*, einem ‹Idyll aus der Schweiz in sechs Gesängen› wetteiferte Mähly offensichtlich mit Goethes *Hermann und Dorothea.* Nach dem Tod seiner ersten Frau, deren Liebreiz Böcklin in einem frühen Gemälde festgehalten hat, gab Mähly als Privatdruck *Trauerlieder* heraus; einen Teil davon nahm er 1856 in die Gedichtsammlung *Leid und Lied* auf.
Mählys zweite Gattin war eine Tochter Carl Brenners, des Führers der Radikalen. Von dieser verwandtschaftlichen Nachbarschaft angeregt, ging es in Mählys Gedichten *Aus der Gegenwart* (1874) um Politik; sein bevorzugtes Thema war dabei der Kulturkampf in Deutschland; das Gedicht ‹Strassburger Münster› schliesst mit dem Vers: «Wenn ihr *so* deutsch versteht, dann – nein!» Weitere satirische und humoristische Gedichte gab Mähly unter dem Pseudonym Jocundus Plappermund heraus. Durch ein Halsleiden verlor er seine Stimme; 1890 musste er vom Lehramt zurücktreten. *Sonnenhelden der Mythologie* war der Titel seiner letzten Buchveröffentlichung; in der Folge beschränkte er sich, einstmals ein baslerischer Sonnenheld, auf kritische Beiträge für Zeitschriften.

Albert Brenner hält nicht, was er versprochen hat

Im gleichen Jahr wie Mählys *Rhigmurmel*, 1857, gab Albert Brenner (1835–1861) *Baslerische Kinder- und Volksreime* heraus. Er war ein Vetter des radikalen Politikers Brenner, ausserdem ein früher Verehrer Nietzsches; in einem Brief an Jacob Burckhardt nannte er sich eine ‹dämonische Natur›. Die Hoffnungen, die er mit seiner Sammlung geweckt hatte, erfüllten die schriftsprachlichen Gedichte des Frühverstorbenen nicht; sie erschienen als ‹Lieder aus dem Nachlass von A. B.› im ‹Basler Jahrbuch 1884›. Seinen hochfliegenden, ‹ultrabyronesken› Plänen verdanken wir jedoch die aufschlussreiche Korrespondenz mit Burckhardt, der damals noch Professor in Zürich war. «Sie wissen gar nicht», gab dieser dem aufgewühlten Jüngling abgeklärt zu bedenken, «was wir Menschen für Bettler sind vor den Pforten des Glückes, wie wenig sich ertrotzen und erzwingen lässt, und wie die genialste Begabung vergebens an jene Pforten anprallt, um sie einzurennen.»

Friedrich Oser ist seines schlichten Denkmals würdig

Sozusagen problemlos hat ein anderer Basler mit grossem Erfolg ununterbrochen gedichtet; Friedrich Oser (1820–1891). Er kam im (längst abgerissenen) Haus ‹Zum vorderen Klösterli› zwei Monate zu früh zur Welt. Seine Mutter starb unmittelbar nach der Geburt; den Vater hat Oser mit fünfzehn Jahren verloren. Nach dem Besuch des Pädagogiums studierte er bei de Wette und Hagenbach Theologie. Diesen Werdegang hat er selber 1888 in seinen *Jugendgeschichten* erzählt; in etwas saloppen Versen schildert das reizende Büchlein das Familienleben in einer altbaslerischen Mittelstandsfamilie.

Nach einer zweijährigen Bildungsreise wurde er Vikar in Diegten und 1845 Pfarrer in Waldenburg; nach 1866 war er zwanzig Jahre lang Seelsorger in der Strafanstalt in Basel; seine letzten sechs Lebensjahre verbrachte er als Pfarrer in Biel-Benken, wo er neben dem stimmungsvollen Kirchlein begraben liegt.

Oser flossen, wie Hagenbach, die Verse allzu leicht in die Feder. Dabei hatte er, nicht immer zu seinem Vorteil, Hagenbach das Geschick voraus, seine Gedichte von Anfang an auf die Möglichkeit einer Vertonung zuzurüsten. Weit mehr als hundert Komponisten haben Osersche Texte vertont; dem *Liederbuch* von 1875 ist eine Liste dieser Tondichter beigefügt. Eine Spezialität Osers waren Vorfrühlingsgedichte.

Neben diesem *Liederbuch* veröffentlichte er *Kreuz- und Trostlieder* und *Geistliche Triolette;* in der Sammlung *Leben und Streben* hat er nicht weniger als 1200 Spruchweisheiten vereinigt. *Neue Lieder* gab es von ihm 1885; *Bange Stunden* nannte er seine letzte Gedichtpublikation. Einen seiner eigenen Reimsprüche: «Beschwatz es nicht! Das Leid ist heilig!/ Gott selber drum heilt's nicht zu eilig», hat Oser nur zu oft ausser acht gelassen.

Als patriotischer Lyriker (‹Das weisse Kreuz im roten Feld›) hat er bestimmt keine Zukunft; von seinen geistlichen Gedichten ist in unserem evangelisch-reformierten Gesangbuch einzig noch das Lied Nr. 194 übriggeblieben. Oser ist aber auch ‹der Dichter des grünen schattigen Waldes, der rauschenden Quellen, der murmelnden Bächlein, der blühenden Bäume und der Vögel im Buchenhag› (hat Mähly gesagt). Wenigstens daran denken wollen wir, wenn wir das nächstemal an seinem Denkmal, einem einfachen Felsblock am Waldrand über Biel-Benken, vorüberkommen.

Max Oser und Paul Roth: Chronik der Basler Familie Oser (Basel 1948).

Breitenstein ist in aller Bescheidenheit ein grosser Könner

David Hess, J.M. Usteris Freund, verglich diesen mit einem Bach, der ‹ruhig und schaumlos durch grüne Matten dahinfliesst, ohne je über die selbstgewählten Grenzen mit leerem Geräusch brausend auszutreten›. Das könnte gut auch von Breitenstein gesagt sein, der, wie Usteri, zwei Dialekt-Idyllen hinterlassen hat. Sind diese nicht ebenso erfreulich wie jene? Warum schätzen die Zürcher *De Vikari* und *De Herr Heiri* noch heute, während die Basler, Baselbieter und Stadtbasler den *Herr Ehrli* und *s'Vreneli us der Bluemmatt* vergessen zu haben scheinen?

Jonas Breitenstein (1828–1877) wurde als Lehrerssohn in Ziefen geboren; er besuchte die Bezirksschule in Liestal und das Pädagogium in Basel, wo ihn Wackernagel zur Dichtkunst ermunterte. Die *Jurablüthen,* alemannische Gedichte des Gymnasiasten und Studenten, sind nur zum kleinen Teil gedruckt worden; neun davon stehen in der *Basilea poetica* von 1874.

In Basel und Göttingen studierte Breitenstein Theologie; 1852 wurde er Pfarrer am Margarethenkirchlein in Binningen, wo er das Pfarrland selber bebaute und eine Kuh hielt. Sein grösstes Vergnügen waren Schreinerarbeiten. Seine *Erzählungen und Bilder aus dem Baselbiet* veröffentlichte er 1860; 1868 folgte *Jakob der Glücksschmied.* Dazwischen, 1863 und 1864, schrieb er seine beiden Idyllen. Knappe zehn Jahre waren so dem Dichter Breitenstein gegönnt, die gleichzeitig seine schwierigsten waren; seine Werke sind alle unter finanzieller Bedrängnis, zum Teil am Krankenbett seiner Frau, entstanden.

1870 nahm er die neugeschaffene Sekretärstelle bei der freiwilligen Armenpflege in Basel an; vor allem ging es ihm bei diesem Wechsel um die Sicherstellung seiner zahlreichen Familienmitglieder. Noch vor seinem Vater, dem er zur fünfzigjährigen Lehrertätigkeit mit einem Dialektgedicht gratuliert hatte, starb er am 23. Mai 1877.

In der Sendung ‹Die Baselfahrt› hat das deutschschweizerische Radio im Herbst 1977 nicht ganz ohne Erfolg die Bekanntschaft mit Breitensteins Geschichtenbuch *Erzählungen und Bilder aus dem Baselbiet* vermittelt. Anlass zu diesem Erstling hat das Büchlein *Hans Jakob und Heiri oder die beiden Seidenweber* von Gotthelf gegeben, das dieser auf Wunsch von Basler Bankherren geschrieben hatte; es wurde darin auf die Möglichkeiten der Sparkassen aufmerksam gemacht. Breitenstein missfiel bei Gotthelf das Durcheinander von Baselbieter und Berner Mundart und Volkstum. Unter dem Pseudonym B.T. Jonas schilderte er deshalb in vier Erzählungen das Miteinander von Posamenterei und Bauernarbeit im Baselbiet, das er, anders als Gotthelf, aus Erfahrung kannte.

Nicht geradezu missglückt, doch weniger interessant ist *Jakob der Glücksschmied:* das Lebensbild eines tüchtigen Mannes, der an seiner inneren Unrast scheitert. *Der Herr Ehrli* dagegen ist ein Landschäftler, der es als Commis in der Stadt zu etwas bringt. Und vor dem Hintergrund einer politischen Gärung (die in der Baselbieter Geschichte unter dem Namen ‹Rolle-Revision› bekannt ist) spielt sich, fern aller Sentimentalität, die Liebesgeschichte zwischen dem jungen Mediziner Brun und dem *Vreneli us der Bluemmatt* ab. Ständerat Birmann hat Breitensteins Dialekt mit den Worten charakterisiert: «So richtig und treu und unvermischt ist Ton und Ausdruck unserer Täler noch von niemandem dargelegt worden.»

Ein weiterer Baselbieter Dichter war Wilhelm Senn (1845–1895), der nach 1870 Lehrer an der Mädchenschule in Basel war. Er hat das Heimatlied ‹Vo Schönebuech bis Ammel› gedichtet; in seinem Buch *Onkel Fritzens Testament,* das 1880 in Leipzig erschienen ist, hat er die Seelenwanderung als Tatsache vorausgesetzt.

Für Kaegi behält Burckhardt gegen alle und alles immer recht

Jacob Burckhardts *Hämpfeli Lieder,* in dem er seine bedeutendsten Mundartgedichte gesammelt hat, wurde in Basel zunächst als ein Werk Breitensteins betrachtet. Unter den zahlreichen Professoren und Geistlichen, die in Basel zu jener Zeit Gedichte machten, war Burckhardt zweifellos der bedeutendste Lyriker; er hat auch (in den *Weltgeschichtlichen Be-*

trachtungen und anderswo) tiefer, umfassender und ergiebiger über Wesen und Wirkung der Poesie nachgedacht als selbst Wackernagel. Und neben den zahlreichen Basler Professoren, die sich im 19. Jahrhundert eines internationalen Rufes erfreuten, war er für die Zeitgenossen der bedeutendste; auf der Ruhmestafel der Basler Universität teilt er diesen Vorzug heute mit Nietzsche und Bachofen.

Die äusseren Umrisse von Burckhardts ‹wohlgeratenem Menschenleben› sind rasch skizziert. Die Vielseitigkeit seiner Begabung und Leistung, der ganze Reichtum seiner geistigen und seelischen Existenz hat eine grossartige Darstellung und Deutung in Walter Kaegis monumentaler Biographie gefunden, die weitgehend auch Material aus dem Nachlass enthält, alle Dokumente aber so präsentiert, dass sie dem Leser die Freiheit eines eigenen Urteils lassen.

Für Kaegi war Burckhardt ‹von der Zeit seiner ersten Schritte an im Land der Historie duca, maestro e signore›. Er ist es geblieben vom ersten bis zum siebenten Band dieser ‹wichtigsten Biographie, die je über einen Historiker geschrieben wurde›. Dass Burckhardt (der schon für Huizinga zu den Meistern zählte, ‹die über die Antithese von Wahrheit und Irrtum erhaben sind›) bei Kaegi schlechterdings immer, gegen alle und alles recht hat und behält, hätte den alten Skeptiker ‹Kebi› vielleicht skeptisch gestimmt. Und angesichts der siebenbändigen Biographie hätte er sich vielleicht des Ratschlags erinnert, den er einem jungen Fachgenossen einst gegeben hat: «Schreibe einbändig!»

Burckhardt ist Lyriker, bevor er Schriftsteller wird

Jacob Christoph Burckhardt, geboren am 25. Mai 1818, war der Spross eines Geschlechts, dessen Stammvater aus dem Schwarzwald gekommen und 1523 in Basel eingebürgert worden ist. Der Vater war (wie nach ihm Abel Burckhardt, der Dichter der *Kinderlieder*) Obersthelfer, später Antistes. Schon der Vater und der Grossvater dieses Vaters waren evangelische Geistliche gewesen. Die Mutter, eine geborene Schorndorff, entstammte einer Familie, die 1475 eingebürgert worden war; in ihre Ahnenreihe gehörte Celio Secundo Curione. Der Tod der Mutter, 1830, war ein Ereignis, das den Sohn ‹der grossen Hinfälligkeit und Ünsicherheit alles Irdischen› gewahr werden liess. Dem Schüler des Pädagogiums war Wackernagel wichtig. Ein ‹seherisches› Gedicht Burckhardts von 1835 trug den Titel ‹Nach dem Weltgericht›.

Wie Johann Ludwig Burckhardt, der spätere Scheik Ibrahim, lernte Jacob Burckhardt in Neuenburg Französisch. Anschliessend studierte er bei de Wette und Hagenbach vier Semester Theologie. Nach einer Krise, in der sich seine Abkehr vom Christentum vollzog, studierte er 1839 bis 1843 in Berlin vor allem Geschichte; Leopold Ranke, J.G. Droysen, Ph.A. Böckh, Jacob Grimm, der Kunsthistoriker (und Dichter) F.Th. Kugler waren seine wichtigsten Lehrer. Bei Ranke lernte er u.a., ‹den Sinn für das Interessante bei sich zu entwickeln›.

Auf einer Reise durch Belgien entstand 1842 der Führer *Die Kunstwerke der belgischen Städte;* wie später im *Cicerone* ist er auch eine Anleitung zum Genuss der Kunstwerke; an den Bildern von Rubens stellt er ‹die intensivste Bezeichnung des kräftigsten Lebens› fest. Ein Semester in Bonn, in Berlin dann wieder poetische Versuche und die Freundschaft mit jungen Literaten in G. Kinkels ‹Maikäferbund›, der Verkehr im Hause Bettina von Arnims, Arbeiten über Karl Martell und über das Basler Münster bereicherten Burckhardts Studentenjahre; 1843 erlangte er in Basel mit einer lateinischen Dissertation die Doktorwürde.

Nach einem Vierteljahr in Paris wurde er in Basel ‹gesetzlicher Dozent› für Geschichte. Den Lebensunterhalt verdiente er anderthalb Jahre lang als Redaktor der ‹Basler Zeitung›. Für das Brockhaus-Lexikon verfasste er eine Reihe kunstgeschichtlicher Artikel; 1846 und 1847 bearbeitete er in Berlin die zweite Auflage von Kuglers *Handbuch der Malerei.* Unter dem Titel *Ferien* gab er 1849 ein Bändchen hochdeutscher Gedichte anonym heraus; 1853 folgte, ebenfalls anonym. *E Hämpfeli Lieder.* Die meisten dieser Lieder galten der anmutigen Margaretha Stehlin, einer Freundin von Burckhardts Schwestern; die musikalische Tochter des späteren Bürgermeisters J.J. Stehlin heiratete jedoch 1849 den Bankier Friedrich Riggenbach.

In den fünfziger Jahren entstanden die drei Werke, die bei Lebzeiten den Ruhm des Schriftstellers Burckhardt ausmachten: 1852 *Die Zeit Constantins des Grossen,* 1855 *Der Cicerone* und 1860 *Die Cultur der Renaissance;* neben dem *Constantin* schrieb er, was Kaegi Burckhardts ‹Virtuosenstück› nannte: die Monographie über *Erzbischof Andreas von Krain und der letzte Concilsversuch in Basel 1482–84.*

A. Burckhardt: Herkommen und Heimat der Familie Burckhardt (Basel 1925).

Seine zweite Lebenshälfte widmet Burckhardt dem Lehramt

1855 trug der *Cicerone* Burckhardt die Berufung zum ordentlichen Professor für Kunstgeschichte am neugegründeten Eidgenössischen Polytechnikum in Zürich ein, wo er u.a. ‹einige Tessiner Gipser mit den Geheimnissen der alten Kunst in italienischer Sprache bekannt machte›. Zu seinen Kollegen gehörten F.Th. Vischer *(Auch einer)* und Francesco de Sanctis (der Verfasser einer berühmten *Storia della Letteratura Italiana*). Auch Gottfried Keller lernte er kennen, mit dem er sich in seiner Vorliebe für Ariost traf. Richard Wagner wich er geflissentlich aus.

Im Todesjahr von F.Th. Kugler, 1858, übernahm Burckhardt in Basel die Geschichtsprofessur. Im Berufungsschreiben, das von Bachofen abgefasst war, hiess es: «Sie sind nicht nur der Liebling des Publikums, sondern, was Sie, ohne jenes zu unterschätzen, doch wohl höher anschlagen werden, der Ersehnte Ihrer zukünftigen Kollegen.» Der Vierzigjährige nahm den Ruf ohne Zögern an, schon weil man in Basel ‹so hübsch nahe bei Italien wohnte›. In den ‹glücklichsten Jahrzehnten› seines Lebens hat er in Basel historische und kunsthistorische Vorlesungen gehalten; er hat am Pädagogium Unterricht erteilt und in der Aula, im Bernoullianum und in der ‹Historischen und Antiquarischen Gesellschaft› seine Basler mit rund 170 Vorträgen verwöhnt. Er war Mitglied der Kunstkommission; Ehrenämtern und Festlichkeiten entzog er sich aber nach Möglichkeit. Einen Ruf nach Berlin als Nachfolger Rankes schlug er 1872 aus, obwohl man dort für Professoren ‹Gründerpreise› zahlte.

Asthma und ein Herzleiden zwangen ihn 1885, nur noch über Kunstgeschichte zu lesen; 1893 trat er endgültig auch von diesem Amt zurück. Nach einem Unfall in seiner Wohnung, St.-Alban-Vorstadt 41, zog er an den Aeschengraben 6 um. Hier vollendete er noch seine *Erinnerungen aus Rubens* und drei *Beiträge zur Kunstgeschichte von Italien.* In seinem Lehnstuhl sitzend, starb er am 7. August 1897, an einem Sonntagnachmittag, nachdem er eben noch einen Besucher verabschiedet hatte.

In einer Kundgebung des Regierungsrates hiess es tags darauf: «Von dem Glanze seines Namens ist ein Schein auch auf Basel gefallen. Burckhardt ... hat auf das geistige Leben des Gemeinwesens eine Wirkung edelster Art ausgeübt. Basel wird es darum allezeit unter seine hohen Ehren rechnen, diesen Bürger gehabt zu haben.»

Burckhardt ist nur bedingt ein typischer Basler

Nach einem Wort Nietzsches merkte man es seinerzeit jedem gebildeten Basler an, ‹dass er in der Stadt Jacob Burckhardts geboren sei›. Von den Baslern selber wird beteuert, Burckhardt sei ‹nicht bloss einer der besten, sondern auch einer der typischsten Verkörperungen echten Baslertums› (Ed. His) gewesen.

Buckhardt ist aber, wie Hebel, mit wechselnden Haushälterinnen Junggeselle geblieben. Als ihm Fritz Riggenbach Margaretha Stehlin wegnahm, hätte er sich als ‹ächter› Basler vom ‹Daig› um eine andere, vielleicht noch attraktivere Partie bemühen müssen. Unbaslerisch war auch sein fehlender Einsatz für die Basler Mission, seine Absenz beim zweimaligen Kirchgang am Sonntag, bei den Wochenpredigten und der samstäglichen Betstunde.

Als ‹ächter› Basler hätte ‹Kebi› natürlich nicht zur Miete wohnen dürfen. Atypisch war zudem sein Verhältnis zum Erfolg, zum Sozialprestige, zum Geld, zum Erwerbssinn ganz allgemein. So hat er ein Honorar für die *Cultur der Renaissance* kurzerhand abgelehnt. Nahezu ohne Ehrgeiz hat er sich auch sonst manches versagt, was für gut angepasste Basler Glück und Erfüllung des Lebens bedeutet. Nicht nur unbaslerisch, sondern auf heutige Art fast progressiv war seine Ablehnung des Kapitalismus, der überhandnehmenden Industrialisierung; ‹einmal›, hoffte er, ‹werden der entsetzliche Kapitalismus und das begehrliche Treiben ... wie zwei Schnellzüge auf demselben Geleise aufeinanderprallen›.

Einer der Lieblingsbegriffe Burckhardts, die ‹Sekurität›,

bezeichnete für ihn andere Dinge als die Sicherheit gut versorgter Basler, das Kapital nicht angreifen zu müssen. Overbeck stellte bei ihm allerdings eine baslerisch anmutende Angst vor schroffen Urteilen fest. Spitteler dagegen berichtete von einem Auftrag Burckhardts: «Sagen Sie's in Ihren Studentenkreise, dass ich nichts glaube.»
Spitteler hat ausserdem überliefert, Burckhardt habe ihm, unter Berufung auf Voltaire (seinem Lieblingsschriftsteller), als einzigen Trost in dieser ‹bösen Welt› die Arbeit empfohlen: «Jeden Tag arbeiten, bis man müde ist.» Entsprechend hat sich Burckhardt tatsächlich ein grosses Mass an Pflichten zum Teil selbst auferlegt, zum Teil aufbürden lassen. Und echt baslerisch war seine Zurückhaltung, seine Bescheidenheit, ohne dass er damit in Widerspruch geriet mit seiner kennerischen Liebe zu einer guten Tafel und zu einem guten Tropfen. Ebenso wenig ergab sich für ihn ein Widerspruch zwischen Reisefreudigkeit und instinktiver Abneigung gegen tiefgreifende Veränderungen. Gute Baslerart verriet sein Widerwille gegen die Praktiken zeitgenössischer Politiker, seine Leidenschaftslosigkeit, sein scharf taxierender Wirklichkeitssinn und seine grundsätzliche Einsicht, dass es der Mühe nicht wert sei, ‹in diesem kurzen Erdenleben das Wesentliche herzugeben gegen blossen Schein›.

Burckhardt lernen wir am besten in seinen Briefen kennen

Von Gestalt war Burckhardt mittelgross, gedrungen. Seine Haare waren kurz geschoren, die Stirn gewölbt; der Blick war ruhig abwägend unter breitgezogenen Brauen. Die adlige Nase, im Profil scharf hervortretend, verriet mit ihren langen Flügeln Sinn für feine Genüsse. Der gestutzte Schnurrbart, unscheinbar im Vergleich mit Nietzsches Schnauzbart, hob sich nur wenig über den Mundwinkeln. Die volle Unterlippe stand ein wenig vor über einem Kinn, das einem Befehlshaber, einem Kapitän oder General, gut angestanden hätte. Wie sein ganzes Wesen, wirkte das Gesicht Burckhardts eminent männlich. In einem Brief gestand er denn auch, dass er auf Frauen ‹hie und da Eindruck› mache, was seinem ‹armen, mehrfach verschmähten Herzen so wohl› zu tun pflege ‹wie der Duft von Apfeltorten vormittags› der Nase.

Vor der Gefahr, als Einspänner ein Einsiedler und Kauz zu werden, bewahrten ihn nicht nur solche Verehrerinnen, sondern vor allem seine Lehrtätigkeit und die öffentlichen Vorträge. Auch war sein Kontakt mit der Familie ungestört; nach getaner Arbeit traf er sich mit guten Freunden in der ‹Schlüsselzunft›, in der ‹Veltlinerhalle› oder in einer Wirtschaft am Grenzacher Hörnli. Der Charme des Gastgebers Burckhardt ist in den Erinnerungen jüngerer Verehrer festgehalten: wie er in seiner bescheidenen Behausung bis weit nach Mitternacht beim Wein zu erzählen, aber auch zuzuhören verstand, wie er mitgebrachte Verse sachkundig beurteilte, auf dem Klavier phantasierte und seine alten oder neuen Skizzenbücher vorzeigte.

Am besten lernen wir ihn in seinen Briefen kennen. Er hat zwar die Empfänger immer wieder darum gebeten, diese Briefe zu vernichten, weil er sich vor der Nachwelt nicht zu blamieren gedenke; gerade in seinen Briefen (nicht nur in denen an Friedrich von Preen) sind aber die vielzitierten Voraussagen über die Zukunft Europas niedergelegt, die den Ruhm Burckhardts auch dort begründeten, wo man für seine Botschaft sonst kaum viel übrig hatte. Über die Theorie und Praxis der Dichtkunst hat er sich eingehend in seinen ‹Lehrbriefen› an die ratsuchenden Emma Brenner-Kron und Albert Brenner geäussert.
Viele seiner Briefe sind, wie er es wünschte, tatsächlich vernichtet worden. Was erhalten blieb, wird in der Ausgabe von Max Burckhardt (die noch nicht abgeschlossen ist) immerhin doch zehn Bände umfassen. Und mit ihrem Reichtum an farbigen Schilderungen, mit ihren scharfsinnigen Analysen, ihrem Einfallsreichtum, mit ihrem pointierten Witz bezeugen sie nicht nur den Rang, sondern auch die Lebensklugheit und die Lebenskunst ‹des grössten Kulturhistorikers deutscher Zunge‹.

Burckhardt baut seinen Rebberg mit antiken Säulenfragmenten aus

Jacob Burckhardt, Vorbild des Pater Jacobus in Hesses *Glasperlenspiel*, hat sehr früh gewusst, was ihm am meisten frommte und was er am besten konnte. Abgesehen von einigen kleinen Anpassungs- und Ausbruchsversuchen, abgesehen von den vier Semestern Theologie, der Liebe zu Margaretha und den beiden Gedichtbändchen also, hat er unbeirrbar das Gesetz erfüllt, nach dem er angetreten.
Er war, ungeachtet seiner Liebe zu Mozart oder Verdi, ein ausgesprochener Augenmensch: zum künstlerischen Sehen geboren, zur plastischen Darstellung begabt, aber auch zur Schau, zur Einsicht, zur Weisheit. «Wo ich nicht von der Anschauung ausgehen kann», schrieb er mit 24 Jahren, «da leiste ich nichts.» Seine Skepsis, die Selbstkritik und Rezeptivität, verbunden mit seiner Anschauungsfreude, hat ihn auf die Tat, auf politisches Engagement, auf Ruhm oder Erfolge jeder Art von Anfang an verzichten lassen. Wie für Erasmus oder Hebel, die er beide verehrte, war ihm Terminus, der Gott der Grenze, ein wichtiger, altbaslerischer, alteuropäischer Gott. In einem anderen Brief des jungen Historikers ist ein Lebensplan entworfen, in dem er sich einem römischen Winzer vergleicht, der seinen Rebberg mit antiken Säulenfragmenten ausbaut. An diesen Winzer erinnert er überall da, wo er in den historischen Fakten Ursache und Wirkung wittert, ihren Zusammenhang bildhaft als Symptom begreift, um intuitiv schliesslich eine Diagnose zu stellen. Wahrhaft genial ist seine Fähigkeit, Fragmente der Vergangenheit, Stimmungen und Probleme der Gegenwart und prophetische Zukunftsschau ineinander zu spielen zu lassen ‹wie die drei Orchester im Don Juan›.

Burckhardt begreift seine Arbeit als Artistik

Unter Freunden hat sich Burckhardt zuweilen als Seiltänzer, als ‹Saltimbanck› bezeichnet. Seiltänzerei, Artistik, ist auch das Werk, das er zustande gebracht hat: ein Tanz ‹rittlings auf der Grenzscheide› zwischen der ruinösen ‹Galeeren-Arbeit der sogenannten Vollständigkeit› eines Nur-Wissenschafters und der geschichtsphilosophischen Spekulation, in der die Welt und die Geschichte, wie bei Hegel, nur noch als Manifestation des Ideellen existiert. Artistik war auch sein Stil, den Steding, Burckhardt in Hassliebe verbunden, als ‹Schnörkelstil essayistischer, ornamentaler, aphoristischer Darstellung› genannt hat, ‹wo rastlos die ornamentalen Linien ineinanderspielen und sich selbstverliebt ineinander verschlingen›.
Schon 1842 legte Burckhardt das Gelübde ab, sein ‹Leben lang einen lesbaren Stil schreiben zu wollen›. ‹Alles Bestimmte›, formulierte er an anderer Stelle, ‹hat ein Königsrecht gegenüber dem Unsichern, Dumpfen und Anarchischen›. Eines seiner Lieblingswörter war ‹merkwürdig›: im *Constantin* hat man es 41mal, in der *Griechischen Kulturgeschichte* 63mal gezählt. Grossartig war seine Kunst der freien Rede. Mit ‹erasmischer Ängstlichkeit›, wie seine Freunde das nannten, weigerte er sich, nach seinen drei Hauptwerken weitere Bücher zu veröffentlichen. Stattdessen hat er, im Gegensatz zu Erasmus, dem die öffentliche Rede nicht lag, vor seinen Studenten und dem kritischen Basler Publikum die schwierigsten Gedankengänge völlig frei vorgetragen: stehend, ohne Konzept, in bestem Deutsch, mit tragender, sonorer Stimme, ohne je den Faden zu verlieren. Nicht ohne Neid hat Overbeck bemerkt, Burckhardt sei dabei auf Wirkung ausgegangen, habe effektvolle Abschlüsse gesucht und ‹seines Theaters gewiss› sein wollen.

‹E Hämpfeli Lieder› ist wichtiger als ‹Ferien›

Ferien, eine Herbstgabe, ist 1849 erschienen. Das Bändchen enthält dreissig hochdeutsche Gedichte, deren Vorbilder sich bei Platen, Rückert und Geibel finden; auch Goethe, Voss und sogar Heine klingen an. Neben simplen, liedhaften Strophen treffen wir antike Metren. Berühmt ist das Sonett an den Wahlrömer Claude Lorrain; vor seinen Bildern, die Burckhardt als ‹landschaftliche Gemälde im grössten Stil› verehrt hat, beschleicht ihn ‹tiefes Sehnen›. Ausgesprochen schwach sind dagegen einige ‹Aussichten aus einem Fenster› (an der Albanvorstadt 41). ‹Ein Stück Rom bei Nacht› gibt sich satirisch; das Gedicht ‹Im Jura› feiert den Zauber des Bergwalds im Frühling. Die fünf Gedichte ‹Am Vierwaldstättersee› sind auf einer Ferienreise entstanden. In ‹Verklungenen Tönen› wird über das ‹kurze Liebesglück› mit Margaretha Stehlin getrauert. Aber nur an wenigen Stellen erheben sich diese Gedichte über das Niveau verwandter Poesien der Kollegen Kugler, Wackernagel oder gar der befreundeten ‹Münchner Klassiker› Geibel und Heyse.
E Hämpfeli Lieder, vierzehn Dialektgedichte, gab Burckhardt zu Weihnachten 1853 in der Neukirchschen Buchhandlung

heraus (ein Faksimiledruck ist 1936 erschienen). Ausgerechnet in einer Arbeit über *Basler Mundart* (Neujahrsblatt 1869) hat Adolf Socin den schriftsprachlichen *Ferien* weit mehr Beifall gespendet als dem *Hämpfeli Lieder.* Sicher, der Dialekt in diesen Gedichten ist nicht rein baseldeutsch; auch ist er nicht ganz frei von dem, was Hagenbach bei Mähly als ‹Gelehrten-Baseldeutsch› bezeichnet hat. Trotzdem ist das *Hämpfeli Lieder* Burckhardts reifste lyrische Leistung und zugleich ‹seine klassischste, d.h. sie› enthält ‹am meisten Welt› (A.L. Gass). Heyse hat sie mit Versen von Mörike verglichen. Zwischen dem ersten (‹Im Maie›) und dem letzten Gedicht (‹Vorgesicht›) gelten zwölf Lieder Margaretha Stehlin, und alle spielen sie unverwechselbar im altbaslerischen Honoratiorenmilieu. Zu den schönsten Stücken gehört ‹Nyt Eiges meh› mit dem Schluss: «Wer het mi au mit allem was i bi/ Verschenkt an Di?» und das ‹Vorgesicht› mit den abschliessenden Versen: «Sygs Liebi, Fründschaft, Heimet, Poesie,/ Gib's nit lycht uf,/ 's ka mengs e Täuschung sy,/ Und eineweg e gheime Sege druf.»

Den endgültigen Verzicht Burckhardts auf weitere dichterische Bemühungen, Mitte der fünfziger Jahre, verbunden mit der Tatsache, dass er seine beiden Gedichtbändchen aus dem Handel zurückgezogen hat, veranlasste Ernst Jenny, von einem ‹Problem J.B.› zu sprechen. ‹Mit der ihm eigenen genialen Nüchternheit› hat Burckhardt jedoch festgestellt, dass seine Aussichten als Dichter kaum verlockender waren als bei seinem Lehrer F.Th. Kugler (der für den ausgebliebenen Dichterruhm seine Verdienste als Kunsthistoriker unbedenklich dahingegeben hätte). ‹Für solche Rühmchen danke ich›, heisst es in einem Brief Burckhardts an Kinkel. Und die Arbeit am *Constantin* zeigte ihm dann, dass ‹auf den Höhepunkten› seiner wissenschaftlichen Arbeit für ihn genug Gelegenheit geboten war, ‹den Inhalt seiner Quellen so darzubieten, dass die Erzählung den Ton hoher Dichtung erreichte› (A.L. Gass).

A.L. Gass: Die Dichtung im Werk Jacob Burckhardts (Bern 1967).

Der ‹Constantin› ist das erste grosse Werk Burckhardts

Von Wurstisen bis Ochs und von Voltaire bis Droysen ist uns eine Geschichtsdarstellung vertraut, in der die historischen Ereignisse in chronologischer Reihenfolge berichtet sind. Burckhardt hat im *Constantin* und in der *Cultur der Renaissance* den Geschichtsprozess sozusagen aufzustauen versucht; die kontinuierliche Abfolge der Ereignisse ersetzte er durch Querschnitte: durch Darstellungen der jeweiligen Sitten, Institutionen, Kunstformen usw. Mit diesem Vorgehen hat er eine neue Ära der Historiographie eingeleitet.

Nach einigen präludierenden Arbeiten, zu denen *Die Alamannen und ihre Bekehrung zum Christentum* (ein Neujahrsblatt für Basels Jugend) zählt, ist 1852 *Die Zeit Constantins des Grossen* erschienen. Die Eleganz des Stils verrät sofort, dass hier ‹eine Darstellung mehr nach französischen als nach deutschen Vorbildern› versucht ist. Schon auf der ersten Seite stellen wir

auch fest, dass ‹die Dinge nicht nach der Zeitfolge und der Regierungsgeschichte, sondern nach vorherrschenden Richtungen des Lebens geschildert werden›. Die Absicht, den ‹furchtbaren, aber politisch grossartigen› Constantin und ein ‹merkwürdiges halbes Jahrhundert› möglichst lesbar (‹für denkende Leser aller Stände›) darzustellen, zwingt freilich dazu, wenigstens die politische Geschichte in chronologischer Reihenfolge zu berichten.
Zu den Höhepunkten des Werks gehören dichterische Landschafts- und Städteschilderungen, am Schluss des Buchs zum Beispiel eine Beschreibung von Konstantinopel, Rom, Athen und Jerusalem. Breiten Raum nimmt das Panorama der spätantiken Literaturgeschichte ein. Wie Burckhardt zur Zeit der Niederschrift, zwischen den *Ferien* und dem *Hämpfeli Lieder,* zumute war, deutet im *Constantin* das Lob des Einsiedlerwesens (im 9. Abschnitt) und der folgende Satz an: «Es liegt ein Zug in der Natur des Menschen, dass er, verloren in der grossen, bewegten äusseren Welt, sich und sein eigenes Selbst in der Einsamkeit wiederzufinden sucht.»

‹Der Cicerone› ist nicht nur ein Hohelied auf das Cinquecento

Gregorovius war im 19. Jahrhundert der bedeutendste deutschsprachige Italienreisende neben Burckhardt; er fuhr 1852 erstmals nach Italien; die fünf Bände seiner *Wanderjahre in Italien* sind zwischen 1856 und 1877 erschienen.
Burckhardt war 1846 zum erstenmal und, nach einem Berliner Zwischenspiel, 1847 und 1848 wieder in Italien: «Ich weiss jetzt», schrieb er 1846 in einem Brief, «dass ich ausserhalb Roms nie mehr recht glücklich sein werde.» Während einer neuerlichen Italienreise, die ihn mit dem Zug und mit der Kutsche bis nach Pästum hinunter führte, entstand in dreizehn Monaten der grösste Teil des *Cicerone;* in Basel wurde das Buch 1854 beendet. Schon die Reisenotizen lassen die schlagfertige Sicherheit von Burckhardts Urteil erkennen, und der Vergleich mit dem endgültigen Text gibt Einblicke frei in sein schriftstellerisches Vorgehen.
Der ‹Tschitsch›, wie Burckhardt das Buch liebevoll herabsetzend bezeichnet hat, nennt sich im Untertitel ‹eine Anleitung zum Genuss der Kunstwerke Italiens›. Als umfassender Kunstführer ist er noch heute brauchbar, nicht nur mit Tips wie ‹bestes Licht um 10 Uhr›. Folgende Anmerkung (zu Perugino) dürfte aber den ‹flüchtigen Reisenden› überfordern: «Es muss einen göttlichen Augenblick in seinem Leben gegeben haben, da er zum erstenmal die holdeste Form mit dem Ausdruck der süssesten Schwärmerei, der Sehnsucht, der tiefsten Andacht erfüllte.»
Der *Cicerone* ist nicht nur ein Kunstführer. Er ist auch nicht nur ein Hohelied auf das Cinquecento und auf die klassische Kunst. Aus eigener, unvermittelter Anschauung führt Burckhardt den gesamten italienischen Kunstbesitz aus der Zeit der Antike bis zum Ausgang des 18. Jahrhunderts vor, und das in einer Sprache, die nicht die Idee der Kunstwerke aussagen will

(‹könnte man das, so wäre die Kunst überflüssig›), die vielmehr den Beschauer vor den ‹unbegreiflich hohen Werken› in die richtige Stimmung zu versetzen gedenkt. Das Ziel, das ihm vorschwebt, ist: «Umrisse vorzuzeichnen, welche das Gefühl des Beschauers mit lebendiger Empfindung ausfüllen könnten.» Und auf diese Weise hält der Poet, ‹der im *Cicerone* das Wort nimmt›, ‹weit mehr, als was der Dichter der *Ferien* versprochen hatte› (Gass).
Charakteristisch für Burckhardts dichterische Sachprosa ist z. B. die Schilderung des Poseidontempels in Pästum: «Von den drei erhaltenen Tempeln des alten Poseidonia sucht das Auge sehnsüchtig den grössten mittleren. Es ist Poseidons Heiligtum; durch die offenen Trümmerhallen schimmert von fern das blaue Meer. Ein Unterbau von drei Stufen hebt das Haus des Gottes über die Fläche empor. Es sind Stufen für mehr als menschliche Schritte.»

Die ‹Cultur der Renaissance› ist Burckhardts Meisterwerk

Der ursprüngliche Plan Burckhardts sah vor, unter dem Titel ‹Das Zeitalter Raffaels› die Kultur- und die Kunstgeschichte der Renaissance miteinander zu verbinden. Nach Antritt der Basler Professur beschränkte er sich auf die Kulturgeschichte. In der Einleitung zu dieser versprach er zwar weiterhin eine ‹Kunst der Renaissance›, löste aber dieses Versprechen mit einem Fachbuch für Architekten, der schwierig zu lesenden *Geschichte der Renaissance* von 1867, nicht ein. Dem Verzicht auf den Einbezug der Kunst verdankt aber *Die Cultur der Renaissance,* obwohl (vielleicht *weil*) sie Bruchstück blieb, ihr kristallhaftes Ebenmass.
Die Cultur der Renaissance, ‹gerundet als Stilkunstwerk und Gedankenwelt›, ist Burckhardts Mittags- und Meisterwerk. Als ‹Grosspriester der Renaissance› (wie ihn Kugler einmal nannte), verwirklicht er in diesem Buch den Traum einer diesseitig-klassischen, ganz auf Gegenwärtigkeit gegründeten Welt: einer Welt des Nebeneinanders, nicht mehr des Nacheinanders. Ihr entspricht Burckhardts Vorliebe für das Präsens. Bei der Lektüre gerät der verzauberte Leser oft in traumhafte Zweifel, ob ihm die Gegenwart versunken oder ob ihm eine versunkene Welt Gegenwart geworden sei.
Die Entdeckung, dass die Renaissance das Individuum entdeckt habe, ist einer der Ruhmestitel der *Cultur der Renaissance.* Fälschlicherweise zählt für manche auch die Glorifikation des Gewaltmenschen dazu. Bei Burckhardt ist sie jedenfalls mit Abscheu gemischt; er geht keineswegs so weit wie der von ihm abhängige Nietzsche, der den Heroen der Renaissance zubilligte, jenseits von Gut und Böse ein eigenes moralisches Gesetz zu verwirklichen.
Wesentlicher Bestandteil der *Cultur der Renaissance* ist die Darstellung der zeitgenössischen italienischen Literatur. Salome Christ geht in einer Basler Dissertation von 1940 *(Jacob Burchkardt und die Poesie der Italiener)* so weit, zu behaupten, die Renaissance zeichne sich im Verständnis

Die Vorlesungsmanuskripte zur *Griechischen Kulturgeschichte* hat Burckhardt nur zum Teil für eine allfällige Publikation geheuer. «Ich überlasse es jedem», äusserte er sich zur *Divina Commedia,* «über ... dieses eigenmächtige Einsperren der ganzen Vor- und Mitwelt in die ... drei grossen Behälter zu denken wie er will, nur möge man sich im stillen fragen: wo hätte er dich hingetan?»

Gewidmet hat Burckhardt *Die Cultur der Renaissance* dem greisen Lehrer, Kollegen und Freund Luigi Picchioni (1784–1869), der an der Basler Universität italienische Sprache und Literatur lehrte. Burckhardt hatte bei ihm 1838 Italienischstunden genommen; 1869 widmete er ihm in den ‹Basler Nachrichten› einen herzlichen Nachruf. In einer ‹Freundesgabe für Ed. Korrodi› (Zürich 1945) hat sich auch W. Kaegi mit Picchioni beschäftigt. Als Literaturwissenschafter hat sich Picchioni nahezu ausschliesslich mit Dantes *Divina Commedia* beschäftigt.

Die Poesie leistet mehr als die Geschichte

Nach der Geschichte der Renaissance in Italien, 1867, veröffentlichte Burckhardt kein Buch mehr. Die *Griechische Kulturgeschichte,* die *Weltgeschichtlichen Betrachtungen* und grosse Teile seines kunstgeschichtlichen Nachlasses, mehr als die Hälfte seiner Werke, wurden postum publiziert.
Die bedeutendste unter diesen Veröffentlichungen, die *Weltgeschichtlichen Betrachtungen,* beruht auf dem Konzept einer Vorlesung, die Burckhardt unter dem Titel ‹Über Studium der Geschichte› 1868 und 1870 frei gehalten hat; dazu traten die Entwürfe seiner ebenfalls frei gehaltenen Vorträge über ‹Historische Grösse› und ‹Über Glück und Unglück in der Weltgeschichte›. Diese zum Teil nur stichwortartigen Aufzeichnungen hat Jakob Oeri, der Schwestersohn Burckhardts, bearbeitet und 1905 veröffentlicht. Von diesem persönlichsten, für viele wichtigsten Opus Burckhardts besitzen wir demnach nicht die Partitur, sondern bestenfalls etwas wie einen Klavierauszug. (Neue Auseinandersetzungen mit den *Weltgeschichtlichen Betrachtungen* sind in letzter Zeit durch Kaegis textkritische Untersuchungen eingeleitet oder doch ermöglicht worden.)
Während die Geschichtsphilosophen ‹das Vergangene als Gegensatz und Vorstufe zu uns als Entwickelten› betrachten, wird in den *Weltgeschichtliche Betrachtungen* ‹das sich Wiederholende, Konstante, Typische› untersucht. Das Einleitungskapitel handelt von der besonderen ‹Befähigung des 19. Jahrhunderts für das historische Studium›; im Schlusskapitel geht es um geschichtliche Krisen, deren eine, die von 1870, auf Burckhardts Konzept nicht ohne Einfluss geblieben ist. In den Mittelteilen werden die drei ‹Potenzen› Religion, Staat und Kultur examiniert, die in ihren wechselseitigen Abhängigkeiten das ausmachen, worum es in der Geschichte überhaupt geht. Ein wichtiger Abschnitt trägt den Titel ‹Zur geschichtlichen Betrachtung der Poesie›; den ‹Rangstreit zwischen Geschichte und Poesie› erachtet Burckhardt als ‹endgültig geschlichtet durch Schopenhauer›. ‹Die Poesie›, stellt er apodiktisch fest, ‹leistet mehr für die Erkenntnis des Wesens der Menschheit›.

Burckhardt hat die Vorlesungsmanuskripte zur *Griechischen Kulturgeschichte* nur zum Teil für eine allfällige Publikation zurechtgemacht; die Abschnitte über die Dichtung der Griechen, die uns besonders interessieren, gehören nicht dazu.

Die ‹Griechische Kulturgeschichte› ist das umfangreichste Spätwerk

Homer ist für ihn der Epiker, der den Griechen ‹nicht nur die Götter gemacht›, sondern das ‹menschlich Freie in ihnen wachgerufen› hat. Bei der griechischen Lyrik fehlt ihm die Musik, die einst, wie bei uns im Minnesang, dazu gehörte. Mit spürbarer Anteilnahme schildert er Gestalten wie Sokrates oder Diogenes, in denen er Ideen um so erfreulicher am Werke sieht, als deren Gegensatz, das Wohlstandsstreben, der Kapitalismus und die ‹Technokratie› der Gründerjahre ihm widerwärtig sind. In diesem Sinn ist Diogenes für ihn ‹der rechte, heitere Pessimist, der auf die unermesslich grössere Quote des Lebens, welche von Elend und Verlust bedroht ist, verzichtet, um mit dem Rest auszukommen, mit Mässigkeit, Gesundheit und Freiheit›.

In dem berühmten Kapitel über den Wettkampf, das vor Nietzsche die Bedeutung des agonalen Triebes bei den Griechen herausgestellt hat, findet sich eine Schilderung des Athleten: «Es war nichts positiv Glückliches, wenn das ganze Leben auf einen Augenblick der furchtbarsten Spannung ausgerichtet war; in der Zwischenzeit muss Abspannung oder tiefe Sorge um die Zukunft die Betreffenden ergriffen haben.»

Aber andeutende Darstellungskunst und thematische Aktualität ersetzen uns in der *Griechischen Kulturgeschichte* nicht den freien Vortrag Burckhardts, in dem diese Texte einst zum Blühen kamen. Auch fehlt die stilistische Anmut, die ein fertig ausgearbeitetes Werk wie *Die Cultur der Renaissance* zu einem verzaubernden Leseerlebnis werden lässt.

Burckhardt erinnert sich an seine Begegnungen mit Rubens

Ein populärer Basler Denkmalpfleger und Fasnächtler, Rudolf Riggenbach, hat (fast etwas zu häufig) über den ‹notorisch schlechten Geschmack von Jacob Burckhardt› gespottet. Zum voraus erledigt hat dieser den Vor- oder Anwurf mit dem Bekenntnis, lieber mit Rubens zu irren als mit andern recht zu haben. Burckhardt hat seine Abneigung gegen Michelangelo, Correggio, Rembrandt, Delacroix, Courbet und Manet in einem Vortrag von 1883 mit den Worten begründet, dass ‹unser subjektives Gefühl, so gering die Ästhetik darüber redet, etwa auch sein Recht der Antipathie und sogar des Abscheus› habe.

In den nach Burckhardts Tod überraschend aufgetauchten *Erinnerungen aus Rubens* hat er diesen Maler als den Mann gefeiert, der er am liebsten selber hätte sein mögen. Als Verehrer des Rubens werden Goethe und Heinse genannt. Und in glanzvollen Schilderungen, die den Umgang von Rubens mit der Familie und mit seinen Auftraggebern beschreiben, in ganz persönlichen Auseinandersetzungen mit dem Œuvre entsteht das Bild des fürstlichsten aller Maler (neben Tizian) in der flandrischen Ambiance des 17. Jahrhunderts.

Wölfflin tritt die Nachfolge Burckhardts an

Ein würdiger, leider nicht ausdauernder Nachfolger auf dem kunstgeschichtlichen Lehrstuhl Burckhardts wurde 1893 Heinrich Wölfflin: Sohn des Latinisten Eduard Wölfflin (der in München die Grundlagen zum heute noch nicht abgeschlossenen *Thesaurus linguae Latinae* schuf), Großsohn des Rudolf Claudius Wölfflin, der 1806 Basler Bürger geworden war. Heinrich Wölfflin (1864–1945) hat sich mit einer Schrift über *Renaissance und Barock* in München habilitiert. In Basel entstand 1899 *Die klassische Kunst,* ein Werk, das sich aber noch ganz innerhalb der Fragestellungen Burckhardts bewegt, dessen Andenken es auch gewidmet ist. 1901 folgte Wöfflin einem Ruf nach Berlin, später einem solchen nach München. In den *Kunstgeschichtlichen Grundbegriffen* (1915) und anderen Werken, die die europäische Geltung Wölfflins festigten, ist er weit über Burckhardt hinausgegangen. Die Wurzeln seiner Neuorientierung sah Joseph Gantner in den Anregungen, die Wöfflin als Student beim Philosophen Johannes Volkelt in Basel empfangen hatte.

Jacob Burckhardt und Heinrich Wölfflin, Briefwechsel und andere Dokumente ihrer Begegnung (1948).

Bachofen beginnt seine Laufbahn verheissungsvoll

Johann Jacob Bachofen, geboren am 22. Dezember 1815, entstammte einer Familie, die 1564 in Basel eingebürgert worden war. Im Vergleich zu den Burckhardts waren die Bachofen nicht nur weniger zahlreich: sie hatten bisher auch keine Akademiker hervorgebracht. Durch sechs Generationen hatten sie es dafür zu einem ansehnlichen Vermögen gebracht. Ausserdem zeichneten sie sich durch eine grosse Sammlung niederländischer Gemälde und durch den Besitz des ‹Rollerhofs›, der ‹Dompropstei›, des ‹Ebenrains› und weiterer Prachtsbauten aus. Und Bachofens Mutter, Valeria Merian, stammte aus einem Zweig ihrer Familie, der ebenfalls über einen soliden Besitz verfügte; in einem reizenden Brief, den Jacob Burckhardt aus Berlin der Magd Dörli schrieb, ist die Rede davon, dass Christoph Merian, ein Vetter von Bachofens Mutter, ein weit beträchtlicheres Einkommen habe als der Kronprinz von Preussen.

Johann Jacob Bachofen, der in der Familie Jean-Jacques genannt wurde, zeichnete sich bereits am Pädagogium aus; für Alexandre Vinet war er ‹toujours à la tête›; F. D. Gerlach, der spätere Freund und Mitarbeiter, bezeichnete ihn als den besten Schüler seit Bestehen der Schule. Nach zwei Semestern in Basel studierte er in Berlin; zur Jurisprudenz entschloss er sich unter dem Einfluss von F. K. von Savigny, dem Schwager von Clemens Brentano und Begründer der ‹historischen Rechtsschule›, dessen erste Schrift 1806 dem *Recht des Besitzes* gegolten hatte. Auf das Examen bereitete sich Bachofen 1837 in Göttingen vor; 1838 bestand er es in Basel ‹mit der ersten Nummer›; seine lateinische Dissertation umfasste nicht weniger als 364 Seiten.

Die übliche ‹Cavalierstour› führte ihn für zwei Jahre nach

Paris, London, Cambridge, Edinburg und Liverpool. Eine bemerkenswert ‹glänzende Erscheinung›, wurde er, kaum recht nach Hause zurückgekehrt, zum Professor für römisches Recht ernannt, nachdem er in aller Eile vorher eine Berufung nach Zürich ausgeschlagen hatte. 1842 wurde er Richter am Strafgericht; 1843 veröffentlichte er drei ‹Jugendversuche›: *Zur Lehre von der civilen Berechnung der Zeit, Das Nexum, die Nexi und die Lex Petillia* und *Die Lex Voconia,* zu der ihm Mommsen mit dem Wunsch gratulierte, ihm ‹noch manches Mal unsere Achtung vor seinem regen Forschergeist bezeugen zu können›. Zur Erholung, aber auch um zu sehen, ob in Italien ‹die Sonne so viel schöner scheine als bei uns›, trat er, zusammen mit dem Vater, seine erste Italienreise an. Im Vorwort zur *Gräbersymbolik* erzählte er später, wie in ihm durch die Besichtigung eines 1838 entdeckten Grabgewölbes im Garten der Villa Pamfili ein Interesse geweckt wurde, ‹dem für das spätere Leben Dauer gesichert war›.
Sehr überraschend und ohne Angabe des Grundes verzichtete er im Geburtsjahr Nietzsches, 1844, auf seine Professur. Nach zweijähriger Mitgliedschaft verzichtete er zudem auf sein Grossratsmandat; seine Begründung lautete in diesem Fall, dass ihm das unaufhaltsame Vordringen des Radikalismus widerstrebe. Über diesen Verzicht auf eine politische Laufbahn gestand er zusätzlich, aber erst 1851, im Tagebuch der *Griechischen Reise:* «Kann den, der sich zu einem Amt berufen fühlt, etwas ihn tiefer Berührendes treffen, als wenn ihm unmöglich wird, dieses Eine auszuüben?»

Bachofen richtet sich als schreibender Privatgelehrter ein

Sein juristisches Hauptwerk, *Das römische Pfandrecht,* einen Band von rund 700 Seiten, gab Bachofen 1847 heraus. F.L. Keller, ein Savigny-Schüler und Spezialist für römisches Recht wie Bachofen, lobte in einer Besprechung die Frische und originelle Kühnheit des Werkes. Der vorgesehene zweite Band blieb ungeschrieben; dafür publizierte Bachofen 1848 *Ausgewählte Lehren des römischen Civilrechts.* Einen Ruf an die Universität Freiburg i. Br. schlug er 1850 aus: er hatte sich unwiderruflich entschlossen, von nun an ‹mehr für sich und seine Bereicherung als für das Publikum zu studieren›.

In Rom sammelte er Materialien für eine Geschichte des alten Rom, die er zusammen mit F.D. Gerlach, seinem ehemaligen Lehrer, zu schreiben gedachte. Unbeirrt durch die Ausrufung der italienischen Republik in Rom, unbeirrt auch durch den Triumph des schweizerischen Radikalismus und den Ausbau des Bundesstaates, gaben die beiden das Werk 1850 in zwei Halbbänden heraus: *Die Geschichte der Römer.* Bachofen war im ersten Band u.a. vertreten mit grossartigen historisch-topographischen Schilderungen des westlichen Mittelitalien (die W. Muschg 1945 gesondert herausgegeben hat); im zweiten Band stammte von ihm eine Darstellung der ‹Grundlagen des römischen Staatsrechts›.
Das Ernstnehmen der Berichte des Livius, Vergils und des

Dionysius von Halikarnass trugen Bachofen und Gerlach bei der Fachwelt Spott oder Mitleid ein; Mommsens quellenkritische *Römische Geschichte*, die 1854 zu erscheinen begann, besorgte den Rest. In den Augen Bachofens war aber Mommsens Werk eine Anhäufung dessen, was auch Jacob Burckhardt ‹Tatsachenschutt› nannte; für ihn war Geschichte ein lebendiges Ganzes, ein Organismus und eine Schicksalsfügung. Und wenn man ihm vorwarf, Livius oder Vergil seien durch Jahrhunderte von den Ereignissen, über die sie berichteten, getrennt gewesen, entgegnete er, sie seien erstens hochintelligente Menschen gewesen und zweitens den fraglichen Ereignissen um Jahrtausende näher als Mommsen. (Erst nach 1870 hat der Ausgräber Schliemann mit seiner Überzeugung, dass die Epen Homers geschichtliche und geographische Tatsachen wiedergeben, Triumphe gefeiert.)
In den Jahren 1851/52 gönnte sich Bachofen eine Reise nach Griechenland, an die sich Reisen in Süditalien, Etrurien und ein neuerlicher Aufenthalt in Rom anschlossen. Er konnte es sich leisten, wie ein englischer Lord zu reisen, begleitet von einem Künstler, der für ihn Zeichnungen anfertigte, einem einheimischen Führer und einem Reitknecht. Trotzdem mutete er sich, wie auf allen seinen Reisen, durch unersättlichen Museums- und Bibliotheksbesuch und durch seinen Arbeitseifer so viel zu, dass daraus eine ‹ungeheure Strapaze› wurde. Reizvoll sind die später ausgearbeiteten Teile des griechischen Reisejournals, die Georg Schmidt 1927 unter dem Titel *Griechische Reise* herausgegeben hat.

1856 beginnt die dritte Epoche von Bachofens Laufbahn

Die zweite Epoche reicht von 1854, dem Jahr des Rückzugs aus dem Grossen Rat, bis 1856, dem Todesjahr der Mutter. Ende September 1954 verfasste Bachofen in einem Brief an seinen Lehrer Savigny die sogenannte *Autobiographische Rückschau* (die Regierungsrat H. Blocher 1917 unter diesem Titel im ‹Basler Jahrbuch› veröffentlicht hat). Dieser Brief leitet bereits zur dritten Epoche über und gehört nach A. Bäumler ‹in die Reihe der wahrhaft grossen Äusserungen eines Menschen über sich selbst, weil er ganz aus dem Gefühl der Einheit des inneren und äusseren Lebens, ganz aus dem Bewusstsein eines dämonischen Ganzen geschrieben ist›.
Wie wichtig und lieb ihm seine Mutter war, hat Bachofen ergreifend in der Widmung des *Mutterrechts* ausgedrückt: «Von deiner Liebe und Treue zu reden wollen wir nicht aufhören, solange uns das Leben dauert.» In ihrem Todesjahr, 1856 (das zugleich das Geburtsjahr Sigm. Freuds war), trug Bachofen an den ‹Verhandlungen deutscher Philologen und Schulmänner› in Stuttgart unter grossem Beifall eine frühe Fassung des *Mutterrechts* vor unter dem Titel ‹Über das Wesen des Weiberrechts›.
In einer italienischen Übersetzung erschien von ihm 1858 in Rom ein Aufsatz über den Sinn der Würfel und der Hände in den Gräbern des Altertums. Einen Nachruf auf den Jugend-

freund W. Th. Streuber schrieb er für das ‹Basler Taschenbuch›, das Streuber begründet hatte. 1859 veröffentlichte er den *Versuch über die Gräbersymbolik der Alten:* den linken Flügel des Triptychons seiner drei Hauptwerke. Das Buch wurde mit ‹blindem Hass und zögernder Gunst› empfangen; Bachofen hat selber mehrmals auf eine Besprechung im ‹Literarischen Zentralblatt› hingewiesen, in dem es u. a. hiess: «408 enggedruckte Seiten voll der seltsamsten und abenteuerlichsten Träumereien, die in ihrem Tiefsinn geradezu in das Gebiet des höheren Blödsinns hinübertreten.»

Für den ‹homme des résolutions imprévues», als der er galt, weitete sich 1891 ein kleiner Abstecher nach Genf unvermutet zu einer Reise aus, die ihn über Lyon, Avignon, Marseille und Valencia nach Madrid führte und von dort, nach ausgiebigem Museums- und Bibliothekenbesuch, über Gibraltar, Granada, Valencia und Arles zurück in sein ‹liebes regnerisches Schützenvaterland›.

Das Todesjahr Savignys (und das Geburtsjahr Rudolf Steiners), 1861, war das Erscheinungsjahr des zentralen Hauptwerks, des *Mutterrechts.* In der Fachwelt hatte sich Bachofen bereits durch die *Gräbersymbolik* als Gelehrter unmöglich gemacht; das neue (mit Ausnahme der Einleitung) mühsam zu lesende Werk begegnete eisiger Ablehnung. Auch die bald einsetzende Zustimmung der Ethnologen und Soziologen bewirkte keinen Umschwung. (Der wahrscheinlich fulminanteste Protest, Ernst Howalds Aufsatz ‹Wider J. J. Bachofen›, datiert allerdings erst von 1924; Bachofen wird darin zu den ‹modernen Erotophilen› und ‹lustvollen Guckern› gerechnet; auch von der ‹schwülen Bordelluft› seines Werks ist dort die Rede.)

1862 liess der Vater Bachofens eine *Kleine Geschichte der Bandweberei in Basel* als Manuskript drucken. Der Sohn legte gleichzeitig seine letzte rechtshistorische Arbeit vor: *Grundlagen der Steuerverfassung des römischen Reiches.* Im gleichen Jahr tauchte der nicht verwirklichte Plan eines ‹Symbolischen Wörterbuches› auf. In Bachofens vielleicht schönster Arbeit, *Das lykische Volk und seine Bedeutung für die Entwicklung des Altertums* (ebenfalls 1862) begegnen wir in einer prachtvollen Landschaft einem urgesunden Gebirgsvolk mit einem mutterrechtlichen Familiensystem und einem ausgebauten Gräberkult. («Unter den Kulturländern der alten Welt zeigt aber keines mit Helvetien so viel Ähnlichkeit wie das lykische.») Für die Abhandlung *Der Bär in den Religionen des Altertums* holte sich Bachofen ergänzende Auskünfte persönlich beim Bärenwärter in Bern.

Bachofen heiratet erst mit fünfzig Jahren

Mit fünfzig Jahren, 1865, heiratete Bachofen die dreissig Jahre jüngere Luise Elisabeth Burckhardt (1845–1920); die Hochzeitsreise führte die beiden nach Italien. Danach zogen sie aus der ‹Dompropstei› zunächst ins ‹Alte deutsche Haus› um; 1870 kaufte Bachofen das Haus «Zur St. Johannskapelle›,

Münsterplatz 2 (heute Sitz des Erziehungsdepartements). Als Sommersitz erwarb er 1878 das Landgut ‹Zum mittleren Gundeldingen› (heute Bachofenstrasse 1). 1866 wurde ihm der Sohn Johann Jacob geboren, sein einziger leiblicher Erbe, von dem C.A. Bernoulli berichtete, dass er an besonders hochgezüchtete Vertreter des österreichischen Adels erinnert habe.
Angeregt durch eine Vase aus Canosa, die sich in Paris befand, schrieb Bachofen 1867 *Die Unsterblichkeitslehre der orphischen Theologie auf den Grabdenkmälern des Altertums.* Die Reproduktion einer farbigen Tafel erzwang für die Publikation ein unmögliches Format und erlaubte nur eine Auflage von fünfzig Exemplaren; eine der schönsten Schriften Bachofens blieb aus diesem Grund eine der unbekanntesten.
Drei Studien über die römische Wölfin als Symbol der Mütterlichkeit folgten 1867 bis 1869, und im Jahr des Unfehlbarkeitsdogmas und des Endes des Kirchenstaats, 1870, erschien der rechte Flügel im Triptychon der Hauptwerke: *Die Sage von Tanaquil.* Manfred Schröter und Alfred Bäumler, die das Gesamtwerk Bachofens als eine ‹Metaphysik der alten Welt› interpretiert haben, sahen in der *Sage von Tanaquil* die Darstellung des ‹endgültigen Sieges des occidentalen Geistes›.
1871 erschien, von Bachofen als geistesverwandt begrüsst, Nietzsches *Geburt der Tragödie;* 1872 war das Geburtsjahr von Klages, des späteren Wiederentdeckers von Bachofen; 1876 starb Johann Jacob, der Vater, der sich mit dem Sohn Johann Jacob zeitlebens ausgezeichnet verstanden hatte.

Bachofens Nachlass umfasst rund zehntausend Seiten

‹Vernehmlich zur Kenntnis der ältesten Verwandtschaftsbegriffe› sollten die zwei Bände der *Antiquarischen Briefe* beitragen, die 1880 und 1886 erschienen; sie sind vor allem den Ethnologen wichtig geworden. Der erste Band ist dem amerikanischen Ethnologen L.H. Morgan gewidmet. Mit dem ‹Nachlass zu den *Antiquarischen Briefen*›, wie Meuli eine rund zehntausend Seiten umfassende Hinterlassenschaft nannte, begann Bachofen nach 1870 für eine ‹zweite Bearbeitung des *Mutterrechts* die Reste des Maternitätssystems bei allen Völkern der Erde zusammenzusuchen›. Dazu wurde er ursprünglich veranlasst durch den in Genf lebenden Franzosen A. Giraud-Teulon, der lang vor Klages im *Mutterrecht* ‹eine wahrhaft bedeutende Entdeckung› gesehen hat.
Im ‹Nachlass zu den *Antiquarischen Briefen*› hat sich Bachofen auch mit Melvilles Buch *Typee* befasst, und in einem zitatenreichen Aufsatz (‹J.J. Bachofen und Herman Melville›) hat der ‹Dichter und Arzt› Hermann Augustin aus Allschwil (1900–1977) eine Konfrontation des ‹Pantoffelreisenden› in Basel mit dem ‹abenteuernden Autodidakten› in New York bewerkstelligt.
Am 25. November 1887 starb Bachofen, der wie immer um vier Uhr früh zu arbeiten begonnen hatte, an einem Schlaganfall. Overbeck meldete den Tod Nietzsche mit dem lakonischen Kommentar, dass ‹von den angeblich hinterlassenen vierzehn

Millionen› der Universität vermutlich nichts zufallen werde. Aus dem Nachlass gaben die Witwe und der Sohn 1890 den Band *Römische Grablampen nebst einigen anderen Grabdenkmälern vorzugsweise eigener Sammlung* heraus; das Vorwort steuerte A. Giraud-Teulon bei. Nach einem Gerücht, das Meuli überlieferte, hat die Familie mit dieser Veröffentlichung den ‹in Basel verdächtigten Ruf› Bachofens ‹als guten Christen› retten wollen.

Wesentliche Beiträge zur Biographie finden sich bei R. Forcart und F. Vischer: *Chronik der Familie Bachofen* (Basel 1911); bei C.A. Bernoulli: *J.J. Bachofen und das Natursymbol* (Basel 1924); in Karl Meulis Nachwort zum *Mutterrecht* in der Gesamtausgabe (Basel 1948). Aufschlussreichster Versuch einer Gesamtdeutung ist immer noch: A. Bäumler: *Bachofen der Mythologe der Romantik* (Einleitung zu *Der Mythus von Orient und Occident*, München 1926). Nützlich sind ferner: Materialien zu Bachofens *Mutterrecht* (hg. H.J. Heinrichs, Suhrkamp-Taschenbuch Wissenschaft, 1975).

Bachofen bereitet sich seine Schwierigkeiten selber

Damit das Blut keinen weiten Weg hat vom Herzen zum Gehirn, darf ein genialer Mensch keinen langen Hals haben, hat Schopenhauer gesagt. Ohne ausgeprägte Halspartie trägt bei Bachofen ein monumentaler Oberkörper einen eindrucksvollen, grandseigneuralen Kopf. Über dem breitgebauten Gesicht wölbt sich ein hoher, weitgehend kahler Schädel; seitwärts zieht sich von den schütteren Haaren, die nach vorn gebürstet sind, ein gekrauster Backenbart nach unten. Der Blick kommt ruhig aus grosser Tiefe. Die Nase ist nicht prominent, aber auch nicht so klein wie bei Nietzsche. Über dem kräftigen Kinn ist der feingeschnittene, geschlossene Mund ungemein sprechend. Und das ganze Gesicht bezeugt einen harmonischen Ausgleich zwischen Entsagung und Sehnsucht.

Dass Bachofen trotz diesem ‹fashionablen Gesicht und Erscheinen› ‹wahrhaft ein Gelehrter› war, hat Legationsrat A. Kestner (der vierte Sohn von Goethes Lotte) seiner Schwester 1842 von Rom nach Basel berichtet. Wie ‹munter und launig› Bachofen sein konnte, hat sein Freund H. Meyer-Ochsner (in: *Das Haus am Berg*, Zürich 1879) erzählt; auch dass er gern ‹einen satirischen Ton› anschlug ‹und um attisches Salz nicht verlegen› war, ‹dabei vielfach mit der Meinung des Tages im Widerspruch›, so dass es bei ihm stets ‹viel Interessantes zu hören und auch viel zu lachen› gab.

Der Widerspruch Bachofens zur Tagesmeinung war in erster Linie politischer Natur. Denn ‹weil ich die Freiheit liebe, so hasse ich die Demokratie›, schrieb er in seiner *Selbstbiographie* von 1854. Bachofen schätzte, was clanmässig auf Dauer angelegt war in jenem Stil, den Johanna von der Mühll in den *Basler Sitten* geschildert hat. In eben diesem Sinn hat er der charakterfesten Mittelmässigkeit des altrömischen Patriziats Ehre erwiesen und die Genialität eines Alcibiades, die auf rasche, augenfällige Wirkung ausging, verachtet.

In jüngeren Jahren erklärte er sich scharf und mit Zeitungsartikeln gegen den demokratischen Radikalismus (gegen den

Freisinn). Der Aussichtslosigkeit seines Kampfes bewusst, verzichtete er mit seinem Rücktritt aus dem Grossen Rat auf eine politische Karriere und vermied auf diese Weise die öffentlichen Auseinandersetzungen mit dem politischen Gegner. Da es für den schwerreichen Patrizier auch keine finanziellen oder sozialen Probleme und Hindernisse gab, musste er sich die Schwierigkeiten, an denen er wachsen und reifen konnte, selber schaffen. Diese Bedrängnisse schuf er sich als Gelehrter durch die ungewöhnliche Thematik und Methodik seiner Forschungen: auf seiner labyrinthischen Gelehrten- und Schriftstellerlaufbahn durch die Welt der Gräber, der Gräbersymbolik, des Mutterrechts, des Mythus, der Ur- und Vorgeschichte, der Ethnologie und Soziologie.

Wir vergleichen Bachofen mit Burckhardt

Walter Muschg hat Gottfried Keller als ‹ein Jahrhundert› bezeichnet, Gotthelf aber im Vergleich mit Keller ‹ein Jahrtausend› genannt. Entsprechend könnte man (falls dabei viele Seiten differenzierender Erörterungen wegfallen dürfen) Jacob Burckhardt ein Jahrhundert, Bachofen ein Jahrtausend nennen.

Beide waren sie Mitglieder patrizischer Sippen, die zu ungefähr derselben Zeit in Basel eingebürgert worden sind. Beide wuchsen sie am Münsterplatz auf; sie waren durch einen Altersunterschied von knapp drei Jahren getrennt und durchliefen die gleichen Schulen, ohne dass es zu einer echten Begegnung oder gar Freundschaft gekommen wäre. Als Studenten gingen sie sofort getrennte Wege; als Burckhardt Professor in Basel wurde, war Bachofen als solcher bereits zurückgetreten.

Beide waren sie passionierte Reisende; für beide war Rom die ‹bewiesene› Stadt. Beide waren sie ausgesprochene Konservative; beide traten sie zeitweilig journalistisch für die konservative Sache ein, und beide flüchteten sie aus ihrem Unbehagen in der Zeitgenossenschaft in die Geschichte, der eine aber in die Renaissance, der andere in die Ur- und Vorgeschichte. Auch war Burckhardt bei aller Ablehnung des ‹Tatsachenschuttes› ein quellenmässig erschliessender Fachhistoriker, während Bachofens brennendes Interesse ausschliesslich der ‹religiösen Grundlage des alten Denkens› galt.

Bei beiden hat sich die Anhänglichkeit an die Mutter nicht zu einem ‹Ödipuskomplex› weiterentwickelt; beide haben sie vielmehr mit dem Vater ausgezeichnete Beziehungen unterhalten. Und beide fussten sie, wie vor ihnen Hebel, in dem Grunderlebnis der Hinfälligkeit allen Daseins. Für Burckhardt war aber dieses Dasein einzig ästhetisch gerechtfertigt, während Bachofen das ‹Schönheitsideal›, den ‹Sensualismus› und die ‹ästhetische Beurteilung›, die er dem ‹griechischen Genius› zuschrieb, als ‹Maßstab sittlich geschwächter Geschlechter› verurteilte.

Beide waren sie grosse Schriftsteller, Burckhardt sah jedoch seinen Auftrag darin, reizvolle, blühende Bilder strahlender

Kultur zu evozieren, um den Leser oder Zuhörer auf diese faszinierende Weise zu ‹bilden›. Bachofen dagegen, der Burckhardt einmal einen Schauspieler genannt hat, ‹kreist› nach einem Wort von Muschg immer ‹um eine a priori gegebene Wahrheit, die im Grunde nicht bewiesen, nur verkündet werden kann›.
Beide haben sie schliesslich durch eine konsequente Organisation ihrer Bedürfnisse und Verzichte diejenigen Lebensbedingungen für sich geschaffen, unter denen ihr Werk optimal gedeihen konnte. Und trotzdem war das Werk für beide nicht Selbstzweck. Für Burckhardt scheint es letztlich eine Möglichkeit ästhetischer Selbstverwirklichung bedeutet zu haben, während ‹die schriftstellerische Tätigkeit› für Bachofen ausdrücklich ‹ein notwendiges Mittel eigener Vervollkommnung› war.

Die ‹Gräbersymbolik› ist verhältnismässig leicht lesbar

Im gleichen Jahr, in dem Gustav Freytag seine volkstümlichen Bilder aus der deutschen Vergangenheit herauszugeben beginnt, 1859, veröffentlicht Bachofen die *Gräbersymbolik der Alten.* Sie enthält zwei Abhandlungen, ‹Die drei Mysterien-Eier› und ‹Ocnus der Seilflechter›, mit denen grundlegende Vorstellungen der alten Welt zusammenfassend dargestellt werden. Unverhohlen bekennt Bachofen auch, dass er auf diese Weise ‹vor Allem einem Bedürfnis› seiner ‹eigenen Natur gerecht geworden, vielleicht aber auch dem höchsten Ziel aller Althertumsforschung, die Ideen früherer Geschlechter... in ihrer hohen Schönheit zu erschliessen, näher gekommen› sei.
Zwischen der *Gräbersymbolik* und dem *Mutterrecht,* das zwei Jahre später erscheint, herrscht insofern ein ‹Zwillingsverhältnis›, als in jedem der beiden Werke das andere ausgiebig zitiert ist. In einem wunderlich geistreichen Buch (*Bachofen-Freud,* Bern 1939) vermutet Adrien Turel, Bachofen habe die *Gräbersymbolik* zuerst veröffentlicht, weil er bei seinen Publikationen zwischen den Motivkreisen der griechischen und der römischen Antike abzuwechseln pflegte.
Im Unterschied zum schwer zu erschliessenden Originaltext des *Mutterrechts* ist die *Gräbersymbolik* verhältnismässig leicht zu erfassen; sie entspricht einem Grundsatz, der im Vorwort formuliert ist: «Die richtige Verknüpfung des Besonderen und des Allgemeinen ist das Geheimnis, worin alles Verständnis ruht.» Bachofen geht dabei von dem pythagoreischen Grundsatz aus, ‹das Irdisches und Himmlisches den gleichen Gesetzen gehorchen und eine grosse Harmonie Vergängliches und Unvergängliches durchdringen muss›.

Das ‹Mutterrecht› ist das schwer zugängliche Hauptwerk

Jedem von uns kann es widerfahren, dass er sich, ohne zu wissen warum, mitten im Gedränge des Alltags an seine Mutter erinnert: dass er sich aber nicht nur erinnert, sondern, von einem Blitzschlag des Lebensgefühls durchzuckt, aus der Unergründlichkeit seines Herkommens aufhorchend die Frage vernimmt: Was ist mir das, Mutter?

Von dieser Frage gepackt, ging ‹der wunderbare Schweizer Bachofen› (Hofmannsthal) bei seiner Antwort von der Konzeption einer Urreligion aus. Mit Plato war er überzeugt, dass die Religion bei den alten Völkern die Lebensform massgebend bestimmt habe. Für diesen zunächst hypothetischen Glauben sammelte er geschichtliches und ethnographisches Material. Als grundlegendes Prinzip zeigte sich darin die Materie: die Erde, die Mutter; erst später erhob sich darüber das Vatertum, das Geistige, die Idee.

Durch Ordnen und wiederholtes Neuordnen des gesammelten Tatsachenmaterials wurde die ursprüngliche Konzeption in einem Arbeitsprozess, der von spätestens 1854 bis 1861 dauerte, zusehends geklärt, differenziert, fixiert. In Jahrzehntausenden schriftloser Frühzeit sicherte Bachofen dabei die Entdeckung einer urtümlichen und einer höher ausgebildeten Form des Matriarchats, die als ursprünglich orientalische Einrichtungen später durch die römische, occidentale Institution des Patriarchats abgelöst worden ist.

Als Bachofen 1854 Savigny in seine Forschungspläne einweihte, fürchtete er bereits, von der Riesenmenge des gesammelten Stoffes erdrückt zu werden. Sein Vortrag ‹Über das Wesen des Weiberrechts›, den er 1856 in Stuttgart hielt, war aber übersichtlich aufgebaut. Von 1858 bis 1861 dauerte dann die Drucklegung; Verzögerungen durch einen subalternen Drucker einerseits, anderseits durch immer neue Einschiebsel und Zusätze von Bachofen komplizierten nicht nur den Arbeitsvorgang: durch die Art dieses Entstehungsprozesses ist das *Mutterrecht* zu einem unübersichtlichen, nahezu unlesbaren Buch geworden. Ein Meisterwerk bachofenscher Prosa ist dagegen die Vorrede, ‹deren tiefen und ernsten Klang niemand vergisst, der sie einmal wirklich gelesen hat› (Bäumler.).

Den ursprünglichen Text bieten die Bände II/III der Gesamtausgabe (Basel 1948). Unter dem Titel *Der Mythus von Orient und Occident* hat M. Schroeter den Originaltext von der Überladung mit gelehrten Nachweisen befreit; an den entsprechenden Stellen hat er dafür Passagen aus Bachofens übrigen Werken eingefügt (München 1926, 2. Auflage 1956). In Schroeters Auswahl ist auch eine Bibliographie von Bachofens Werken enthalten. Eine Auswahledition des *Mutterrechts* hat H.J. Heinrichs als Suhrkamp-Taschenbuch (stw135) vorgelegt.

Tanaquil ist eine Symbolfigur des Sieges von Europa über Asien

«Ist die Kultur Italiens autochthon oder von aussen dem Lande zugeführt? Haben wir von fremden Einflüssen nur den Hellenismus anzuerkennen, oder gibt es eine ältere, orientalische Periode?» Das ist, vordergründig jedenfalls, die Frage, um deren Lösung in Bachofens Spätwerk gerungen wird.

Ursprünglich, d.h. um 1862, plante er bloss eine flammende Polemik gegen Mommsens *Römische Geschichte.* Im Zeitraum von acht Jahren erwuchs ihm aus diesem negativen Ansatz ein völlig neues, grossartiges Geschichtsbild des Aufgangs des Abendlandes. Der etruskische Tanaquil-Mythus, der von einer orientalischen, ‹machtverleihenden, hetärischen, den Mann zur Knechtschaft nötigenden Königsfrau› handelt, wird dabei durch ein feingliedriges, geniales ‹Stück vergleichender Religionsgeschichte› in seinem Umbildungsprozess durch die Römer verfolgt. Und in diese mythologische Auseinandersetzung zwischen Rom und dem Orient projiziert Bachofen souverän das imposante Panorama des Kulturkampfes des Abendlandes mit dem Morgenland: des Sieges des Geistes über den Stoff.

Über die Entstehungsgeschichte von *Tanaquil* berichtete eingehend G. Kienzle im 6. Band der Basler Bachofen-Gesamtausgabe.

Jeder schätzt oder missbilligt seinen eigenen Bachofen

In Zustimmung oder Ablehnung wird das ‹literarische Inventarium› Bachofens noch heute von den Ethnologen, Soziologen, Mythologen, Philologen, Altertumswissenschaftern diskutiert. Die Frage, was er ‹eigentlich› gewesen sei, auf welchem Gebiet er sich die bedeutendsten Verdienste erworben habe, ist abschliessend nicht zu entscheiden; jeder, der an Bachofen überhaupt interessiert ist, auch der literarische Feinschmecker, wird in seiner Antwort (und damit sich selber enthüllend) eigene Akzente, Prioritäten und Gewichte setzen.
‹Ist es mir gelungen›, versicherte Bachofen in den *Ausgewählten Lehren des römischen Civilrechtes,* ‹auch nur in wenigen Einzelheiten den hohen Geist nachzuweisen, den das römische Recht durchweht, so... ist meine Arbeit nicht umsonst› gewesen. Sie war nicht nur nicht umsonst: auch der Rechtshistoriker Bachofen ist heute noch lesenswert. Umstritten, aber nicht ohne Einfluss, war er als Geschichtsschreiber; als Kritiker der kritischen Historikerschule vermochte er durch sein Beispiel wenigstens deren Grenzen und Schwächen zu zeigen. Und mit der *Sage von Tanaquil* brachte er neues Licht in die Frühgeschichte Italiens; vor allem ist dieses Werk eine faszinierende, geschichtsphilosophisch aufschlussreiche Darstellung der Auseinandersetzung zwischen Asien und Rom in der Epoche, die Jaspers ‹Achsenzeit› genannt hat.

Die Ethnologen und Soziologen entdecken ihren Bachofen

Mit dem *Mutterrecht,* das Bachofen sein Ansehen bei den Altertumswissenschaftern vollends kostete, fand er dafür Anerkennung bei A. Bastian, dem Begründer der neueren Ethnologie, bei J. Kohler und Morgan. «Wer es unternähme», behauptete Meuli, «die Nachwirkung des Mutterrechts vollständig zu schildern, hätte gleich eine Geschichte der neueren Ethnologie und Soziologie zu schreiben.»
Der Amerikaner L.H. Morgan wies 1877 in seinem Buch *Ancient Society* auf Bachofens *Mutterrecht* hin als auf ein Werk ‹umfassenden Forscherfleisses›. Mit wichtigen Rezensionen und interdisziplinären Abhandlungen setzte sich später der Jurist J. Kohler für Bachofen ein. Die ausgiebige ethnologische Diskussion der nachfolgenden siebzig Jahre resümierte W. Schmidt (nicht ohne katholische und ‹urmonotheistische› Voreingenommenheiten) in seinem Werk *Das Mutterrecht* (Wien 1955). Kaum Widerspruch erwartete Meuli, als er Bachofen ‹einen Vorläufer der Kulturkreislehre› von Frobenius nannte.

Mit A. Giraud-Teulon setzte 1874 die familiengeschichtliche Diskussion ein. Unter Berufung auf Bachofen erklärte A. Bebel 1879: «Die Geltung des Mutterrechts bedeutet Kommunismus, Gleichheit aller; das Aufkommen des Vaterrechts bedeutet Herrschaft des Privateigentums und zugleich bedeutet es Unterdrückung... der Frau.» In *Der Ursprung der Familie, des Privateigentums und des Staates* datierte F. Engels 1891 die Geschichte der Familie mit dem Erscheinen des Mutterrechts. Auch in anderen sozialistischen, marxistischen und anarchistischen Forschungen zur Geschichte der Familie wurde Bachofen seither als Bundesgenosse in Anspruch genommen. Kritisiert und weitergebildet wurde sein Ansatz durch Soziologen wie H. Cunow, F. Müller-Lyer und die beiden Vaerting. Einen zusammenfassenden Überblick (nebst einschlägigem Literaturverzeichnis) gab P. Krische mit seinem *Rätsel der Mutterrechtsgesellschaft* (München 1927). Merkwürdig wenig Anteil an der Auseinandersetzung über das Mutterrecht nahmen bisher die Repräsentanten der Frauen- und Männeremanzipation.

Der Durchbruch zum heutigen Ruhm Bachofens erfolgt um 1920

Ludwig Klages (1872–1956), der Begründer der Ausdruckspsychologie und der wissenschaftlichen Graphologie, lernte das Werk Bachofens bereits um die Jahrhundertwende kennen. Erst 1921 und an verborgener Stelle machte er in seinem Buch *Vom kosmogonischen Eros* auf die Werke aufmerksam, die er als ‹sein grösstes literarisches Erlebnis› bezeichnete. Dieser Hinweis war ‹der entscheidende Anstoss› ‹zum Erwachen einer schnell um sich greifenden Teilnahme weitester Kreise an der Persönlichkeit Bachofens und seiner vorher niemals voll erkannten religionswissenschaftlichen Bedeutung›.

Für Klages (vor allem in seinem Hauptwerk mit dem bezeichnenden Titel *Der Geist als Widersacher der Seele*) waren die ‹Herzgedanken› Bachofens wichtig: die Urweisheiten des Muttertums, die er als die ‹unterirdischen Quellen› eines ursprünglichen Menschentums rauschen hörte. Die ‹Kopfgedanken› Bachofens, die um das geistbetonte, von Rom geschaffene Vaterrecht kreisten, lehnte er (wie das Christentum) ab.

Der Dichter und Theologe C.A. Bernoulli (1868–1937), ein Overbeckschüler, in dem sich (nach Ed. His) ‹altbaslerische Traditionen mit jungschweizerischen freisinnigen Eigenschaften› verbanden, veröffentlichte 1924 den Würdigungsversuch *J.J. Bachofen und das Natursymbol.* Das siebenhundert Seiten umfassende Werk widmete er Klages, mit dem er, abgesehen von theologischen Differenzen, völlig einig ging mit der Feststellung, dass Bachofen nicht bloss das Mutterrecht (als Jurist, Soziologe und Ethnologe) entdeckt habe, sondern vielmehr (es psychologisch und erkenntnistheoretisch begründend) einen ursprünglichen Bewusstseinszustand. Als Wesensmerkmal dieser chthonischen Bewusstseinstiefe erkannte er die Fähigkeit, Symbole zu schaffen.

‹Kopfgedanken› und ‹Herzgedanken› Bachofens bilden eine Einheit

Unter dem Titel *Der Mythus von Orient und Occident* gab Manfred Schroeter 1926 eine Auswahl der sämtlichen Texte Bachofens heraus, die er so gruppierte, dass sie zusammenhängend einen Kampf schilderten, der sich zwischen dem morgenländischen Mutterrecht und dem abendländischen Vaterrecht durch das ganze Altertum hinzog und der heute noch nicht abgeschlossen ist.
Zu dieser Schroeterschen Textmontage schrieb Alfred Bäumler eine bedeutsame Einleitung: ein ‹Jungkonservativer›, der, von seinem Ehrgeiz missleitet, später zum Nationalsozialismus überging. (Diese korrumpierte Intelligenz hohen Ranges rechnete Jaspers neben Heidegger und dem Juristen Carl Schmitt zu den drei Überläufern, denen er nicht verzeihen konnte, weil sie gescheit genug waren, zu wissen, was sie taten.)
Die dreihundert Seiten starke Einleitung Bäumlers trägt den Titel ‹Bachofen, der Mythologe der Romantik›. Im ersten Kapitel wird aus der Sicht Bachofens das Wesen des griechischen Epos und das Werden der Tragödie entwickelt. Im Hauptkapitel ‹Von Winckelmann bis Bachofen› erscheint das Werk Bachofens (u.a. mit Görres, Nietzsche und Hegel konfrontiert) als Erfüllung der gesamten Bemühungen der Romantik um die Erkenntnis des Mythus und der Antike. In einem dritten Kapitel rechtfertigt Bäumler – im Gegensatz zum Bachofenverständnis von Klages – die Höherbewertung des apollinischen Vaterrechts über das chthonische Mutterrecht (der ‹Kopfgedanken› über die ‹Herzgedanken›). Wie Bachofen selber, lässt Bäumler keinen Zweifel ‹über den qualitativen Unterschied, der für ihn zwischen Heidentum und Christentum› besteht.
In einer Besprechung (in: ‹Schmollers Jahrbuch›, 1926) versuchte Edgar Salin (Georgianer und in Basel dozierender Soziologe) Klages und Bäumler zusammenzuführen für die Aufgabe, ‹Bachofens ganze Bedeutung zu erweisen›. Und 1929 arbeitete Georg Schmidt (der spätere Leiter des Basler Kunstmuseums) in seiner Dissertation *J.J. Bachofens Geschichtsphilosophie* Bäumlers Standpunkte durch sämtliche einschlägigen Zitate aus dem Mutterrecht schärfer heraus. Mehr zu leisten blieb ihm nicht übrig, nachdem ihm Bäumler mit seiner Grundthese zuvorgekommen war. Persönlich wäre Schmidt zwar gerne Klages gefolgt und hätte ‹Bachofens ganzen christlichen Überbau› als blosse ‹Kopfgedanken› abgetan. ‹Was als geistig Gestaltetes von Bachofen vor uns steht›, eine ‹unzertrennliche Einheit›, liess das aber nicht zu. ‹In welchem Mass Bachofens Denken einheitlich ist›: ‹das zu erweisen› war in der Folge die Aufgabe von Schmidts Arbeit. (Unsere eigene Aufgabe, die Aufgabe der Gegenwart, besteht jetzt darin, zu erproben, was nach der heidnischen These des Matriarchats und der christlichen Antithese des Patriarchats als Synthese nicht nur denkbar, sondern schon realisierbar ist.)

Als grosser Historiker gehört Bachofen der Literaturgeschichte an

In einer ‹Kritik an Bachofens Mythenanalyse› hat der Soziologe C.N. Starcke 1888 Bachofens Werk abschätzig die ‹Rhapsodie eines kenntnisreichen Dichters› genannt. In seiner Rektoratsrede von 1949 hat Walter Muschg ‹Bachofen als einen Schriftsteller hohen Ranges› gefeiert, der, ‹wie jeder grosse Historiker, auch der Literaturgeschichte› angehöre. Am ‹Tonfall seiner Stimme› rühmte er ‹einen geheimnisvollen Zauber, wie er keiner andern deutschen Prosa eigen ist›. Offensichtliche ‹Mängel der Form›, zumal in den grossen Werken, erklären sich für Muschg als romantisches Erbe; damit entsprechen sie ‹dem Gegenstand von Bachofens Forschungen, der gleichfalls romantisch ist›. Beim charakteristischen ‹Monumentalstil› Bachofens beobachtet Muschg, dass er sich nie lange behaupte, sondern immer sehr rasch in einen ‹romantischen oder begeisterten Stil› übergehe, ‹der ausgesprochen musikalischen, lyrischen Charakter› habe.

Auf andere Schriftsteller hat Bachofen selten durch seine schriftstellerischen Mittel, sondern durch seine Thematik eingewirkt. Ein Amerikaner, F.B. Wahr, ist diesem Einfluss auf Gerhard Hauptmann nachgegangen. In seiner Würzburger Dissertation hat Rudolf Krämer die Beziehungen von Rilkes Orphik zu Bachofen untersucht. Thomas Mann hat sich in seiner *Pariser Rechenschaft* mit Bachofen beschäftigt; in seinem Briefwechsel mit Kerényi hat er ihn ‹von seinen Beweihräuchern getrennt› und ihn von ‹jedem heimlichen Einverständnis mit der Reaktion› freigesprochen. Hesse hat von der ‹tiefen Magie seines Sehertums› gesprochen; Hofmannsthal hat für ‹die dunkeln, ältesten Mythen, eingemauert in die Grundfeste des Werkes der Tragiker›, einen neuen ‹Vater› gefunden ‹in dem wunderbaren Schweizer Bachofen›.

Von der Universität Basel geht ein Glanz aus über ganz Europa

Bachofen trat nach drei Jahren von seiner Professur zurück, nahm aber als Mitglied der Kuratel weiterhin Anteil am Gedeihen der Basler Universität. Dass diese dann weit über das deutsche Sprachgebiet hinaus von sich reden machte, war zunächst das Verdienst Jacob Burckhardts und später Nietzsches. ‹Dass von der Universität Basel ein Glanz über ganz Europa ausging›, wie ein gewiss unverdächtiger Zeuge, Christoph Steding, feststellte, war aber auch der Leuchtkraft von Namen wie de Wette, C.R. Hagenbach, Andreas Heusler, Wilhelm und Jacob Wackernagel, Peter Merian, Schönbein, Rütimeyer usw. zuzuschreiben.

Im Jahr 1800 zählte man in Basel noch um die zwanzig Studenten, und der Hörsaal der medizinischen Fakultät diente als Arrestlokal für französische Soldaten. Nach der Wiederherstellung der alten Ordnung wurde 1813 ein Gesetz ‹zur besseren Einrichtung loblicher Universität› erlassen. Neben die theologische, juristische und medizinische Fakultät trat 1818 die philosophische, deren frühere Funktion, alle Studenten auf das Studium an einer der drei anderen Fakultäten vorzubereiten, dem Pädagogium übertragen wurde.

Dank einer geschickten Berufungspolitik nahm die Hochschule bald einen erstaunlichen Aufschwung, so dass sie durch die Gründung der Universität Zürich (1833) und derjenigen von Bern (1834) kaum beeinträchtigt wurde. Die Gefahr, die 1833 durch die Kantonstrennung drohte, wurde durch eine ‹Freiwillige Akademische Gesellschaft› und den Opfersinn der Bürger gebannt. Eine neue Gefahr tauchte 1850 auf, als die Radikalen im Grossen Rat vorschlugen, die Universität durch eine bürgerfreundliche Gewerbeschule zu ersetzen; der Antrag wurde mit 81 gegen 11 Stimmen abgelehnt. Ein Gesetz von 1835 gestand der theologischen Fakultät fünf Lehrstühle zu, der juristischen drei, der medizinischen vier und der philosophischen deren zwölf. Bedeutungsvoll, auch für die Universität, war das Jahr 1875; es brachte das Ende des Basler Ratsherrenregiments und im Zeichen des Freisinns eine Verfassungsrevision.

De Wette harmoniert mit dem theologischen Genius Basels

Der Aufschwung der Universität ging nach 1818 massgebend von der theologischen Fakultät aus und hier von de Wette. «Basel», versicherte dieser in einer Rede von 1823, «verdankt seinen Ruhm wesentlich den Gelehrten ... Wenn es von jeher eine ehrenvolle Stelle unter den freien Städten des deutschen Reiches ... eingenommen hat, so strahlt sein Ruhm noch höher durch den Ruhm der Gelehrten, deren Mutter und Erzieherin es gewesen ist.»

Wilhelm Martin Leberecht de Wette (1780–1849) war am Gymnasium in Weimar Schüler von J.G. Herder. In Jena studierte er Philosophie und Theologie, war in Heidelberg nach 1807 zuerst Philosophie-, dann Theologieprofessor und verfasste dort mehrere Werke, u.a. eine *Kritik der israelischen Geschichte.* Zusammen mit Schleiermacher, Neander und Marheineke wurde er 1810 an die eben eröffnete Universität von Berlin berufen. Dort hat er sein Hauptwerk herausgegeben, das *Lehrbuch der historisch-kritischen Einleitung in die Bibel,* daneben ein Werk über *Religion und Theologie,* eine *Kirchliche Dogmatik* und eine *Christliche Sittenlehre.* In einem Gutachten sprach er sich gegen die Berufung Hegels nach Berlin aus. Als 1819 der Theologiestudent Sand den antiliberalen, in russischen Diensten stehenden Bühnendichter Kotzebue ermordete, schrieb de Wette Sands Mutter einen Trostbrief; eine Abschrift davon geriet in die Hände der preussischen Polizei, worauf de Wette vom König entlassen wurde.
Er zog sich nach Weimar zurück, schrieb dort den Roman *Theodor oder des Zweiflers Weihe* und wurde 1822, nicht eben zur Freude der Orthodoxen in der Fakultät, nach Basel berufen. Wer beide kenne, ‹de Wette und Basel›, hat Karl Barth diese Berufung glossiert, der könne ermessen, ‹was für ein freudiges Wiedererkennen› zwischen de Wette ‹und dem theologischen Genius gerade dieser Stadt› stattgefunden habe.
Wie Hagenbach, für dessen Berufung sich de Wette eingesetzt hat, las dieser über nahezu alle theologischen Fachgebiete; er

predigte häufig und sorgfältig, war viermal Rektor, stellte sich 1831 bewaffnet zur Verfügung, als ein Überfall der Baselbieter drohte, heiratete 1832 eine Baslerin. «So verwirklichte er nach aussen die in Basel besonders erwünschte, aber gewiss auch allgemein eindrucksvolle Personalunion von besonnen moderner Philosophie, historisch-kritischer Gelehrsamkeit und Einfühlungskunst und gut christlicher Frömmigkeit» (Karl Barth). In Basel schrieb de Wette u. a. den Roman *Heinrich Melchthal oder Bildung und Gemeingeist.*

Ernst Staehelin: *Dewettiana* (1956). Paul Handschin: *W. M. L. de Wette als Prediger und Schriftsteller* (1958).

Beck und Overbeck sind originelle Theologen

Ein wenig bekannter, doch bemerkenswerter Theologe war der Basler J. G. Müller (1800–1875). Sein Spezialgebiet war die vergleichende Religionsgeschichte, wobei sein Hauptinteresse den primitiven Religionsformen gehörte.

Johann Tobias Beck (1804–1878) war der Sohn eines Seifensieders; er studierte in Tübingen und kam 1829 aus Mergentheim, wo er Pfarrer gewesen war, als Vertreter der exegetischen und systematischen Theologie nach Basel. Er freundete sich rasch mit de Wette an, lebte dagegen mit der Leitung der Basler Mission in Zwietracht. Seine grundlegende *Einleitung in das System der christlichen Lehre* schrieb er 1838; 1842 wurde er nach Tübingen berufen. Karl Barth applaudierte ihm als einem ‹herzerquickenden› Polemiker gegen den Pietismus, gegen den ‹Zeitgötzen› Heidenmission, gegen vielerlei ‹christliche Treiberei und Macherei und Meierei›. Hoch rechnete er ihm an, dass er als einziger und so früh ein Ohr für Kierkegaard hatte. Als Erklärung dafür, dass Beck keine Schule bildete, stellte Barth fest, seine Theologie sei ‹zu wenig fremdartig› gewesen: ‹nur zu zeitgemäss, um sich von der Arbeit der Zeitgenossen so entscheidend abzuheben, wie es wohl ihr Urheber empfand und meinte›.

Weit weniger originell als der offenbar *nur* originelle Beck war C. J. Riggenbach aus der Bankiersfamilie, an die Burckhardt Margaretha Stehlin verloren hat. Riggenbach war zuerst Pfarrer in Bennwil und lehrte von 1851 bis 1890 in Basel systematische Theologie. Als sein Hauptwerk gelten die *Vorlesungen über das Leben des Herrn Jesu* von 1858.

Eigenartig war das Verhältnis des Theologen Franz Overbeck zur Theologie. Das Merkwürdigste am Christentum war für ihn ‹die Tatsache, dass es die Welt nicht beherrschen kann›; von ‹Gottes Dasein› behauptete er unumwunden, es gehe ‹uns Menschen nichts an›.

Franz Camille Overbeck (1837–1905) wurde in Petersburg als Sohn eines Engländers deutscher Abstammung geboren; seine Mutter war Französin. Er wurde in einem französischen Internat erzogen, besuchte in Dresden das Gymnasium und lernte erst dort Deutsch; in Leipzig und Göttingen studierte er Theologie und Philosophie, habilitierte sich 1863 in Jena und nahm ohne Begeisterung 1870 einen Ruf nach Basel an, wo er

die Ansprüche der ‹Reformpartei› auf eine liberale Professur enttäuschte. Stattdessen unterzog er sich 26 Jahre lang mit Takt und seelischer Zartheit der Pflicht, christliche Theologiestudenten in neutestamentlicher Theologie und Kirchengeschichte vorzubereiten, ohne selber an einen christlichen Gott oder an eine Wirksamkeit des Christentums zu glauben.
Als Zimmernachbar, bald auch als Freund Nietzsches, wohnte Overbeck in der ‹Baumannshöhle› am Schützengraben. Seine aufsehenerregende Schrift *Über die Christlichkeit unserer heutigen Theologie* erschien 1873. Als christlich betrachtete er einzig die ursprüngliche Lehre Christi, deren Unvereinbarkeit mit der modernen Wissenschaft und Kultur für ihn eine bewiesene Sache war. Für die Selbstzerstörung des Christentums machte er vor allem die Theologie verantwortlich; einen Ausweg sah er einzig im Mönchtum.
Dank seinen *Studien zur Geschichte der alten Kirche* (1875), den *Anfängen der patristischen Literatur* (1882) und weiteren kirchenhistorischen Arbeiten galt er weiterhin als Autorität wenigstens auf diesem Spezialgebiet. Erstaunlicherweise wurde er 1876 Rektor. Im gleichen Jahr heiratete er Ida Rothpletz, die aus Aarau stammte; mit ihr trat er öffentlich aus der Kirche aus. 1889 holte er den kranken Nietzsche aus Turin nach Basel; 1897 trat er vorzeitig in den Ruhestand. Selber gab er noch eine zweite Auflage der *Christlichkeit unserer Theologie* heraus; in der Einleitung analysierte er die Wirkung der Schrift. Aus dem Nachlass publizierte sein Schüler C.A. Bernoulli 1911 *Das Johannesevangelium,* 1917 die *Vorgeschichte und Jugend der mittelalterlichen Scholastik* und 1919 vermischte ‹Gedanken und Anmerkungen zur modernen Theologie› unter dem Titel *Christentum und Kultur;* 1941 gab Eberhard Vischer Overbecks *Selbstbekenntnisse* heraus.

Ein kritischer *Versuch einer Würdigung Overbecks* stammt von W. Nigg (München 1931). C.A. Bernoulli schrieb im ‹Basler Jahrbuch› 1906 über ihn und in zwei Bänden über *Overbeck und Nietzsche* (1908). Unter dem Titel *Overbeckiana* erschien 1962 in Basel eine Übersicht über den Nachlass Overbecks.

Recht und Rechtsgeschichte sind die Domäne von Andreas Heusler II

Wie Overbeck und Jacob Burckhardt, wie Bonifacius und Basilius Amerbach hat Andreas Heusler I (1802–1868) wenig publiziert; gedruckt sind von ihm fast ausschliesslich historische Arbeiten. Sie betreffen die *Anfänge der Freiheit von Uri, Das eidgenössische Defensionale von 1655* und einige lokalhistorische Forschungen (über Ryff, Wettstein usw.). Von 1828 bis 1868 bekleidete er eine juristische Professur. Als Gegner der Radikalen war er von 1830 bis zu seinem Tod Mitglied des Grossen Rates, dazwischen, von 1831 bis 1847, Mitglied des Kleinen Rates. Nach 1831 war er Leitartikler der konservativen ‹Basler Zeitung›. Grosse Verdienste erwarb er sich als Gründer der ‹Freiwilligen Akademischen Gesellschaft› und als Reorganisator der Universität nach der Kantonstrennung; 1836 gehörte er zu den Gründungsmitgliedern der ‹Historischen Gesellschaft›.

Sein Sohn, Andreas Heusler II (1834–1921), verdankte Wilhelm Wackernagel seinen bemerkenswert guten Stil. Er studierte vier Semester Jurisprudenz in Basel, wo ihn Johannes Schnell (1812–1889), ein Savigny-Schüler und bedeutender Rechtshistoriker, besonders förderte. Nach zwei Semestern in Göttingen doktorierte er in Berlin. Auf die übliche ‹Cavalierstour› (die seinen Vater nach Paris, London und Cambridge geführt hatte) verzichtete er; zeit seines Lebens fühlte er sich vorab dem deutschen Geistesleben verpflichtet.

Andreas Heusler I.

In Basel war er von 1863 bis 1913 und von 1915 bis 1917 nicht nur Professor für deutsche Rechtsgeschichte und Zivilprozessrecht, sondern der eigentliche ‹Halt und Hort› der Fakultät; wie Burckhardt und Wackernagel lehnte er zahlreiche Berufungen an ausländische Universitäten ab. Von 1875 bis 1891 war er Zivilrichter und von 1891 bis 1907 Präsident des Appellationsgerichts; von 1886 bis 1921 wirkte er als Kommissionspräsident der Universitätsbibliothek, die er, baumlang und leicht vornübergeneigt, jeden Tag kontrollierend durchschritt. Fast 40 Jahre lang war er Chefredaktor der ‹Zeitschrift für Schweizerisches Recht›.

Neben alledem fand er, abhold jeder ‹Trölerei›, Zeit für ein reiches schriftstellerisches Werk. 1870 schrieb er eine *Verfassungsgeschichte der Stadt Basel,* 1872 eine deutschrechtliche Besitztheorie unter dem Titel *Die Gewere.* 1875 schuf er die baslerische Zivilprozessordnung und verfasste 1879 eine klassische Darstellung der *Grundlagen des Beweisrechts.* Als sein Hauptwerk gelten die *Institutionen des deutschen Privatrechts* (1865/66), ein Werk ‹voll genialer Einsicht in die Wechselwirkung und Zweckbedingtheit rechtlicher Formen›, das ausdrücklich von Bismarck gewürdigt und von Jhering seiner ästhetischen Qualitäten wegen gerühmt wurde. Unter vielen weiteren Arbeiten sind erwähnenswert: *Wie Gross- und Kleinbasel zusammenkamen* (1892), die *Geschichte der Öffentlichen Bibliothek der Universität Basel* (1896), die vielgerühmte *Deutsche Verfassungsgeschichte* von 1905, eine Abhandlung über die *Basler Rechtspflege durch fünf Jahrhunderte* (1910), eine *Schweizerische Verfassungsgeschichte* (1915) und die populäre, in mehreren Auflagen verbreitete *Geschichte der Stadt Basel.*

Spartanisch lebend, auf altbaslerische Art gläubig und auf hochgemute Art demütig, war Heusler auch ein begabter Zeichner und Aquarellist. Bis ins hohe Alter hat er Klavier gespielt; er präsidierte den ‹Basler Gesangverein› und war Mitbegründer der ‹Liedertafel›. Kollegen gegenüber konnte er ‹kantig› sein ‹bis zur Schroffheit›; er war auch sonst nicht leicht zugänglich: ein ‹demokratischer Aristokrat›. Trotzdem war er für die Basler einfach der ‹Andrees›, ähnlich wie vor und neben ihm Jacob Burckhardt der ‹Kebi› war.

Eingerahmt von Andreas Heusler Vater und Sohn, haben namhafte Juristen die hiesige Professur als Sprungbrett für eine weiterführende Laufbahn benützt; J.J.W. Planck war zwei Jahre in Basel, B. Windscheid fünf Jahre, R.

von Jhering (der ein berühmtes Buch über den *Geist des römischen Rechts* verfasst hat) ein Jahr und R. von Stintzing drei Jahre; mit diesen allen war Bachofen mehr oder weniger befreundet. W. Arnold blieb acht Jahre, H. Fitting fünf, G. Hartmann acht und K. Blinding drei Jahre; als Sohn des Letztgenannten ist 1867 Rudolf G. Binding in Basel geboren worden: ein seinerzeit berühmter Reiter, Pferdezüchter, Nationalist und manieriert neuklassizistischer Dichter *(Reitvorschrift für eine Geliebte)*.

C.G. Jung d.Ae. ist der Vater der medizinischen Fakultät

Der Wiederaufbau der medizinischen Fakultät, die 1820 für einen einzigen Studenten und einige Barbiergesellen unterhalten wurde, ist in erster Linie Jungs Verdienst. Von diesem Carl Gustav Jung (1794–1864) behauptet eine Legende, er sei ein natürlicher Sohn Goethes gewesen, mit dem er tatsächlich viel Ähnlichkeit hatte. C.G. Jung d.J., der Psychologe, fand dieses Gerücht teils ‹ärgerlich›, teils (als grosser Verehrer des *Faust*) anziehend.

In Heidelberg hat Jung Medizin studiert; mit 24 wurde er Chemiedozent in Berlin. Daneben dichtete er, und eines seiner Gedichte wurde ins *Teutsche Liederbuch* aufgenommen; zu seinem Umgang zählten die beiden Schlegel, Tieck und Schleiermacher. Als Freund des Theologiestudenten Sand, der Kotzebue ermordete, wurde er, wie de Wette, ein Opfer der preussischen Demagogenverfolgungen.

Nach längerer Haft begab sich Jung nach Paris; dort wurde er von Alexander von Humboldt protegiert; 1822 wurde er nach Basel berufen. Hier reorganisierte er die medizinische Fakultät von Grund auf. In einer Rektoratsrede von 1828 erinnerte er an Vorgänger wie Vesalius, Felix Platter und Bauhin. Neben einigen medizinischen Schriften veröffentlichte er 1827 unter einem Pseudonym das Lustspiel *Die Verdächtigen*, in dem er sich über die deutsche Demagogenfurcht lustig machte; 1831 gab er das Drama *Die Revolution* heraus, in dem es um die baslerischen Trennungswirren ging.

Für C.G. Jung d.J. war sein Grossvater (in: *Erinnerungen, Träume, Gedanken*) eine ‹starke und auffallende Persönlichkeit›, ein grosser Organisator, ‹enorm aktiv, brillant, witzig und sprachgewandt›. Und der Chemiker Schönbein, der vielleicht beste Freund, sagte bei der Beerdigung: «Wo Jung war, da war Leben und Bewegung, Lust und Freude.»

Seine ungewöhnlichen Leistungen als Mediziner wurden von W. His gewürdigt in *Zur Geschichte des anatomischen Unterrichts in Basel* (1885) und von A. Burckhardt in der *Geschichte der mediz. Fakultät* (1917).

Wilhelm His entdeckt den Schädel und das Skelett von J.S. Bach

Nach Jung zeichnete sich in Basel als Mediziner Wilhelm His aus (1831–1904), ein Enkel des Geschichtsschreibers Peter Ochs. His studierte in Basel und Bern, später bei Johannes von Müller in Berlin und bei Virchow in Würzburg. Doktoriert hat er in Basel; hier war er von 1857 bis 1872 Professor für Anatomie und Physiologie. 1872 folgte er einem Ruf nach Leipzig, wo er es zum Geheimrat, zu verschiedenen Orden und sonstigen Ehren brachte. Über seine zahlreichen Publikationen hat Wilh. His jun. (in: *Wilhelm His der Anatom*, 1931) berichtet. Ein besonderes Ereignis in seiner Laufbahn war 1894 die Entdeckung des Schädels und des Skeletts von J.S. Bach.

F. D. Gerlach *C. F. Schönbein*

Der grosse Chirurg Billroth hat die ‹literarische Schweigsamkeit› seines Freundes und Kollegen August Socin in Basel sehr bedauert. Der Anatom Moritz Roth hat nach seinem Rücktritt noch über Geschichte der Medizin gelesen; mit seinem Werk *Andreas Vesalius Bruxellensis* (Berlin 1892) ist er der Begründer der Vesal-Forschung geworden.

Die Basler halten nicht viel von der Fachphilosophie

«Die Basler glaubten sich von jeher unbegabt zu rein abstraktem und spekulativem Denken», hat Bonjour festgestellt und beigefügt: «Auch hielten sie nicht eben viel auf Fachphilosophie.» Trotzdem wurde der philosophische Lehrstuhl bei jeder Vakanz neu besetzt.

Nach 1820 bemühte man sich vergeblich um J. F. Fries, der aus politischen Gründen in Jena entlassen worden war. Wie Fries musste der Badenser Lorenz Oken (Ockenfuss, 1779–1851) seine Professur in Jena aufgeben. Er kam aus Paris nach Basel, dessen Universität, wie er schrieb, ‹in der neuen Zeit wieder so ehrenvoll und kräftig zu wirken angefangen hat›. Als Privatdozent für Naturgeschichte fand er in Basel Anerkennung; für die Medizinprofessur, um die er sich bewarb, kam er nicht in Frage. Was er in seinem *Lehrbuch des Systems der Naturphilosophie* lehrte, waren für den Ratsherrn Peter Merian ‹gelinde gesagt höchst abenteuerliche Aufstellungen›. Der geniale Mann hat danach an der Zürcher Universität und namentlich

Peter Merian

Jacob Wackernagel

mit seiner Zeitschrift ‹Isis› noch lange grossen Einfluss geübt. Nach einigen Berufungen, die sich als Misserfolge erwiesen, kam 1830 der Arzt und Philosoph I. P. V. Troxler (1780–1866) nach Basel. Troxler ‹hebt sich ab von allen, die eine philosophische Ader in der Geistesgeschichte der Schweiz besassen› (Ed. Fueter). Er war ein Vorzugsschüler Schellings gewesen, hatte 1803 *Ideen zur Nosologie,* 1805 eine *Theorie der Medizin* und soeben eine dreibändige Logik verfasst. Im stockkonservativen Luzern als Lyceumslehrer entlassen, kam er, ein Idol junger, fortschrittsgläubiger Schweizer, nach Basel, wo er sofort Erfolg hatte. Bereits 1831 wurde er Rektor, nahm aber, ein unbotmässiger Geist, in den Trennungswirren für die Landschäftler Partei, worauf er im gleichen Jahr entlassen wurde.

Der Philosoph Steffensen zieht vor allem Theologen an

Ein Vierteljahrhundert lang (1854–1879) lehrte Carl Steffensen (1816–1888) Philosophie in Basel. Er stammte aus Schleswig und war erst nach einer Herzkrankheit zur Philosophie übergegangen. In seiner Antrittsrede behandelte er *Das menschliche Herz und die Philosophie;* seine Rektoratsrede 1864 hielt er *Über das Zufällige.* Er heiratete die Ratsherrentochter M. M. Burckhardt; die Ehe blieb kinderlos, ‹angeblich zufolge eines von der Gattin geforderten platonischen Opfers›. In seinem

Haus am Münsterplatz war er ein Nachbar von Bachofen, der ihn in einem Brief ‹unseren Staatsphilosophen› nannte. Als Dozent zog er vor allem Theologen an und die vielen Basler, die mit einem Wort von Heinrich Barth ‹in seiner Verehrung herangereift waren›. Seine *Gesammelten Vorträge und Aufsätze* wurden nach seinem Tod von Freunden und Schülern herausgegeben; 1894 liess Eucken aus dem Nachlass Texte *Zur Philosophie der Geschichte* folgen.

Zum Teil von Steffensen persönlich finanziert, wurde 1866 ein zweiter philosophischer Lehrstuhl geschaffen; 1867 und 1868 bekleidete diesen Wilhelm Dilthey (1833–1911), der ‹Kant der Geschichte›, der, von der Theologie ausgehend, zum Schöpfer einer Erkenntnistheorie der Geisteswissenschaften geworden ist. In Basel hat er sein *Leben Schleiermachers* geschrieben. Sein Nachfolger, G. Teichmüller, zog nach zwei Jahren nach Dorpat weiter, und auch Rudolf Eucken blieb Basel nur knapp zwei Jahre erhalten; für seine *Weltanschauungen der grossen Denker* erhielt er 1908 den Nobelpreis für Literatur. Nur ein Jahr blieb Max Heinze, der in Pforta Nietzsches Lehrer gewesen war.

Gerlach und Vischer I sind zwei grundverschiedene Philologen

Franz Dorotheus Gerlach (1793–1876) war mit ungewöhnlichem Erfolg 56 Jahre Lehrer am Pädagogium; 55 Jahre war er Professor für lateinische Sprache und Literatur und 36 Jahre Leiter der Universitätsbibliothek. Wie Mähly hat er, für einen Basler Altphilologen erstaunlich, ungemein viel publiziert; die meisten seiner Werke galten allerdings der römischen Geschichte. Gegen Mommsen, ‹diesen erbärmlichen Wicht›, hat er eifriger und länger gekämpft als Bachofen, mit dem er zwei Bände der unvollendeten *Geschichte der Römer* herausbrachte. Eine ‹urkräftige, robuste Natur›, leidenschaftlich beschwingt, ist er im Alter schwierig und schrullig geworden.

Wilhelm Vischer I (1808–1874) war von 1835 bis 1864 Professor für griechische Sprache und Literatur: ein nüchtern-kritischer, kühler, gewissenhafter Gelehrter. Im Vergleich mit Bachofens *Griechischer Reise* wirken seine *Erinnerungen und Eindrücke aus Griechenland* ausgesprochen trocken. Seine Untersuchungen zur griechischen Geschichte, zur Inschriftenkunde und Archäologie wurden nach seinem Tod in zwei Bänden *Kleiner Schriften* gesammelt. Als liberalkonservativer Ratsherr leitete er von 1868 bis 1874 das Erziehungswesen; ihm sind die Berufungen Nietzsches, Overbecks und Rütimeyers zu verdanken. Er verfasste eine Biographie von Isaac Iselin und zur 400-Jahr-Feier eine grundlegende *Geschichte der Universität von der Gründung bis zur Reformation 1529;* 1862 gründete er die ‹Antiquarische Gesellschaft›, die nach seinem Tod mit der ‹Historischen Gesellschaft› vereinigt wurde.

Heyne ist ein würdiger Nachfolger von Wackernagel

Moritz Heyne (1837–1906) war der Sohn eines Seilers. Als Autodidakt in Halle immatrikuliert, gab er nach vier Semestern eine *Kurze Grammatik der altgermanischen Dialecte* heraus. Eine Beowulf-Edition und Arbeiten aus dem Bereich des Altsächsischen und Altniederfränkischen folgten. Von Halle nach Basel berufen, übernahm er Wackernagels Aufgaben an der Universität und baute die Mittelalterliche Sammlung zum

Historischen Museum aus; die Lehrtätigkeit am Pädagogium gab er später auf. In drei Bänden sammelte er Wackernagels *Kleine Schriften* und trat 1867 in die Redaktion des Grimmschen Wörterbuches ein, für das er die Buchstaben H, I, J, L, M allein bearbeitete. 1893 bekleidete er ein eigens für ihn geschaffenes Ordinariat in Göttingen, das ihm mehr Musse für die Weiterarbeit am Grimmschen Wörterbuch verschaffte. Als er sah, dass er mit diesem nicht zu Rande kommen werde, schuf er 1890 bis 1903 ein eigenes dreibändiges *Deutsches Wörterbuch;* von 1899 bis 1903 gab er drei Bände *Deutsche Hausaltertümer* (Wohnung, Nahrung, Kleidung) heraus.

Vinet ist der erste Romanist der Basler Universität

Alexandre Vinet (1797–1847) kam 1817 aus Lausanne nach Basel. Er unterrichtete Französisch am Pädagogium; von 1819 bis 1837 war er als erster Romanist der Basler Universität Professor für französische Sprache und Literatur. Seine bekannte *Chrestomatie française* erschien 1829; kleinere Schriften über Sainte-Beuve, Michelet und Pascal, den Vinet als seinen Meister verehrte, folgten. Berühmt ist sein *Mémoire en faveur de la liberté des cultes* (1826); weitere Schriften galten ebenfalls der Kultus- und Gewissensfreiheit, die damals (wie heute wieder) mit der Frage einer Trennung von Staat und Kirche verbunden war. Nachdem Vinet zahlreiche Berufungen ausgeschlagen hatte, übernahm er 1837 einen Lehrstuhl für praktische Theologie an der Académie in Lausanne, den er nach einem ‹akademischen Staatsstreich› der Radikalen 1846 wieder verlor. Noch bevor er einem neuen Auftrag der Basler Universität Folge leisten konnte, starb er, der alle seine Leistungen schon immer einem kränkelnden Körper hatte abfordern müssen.

Ernst Staehelin: *Alexandre Vinet als Literarhistoriker, Prediger und politischer Schriftsteller während seiner Basler Zeit* (Basel 1947).

Socin und Kautzsch vertreten für kurze Zeit die Orientalistik

Für die semitische Philologie, die in Basel von den Buxtorfs 144 Jahre lang grossartig vertreten war, gab es nach 1819 lediglich ein Lektorat. Zwischen 1870 und 1876 war Albert Socin (1844–1899) wieder voll dafür zuständig. Wo Scheik Ibrahim orientalische Handschriften und Inschriften gesammelt hatte, in Syrien, Ägypten und Palästina, suchte auch Socin auf einer noch immer nicht ungefährlichen Reise seine Texte zusammen. An Ort und Stelle verfasste er 1873 den Baedeker von Palästina. 1876 folgte er einem Ruf nach Tübingen; 1885 gab er eine *Arabische Grammatik* heraus; seine *Kurdischen Sammlungen* wurden 1881 bis 1887 in zwei Bänden in Petersburg publiziert.
Mit Socin hat in Basel, später in Tübingen, der Alttestamentler Emil Kautzsch (1841–1910) eng zusammengearbeitet; in der Rektoratsrede von 1870 und auch sonst hat er sich eingehend mit Johannes Buxtorf beschäftigt.

Vischer II will alles noch genauer wissen als Vischer I

Wilhelm Vischer (1833–1886), der Historiker, war in seiner Gelehrsamkeit womöglich noch sorgfältiger, skrupulöser als sein Vater, der Gräcist und Ratsherr. Er kam auf dem Umweg über die Theologie zur Geschichte und beschäftigte sich fast ausschliesslich mit deren schweizerischem und baslerischem Ausschnitt: mit der *Sage von der Befreiung der Waldstätte*, mit dem Schwabenkrieg, der Familie Ryff, dem Kartäuserkloster usw. Ferner gab er die drei ersten Bände der ‹Basler Chroniken› und unter dem Titel *Erasmiana* Urkunden zum Leben des Erasmus heraus. Seine Rektoratsrede von 1877 *Über die Grenzen des historischen Wissens* wird Bachofen kaum gefreut haben. (Ohne Namensnennung hat dieser Vischer in einem Brief als ‹kaltblütige Seele› bezeichnet, ‹dem die Sache völlig gleichgültig bleibt, sobald sie keine Vermutungen und Einwendungen einträgt›.) Nach dem Tod Vischers, der u. a. Mitglied des Grossen Rates, der Synode und des Kirchenrats war, ist 1894 eine Sammlung seiner Gelegenheitsgedichte erschienen.

Dem Privatdozenten Balmer gelingt eine grosse Entdeckung

Wenig attraktiv besetzt war lang der einst weltberühmte mathematische Lehrstuhl. Christoph Bernoulli (1782–1863), ein Sohn von Daniel II, war 1819 bis 1835 Professor für Technologie. In Göttingen hatte er mit einer Arbeit *Über das Leuchten des Meeres* doktoriert; in Basel gründete er 1806 ein ‹Philotechnisches Institut›: eine ‹Schule für allgemeine Menschenbildung›. Als Mitglied des Grossen Rates machte er sich bei den Handwerkern durch eine Schrift gegen den Zunftzwang unbeliebt (dieser wurde in Basel als letztem Kanton erst 1874 vollständig aufgehoben). Als Nationalökonom verfasste er Schriften gegen die Staatsschulden, über Bevölkerungspolitik und über das Versicherungswesen.

Grösseren Ruhm als dieser Bernoulli hat J. J. Balmer (1825–1898) erworben, der vierzig Jahre lang Privatdozent der Mathematik war; in erster Linie unterrichtete er an der Basler Töchterschule. Aber mit seiner *Notiz über die Spektrallinien des Wasserstoffs* von 1884 beginnt die moderne Spektroskopie; die sogenannte Balmer-Formel wurde 1913 für Niels Bohr ein Schlüssel zum Erweis des quantitativen Aufbaus des Atoms.

Hermann Kinkelin (1832–1913) war von 1865 bis 1875 Mathematikprofessor in Basel und 1875 Rektor der Gewerbeschule (der Vorläuferin des heutigen mathematisch-naturwissenschaftlichen Gymnasiums). Er trat 1860 mit Arbeiten hervor, die Probleme der reinen Mathematik betrafen; später war er *die* schweizerische Kapazität der Versicherungsmathematik. Zwischen 1890 und 1899 war er als Vertreter der FDP Mitglied des Nationalrats.

Peter Merian ist eine Galionsfigur der Ratsherren-Aristokratie

Peter Merian (1795–1883) verfügte über ein ansehnliches Vermögen, das ihm – seiner Herkunft entsprechend – erlaubte, in zahlreichen Ehren- und Nebenämtern dem Gemeinwesen regierend zu dienen. Er wurde 1820 Professor für Physik und Chemie und etablierte daneben mit grundlegenden Arbeiten die Jura-Geologie als eine Basler Spezialität; auf ihn geht die Unterscheidung zwischen Ketten- und Tafeljura zurück. Von

1835 bis 1850 war er Honorarprofessor für Geologie und Mineralogie: auf dem Gebiet der Paläontologie galt er als eine europäische Autorität; er führte meteorologische Untersuchungen durch, betrieb auf eigene Rechnung eine Erdbebenstation, schrieb historische Arbeiten (u.a. über *Die Mathematiker Bernoulli*), bereicherte und verwaltete die im Neuen Museum an der Augustinergasse ausgestellten Akademischen Sammlungen und gehörte 1860 zu den Gründungsmitgliedern der ‹Basler Hebelgesellschaft›.

Neben Andreas Heusler I ist es besonders Peter Merian zu danken, dass die Universität nicht bloss unbeschädigt, sondern aufblühend aus den Schwierigkeiten der Kantonstrennung hervorging. Als Mitglied des Kleinen Rates, als Ratsherr, hat er die Hochschulpolitik nach 1847 massgebend betimmt; zur 400-Jahr-Feier war er der prädestinierte Jubiläumsrektor. Als seine Nachfolger hat er auf dem Lehrstuhl für Chemie und Physik Schönbein nachgezogen; den Lehrstuhl der Geologie besetzte er 1866 mit Albrecht Müller, dessen Entwicklung vom Kaufmann zum bedeutenden Museumsmann und Wissenschafter er fürsorglich geleitet und begleitet hat.

Schönbein entdeckt das Ozon und erfindet die Schiessbaumwolle

Christian Friedrich Schönbein (1799–1868) hat, ‹wie Rütimeyer und der unvergleichliche Ratsherr und Geologe Peter Merian, dafür› gesorgt, ‹dass auch in der naturwissenschaftlichen Welt Basel als Stadt mit Gelehrtensternen erster Ordnung galt› (Steding). Nach Lehrjahren in Böbling, Augsburg und Erlangen (wo ihm Schelling ein väterlicher Freund war) studierte er in Tübingen (wo er Andreas Vischer I kennenlernte). Nach vier Semestern übernahm er ein Lehramt in Deutschland, später in England und Paris, von wo ihn Merian als seinen Stellvertreter nach Basel holte; 1835 bis 1868 übernahm er die Professur zunächst für Chemie und Physik, später für Chemie allein.

Schönbein gilt als Begründer der Geochemie. Seine epochemachenden Entdeckungen des Ozons und der Passivität des Eisens und die Erfindung der Schiessbaumwolle sind ihm in einer Waschküche des ‹Falkensteiner-Hofes› geglückt; da diese nicht immer zur Verfügung stand, konnte es geschehen, dass Schönbeins Diener die Studenten heimschickte mit dem Bescheid: «Heute ist kein Kurs, die Frau Professor badet.» Als ein ‹Demokrat von Gottes Gnaden› hat sich Schönbein auch im Grossen Rat, als Mitarbeiter der ‹Basler Zeitung› und selbst als Vorsteher der Kleinbasler Ehren-Gesellschaften mit den politischen Ereignissen in Basel volksnah auseinandergesetzt.

Als Chemiker hat sich in Basel Friedrich Goppelsroeder ausgezeichnet, der, von Schönbeins ‹Papierlichemie› ausgehend, die Papierchromatographie erfand. Jules Picard, der Vater des Stratosphärenfliegers und Tiefseetauchers, hat sich in Basel um die Methodik des Chemieunterrichts verdient gemacht. Gustav von Bunge war ein ‹Wegbereiter der Vitaminologie› und hat sich kämpferisch für die Abstinenzbewegung eingesetzt.

Vielleicht ist Hermann Christ der originellste Basler Gelehrte

Hermann Christ-Socin (1833–1933) war als Gerichtsschreiber der Nachfolger von Andreas Heusler II. Nach 1868 hat er ein eigenes Advokaturbüro geleitet; er hat Eisenbahngesellschaften bei Schadenersatzforderungen vertreten, zuletzt die Jura-Simplon-Bahn nach dem Münchensteiner Unglück 1891. Mit mehreren Schriften hat er sich für die Eingeborenen im Kongo, in Angola, Madagaskar und Peru, aber auch für die Armenier in der Türkei eingesetzt. Dass er mit religiöser Salbung dabei nicht sparsam umging, hat Jacob Burckhardt zu spöttischen Bemerkungen über den ‹gottsäligen› Christen Christ veranlasst.

Berühmt geworden ist Christ als Botaniker. Nach *Pflanzengeographischen Notizen über Wallis* liess er 1867 ein Buch *Über die Verbreitung der Pflanzen der alpinen Region* folgen, 1882 *Das Pflanzenleben der Schweiz,* 1910 eine *Geographie der Farne.* Neben diesen geobotanischen Bemühungen liefen andere über die Systematik der Nadelhölzer, der *Rosen der Schweiz* (1873), der Riedgräser. Als weltweit anerkannte Autorität schrieb er über *Die Farnkräuter der Erde* und über *Die Farnkräuter der Schweiz.* Neben biographischen und anderen populärwissenschaftlichen Schriften gab er 1915 eine reizende *Geschichte des alten Bauerngartens der Basler Landschaft* heraus. Seinen *Erinnerungen* fügte er 1923 ein Verzeichnis seiner sämtlichen Schriften und Editionen an; zwei Monate vor seinem 100. Geburtstag starb er an den Folgen eines Unfalls.

Als Fachbotaniker lehrte C.F. Meissner von 1836 bis 1867 in Basel; er leitete die Verlegung des Botanischen Gartens vom ‹Markgräfler-Hof› vor das Aeschentor und übersetzte die *Organographie* seines ehemaligen Lehrers A.P. de Candolle. Simon Schwendener, der von 1867 bis 1877 in Basel Botanik lehrte, hat ‹seinen Namen für alle Zeiten unsterblich› gemacht durch den Nachweis (im Basler Rektoratsprogramm 1869), dass alle Flechten als Doppelwesen aus je einer Algen- und Pilzart vereinigt sind.

Unter dem Titel *Basilea botanica* haben M. und H.P. Rieder und Rud. Suter 1979 eine reich bebilderte Geschichte der Pflanzenkunde in Basel veröffentlicht.

Rütimeyer ist der Begründer der Haustierforschung

Ludwig Rütimeyer (1825–1895), ein Pfarrerssohn aus dem Emmental, hat (wie Burckhardt, mit dem er befreundet war) vier Semester Theologie, dann aber Geologie und Medizin studiert. Nach Studienaufenthalten in Frankreich, England und Holland wurde er 1855 Professor für vergleichende Anatomie in Basel. ‹Als Lehrer› ist er ‹gross gewesen›, hat Portmann gesagt, ‹noch grösser aber als Forscher›. Er hat eine grosse Zahl von Schriften verfasst über geologische Untersuchungen, über lebende und besonders über ausgestorbene Tierarten (speziell über Huftiere, womit er zum ‹Begründer der Haustierforschung› geworden ist). Von ihm stammt eine Biographie von Peter Merian; über seine Beziehungen zu Bachofen findet sich ein Bericht im Anhang zu *Tanaquil* (in der Bachofen-Gesamtausgabe). Von Rütimeyer gibt es ausserdem lesenswerte Landschaftsschilderungen und Reisebriefe; für Familienanlässe machte er berndeutsche Gedichte, denen anzumerken ist, dass ihm Hebel nahegestanden ist.

Ein Verzeichnis der Schriften Rütimeyers findet sich am Schluss des zweiten Bandes seiner *Gesammelten kleinen Schriften*, die H. G. Stehlin 1898 herausgegeben hat. In diesen finden sich autobiographische Aufzeichnungen unter dem Titel ‹Ungeordnete Rückblicke auf den der Wissenschaft gewidmeten Teil meines Lebens›. Der Sohn, Leopold R., hat 1906 in Frauenfeld *Briefe und Tagebuchblätter* des Vaters veröffentlicht.

Die Vettern Sarasin erforschen Ceylon und Celebes

Paul und Fritz Sarasin waren Vettern und beide auch Urenkel von Jacob Sarasin-Battier, dem Literaturmäzen und Erbauer des ‹Weissen Hauses›. Beide studierten Zoologie, und die Ergebnisse ihrer ersten Forschungsreise in Ceylon publizierten sie gemeinsam in vier Bänden. Ein zweiter und dritter Ceylon-Aufenthalt galt besonders der Urbevölkerung, den Weddas. Bei zwei Reisen in Celebes gelangen ihnen nicht allein zoologische, botanische und ethnologische, sondern auch geographische Entdeckungen. In den zwei Bänden *Reisen in Celebes* und in einigen Spezialstudien legten sie darüber Rechenschaft ab.

Nach 1907 beschäftigte sich Paul Sarasin (1856–1929) zu Hause mit Problemen der Prähistorie, der Links- und Rechtshändigkeit der Urmenschen, der Entwicklungsgeschichte der Sexualorgane, des Brutverhaltens des Kuckucks, aber auch mit Religionssymbolik. Er begründete den Schweizerischen Naturschutz und den Nationalpark, schrieb historische Dramen, machte Gedichte. Den einen seiner Gedichtbände, in dem leicht anstössige Verse vorkamen, liess seine erschrockene Mutter durch einen Agenten insgeheim aufkaufen, worauf der erfreute Verleger sofort eine zweite Auflage herausbrachte.

Fritz Sarasin (1859–1942) setzte nach 1907 die Forschungstätigkeit auf eigene Faust fort. Er unternahm Reisen nach Neu-Caledonien, nach den Loyality-Inseln, nach Thailand; wie seinen Vetter beschäftigte ihn die einheimische Vorgeschichte (z. B. das Dolmengrab in der Klus bei Aesch oder die steinzeitlichen Stationen im Birstal). 1924 schrieb er eine Geschichte des Basler Zoologischen Gartens, und 1927 legte er Rechenschaft ab *Über den Anteil Basels an der geographischen, naturhistorischen und ethnologischen Erforschung der aussereuropäischen Weltteile.*

Emma Brenner-Kron betreut Heinrich Leuthold

Paul Sarasin hat zum Vergnügen, wenn auch nicht ohne Ehrgeiz, gedichtet. Leuthold dagegen war ganz und gar Dichter, ein Nur-Dichter und dazu (was bei Sarasin nicht der Fall war) ein haltloser, leidenschaftlicher Mensch, der aus freudlosen Verhältnissen stammte und dafür ständig und von jedermann Wiedergutmachung erwartete.

Heinrich Leuthold (1827–1879), in Wetzikon geboren, war ein Scheidungskind. In Bern, Basel und Zürich studierte er die Rechte. Von Jacob Burckhardt empfohlen, gehörte er in München mit Geibel, Heyse und Lingg zum Dichterverein ‹Krokodil›. Mit Geibel gab er 1862 *Fünf Bücher französischer Lyrik in deutscher Nachdichtung* heraus. In Frankfurt und Stuttgart war er Redaktor nationalliberaler Zeitungen; 1877 musste er aus

München nach Zürich in die Heilanstalt ‹Burghölzli› verbracht werden.

Die virtuosen, klangvollen, aber schwermütigen *Gedichte* Leutholds gab 1879 Jakob Baechtold heraus; gewisse Anklagen, die darin gegen die Schweiz erhoben werden, könnten von einem heutigen Zivilisationsflüchtling stammen: «So durch ein Leben, das den Tieren eigen,/ Erwerb, Krieg, Kinderzeugung und so weiter,/ Bringt ihr das Edelste in euch zum Schweigen.» Drei Semester studierte Leuthold an der Basler Universität, 1847 und 1848; entscheidend förderten ihn hier Wackernagel und Jacob Burckhardt, und mütterlich betreute ihn Emma Brenner-Kron. Am Nadelberg richtete sie ihm eine gediegene Dichtermansarde ein. Nach einem Streit mit Emmas Bruder, Rudolf Kron, verliess er um Weihnachten 1848 Basel. Im ‹Liechtlikapitel› der *Bilder aus dem Basler Familienleben* hat Emma Brenner ihm ein rührendes Denkmal gestiftet.

Emma Brenner-Kron schreibt eine gemütvolle Idylle

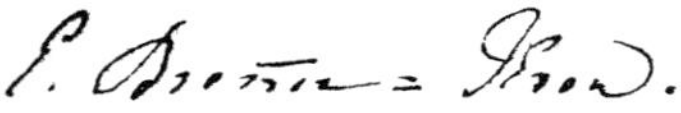

Emma Kron (1823–1875) hatte, um familiären Schwierigkeiten zu entrinnen, J.C. Brenner, den radikalen Mitbegründer der ‹Nationalzeitung› und späteren Bundesrichter, geheiratet. Bei ihren dichterischen Versuchen war ihr Jacob Burckhardt behilflich. In ihren Gedichten erhob sie sich kaum über das Niveau Albert Brenners, des Vetters ihres Mannes, den Burckhardt ebenfalls beraten hat. Wenig Erfolg war ihr mit *Lorbeer und Cypresse* beschieden, ihren ‹Bildern aus den polnischen Freiheitskämpfen›. In den *Bildern aus dem Familienleben* dagegen, einer Idylle in mundartlichen Hexametern, hat sie mancherlei schmerzliche Erfahrungen (nicht nur mit Leuthold) in gemütvolle, gutbürgerliche Szenen erfolgreich umgesetzt. Ihr Baseldeutsch war hiebei sehr viel näher beim gesprochenen Dialekt als das meiste, was ihre männlichen Kollegen in dieser Hinsicht hervorbrachten. Was jedoch das Technische, Metrische ihrer Hexameter betrifft, liessen diese bedenklich viel zu wünschen übrig.

Auch ihre Tochter, Emma Meyer-Brenner (1847–1903), war eine geschätzte Schriftstellerin in Mundart und Schriftsprache.

Elisabeth Hetzel-Hetzel schildert altfränkische Leute

Elisabeth Hetzel (1835–1908) war die Tochter eines Fabrikanten, die 1860 ihren Onkel Andreas Hetzel in Russisch-Polen heiratete. Aus dem von Unruhen erschütterten Land kehrte sie mit ihrer Familie 1867 nach Basel zurück. Das Eisenbahnunglück in Münchenstein, 1891, überlebte sie, während ihre Tochter neben ihr umkam; ihre Erinnerungen an die grösste Eisenbahnkatastrophe der Schweiz hat sie unter dem Titel *Aus tiefer Not* festgehalten.

Als Schriftstellerin debütierte sie mit dem Familienroman *Vergangene Tage;* er ist kunstlos gebastelt, aber als eine Art Wachsfigurenkabinett altbaslerischer Gestalten und Käuze noch heute reizvoll. Von J.G. Wackernagel, dem Redaktor der ‹Basler Nachrichten› (einem Sohn Wilhelm Wackernagels), wurde sie zum Schreiben baseldeutscher Feuilletons angeregt, die mitunter an die späte Kurzprosa von Th. Meyer-Merian erinnern. Die besten dieser meist sachlich-kühlen Skizzen sammelte sie 1885 unter dem Titel *Heimelig;* ihr Baseldeutsch hat, wie das von Emma Brenner, das Lob der heimatlichen Sprachpfleger gefunden. Gründlich recherchiert ist ihr Roman *Altfränkische Leut,* in dem sie die politischen Wirren im Baselbiet der vierziger Jahre (die schon in die Idyllen Breitensteins hineinspielten) geschildert hat.

Wo es Ernst gilt, dichtet man hochdeutsch

Immanuel Stockmeyer (1842–1893) war der Sohn des Theologen gleichen Namens, der mit Balthasar Reber *Beiträge zur Geschichte des Buchdrucks* verfasst hat. Der Sohn studierte bei Steffensen und J.T. Beck und war Pfarrer im Val-de-Ruz, in Azmoos und in Ormalingen. Seit seiner Jugend war er immer kränklich; ‹unter diesem demütigen Sichbescheiden›, hiess es in einem Nachruf, ‹sammelte sich ein seltener Reichtum des inneren Lebens›. Obwohl er unter den späteren Wackernagel-Schülern als der begabteste gegolten hatte, hinterliess er schliesslich nur ein dünnes Gedichtbändchen; in der *Basilea poetica* von 1874 ist er mit drei Gedichten vertreten.
Rudolf Kelterborn (1843–1909), der Sohn des Karikaturisten L.A. Kelterborn, war Sekundarschullehrer. In die *Basilea poetica* wurde von ihm ein pathetisches Gedicht auf die Helden von St. Jakob aufgenommen. Neben weiteren Gedichten hat er Schwänke, eine Idylle in sieben Gesängen, ein Festspiel, Reiseschilderungen usw. geschrieben.
Der Münsterpfarrer Arnold von Salis (1847–1923) hat über seine Freundschaft mit Jacob Burckhardt im ‹Basler Jahrbuch› 1918 berichtet. Neben einer Kantate zur Murtenfeier hat er Gedichte *(Wogen und Wellen),* ein historisches Trauerspiel *(Grifone)* und eine Arbeit über den Dichter und Soldaten Agrippa d'Aubigné veröffentlicht.
Jacob Probst (1848–1910) war Pfarrer in Rümlingen, Sissach, Horgen und zu St. Peter in Basel. Selber hat er ein Gedichtbüchlein unter dem Titel *Landfrieden* drucken lassen; die Gedichte aus dem Nachlass gab sein Bruder als *Wanderbüchlein eines alten Burschen* heraus. Probst verehrte neben Hebel auch Scheffel; mit diesem hat er Briefe gewechselt. Gedichtet hat er schriftsprachlich und in Mundart. «Der Basler Geist ist esprit moqueur», meinte er, «darum lässt sich baseldeutsch trefflich spassen und höhnen. Wo's Ernst gilt, müssen wir hochdeutsch dichten.»

In Basel findet Nietzsche ein ihm gemässes geistiges Klima

Die Stadt des ‹esprit moqueur›, Basel, ist ein ungewöhnlicher, intrigierender Fremdkörper am Rand der Eidgenossenschaft, ein Verkehrsknoten und ein geistiger Mittelpunkt, der sich seiner Ausstrahlung und Werbekraft schamhaft und schalkhaft verweigert. Wie Erasmus einst ein ‹homo per se› war, ist Basel eine ‹urbs per se›, ein ‹oppidum per se›. Und wie Erasmus in Basel das ihm gemässe geistige Klima traf, so Nietzsche, der 1869 als Professor der griechischen Sprache hier eintraf.

Erasmus versammelte aber in Basel seine Sodalitas, seine Mitarbeiter um sich; Nietzsche dagegen ist ein geborener Zentrums-Exzentriker. Genauer; eine Mittelpunktsfigur, die sich und anderen verwehrt, Zentrum für jemand oder von etwas zu sein. Seit je fühlt er sich als eine Ausnahmeerscheinung; er weiss sich aber nicht nur anders als die ‹Herde›, das ist selbstverständlich; nein, er weiss sich auch anders als die Elite, anders als alle Führer, Meister und Autoritäten, anders als Bismarck, Wagner, als Sokrates und Christus. Jedes seiner Bücher ist eine Antithese; allemal wendet er sich gegen jemand oder gegen etwas, und nur aus der jeweiligen Stossrichtung, aus dem jeweiligen Adressaten ist sein Standpunkt, seine Zielsetzung und sein Stilgefühl zu erschliessen.

Die Spur des ‹Übermenschen› führt von Röcken nach Basel

Nietzsches Lebensumstände sind in ihrem Umriss gut bekannt. Er wurde 1844 in Röcken geboren. Nach dem Tod des Vaters (Diagnose: Gehirnerweichung) zieht die Familie nach Naumburg. Dort schreibt Nietzsche mit vierzehn Jahren seine erste Selbstbiographie. Im gleichen Jahr kommt er nach Schulpforta und studiert danach bei F. Ritschl in Bonn und Leipzig Altphilologie. ‹Ein grosser Streich› fällt auf sein Haupt, als er, der Lieblingsschüler Ritschls, von Wilh. Vischer I nach Basel auf den Lehrstuhl für griechische Sprache und Literatur berufen wird. Nun Schweizer Bürger, nimmt er am Deutsch-Französischen Krieg als Krankenpfleger teil. Der Philologie bereits überdrüssig, bewirbt er sich nach Teichmüllers Abgang vergeblich um die philosophische Professur in Basel. 1872 gibt er die *Geburt der Tragödie* heraus (sein erstes und zugleich letztes geschlossenes Werk) und hält vielbeachtete Vorträge über *Die Zukunft unserer Bildungsanstalten.* Zwischen 1873 und 1876 erscheinen seine vier *Unzeitgemässen Betrachtungen,* und 1876 veröffentlicht er den ersten Band seiner ersten Aphorismensammlung *Menschliches, Allzumenschliches.* Von Kopf- und Magenschmerzen vielfach gepeinigt, gibt er auf einem ‹Tiefpunkt seiner Vitalität›, 1879, seine Basler Professur auf.

Entfernt vergleichbar mit Kaegis Burckhardt-Biographie, hat ein anderer Basler, der Musiker Curt Paul Janz, eine dreibändige, ungemein fleissige und gewissenhafte Nietzsche-Biographie geschrieben, in der es weitgehend auch darum geht, die Herkunft des Gedankengutes von Nietzsche nachzuweisen.

Basel ist das Zentrum der bürgerlichen Existenz Nietzsches

In Basel gab Nietzsche über seine jeweils aktuellen Ansichten gedruckt, in Vorträgen und vornehmlich in seinen Briefen pointiert Aufschluss. In gleichzeitigen Entwürfen und sonstigen Aufzeichnungen wich er oft experimentierend von ihnen ab; so hat er in der Zeit seiner Pilgerfahrten nach Tribschen in manchen Notizen mit spitzester Feder Wagner zu demaskieren versucht. Und zuweilen vernehmen hellhörige Ohren hinter solchen Ketzereien auch schon verzweifelte Gesprächsfetzen aus Zarathustras finsterer Höhle.

Später sind in Nietzsches Urteilen über Basel gleichfalls drei Schichten festzustellen. Neben Bekundungen seiner Dank-

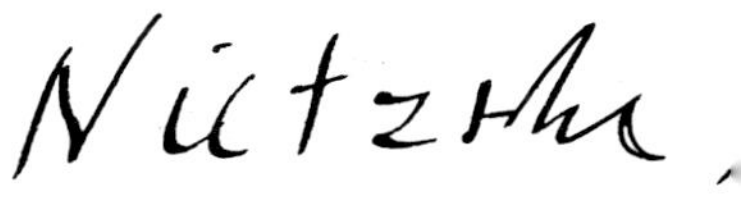

barkeit und Verehrung (etwa für Wilhelm Vischer I) finden sich in seinen Briefen (nicht nur an Overbeck) kritische Bemerkungen, die es fraglich erscheinen lassen, ob man ihm seine lebenslängliche Rente von dreitausend Franken ohne weiteres ausgerichtet hätte, wenn die massgebenden Basler ‹Pfahlbürger› gewusst hätten, wie und was er über sie und Basel insgeheim zu äussern sich erdreistete. In einer noch tieferen Schicht bemerken wir aber Andeutungen, die erkennen lassen, dass Nietzsche geahnt, sogar gewusst hat, dass es für ihn ein eigentliches Zuhause nicht gab: dass er in jeder Hinsicht ein Heimatloser war.
Trotzdem war und blieb Basel das Zentrum wenigstens seiner bürgerlichen Existenz. Und Jacob Burckhardt war die Vaterfigur, an der er sich bis zuletzt mass, nachdem er sich von Ritschl, Schopenhauer und Wagner längst losgesagt hatte. In Basel war Overbeck zudem sein letzter wirklicher Freund, der ihm nicht nur seine frühere Freundschaft mit Treitschke geopfert hat, sondern treu zu ihm hielt, auch dann noch, als ihm die späten Schriften des Freundes nicht nur befremdlich, sondern peinlich geworden waren.

Eduard His: ‹Nietzsches Heimatlosigkeit›, Basler Zeitschrift für Geschichte und Altertumskunde 40 (1941). In diesem Aufsatz finden sich auch Angaben über die verschiedenen Behausungen Nietzsches in Basel.

Die ‹Geburt der Tragödie› bedeutet den Tod des Philologen Nietzsche

Nietzsche dichtete und komponierte schon als Knabe. Als Student arbeitete er bei Ritschl u. a. über Diogenes Laertius. In der Basler Antrittsvorlesung, die er auf der Tellsplatte skizziert hatte, beschäftigte er sich mit ‹Homer und der klassischen Philologie›. Als Dozent las er abwechslungsreich über griechische Literaturgeschichte, Metrik, Rhetorik, über die Vorsokratiker, Platon, Hesiod, die griechischen Lyriker usw. In einem öffentlichen Vortrag behandelte er 1870 ‹Das griechische Musikdrama›; ein anderer Vortrag, ‹Socrates und die griechische Tragödie›, erregte ‹Schrecken und Missverständnisse›, wie Nietzsche in einem Brief gestand.
«Wissenschaft, Kunst und Philosophie wachsen jetzt so sehr in mir zusammen, dass ich jedenfalls einmal Zentauren gebären werde», prophezeite er seinem Freund Rohde. Ein kentaurisches Werk war *Die Geburt der Tragödie aus dem Geiste der Musik* tatsächlich: eine neue Auffassung von der Entstehung der Tragödie, ein neues Bild des griechischen Menschen ging darin eine seltsame Verbindung ein mit wagnerianischem Musikenthusiasmus und schopenhauerischem Pessimismus. Aber ‹der geharnischte Ritter mit dem erzenen Blick›, der in diesem Werk ‹seinen Schreckensweg unbeirrt ... und doch hoffnungslos ... zu nehmen weiss›, war keineswegs ‹unser Schopenhauer›, sondern Nietzsche selber, der da in das Verderben seiner Gelehrtenexistenz ritt.
Aus dem Geiste der Musik (erklärte Nietzsche), d.h. aus dem Geist des ekstatischen Chortanzes im dionysischen Kult, hat Aischylos die plastisch begrenzende Formwelt der attischen

Tragödie geschaffen. Zwei gegensätzliche Lebens- und Kunstformen, eine gestaltauflösende, rauschhaft dionysische, und eine gestaltschaffende, apollinische, verschmolzen auf diese Weise zur höchsten künstlerischen Möglichkeit tragischer Welt- und Daseinserfassung. Ihren Gipfelpunkt erreichte sie, unmittelbar auf Aischylos folgend, in den Werken des Sophokles; aus den Tragödien des Euripides dagegen redete schon nicht mehr ‹Dionysos, auch nicht Apollo, sondern ein ganz neugeborner Dämon, genannt Sokrates›.
Es war der aufklärerische Geist der sokratischen Philosophie, der ‹das Kunstwerk der griechischen Tragödie› zugrunde richtete: ein Rationalismus bar jeden Gespürs für die hohen, schrecklichen Geheimnisse schicksalhaften Untergangs im Widerstreit übermächtiger Gestalten. Und diese sokratisch-wissenschaftliche Oberflächlichkeit der abendländischen Kultur seither sollte nach Nietzsches Überzeugung im Handumdrehen durch Wagners Musikdrama überwunden und abgelöst werden: eine sehr naive Vorstellung, ungeachtet aller geistreichen, hintergründigen und orakelhaften Formulierungen.
Wagners Lob war überschwenglich: «Schöneres als Ihr Buch habe ich noch nicht gelesen!» Und Cosima Wagner: «Sie haben in diesem Buche Geister gebannt, von denen ich glaubte, dass sie einzig unsrem Meister dienstpflichtig seien.» Auch Franz Liszt war begeistert. Ritschl dagegen distanzierte sich unmissverständlich in einem väterlich-freundlichen Brief. Hermann Usener, der Meister der antiken Religionswissenschaft, warnte seine Studenten vor dem einstigen ‹Abgott der jungen Philologenschaft›: «Jemand», erklärte er, «der so etwas geschrieben hat, ist wissenschaftlich tot.» Und Wilamowitz-Moellendorff, später der führende Gräzist, gab unter dem Titel *Zukunftsphilosophie* eine Streitschrift heraus, in der Nietzsche schlechterdings jede Art Kompetenz abgesprochen wurde.
Nietzsches engster Freund, Rohde, antwortete mit einer Schrift *Afterphilologie*, die Wilamowitz in einer Erwiderung einzig als Zeugnis von Rohdes Freundschaft mit Nietzsche akzeptierte. Dieser selber rechnete uneinsichtig ‹auf einen stillen, langsamen Gang› seines Erstlings ‹durch die Jahrhunderte›. «Gewisse ewige Dinge», erklärte er, «sind in dieser Schrift zum erstenmal ausgesprochen.» Vierzehn Jahre später nannte er die *Geburt der Tragödie* allerdings ‹ein unmögliches Buch, ... schwerfällig, peinlich, bilderwütig und bilderwirrig, hier und da verzuckert bis zum Femininischen, ungleich im Tempo, ohne logischen Willen zur Sauberkeit›. Zur Sache selbst stand er auch 1886; einzig bedauerte er, dass er, was er ‹damals zu sagen hatte›, ‹nicht als Dichter zu sagen› gewagt hatte.

Nietzsche greift den Wissenschaftsbetrieb an

Bevor der Sturm gegen den Verfasser der *Geburt der Tragödie* losbrach (der zur Boykottierung von Nietzsches Lehrstuhl führen sollte), hielt dieser vom 16. Januar bis zum 23. März 1872 fünf öffentliche Vorträge über *Die Zukunft unserer Bildungsanstalten.* Er übte darin scharfe Kritik an den deutschen

Gymnasien, die seiner Ansicht nach zu wenig Rücksicht nahmen auf die Bedürfnisse des ‹Lebens›, dafür aber ‹entartete Bildungsmenschen› züchteten. Sein Angriff hatte demnach dieselbe Stossrichtung wie die *Geburt der Tragödie:* Er richtete sich gegen die sokratische Aufklärung, speziell nun gegen die zunehmende Spezialisierung der Wissenschaft, die ‹praktisch nach dem gleichen Ziele› strebte, ‹nach dem hier und da die Religionen mit Bewusstsein streben: nach einer Verringerung der Bildung›. Sein Angriff galt aber auch dem Journalismus als dem Sprachrohr der neuen Industriegesellschaft. Echte Bildung, postulierte Nietzsche, ‹fängt mit dem Gegenteil dessen an, was man jetzt als akademische Freiheit preist, mit dem Gehorsam, mit der Unterordnung, mit der Zucht, mit der Dienstbarkeit›.

Interessant ist die Form, die Nietzsche für diese Vorträge gewählt hat: den platonischen Dialog. Die stimmungsvoll inszenierte Diskussion findet an einem Spätsommertag am Rhein statt; ein Philosoph, mit dem Schopenhauer gemeint ist, und einige Freunde Nietzsches beteiligen sich daran; vergeblich erwarten sie einen Philosophen, der, grösser als Schopenhauer, zehn Jahre später Zarathustra heissen wird.

Die Basler nahmen die Vorträge mit viel Beifall auf, der nicht nur ihrer ungewöhnlichen Form galt, sondern offensichtlich auch den kulturphilosophischen Aspekten. Dazu kam, dass sich Nietzsche, dem eben eine Professur in Greifswald angeboten war, sich für Basel entschieden hatte.

Nietzsche erzählt die Geschichte der vorsokratischen Philosophie

Nach 1873 ist Nietzsche ‹dauernd irgendwie krank› (Jaspers). Um über sich selbst und über seine Stellung zu den Problemen der Erkenntnis und der Moral ins reine zu kommen, schreibt er 1873: *Über Wahrheit und Lüge im aussermoralischen Sinn.* «In irgendeinem abgelegenen Winkel ... des Weltalls», beginnt diese postum veröffentlichte Arbeit, gab es «ein Gestirn, auf dem kluge Tiere das Erkennen erfanden. Es war der hochmütigste und verlogenste Augenblick der Weltgeschichte: aber doch nur eine Minute.»

Was ist für Nietzsche zu diesem Zeitpunkt Wahrheit? Wahrheiten sind täuschende Konventionen: «Illusionen, von denen man vergessen hat, dass sie welche sind, Metaphern, die ihr Bild verloren haben und nun als Metall, nicht mehr als Münzen in Frage kommen.»

Unter dem Titel ‹Wissenschaft und Weisheit im Kampfe› sind, ebenfalls aus dem Nachlass, vermischte, ‹teilweise zusammenhängende Niederschriften zu den vorplatonischen Philosophen› erschienen: Notizen zu einer Vorlesung, die Nietzsche 1872, 1873 und 1876 gehalten hat. Im Zusammenhang mit dieser Vorlesung entstand 1873 auch *Die Philosophie im tragischen Zeitalter der Griechen:* eine wichtige Abhandlung, die 1903 erstmals in der Grossoktavausgabe erschienen ist. ‹Philosophische Systeme sind nur für ihre Gründer ganz wahr›, heisst es da. Als grösstes Vorbild wird Heraklit gepriesen, der ‹als sein königliches Besitztum die höchste Kraft der intuitiven Vorstellung› sein eigen nannte. Von einer Philosophie wie von der Heraklits ‹noch eine Ethik (zu) verlangen›, lehnt Nietzsche ab, da der Mensch ‹bis in seine letzte Faser Notwendigkeit und ganz und gar unfrei› sei. Hinter der Gestalt Heraklits wird auch schon die Gestalt Zarathustras sichtbar, denn «von dem Gefühl der Einsamkeit, das den ephesischen Einsiedler durchdrang, kann man nur in der wildesten Gebirgsöde erstarrend etwas ahnen. Er ist ein Gestirn ohne Atmosphäre.»

In der Konzentration der philosophiegeschichtlichen Anteilnahme auf die Vorsokratiker ist der frühe Nietzsche ein Vorläufer des späten Heidegger.

Nietzsche singt die Tonleiter seiner Feindseligkeiten ab

Im Frühling 1873 kehrt Nietzsche zerknirscht aus Bayreuth zurück, wo Wagner seine Beschäftigung mit den Vorsokratikern ungnädig aufgenommen hat. Er ist entschlossen, ‹den ganzen polemisch-negativen Stoff›, der sich in ihm angesammelt hat, in 13 oder auch 24 ‹unzeitgemässen Betrachtungen› auszustossen: ‹unverdrossen die ganze Tonleiter der Feindseligkeiten abzusingen›, um danach ‹auf ein gutes Werk zu sinnen›. Und unverzüglich schreibt er in der ‹Baumannshöhle›, am Schützengraben, die erste dieser Betrachtungen: *David Strauss, der Bekenner und Schriftsteller;* sein Zimmernachbar Overbeck arbeitet unterdessen an seiner *Christlichkeit der heutigen Theologie.*

Als Jüngling hatte Nietzsche das kritische *Leben Jesu* von Strauss sehr geschätzt; dass dieser in der Schrift *Der alte und der neue Glaube* neuerdings die Wissenschaft als eine optimistische Ersatzreligion propagierte, hätte ihn kaum zu einer Kampfschrift veranlasst, wenn ihn Wagner, der Strauss hasste, nicht dazu aufgestachelt hätte. In seiner Betrachtung ging deshalb in persönlichen Schmähungen gegen den ‹Bildungsphilister› Strauss fast unter, was Nietzsche an Richtigem und Wichtigem auch vorzubringen hatte, so etwa die Warnung, der Sieg von 1870/71 könnte zu dem Irrtum verleiten, ‹auch die deutsche Kultur› habe ‹in jenem Kampf gesiegt›.

Nietzsche unterscheidet drei Arten von Geschichtsschreibung

Bereits Ende 1873 schrieb Nietzsche auch noch den Traktat *Vom Nutzen und Nachteil der Historie für das Leben.* Insgeheim adressierte er ihn sicher an Jacob Burckhardt, dessen Vorlesung ‹Über historische Grösse› er besucht hatte und als einziger richtig verstanden zu haben glaubte. Er selber unterscheidet nun drei Möglichkeiten der Geschichtsschreibung: erstens die monumentalische, die zur Nachahmung grosser Vorbilder einlädt, zweitens die antiquarische, die sich an verehrend-bewahrende Konservative wendet, und drittens die kritische, deren zeitgenössischer Wortführer, Mommsen, in Basel von Bachofen und Gerlach als Vorzugsgegner behandelt wurde. Im Unhistorischen begrüsste Nietzsche die ‹Kraft, vergessen zu können›; der historische Sinn gilt ihm als ein Zeichen des Kulturzerfalls.

Diese neue Betrachtung zeichnete sich aus durch eine für

Nietzsche neue Ruhe des Tonfalls. Anscheinend ist er schon weitgehend desillusioniert; im Ernst glaubt er offenbar weder an eine Neubegründung der deutschen Kultur durch Wagners Drama noch an die Aussicht auf eine Wiederbelebung griechischer Ideale. Auch der Stern Schopenhauers scheint für ihn zu verblassen, ohne dass sein eigenes, später übermächtiges Sendungsbewusstsein schon aussagekräftig geworden wäre. Charakteristisch für diese Mehrdeutigkeit seiner Situation und Position ist vielleicht, dass er der zweiten ‹Unzeitgemässen› nachträglich den Titel ‹Wir Historiker. Zur Krankheitsgeschichte der modernen Seele› zu geben gedachte.

Nietzsche bedient sich der Namen Schopenhauers und Wagners

Aus der *Geburt der Tragödie* hatte ‹eine ungeheure Hoffnung› geredet: Hoffnung auf einen greifbaren Sinn des Lebens, auf eine Aufgabe im Dienst dieser Sinngebung. Die zweite ‹Unzeitgemässe› hatte einen Wendepunkt bezeichnet; das Ende einer Hoffnung war darin dem Anfang einer neuen Hoffnung begegnet. Die dritte und die vierte ‹Unzeitgemässe› sind zwar mit den Namen Schopenhauer und Wagner ‹abgezeichnet›, reden aber bereits die Sprache eines neuen Selbstbewusstseins. ‹Dergestalt hat sich Plato des Sokrates bedient›, interpretiert Nietzsche (in *Ecce homo*) diese zwei Schriften; im Grunde handeln sie beide von ihm: ‹Die Schrift *Wagner in Bayreuth* ist eine Vision meiner Zukunft›, und in *Schopenhauer als Erzieher* kommt dessen Gegensatz, kommt bereits ‹Nietzsche als Erzieher› zu Wort.
Zwischen der dritten und vierten ‹Unzeitgemässen› hat Nietzsche unter dem Titel ‹Wir Philologen› an einer Schrift gearbeitet, die zwar nicht über zehn Seiten hinaus gedieh, jedoch die Krise, in der er steckte, sehr deutlich machte: «Der Mensch wählt den Beruf, wo er noch nicht fähig zum Wählen ist», heisst es da; «er kennt die verschiedenen Berufe nicht, er kennt sich selbst nicht; er verbringt seine tätigsten Jahre dann in diesem Berufe, ... wird erfahrener; erreicht er die Höhe seiner Einsicht, dann ist es gewöhnlich zu spät, um etwas Neues zu beginnen.»
Die Schrift *Richard Wagner in Bayreuth* hat er sich in zwei Anläufen abgerungen. Ihre innere Widersprüchlichkeit, und vor allem das nachfolgende Buch *Menschliches, Allzumenschliches,* verrät, dass Nietzsche Wagner nicht untreu wurde: dass er vielmehr als Gefolgsmann Wagners sich selber untreu geworden war. Mit *Menschliches, Allzumenschliches* kehrte er zu seiner eigenen, ihm wesensgemässen Thematik zurück: zu seinen Fragen nach der *Wahrheit und Lüge im aussermoralischen Sinn.*

Nietzsche kehrt zur Rolle des radikalen Agnostikers zurück

Spätestens seit Bonn hat sich Nietzsche immer wieder als ein radikaler Agnostiker bezeugt; als Achtzehnjähriger wurde er darüber schon recht deutlich in seinem Aufsatz ‹Fatum und Geschichte›. Zur Erholung von den ‹Frösten und Ängsten der Vereinsamung›, die mit seiner Art Agnostizismus verbunden waren, ist er als Basler Professor in die Verehrung Wagners ‹untergetreten›. Die ‹ungeheure Hoffnung›, die aus der *Geburt der Tragödie* redet, bestand für ihn vor allem darin, eine Weile nicht er selbst sein zu müssen, ein Schauspieler zu sein im Dienst eines sehr viel grösseren Schauspielers: Wagners. In der dritten ‹Unzeitgemässen› heisst es dann aber plötzlich: «Es gibt kein öderes und widrigeres Geschöpf in der Natur als den Menschen, welcher seinem Genius ausgewichen ist.» Und das Gelöbnis Nietzsches lautet hier: «Es gibt in der Welt einen einzigen Weg, auf welchem niemand gehen kann ausser dir: wohin er führt? Frage nicht, gehe ihn.»

Mit *Menschliches, Allzumenschliches* (Band 1), dem letzten Buch aus der Basler Zeit, kehrt Nietzsche bewusst zu seiner angestammten Rolle als Agnostiker zurück. Und dabei wird er bleiben: nur ‹zum zeitweiligen Selbstvergessen› wird er auch später noch ‹untertreten›, am häufigsten in die Rolle des Antiwagnerianers.

Menschliches, Allzumenschliches, ‹ein Buch für freie Geister›, ist erstmals eine reine Aphorismensammlung. Aphoristisch waren zwar auch die früheren Schriften bei näherem Zusehen: Aphorismen jedoch, die aus Gründen schriftstellerischer Konvention mehr oder weniger glücklich miteinander in Verbindung gesetzt waren. Zum Zeichen wiedergewonnener und neuer Freiheit stellt Nietzsche nun seine Einfälle unverbunden nebeneinander; damit passt er ausserdem seine literarische Produktion dem häufigen Ortswechsel und seinen vielen, gerade jetzt gehäuften Krankheitsanfällen an.

Seine Probleme nehmen jetzt «fast in allen Stücken dieselbe Form der Frage an wie vor zweitausend Jahren: Wie kann etwas aus seinem Gegensatz entstehen, zum Beispiel Vernünftiges aus Vernunftlosem, Empfindendes aus Totem, ... Leben für andere aus Egoismus, Wahrheit aus Irrtümern?» In neun Hauptstücken und 638 fortlaufend numerierten Aphorismen geht es aber nicht nur um ‹die ersten und die letzten Dinge›, sondern auch um ‹die Geschichte der moralischen Empfindungen›, um ‹das religiöse Leben›, ‹um die Seele der Künstler und Schriftsteller› usw. An die Bestimmung der Kunst, das Leben zu erlösen, glaubt Nietzsche (von Schopenhauer, Wagner und Burckhardt abrückend) nicht mehr. «Den Künstler», meint er vielmehr, «wird man bald als ein herrliches Überbleibsel ansehen und ihm, wie einem wunderbaren Fremden, an dessen Kraft und Schönheit das Glück früherer Zeiten hing, Ehren erweisen.»

Die Spur des ‹Übermenschen› führt von Basel nach Röcken

Als Nietzsche von seiner Basler Professur zurücktrat, glaubte er sein Lebenswerk bereits vollendet; «ein guter Tropfen Öles ist durch mich ausgegossen worden», tröstete er sich, «man wird es mir nicht vergessen.» In zunehmend beschleunigtem Tempo pendelte er dann zehn Jahre zwischen dem Engadin und der Riviera ununterbrochen hin und her. Und in zunehmend beschleunigtem Tempo schrieb er seine weiteren Bücher: zwi-

schen 1883 und 1885 die vier Teile des *Zarathustra*, 1886 *Jenseits von Gut und Böse*, 1887 *Die Genealogie der Moral*, 1888 den *Fall Wagner*, die Dionysos-Dithyramben, den *Antichrist*, die *Götzendämmerung* und *Ecce homo*.
Nur auf der Durchreise und für kurze Besuche kam er noch nach Basel; so 1882, als er ‹höchst dandyhaft› gekleidet hier auftrat, wahrscheinlich weil er sich wieder einmal mit Heiratsabsichten trug. Unter tragischen Umständen kam er 1889 zum letztenmal nach Basel; er war, einen misshandelten Droschkengaul umarmend, in Turin zusammengebrochen, und Overbeck holte ihn von dort (samt dem umfangreichen schriftstellerischen Nachlass) nach Basel. In der ‹Friedmatt› wurde er von Professor Wille untersucht; nach einer Woche brachte ihn die Mutter in Begleitung eines Basler Arztes zunächst in die Irrenstation von Jena; anschliessend pflegte sie ihn in Naumburg. Nach dem Tod der Mutter pflegte ihn die Schwester in Weimar, wo er am 25. August 1900 starb. Begraben wurde er im Familiengrab in Röcken.

In E.F. Podach, *Nietzsches Zusammenbruch*, sind die Urkunden über die Krankheit zusammengestellt. Einige krasse Einzelheiten aus dem Jenaer Krankenjournal, die im genannten Werk fehlen, sind ungekürzt im Krankenjournal enthalten, das Podach in der ‹Medizinischen Welt› vom 4. Oktober 1930 publiziert hat.

Nietzsche ist der grösste Psychologe des 19. Jahrhunderts

Was schätzen wir heute noch von Nietzsche? An einer Stelle im *Fall Wagner* hat er es selber vorausgesagt, falls wir dort allemal ‹Nietzsche› lesen statt ‹Wagner›. Nämlich: «Bewunderungswürdig, liebenswürdig ist Nietzsche nur in der Erfindung des Kleinsten, in der Ausdichtung des Details – man hat alles Recht auf seiner Seite, ihn hier als einen Meister ersten Ranges zu proklamieren, ... der in den kleinsten Raum eine Unendlichkeit von Sinn und Süsse drängt. Sein Reichtum an Farben, an Halbschatten, an Heimlichkeiten absterbenden Lichts verwöhnt derart, dass einem hinterdrein fast alle (Schriftstellerei) zu robust vorkommt ... Vom Magnetiseur und Alfresco-Nietzsche abgesehn, gibt es noch einen Nietzsche, der kleine Kostbarkeiten beiseite legt: unsern grössten Melancholiker der (Aphoristik), voll von Blicken, Zärtlichkeiten und Trostworten, die ihm keiner vorweggenommen hat, den Meister in Tönen eines schwermütigen und schläfrigen Glücks ...»
Und abgesehen von jenem Nietzsche, der mit dem Hammer philosophierte, gibt es den Nietzsche, der fraglos der grösste Psychologe des 19. Jahrhunderts war, der scharfsinnigste und einfallsreichste deutsche Aphoristiker neben Lichtenberg, dazu einer der ganz grossen deutschen Sprachmeister.

Der Theologe Duhm ist ein hervorragender Stilist

‹Im Gegensatz zu der Gelehrten-Republik› hat Nietzsche die vorsokratischen Philosophen ‹eine Genialen-Republik› genannt: «Ein Riese ruft dem anderen durch die öden Zwischenräume der Zeiten zu.» Die Basler Universität, als deren Professor Nietzsche diesen Einfall niederschrieb, verstand sich auch in ihren erlauchtesten Vertretern immer als eine Republik

der Gelehrten, wies jedoch zwischen diesen im 19. Jahrhundert nur selten ‹öde Zwischenräume› auf.
An der theologischen Fakultät zeichnete sich im dritten Viertel des 19. Jahrhunderts Bernhard Duhm (1847–1928) besonders aus; ein Ostfriese mit leuchtend rotblondem Spitzbart und Kraushaar. Er kam 1889 aus Göttingen nach Basel, wo er sich nach eigenen Plänen am St.-Johanns-Rheinweg ein Haus baute; auch ehrenvolle Berufungen konnten ihn danach aus Basel nicht mehr fortlocken. Mit seinem Göttinger Freund Wellhausen war er ein Führer der kritischen Richtung unter den damaligen Alttestamentlern. Was neben fachlichem Kenntnisreichtum seine Kommentare und Nachdichtungen vor allem auszeichnete, war die aufschliessende Klarheit seines Stils und eine ausgesprochen künstlerische Sprachbehandlung. Begründet hat er seinen Ruf, der weit über das deutsche Sprachgebiet hinausreichte, mit dem *Buch Jesaja,* das er übersetzte und erklärte; es folgten das *Buch Hiob,* die *Psalmen,* das *Buch Jeremia* und 1906 *Das Buch Habakuk.* In *Israels Propheten* verteilte er diese auf eine dämonische, eine dynamistische und eine literarische Periode. Als Achtzigjähriger wurde Duhm vor dem Spalentor durch einen angetrunkenen Autofahrer jäh aus einem Leben voll unverminderten Schaffensdrangs herausgerissen.

Vor Duhm war Rudolf Smend Alttestamentler in Basel; bevor er nach Göttingen zurückkehrte, verfasste er hier einen Kommentar zu Ezechiel. Julius Kaftan (1848–1926) hat 1891 in Basel sein vielleicht wichtigstes Werk, *Das Wesen der christlichen Religion,* verfasst. Nach zehnjähriger Lehrtätigkeit in Basel folgte er einem Ruf nach Berlin, wo er als ein massgebender lutheranischer Theologe u.a. mit einer *Dogmatik* und einer *Philosophie des Protestantismus* hervortrat. (Über ‹Die Lehrstühle und den Unterricht an der theologischen Fakultät Basels› informiert ein Beitrag von Eberhard Vischer in der ‹Festschrift zum 450. Universitätsjubiläum›, 1910).

Karl Bücher ist ein aussergewöhnlich scharfer Beobachter

Der Nationalökonom Karl Bücher (1847–1930) hat als klassischer Philologe und Journalist begonnen; von 1883 bis 1890 hat er in Basel als Nationalökonom gelehrt. Oft genannt, aber selten gelesen wird sein gewichtigstes Buch, *Arbeit und Rhythmus,* von dem Anregungen auch auf die Musiksoziologie ausgegangen sind. Alle Bücher von Bücher zeichnen sich aus durch begriffliche Luzidität und durch ihre historischen Perspektiven. Als einen aussergewöhnlich scharfen Beobachter hat ihn Jacob Burckhardt ausgezeichnet mit dem Ausruf: «Was haben Sie für Augen!»
Bücher hat über die Frauenfrage im Mittelalter, über *Das Gesetz der Massenproduktion,* über Zeitungskunde und über den Buchhandel publiziert und interessante *Lebenserinnerungen* verfasst, in denen das Basel der achtziger Jahre in keiner Weise zu kurz gekommen ist.
Eine Würdigung von Traugott Geering, dem Begründer der schweizerischen Wirtschaftsgeschichte, findet sich im ‹Basler Jahrbuch› 1934.
Der Jurist Paul Speiser (1846–1945) war zwar 45 Jahre lang akademischer Lehrer, wünschte aber nicht als Gelehrter zu gelten; als Praktiker war er 23 Jahre lang Regierungsrat und hat das Basler Schulgesetz von 1880 geschaffen. Herausragende Juristen waren in Basel damals Georg Jellinek und Andreas von Tuhr. Der Jurist Karl Stehlin erwarb sich vor allem als Architektur- und

Kulturhistoriker Verdienste. Professor für Privatrecht war in Basel Eugen Huber (1849–1923), der Schöpfer des Schweizerischen Zivilgesetzbuches; von ihm hat man gesagt: «Keiner hat so viel für das schweizerische Recht getan wie er.»

Joël macht Basel zu einem Brennpunkt des Neuidealismus

Johannes Volkelt (1849–1930) war der Sohn eines schlesischen Webers. Er studierte in Jena bei Kuno Fischer und war in Basel Nachfolger des Religionsphilosophen Paul Siebeck, der seinerseits Nachfolger von Max Heinze gewesen war. In Basel entstand Volkelts Werk *Erfahrung und Denken* und ein Buch über Grillparzer (einen Liebling von Jacob Burckhardt). 1889 zog er nach Würzburg weiter, 1896 nach Leipzig, wo er eine *Ästhetik des Tragischen,* ein Buch über Schopenhauer und ein dreibändiges *System der Ästhetik* schrieb.

Den geisteskranken Nachfolger Volkelts ersetzte 1898 Karl Groos, der nur zwei Jahre in Basel blieb; vorher hatte er das Buch über *Die Spiele der Tiere* geschrieben, in Basel verfasste er *Die Spiele der Menschen.* Mit diesen Werken hat er die sogenannte Einübungstheorie begründet: die Theorie, dass im Spiel unfertige, noch auszubildende Anlagen eingeübt werden.

Weit ins 20. Jahrhundert hinein hat Karl Joël (1864–1934) gewirkt, der sich 1893 in Basel habilitierte und Nachfolger von Groos wurde. Er stand unter dem Einfluss Diltheys und fand einen Weg, der ihn vom ‹veräusserlichenden reichsdeutschen Massenfortschritt› und der ‹zeitgenössischen Scholastik ohne Glauben› quer durch die Romantik hindurch zur Klassik führte: zu einem Neuidealismus eigener, ‹kulturbeschaulich-baslerischer› Prägung.

In seinem Buch *Der Ursprung der Naturphilosophie aus dem Geiste der Mystik* schloss er von der ‹mystischen Geisterfülltheit des Menschen› auf die ‹Gotterfülltheit der Natur›. Neben einem Werk über *Nietzsche und die Romantik* und einem anderen über Jacob Burckhardt verfasste er eine *Geschichte der antiken Philosophie.* In seinem Hauptwerk *Seele und Welt* vertrat er eine ‹organische Weltauffassung›; der Organismus veranschaulichte für ihn ‹das Ineinander und zugleich den Wechsel von zentraler Einigung und peripherischer Gliederung, und im wechselnden Vorschreiten dieser Tendenzen entfaltet sich ... auch die Geschichte und Denkentwicklung›. Seine Untersuchung über den freien Willen schrieb er in der Form eines Dialogs.

In ‹Philosophie der Gegenwart in Selbstdarstellungen› (Band 1, 1924) legte Joël eine Autobiographie vor.

Jacob Wackernagel gelingen viele geniale Entdeckungen

Jacob Wackernagel (1853–1938) war der älteste Sohn Wilhelm Wackernagels und ein Patensohn von Jacob Grimm. Am Pädagogium war er Schüler von Mähly, Nietzsche, Gerlach, Heyne und Jacob Burckhardt. Er studierte in Basel, Göttingen, Leipzig und Oxford. In Basel übernahm er 1879 den Lehrstuhl Nietzsches, folgte aber 1903 einem Ruf nach Göttingen; dort wurde ihm eine Professur für Sprachwissenschaft angeboten, die ihm besser lag. 1915 kehrte er nach Basel zurück, wo für drei Semester gerade Werner Jaeger lehrte, der Verfasser der *Paideia*. Bis 1936 war Wackernagel dann *der* führende Indogermanist und *die* Autorität für Altindisch und Griechisch. Erst mit 83 Jahren, nach seiner sechzigjährigen Dozententätigkeit, trat er zurück, nachdem ihm ‹viele geniale Entdeckungen› (A. Bloch) gelungen waren. Sein Hauptwerk ist die *Altindische Grammatik*, die er z. T. mit A. Debrunner, seinem Schüler, verfasste: ‹die wohl klassischste geschichtliche Darstellung, die jemals eine Sprache erfahren hat› (Bloch). Von Wackernagels *Vorlesungen über Syntax* hat P. von der Mühll, ein führender Gräzist der nachfolgenden Generation, gesagt: «Fesselnder, verständlicher, anmutiger lässt sich Grammatik nicht erzählen.»

1953 gab die Akademie der Wissenschaften in Göttingen in zwei Bänden achtzig *Kleine Schriften* Wackernagels heraus. Für Basler ist von besonderem Reiz der Vortrag *Stadt und Universität Basel* (1930). In der Festschrift ‹Antidoron› zum 70. Geburtstag findet sich ein vollständiges Verzeichnis der Werke Wackernagels bis zu diesem Datum; im ‹Indogermanischen Jahrbuch› 1939 liegt ein ergänzender Nachtrag vor.

Neben Jacob Wackernagel hat in Basel Ferdinand Dümmler (1859–1896) bis zu seinem frühen Tod sechs Jahre klassische Philologie gelehrt: ‹seiner Zeit oft voraus›, aber ‹guter Gesundheit nie froh› (P. von der Mühll). 1901 wurde aus seinem Nachlass die Sammlung *Kleine Schriften* in drei Bänden herausgegeben.

Der Historiker Rudolf Wackernagel ist auch ein Dichter

Rudolf Wackernagel (1855–1926), der jüngere Bruder des Indogermanisten, erkrankte als Knabe an Kinderlähmung und konnte sich zeit seines Lebens nur mit zwei Stöcken fortbewegen. Kurz vor seinem juristischen Doktorexamen, 1877, wurde ihm der neugeschaffene Posten eines hauptamtlichen Staatsarchivars anvertraut, den er, zeitweise mit weiteren Funktionen (Vorsteher der Staatskanzlei usw.) bis 1910 versehen hat. Unter seinen vielen historischen Werken und Editionen sind besonders wichtig: *Das Basler Stadtbild* (1894) und die von ihm betreuten fünf Bände des elfbändigen *Urkundenbuchs der Stadt Basel.* 1907 bis 1924 verfasste er die vierbändige *Geschichte der Stadt Basel,* die mit der Darstellung der ‹grossen Jahrzehnte› um 1500 kulminiert und endet; unter ihrer Materialfülle platzen diese Abschnitte oft fast aus ihren Nähten. Die *Geschichte des Elsasses* (1919) brachte Wackernagel Ehrungen in Deutschland ein, während die Franzosen den Vertrieb des Buches im Elsass verboten.

Der oberrheinische Antiquarius war 1886 ein Festspiel für die ‹Historisch-antiquarische Gesellschaft› (mit Musik von Hans Suter). Weitere Festspiele verfasste Wackernagel für die Böcklinfeier von 1897, zur Kleinbasler Gedenkfeier (1892) und für den *Basler Bund 1501* (Musik von Hans Huber). Für Hans Huber war 1893 das Opernlibretto *Weltfrühling* bestimmt. 1894 schrieb er das Schauspiel *St. Jakob.* Bereits 1886 hatte er als fingierter Herausgeber die historische Erzählung *Aus dem Tagebuch des Schreibers Giselbert 1376 bis 1378* veröffentlicht. Der Erlös der ‹wahren Geschichte› *Das Bergwirtshaus* kam der Einrichtung eines alkoholfreien Restaurants zugute. Im Nachlass Wackernagels fanden sich 1926 fünf weitere Erzählungen und sehr persönliche Gedichte; unter diesen galt ein ‹Gesinnungsrückblick› dem abschliessenden Dank an die Lebensgefährtin (Elisabeth Burckhardt, Tochter des Arztes Martin Burckhardt auf dem Wenkenhof): «Und nur wir zweie, Hand in Hand gedrängt,/ Wir bleiben nah uns, bleiben uns geschenkt.»

Andreas Heusler III ist Gelehrter, Künstler und Wahrheitssucher

Nachfolger des Germanisten Heyne wurde 1883 Otto Behagel (1854–1936), der sich um Hebel Verdienste erwarb mit einer kritischen Ausgabe der *Alemannischen Gedichte*, der Kalenderbeiträge und der Briefe an Hebels Strassburger Freunde. Den Baslern empfahl er sich auch mit einer Antrittsvorlesung über *Bewusstes und Unbewusstes im dichterischen Schaffen.* Als er, bereits 1888, einem Ruf nach Giessen folgte, hatte er in Basel neues Interesse für den Dialekt geweckt, das sich z. B. in Dissertationen von Hoffmann(-Krayer) und Andreas Heusler III (über *Alemannischen Konsonantismus in der Mundart von Baselstadt)* niederschlug. In Basel hat Behagel das später mehrfach aufgelegte Buch über *Die deutsche Sprache* geschrieben.

Als sein Nachfolger war Jakob Baechtold im Gespräch, von dem eben die beiden ersten Lieferungen seiner *Geschichte der deutschen Literatur in der Schweiz* erschienen waren; doch Zürich vermochte ihn durch günstigere Bedingungen zu halten. Dafür kam Kögel; Albert Gessler kam (der u. a. über den *Antheil Basels an der deutschen Literatur des 16. Jahrhunderts* schrieb und 1914 im Unfrieden von seinem Amt zurücktrat); Julius Petersen kam, dem vor allem die Goethezeit wichtig war. Andreas Heusler III und Walzel schlugen eine Berufung nach Basel aus.
Andreas Heusler (1865–1940), der nach 1890 in Berlin germanische, vor allem nordische Philologie lehrte (und auch Berufungen nach Jena, Halle, Zürich und Bonn ablehnte), übernahm 1920 dann doch ein persönliches Ordinariat in Basel. Der letzte Spross der berühmten Gelehrtendynastie war ein Eigenbrötler und Suchender, etwas widerwillig auch ein Demütiger, ein Atheist, den Nietzsche ‹gefördert› hat (obwohl er diesen ‹mehr als Feuerwerk genoss›), ein vorzüglicher Geiger und ein Sprachbesessener, den es in jungen Jahren zu eigener dichterischer Produktion gelockt hatte. Verheiratet war er mit einer vierzehn Jahre älteren Sängerin, von der er sich nach neun Jahren trennte.
Nach Basel zurückgekehrt, wohnte er naturnah in seinem ‹Haus Thule› in Arlesheim, ohne Telephon und ohne Fenster auf der Seite nach Frankreich. Nachdem er um die Jahrhundertwende Alt-Island entdeckt und ein altisländisches Elementarbuch, Werke über altgermanische Religion und die ‹Sammlung Thule› herausgegeben hatte, schrieb er jetzt seine Hauptwerke: *Nibelungensage und Nibelungenlied* (1921), *Die altgermanische Dichtung* (1923), die dreibändige *Deutsche Versge-*

schichte (1925–1929). Alle zeichnen sie sich durch künstlerische Formgebung und Sprachgestaltung aus; etwas manieriert wirkt zuweilen die eigenwillige Ersetzung von Fremdwörtern.

Andreas Heusler: Einfälle und Bekenntnisse (1935). Zur Erinnerung an A. Heusler (Autobiographie und Gedenkrede F. Ranke, 1940). A.H. zum Gedenken (Freiburger Universitätsreden 33).

Spitteler führt ein ereignis- und abwechslungsreiches Leben

Wie Andreas Heusler III war Spitteler bei aller Güte ein unausgeglichener, komplizierter Mensch und Wahrheitssucher; wie bei jenem hat die Auseinandersetzung mit dem Vater und die Ablösung von diesem einen bestimmenden Einfluss auf sein Leben ausgeübt.

Georg Friedrich Carl Spitteler wurde 1845 in Liestal geboren und starb 1924 in Luzern; dazwischen führte er ein Leben, das ereignis- und abwechslungsreicher verlief als das von Hebel, Burckhardt oder Bachofen. Über die Geborgenheit und Naturseligkeit seiner Kindheit berichtete er später in seinen *Frühesten Erlebnissen.* 1849 wurde sein Vater Cassier des neuen eidgenössischen Bundesstaates; die Familie zog nach Bern, kehrte aber 1857 nach Liestal zurück, wo der Vater Oberrichter wurde. Carl besuchte das Humanistische Gymnasium in Basel; 1861 begann die lebenslange Freundschaft mit J.V. Widmann, dessen Schwester Anna seine erste Liebe war. Die zweite grosse Liebe galt seiner Tante Sophie, die als blühende Witwe seines Onkels Henri aus Indien zurückgekehrt war. Diese Liebe endete unglücklich; Sophie, die Spitteler später als Eugenia besang, heiratete den weniger schwerblütigen Widmann. Nach einem abgebrochenen Rechtsstudium studierte Spitteler in Zürich, Heidelberg und Basel Theologie und nahm, obwohl er Atheist war, ein Pfarramt in Langwies GR an, zog dann aber, bevor er es antrat, eine Hauslehrerstelle in Russland vor. Im Zarenreich blieb er acht Jahre, führte ein ‹zauberhaftes Leben›, eignete sich in Adelsfamilien, die in grossem Stil lebten, weltmännischen Schliff an und arbeitete grosse Teile seines *Prometheus* aus. (In Erzählungen wie *Feodor Carlowitsch, In den Wäldern des Ladoga, Olaf, Samojeden, Hund und Katze* griff er später aufschlussreich auf seine Russland-Erlebnisse zurück.)

Nach dem Tod des Vaters kehrte er 1879 heim. Er kümmerte sich rührend um seine Mutter; seine dritte grosse Liebe war jetzt die verheiratete Ellen Vetter, die Tochter seiner Tante Sophie; die Entwicklung dieser Beziehung hat Spitteler sozusagen unverschleiert in seinem Roman *Imago* erzählt. Gleichzeitig ging er nach 1890 durch eine harte ‹Schule der Abhängigkeit›: als Lehrer in Bern, Zürich und La Neuveville, als Redaktor der ‹Grenzpost› in Basel, als stellvertretender Redaktor der ‹Thurgauer Zeitung› und als Mitarbeiter der ‹Basler Nachrichten›. Die Publikation des *Prometheus* und der damit verwandten *Extramundana* blieb ohne Echo, und die pädagogische und journalistische Berufsfron endete erst 1889, als er die Leitung des Feuilletons der NZZ übernahm.

Bereits 1883 hatte er eine ehemalige Schülerin, die Holländerin Marietje Op den Hooff, geheiratet. Nach dem Tod der wohlhabenden Schwiegereltern, 1891 und 1893, begann Spitteler seine dritte Laufbahn als sorgenfreier ‹Vermögensverwalter› und ‹Gartenbebauer› auf dem geerbten Wohnsitz in der Gesegnetmatt in Luzern. Die Stadt Luzern schätzte er u. a. ‹als Vorstadt von Mailand›; hier entwickelte er auch ‹die Kunst, sich bedienen zu lassen›. Und was ihm bei allem journalistischen und persönlichen Einsatz Widmann nicht ermöglichen konnte, was ihm Gottfried Keller (durch Ablehnung einer Besprechung in der ‹Deutschen Rundschau›) versagt hatte: den literarischen Durchbruch in Deutschland brachte 1904 Felix Weingartner mit seiner Schrift *Carl Spitteler, Ein künstlerisches Erlebnis* zustande. Noch im gleichen Jahr erhielt Spitteler den Bauernfeldpreis, und Diederichs in Jena übernahm neben seinen neuen Werken auch alle alten; 1905 erhielt er in Zürich den philosophischen Ehrendoktor, 1910 wurde er Ehrenbürger von Luzern, und 1919 erhielt er, vor allem auf Betreiben von Romain Rolland, als erster Schweizer den literarischen Nobelpreis.

Zwischen 1883 und 1888 hat Spitteler trotz vollen Schubladen kein einziges Werk bei einem Verleger, kein Stück bei einer Bühne unterbringen können; 1888 erschienen dann aber die *Schmetterlinge* und 1889 wurde sein Lustspiel *Der Parlamentär* in Basel uraufgeführt; 1891 erschienen *Friedli der Kolderi* und *Die literarischen Gleichnisse,* 1892 *Gustav* und das Lustspiel *Der Ehrgeizige,* 1896 die *Balladen,* 1897 als Auftragsarbeit der Reiseführer *Gotthard* und als erstes Buch bei Diederichs *Die lachenden Wahrheiten,* 1898 *Conrad der Leutnant,* 1905 (und 1910) *Der olympische Frühling,* 1906 die *Glockenlieder* und *Imago,* 1907 die Neufassung der *Mädchenfeinde,* 1908 *Meine Beziehungen zu Nietzsche,* 1912 *Jacob Burckhardt und der Student,* 1914 *Meine frühesten Erlebnisse* und *Unser Schweizer Standpunkt;* einen Monat vor seinem Tod erschien schliesslich *Prometheus der Dulder.*

Ausführliche Information über Spitteler bieten: W. Stauffacher: C. Sp., Zürich 1973; J.H. Wetzel: C. Sp., Bern 1973; R. Faesi, Spittelers Weg und Werk, Frauenfeld 1933.

Als Baselbieter ist Spitteler (nur) ein halber Basler

Spittelers Vater, Bürger von Bennwil, ist 1809 in Basel geboren; er ist als Waisenkind auch in Basel aufgezogen worden. In den Trennungswirren der dreissiger Jahre nahm er aber für die Landschaft Partei und zog nach Liestal. ‹Ein flotter und gestrenger Herr›, Regierungsstatthalter, später Oberrichter, heiratete er in zweiter Ehe Anna Brodbeck, die aus einer Brauerfamilie stammte. Die weitverzweigte, z. T. auch in Basel ansässige Familie hat der Sohn, 1845 geboren, in *Meinen frühesten Erlebnissen* und in seinem Idyll *Gustav* geschildert.

1848 war er für ein paar Wochen bei seiner Gotte, Anna Brodbeck, in der Steinenvorstadt in Basel untergebracht: an der Ecke (heute mit Gedenktafel), wo ein Gässlein zum Rümelinsbach hinaufführte (heute zur Berufs- und Frauenschule). In den *Frühesten Erlebnissen* sind die abenteuerlichen Erlebnisse des Dreijährigen in jenem bachdurchflossenen Altstadtlabyrinth anschaulich geschildert.

Als Kern seines Lebens hat Spitteler die Jahre zwischen 1857

und 1862 bezeichnet: in seinen Gymnasiastenjahren in Basel, meinte er später, sei er der Mann geworden, der er später war und blieb. Mit seinem Bruder Adolf wohnte er 1857 bis 1860 wieder bei der Patin in der Steinenvorstadt; 1860 bis 1862 fuhr er, zusammen mit dem Bruder und J.V. Widmann, jeden Tag von Liestal nach Basel und zurück, nun aber mit der Bahn, nicht mehr, wie 1848, mit einem Bauernwagen.
‹Wie ein geheizter Ofen einen frierenden Hund› zog ihn am Pädagogium Wackernagel an. Erst nach der Maturität lernte er Jacob Burckhardt schätzen; in seiner Münchner Rede ‹Mein Schaffen und meine Werke› hat er aber später erklärt, dass er Burckhardt nicht nur seine gesamte Bildung (ausgenommen deren theologischen Bereich) verdanke, sondern von ihm auch für das Epos gewonnen worden sei. (Burckhardt selber hat allerdings Widmann höher geschätzt als Spitteler.)
Nach zwei juristischen Semestern in Basel, nach den theologischen in Zürich und Heidelberg und einem verunglückten Examen in Liestal hat Spitteler 1870/71 in Basel ausschliesslich und intensiv Theologie studiert und hier auch sein Staatsexamen bestanden.
Nach seinen russischen Jahren war er, 1885 bis 1887, Redaktor der ‹Grenzpost› in Basel; er wohnte an der Gartenstrasse, die damals auch eine solche war; für sein freisinniges Blatt verfasste er über zweihundert mehr oder weniger freisinnige Artikel. Nach einem Intermezzo in Frauenfeld war er von 1885 bis 1889 Mitarbeiter der ‹Basler Nachrichten›. In einem Feuilleton plauderte er ‹zum besseren Verständnis der Basler Fasnacht› über ‹Trommelfreuden›. Daneben fand er Zeit für dramatische Arbeiten *(Jesabel, Bazillus, Galanterie und Liebe).* In Basel schloss er seine *Aesthetica* ab, förderte er seine *Schmetterlinge,* schrieb er zahlreiche Erzählungen (*Olaf, Samojeden, Wettfasten* usw.), arbeitete er an den *Mädchenfeinden,* am *Gustav.* Und am 1. November 1889, unmittelbar vor seiner Berufung an die NZZ, wurde in Basel sein *Parlamentär* uraufgeführt. (In Liestal, wo zwar ein Denkmal Spittelers steht, ist kein Werk von ihm entstanden.)
Nach 1889 hat sich Spitteler nur besuchsweise in Basel aufgehalten: 1904 für einen Vortrag über ‹Apoll den Entdecker›, dann 1909, 1913; 1921 als Gast von Stickelberger. Eine Glanznummer seines humoristischen Repertoires war und blieb seine Parodie auf einen Basler Patrizier. Weingartner, dem Spitteler den literarischen Durchbruch verdankte, wurde erst 1927, drei Jahre nach Spittelers Tod, in Basel ansässig.

Ein Jahr vor Spittelers Tod, 1923, erschien Edith Landmanns Aufsatz ‹Carl Spittelers poetische Sendung› mit der Quintessenz: «In Spittelers Werk ist der Kern der menschlichen Substanz zersetzt.» Von Hermann Burte, dem in Basel noch heute verfemten Lörracher, hiess es 1931 (in einem Blatt des ‹Lesezirkels Hottingen): «Die Pferdefehler des Spittelerschen Flügelrosses sind eine Angelegenheit der literarischen Veterinäre.» Die zahlreichen Selbstdarstellungen Spittelers sind unter dem Titel *Autobiographische Schriften* als Bd. VI der Gesammelten Werke erschienen.

Der Empörer Prometheus ist ein Dulder

An *Prometheus und Epimetheus,* seinem ersten und (nach Weingartner) tiefsten und grössten Werk, hat Spitteler zwölf Jahre gearbeitet. Nachdem es von vier Verlagen abgelehnt worden war (von Cotta mit der Begründung, die Manieriertheit seiner rhythmisierten Prosa sei keine Entschädigung für die Öde der Fabel), gab Spitteler das Werk bei Sauerländer in Aarau heraus, wo er nicht nur die Herstellungskosten selber bezahlte, sondern auch noch auf die Eigentumsrechte verzichten musste.
Sehr knapp gefasst ist folgendes die ‹öde Fabel› des Werks: Der Engel Gottes bietet Prometheus die Weltherrschaft an, falls er auf seine Herrin, die Seele, verzichte, weil diese Gott leugne. Prometheus lehnt ab; Epimetheus, sein Bruder, geht auf die Bedingung ein, wird König und verbannt in der Folge Prometheus. Im zweiten Drittel des Epos wird der Zerfall des Erdreichs unter Epimetheus geschildert, und im dritten Drittel betrügt Behemoth, der Widersacher Gottes, nicht nur den Epimetheus, sondern auch Hiero und Mythos, zwei Kinder Gottes, die am Hof des Epimetheus leben. Damit Messias, sein drittes Kind, nicht auch noch Schaden leide, bittet Gott den Prometheus um Hilfe. Dieser rettet den Messias, lehnt aber die dafür angebotene Königswürde ab. Ein grosser Augenblick der Ekstase, den seine Herrin, die Seele, ihm gewährt, ist ihm Lohns genug.
Des Lohnes nicht genug war für Spitteler das Echo, das sein Werk fand. Einzig Widmann, der Freund, besprach es in drei Nummern des ‹Bunds›. Gottfried Keller antwortete Widmann, der ihm den ersten Band geschickt hatte, ‹die Sache› komme ihm vor, ‹wie wenn ein urweltlicher Poet ... heute unvermittelt ans Licht trete und seinen mysteriösen und grossartig naiven Gesang anstimme›. Aber nach längerem Zögern entschloss er sich doch nicht zu einer ursprünglich geplanten Besprechung in der ‹Deutschen Rundschau›. Ungeklärt ist bis heute die Frage, ob Nietzsche durch Spittelers *Prometheus* zu seinem *Zarathustra* angeregt worden sei. Erst 1913 wünschte sich Felix Weingartner den *Prometheus* ‹in riesiger Grösse, mit prachtvoll gemalten Initialen und Randverzierungen auf dickem Pergament›, um ihn ‹im Allerheiligsten der Behausung› aufzustellen. Wiederum während rund zwölf Jahren, diesmal in Versen, bemühte sich Spitteler am Ende seines Lebens noch einmal um den Prometheus-Stoff. Seine Absicht war diesmal, die ursprüngliche Konzeption wieder herzustellen, die ‹anno 1869 ... grösser und einfacher (erhabener) entworfen› war, als ‹die überhastete Ausführung im Jahr 1880/81›. Wenn aber Spitteler die Absicht gehabt hatte, in seinem ersten *Prometheus* nicht nur seine religiöse Problematik abzuklären, sondern ein Sinnbild seines eigenen Wesens und Wollens zu schaffen, dann trat diese Intention in seinem letzten Werk bereits im Titel deutlicher zutage: *Prometheus der Dulder* bezeichnet den Titanen, Rebellen und Schöpfer nun ausdrücklich als passiven Helden.

Carl Spitteler: *Warum ich meinen Prometheus umgearbeitet habe* (1923).

Spitteler ist geistreich, nur falls es anders nicht geht

Ferdinand Avenarius, der Herausgeber des ‹Kunstwarts›, an den Spitteler von Nietzsche empfohlen worden war, empfahl seinerseits Spitteler 1897 dem Verleger Eugen Diederichs (dem damals prominentesten deutschen Verleger neben S. Fischer und A. Kippenberg). Als erstes Spitteler-Buch brachte Diederichs einen Teil der vielen ästhetischen Schriften (und Selbstrechtfertigungen) unter dem Titel *Lachende Wahrheiten* heraus. Als Stilprinzip für diese Essays (wie für alle seine Prosaarbeiten) hat Spitteler ‹Einfachheit, Natürlichkeit, Sachlichkeit› genannt. Nur wenn es beim besten Willen nicht anders einzurichten sei, gestatte er sich, geistreich zu sein.

Am populärsten unter seinen zahlreichen Erzählungen sind *Die Mädchenfeinde* und *Gustav;* jenes ist die reizvolle Geschichte einer Wanderung von drei Kindern, die sie von Langenbruck nach Solothurn führt; dieses ist ein zartes, humorvolles Pfarrhausidyll, dessen Held ein junger Musiker und dessen Schauplatz Waldenburg ist. *Conrad der Leutnant* spielt in Frenkendorf (‹Herrlisdorf›). In einem kraftvoll realistischen Stil beschreibt Spitteler einen Kampf zwischen Vater und Sohn, in dem er selber, der Künstler und aristokratische Individualist, sich mit seinem eigenen, geschäftstüchtigen und politisch erfolgreichen Vater misst. ‹Vor einem künftigen Epos› versucht er sich mit diesem Erzählbuch ausserdem zu beweisen, dass er ‹im naturalistischen Stil schreiben könne›, wenn er nur wolle. «Nun sollen mir», fordert er die Naturalisten auf, «die damals das Maul so weit aufrissen, ihrerseits beweisen, dass sie auch ein Epos schreiben könnten, wenn sie wollten.»

Carl Spitteler: Kritische Schriften. Hg. W. Stauffacher, Zürich 1965.

Spitteler spielt die Rolle eines ‹Tasso unter den Demokraten›

Schrieb Spitteler *Imago* nur deshalb, damit unter seinen Werken auch ein Roman figuriere? Um zu zeigen, dass er selbst diese von ihm verachtete ‹Halbkunst› zu meistern verstehe? Der Roman entstand 1905 und 1906, zwischen der ersten und der zweiten Fassung des *Olympischen Frühlings.* Was Spitteler darin ‹sublimierte›, war seine verzweifelte Liebe zu seiner verheirateten Cousine Ellen: Erlebnisse, die in die Jahre 1879 und 1880 zurückreichten.

Um sich ungeteilt seiner Herrin, der Poesie, zu weihen, verzichtet Viktor, der Held des Romans, auf Theuda, die er in einem Kurort kennengelernt hat. Statt sie zu heiraten, macht er sie zu seiner ‹Imago›: zu einem inneren Bild seines dichterischen Auftrags. In die ‹steinerne Nüchternheit› seines Herkunftsortes zurückgekehrt, trifft er später Theuda als Frau eines Museumsdirektors, entbrennt von neuem in Liebe, und, in seiner Zerrissenheit zwischen Berufung und Leidenschaft, watet er, ein ‹Tasso unter Demokraten›, eine Weile schimpflich durch die Niederungen heimatlicher, bürgerlicher Wonnen. Schliesslich ermannt er sich doch; er reist ab und findet nun in seiner Tasche seine erste grosse Dichtung.

Die Psychologie und Philosophie Viktors hatte Spitteler bereits in seinem Essay ‹Die Persönlichkeit des Dichters› (in den

Lachenden Wahrheiten) entworfen. Wie in Thomas Manns (fast gleichzeitigem) *Tonio Kröger*, wie bei Nietzsche und Klages ging es in *Imago* um eine Entfaltung polarer Spannungen zwischen Wirklichkeit und Phantasie, Gesellschaft und Individuum, Extraversion und Introversion, Leben und Geist. Nicht von ungefähr wurde deshalb eine Zeitschrift, die 1912 für die Anwendung der Psychoanalyse auf die Geisteswissenschaften gegründet wurde, auf den Namen ‹Imago› getauft.

Ein Symptom wiedererwachten Interesses an Spitteler in Deutschland ist die *Imago*-Ausgabe bei Suhrkamp, 1979.

Der ‹Olympische Frühling› ist ein antibürgerliches Heldenepos

Spittelers Gedichte sind fast alle als ‹Ketten- oder Reihengedichte› entstanden. Von den *Schmetterlingen* (den Erinnerungen an Schmetterlingserlebnisse in der Gegend des Oberen Hauensteins) heisst es: «Das leichte Ding bedeutet ohne Frage: fliegen.» Auch in den *Glockenliedern* erhebt sich Spitteler über die Alltagswirklichkeit: sie sind ‹Erlösungsflüge in die blaue Luft aus dem Schraubstock der Prosaarbeit›. Die beiden andern Versbücher Spittelers, die *Balladen* und vor allem die *Literarischen Gleichnisse* sind weitgehend ‹Formgymnastik›: metrische Eignungsprüfungen; Spitteler testet mit ihnen verschiedene Versmasse, um das richtige für den geplanten *Olympischen Frühling* zu finden. Das Metrum, das er dann für sein Epos einzig geeignet findet, sind sechshebige, jambische Reimverse; sie als Alexandriner zu bezeichnen geht deshalb nicht an, weil die Zäsur nach der dritten Hebung bei Spitteler meistens fehlt.

Im Widerspruch zu Jacob Grimms Feststellung, es wäre ungereimt, ein Epos erfinden zu wollen, hat Spitteler in zwölfjähriger Arbeit und mit einem unglaublichen Aufgebot an Phantasie das Erwachen einer neuen Göttergeneration im Erebos und ihren Aufstieg zu den Höhen des Olymps berichtet. Wie schon im *Prometheus* und in den Kleinepen der *Extramunadana* wird im *Olympischen Frühling* des Dichters Grundkonflikt in ‹metakosmische› Sphären projiziert: die Auseinandersetzung eines Idealisten mit der bürgerlichen Wert- und Weltordnung. Unmissverständlich bringt Spitteler das Nein dabei schon in der formalen Anlage dieses Protests zum Ausdruck: indem er bewusst ein anachronistisches, antibürgerliches Heldenepos schafft. Interessant ist, gerade in diesem Zusammenhang, dass der *Olympische Frühling* von Lenins Volkskommissar für das Bildungswesen, A.W. Lunatscharski, ins Russische übersetzt worden ist.

Vielleicht wird Spittelers grosse Zeit erst noch kommen

Der vielschichtige, von Gestalten wimmelnde *Olympische Frühling* ist unerhört reich gegliedert; trotzdem ist er, jedenfalls in den ersten drei Teilen, eine organische Einheit. So ist Spitteler ein Weltgedicht gelungen, das Widmann mit Homers und Dantes Weltgedichten verglichen hat. Edith Landmann hat einschränkend dazu bemerkt, Spitteler sei nicht mit Homer, sondern mit Vergil, Ariost und Tasso zu vergleichen; sie

nennt ihn auch den ‹erkorenen Liebling aller anarchischen Elemente› der tollen zwanziger Jahre: das Idol ‹aller Kontemplativen, aller derer, die sich ewig in der Opposition befinden›.
Hermann Hesse, ein Nobelpreisträger wie Spitteler, hat mit bürgerlich sanktionierten Stilmitteln antibürgerliche Literatur hervorgebracht und ist von den Hippies deswegen auf den Schild erhoben worden. Spitteler, der in einer intrigierenden Mischung von Pathos und Ironie weit bedeutendere, betont unbürgerliche Werke in betont antibürgerlicher Absicht und Formgebung geschaffen hat, wird seine Propheten und Bannerträger erst noch finden müssen. Darunter sind allerdings kaum Schweizer zu erwarten. Denn auch unsere Berge, hat Spitteler gesagt, wären bedeutend niedriger ausgefallen, hätten die Schweizer sie selber gebaut.

Carl Spitteler: Gesammelte Werke, 10, in 11 Bänden, Zürich 1945ff.

Der Autor legt Rechenschaft ab

Gewisse Unzulänglichkeiten sind einkalkuliert

«Der Autor legt sich in Hemdsärmeln in sein Fenster und lächelt auf die Strasse hinunter; er ist sicher, dass man freundlich zu seinem beliebten Gesicht aufblicken wird, wenn er ein paar Worte persönlich sagt.» (Das hat Musil in einem abgebrochenen Vorwort zum *Mann ohne Eigenschaften* gesagt.)

Darf auch ich? Darf ich in aller Bescheidenheit, in Hemdsärmeln, unter meinem bescheidenen Fenster? Gegen die Literaturgeschichte, die jetzt vorliegt, wurde, als ich daran schrieb, verschiedentlich eingewendet, es hätte sie ein eingewurzelter Basler schreiben müssen. Es wird aber Gründe geben dafür, dass keiner das bisher getan hat. Und sicher auch Gründe dafür, dass sich schliesslich ein Nichtbasler unterfing: mancherlei baslerische Umstände, die mich, den Nichtbasler, so lange intrigierten, bis er sich mit dem Phänomen ‹Basel› unter einem Aspekt, der ihm besonders geeignet schien, umfassend auseinandersetzte.
Hebel hat einmal von einem Basler Graveur Hueber berichtet, mit dem er in Gedanken so lange ‹durch alle Gassen und Gässlein von Basel› schlüpfte, bis Hueber schliesslich gestand, dass Hebel Basel besser kenne als er. Mir wird man vielleicht einräumen, dass ich mich in der baslerischen Literatur einigermassen auskenne; ob man mir auch zugestehen wird, dass ich die Basler kenne?
Unvermeidlich scheint mir zu sein, dass der eine oder andere der historisch-antiquarischen Lokalhistoriker (‹viri eruditissimi› nannte sie Jacob Burckhardt) meine Darstellung im einen oder andern Punkt ungenau, zu persönlich, objektiv fehlerhaft finden wird. Um vor diesen Spezialisten mit allen Details (in denen der Teufel der Akribie steckt) zu bestehen, hätte ich in vielleicht 25 Jahren ein Werk in sieben Bänden zusammentragen müssen. Hat man aber, gebe ich zu bedenken, nicht selbst Jacob Burckhardt den Vorwurf eines ‹sattsam bekannten unkritischen Verhältnisses zu seinen Quellen› gemacht? Und hat der gleiche Burckhardt nicht einem jungen Kollegen geraten: «Schreiben Sie einbändig!»?

Gewisse Dinge fehlen

Der Umfang des Werks war zum vornherein mit rund 320 Seiten eingegrenzt. Als ich mich darauf festlegen liess, beschnitt ich mir zwar nicht das Recht, während der Niederschrift Entdeckungen zu machen, aber doch die Möglichkeit, diese Entdeckung entsprechend zur Geltung zu bringen. Dazu kam, dass ich ursprünglich ein reines Textbuch vorgesehen hatte; später kam der Auftrag dazu, auf der verabredeten Anzahl Seiten möglichst viele Illustrationen unterzubringen.

Diesen Umständen sind im Verlauf der Arbeit zahlreiche Recherchen, Exkurse (z. B. über die Geschichte des Verlagswesens, der Presse, der Sammlungen, der Klöster, Bibliotheken usw.) zum Opfer gefallen. Ihr sind viele Kürzungen (z. B. in der Darstellung der mystischen Bewegung und des Ketzerwesens im 14. Jahrhundert, bei Erasmus, bei der Geschichte des Buchdrucks in Basel, bei Iselin, bei Nietzsche, bei Spitteler usw. zuzuschreiben. Aus Platzmangel sind auch manche ironisch-differenzierende, Bedenken anmeldende, dem Leser das Urteil anheimstellende Bemerkungen unterblieben. Im Abschnitt über das 19. Jahrhundert mussten deswegen die welt-, schweizer- und literaturgeschichtlichen Zwischenstücke wegbleiben, sind Ausführungen über Böcklin, die Kleinmeister, über das Musik- und Theaterleben ungeschrieben geblieben. Ganz besonders bedauere ich, dass schliesslich die Möglichkeit zu einem Ausblick ins 20. Jahrhundert fehlte.
Der Roman, das ist heute Basel, hat Nadler 1932 festgestellt. Dazu hätte ich einiges zu melden gehabt, vor allem zu Jakob Schaffner und der Balance zwischen politischer Schuld und literarischer Leistung. Mit Auszeichnung wäre aber auch zu berichten gewesen von Cäsar von Arx, C. A. Bernoulli, Felix, Moeschlin, Siegfried Lang, Fritz Liebrich, J. F. Vuilleumier, Hermann Schneider, Ruth Waldstetter und von jener Frau, von der Ed. Korrodi sagte, wenn die Intuition einen Namen hätte, müsste sie C. I. Loos heissen. Aufhebens wäre zu machen gewesen von Karl Jaspers, Karl Barth, Paul Häberlin, Walter Muschg: von C. J. Burckhardt und seinem zwiespältigen Verhältnis zu Basel, von Hesse, Borchert, Hans Arp, der 1966 in Basel gestorben ist usw. usw.

Gewisse Proportionen stimmen nicht ganz

Zu Beginn der Niederschrift sah ich mich plötzlich veranlasst, mein Manuskript bis Ende 1979 fertigzustellen, damit es als Buch zum Internationalen Germanistenkongress in Basel (im August 1980) vorliegen werde. Die von mir auf drei Jahre veranschlagte Arbeitszeit wurde dadurch auf zwei Jahre verkürzt. Als weiteres Handicap kam dazu, dass ich mich voreilig verpflichten liess, mein Manuskript in drei Portionen (in halbjährlichen Abständen) dem Verlag zu liefern. Mein Text wurde jeweils sofort gesetzt, so dass nachträgliche Änderungen nur in Ausnahmefällen möglich waren. Diesem Umstand sind jetzt einige Inkonsequenzen zuzuschreiben, weil Dinge, die sich im dritten Teil als nützlich erwiesen, für die beiden früheren nicht mehr in Frage kamen. Neue Erkenntnisse, die sich im weiteren Verlauf der Arbeit aufdrängten, konnten nicht mehr berücksichtigt werden. Und frühere Abschnitte, die sich nach Abwägung der proportionalen Wichtigkeit später als zu umfangreich zeigten, konnten nachträglich nicht reduziert werden; bei vorgegebenem Umfang hatte das eine proportionale Benachteiligung späterer Abschnitte zur Folge.

Der Autor dankt

Nicht mehr in Hemdsärmeln, in angemessener Kleidung und Haltung statte ich dem Regierungsrat und dem Erziehungsde-

partement des Kantons Basel-Stadt meinen Dank ab für ihr finanzielles Engagement.
In seiner Eigenschaft als Erziehungsdirektor und als Präsident der Staatlichen Literaturkreditkommission hat mir Herr Regierungsrat Arnold Schneider den Auftrag zur Ausarbeitung des vorliegenden Buches erteilt; mit grosser Konzilianz hat er mir bei zahlreichen Schwierigkeiten den Weg geebnet und mich durch persönliche Anteilnahme ermuntert.
Frau Dr. Judith Laemmel-Burckhardt war in der Literaturkreditkommission für meine Arbeit zuständig. Dafür, wie sie meine Sache dort vertrat und wie sie einige Dinge im Interesse der Sache auch gegen mich durchgesetzt hat, bin ich ihr herzlich dankbar.
Herr Dr. Werner Oberle hat mein Projekt in der Kommission erstmals ins Gespräch gebracht; gemeinsam mit Frau Dr. Laemmel hat er das ganze Manuskript prüfend durchgesehen und mich durch Kritik, Hinweise und Ratschläge gefördert.
Fräulein Dr. Veronika Günther hat als Expertin die mittelalterlichen Abschnitte (inklusive 16. Jahrhundert) überprüft; mit manchen Vorschlägen (auch die Illustration betreffend) hat sie diese Abschnitte bereichert.
Fräulein Irma Keller, Sekretärin der Literaturkreditkommission, hat mir die Arbeit durch administrative Hilfestellung wesentlich erleichtert.
Dem Direktor und dem Personal der Universitätsbibliothek bin ich für manches Entgegenkommen dankbar; Herr Dr. Frank Hieronymus hat mir beim Abschnitt über den Basler Buchdruck und bei der Bildbeschaffung für das 16. Jahrhundert sachkundig beigestanden; Herrn Marcel Jenni, dem Leiter der Repro-Photographie, bin ich verpflichtet für die stilsichere Auswahl und Überarbeitung der Bilder.
Um die Bebilderung hat sich auch Herr Dr. Ulrich Barth, Adjunkt des Staatsarchivars, Verdienste erworben.
Gern erinnere ich mich schliesslich an die Zusammenarbeit mit Herrn Albert Gomm, dem einfallreichen Gestalter vieler schöner Bücher des Birkhäuser Verlags.

Aus Gründen, für die der Staatsbürger Jacob Burckhardt volles Verständnis gehabt hätte, bin ich zwar seit 35 Jahren in Basel ununterbrochen ansässig, aber nicht Basler Bürger geworden. Für den Gebrauch, den ich von den Bürgerrechten und -pflichten zu machen pflege, genügte mir mein angestammtes bernisches Bürgerrecht. Der Stadt und dem Staat Basel, dem, was mir zunehmend ihr Genius loci seit 35 Jahren bedeutet, versuchte ich auf geeignetere Weise, mit der vorliegenden Literaturgeschichte, meine Reverenz und meine Dankbarkeit zu bezeugen.

Literaturverzeichnis

Das folgende Verzeichnis ist keine Bibliographie. Es bietet eine Auswahl einschlägiger und weiterführender Literatur. Nur in Ausnahmefällen sind Titel angeführt, die schon in den entsprechenden Textabschnitten oder am Schluss derselben zu finden waren. Das angegebene Erscheinungsjahr entspricht in der Regel dem Jahr der Erstausgabe. Verwendet werden folgende Abkürzungen der Erscheinungsorte: Bs = Basel; Bln = Berlin; Be = Bern; Ffd = Frauenfeld; Hdbg = Heidelberg; Lpz = Leipzig; Mchn = München; Stg = Stuttgart; Tb = Tübingen; Zch = Zürich. Ferner sind abgekürzt: BJb = Basler Jahrbuch; Nbl = Neujahrsblatt.

Ammianus Marcellinus: *Res gesta* (= Geschichte). Bln 1910.

Anger, A.: *Literarisches Rokoko.* Stg 1962.

Annalen d. dt. Literatur, Hg. H. Burger. Stg 1961.

Athenae Rauricae sive Catalogus Professorum Academiae Basiliensis. Bs 1778.

Baechtold, Jakob: *Gesch. d. dt. Literatur in d. Schweiz.* Ffd 1892.

Bartsch, Karl: *Die Schweizer Minnesänger.* Ffd 1886.

Basel im 14. Jhdt., Hg. Basler Histor. Ges. Bs 1856.

Basel in einigen alten Stadtbildern u. in d. Beschreibung des Äneas Silvius. Bs 1954.

Basilea botanica, Hg. M. u. H. P. Rieder u. R. Suter. Bs 1979.

Basilea latina. Lat. Texte zur Zeit- u. Kulturgesch. im 15. und 16. Jhdt., Hg. A. Hartmann. Bs 1931.

Basilea poetica, Hg. A. Geering. Bs 1874, 1897, (1955).

Basler Chroniken: s. *Chroniken, Basler.*

Heinrich Bebels *Facetien,* Hg. G. Bebermeyer. Lpz 1931.

Berger, A. E.: *Luther in kulturgeschichtl. Darstellung.* 1895ff.

Bernoulli, C. A.: s. unter Greyerz, O. von.

Allgemeine dt. Bibliographie, 45 + 10 Bde. Nachdruck 1967ff.

Basler Biographien, Bd 1–3. Bs 1900–1905.

Bodmer, J. P.: *Chroniken u. Chronisten im Spätmittelalter.* Be 1976.

Bonjour, Edgar: *Die Universität Basel 1460–1960.* Bs 1960.

- u. Bruckner, A.: *Basel u. d. Eidgenossen.* Bs 1951.

-, Feller, R., u. von Muralt, L.: *Gesch. d. Schweiz,* 2 Bde. Zch 1932, 1937.

Boor, Helmut de: *Kleine Schriften,* Bde 1/2. 1944–1946.

- u. Newald, Rich.: *Gesch. d. dt. Lit. von d. Aufklärung bis zur Gegenwart,* Bd 1ff. 1949ff.

Boos, Hch.: *Gesch. d. Stadt Basel im Mittelalter.* Bs 1877.

Burckhardt, Albrecht: *Gesch. d. mediz. Fakultät Basel 1460–1900.* Bs 1917.

Burckhardt, Carl J.: *Memorabilien.* Mchn 1977.

Burckhardt, Jacob: Gesamtausgabe in 14 Bdn. Stg und Bs 1929ff.

- Gesammelte Werke, 10 Bde. Bs 1955ff.

Burckhardt, L. A.: *Gesch. d. dramat. Kunst in Basel* (Beitr. z. vaterländ. Gesch.). Bs 1842.

Burckhardt, Max: *Über zwei Bücherliebhaber in Basel.* Schweizer Sammler, H. 4/6, 1942.

Burckhardt, Paul: *Gesch. d. Stadt Basel von der Zeit d. Reformation bis zur Gegenwart.* Bs 1942.

Bürgerbuch, Baslerisches. Bs 1819.

Calgari, Guido: *Die vier Literaturen d. Schweiz.* Olten 1966.

Cassirer, Ernst: *Philosophie d. Aufklärung.* Tb 1932.

Christ, R. B.: *Der Basler.* Bs 1957.

Chroniken, Basler, Bd 1 mit F., P. und D. Ryff, Ahlfelds *Chronik d. Kartäuserklosters,* Zimmermanns *Reformationsbericht, Aufz. e. unbekannten Kartäusers.* Lpz 1872.

- Bde 2/3: *Johannis Knebel ... diarium.* Lpz 1880, 1887.

- Bd 4 mit Chroniken von Appenwiler u. Brüglinger. Lpz 1890.

- Bd 5 mit Henmann Offenburg, Hch. v. Beinheims *Chronik d. Basler Bischöfe* u. *Stadtchronik 1441–1451.* Lpz 1895.

- Bd 6 mit *Anonyme Chronik d. Schwabenkrieges, Anonyme Chronik d. Mailänderkriege, Reformationschronik* 1518–1533, Ryhiners *Chronik d. Bauernkrieges 1525.* Lpz 1902.

- Bd 7 mit Gerungs *Chronica episcoporum, Chronik e. kathol. Anonymus,* Briefers *Chronik d. Basler Bischöfe.* Lpz 1915.

- Bd 8: Johannes Gasts *Tagebuch.* Bs 1945.

- Bd 9: Thomas Platter d. J: *Beschreibung d. Reisen.* Bs 1968.

- Bd 10: Felix Platter: *Tagebuch.* Bs 1976.

Concilium Basiliense, Studien und Dokumente, Bd 1–8. Bs 1896ff.

Curtius, E. R.: *Europäische Literatur u. lateinisches Mittelalter.* Be 1948.

Denifle, H.: *Die Dichtungen des Gottesfreundes im Oberland.* Ztschr. f. dt. Alterth. 24, 1880.

Dichterbuch, Basler. Bs 1935.

Dilthey, Wilh.: *Weltanschauung u. Analyse d. Menschen seit Renaissance u. Reformation,* 2. Aufl. Stg 1957.

Döring, A.: *Kant, Lambert u. d. Laplace'sche Theorie.* Preuss. Jahrb. 58, 1886.

Ehrismann, Gustav: *Gesch. d. dt. Lit. bis zum Ausgang d. Mittelalters,* Teile 1ff. Mchn 1918ff.

Epistolae obscurorum virorum. Mchn 1964.

Eppens, Hans: *Baukultur im alten Basel.* Bs 1937.

Erasmus von Rotterdam: *Opera omnia* (ed. Beatus Rhenanus). Bs 1540.

- *Opera omnia* (Recogn. Joannes Clericus). Leiden 1703ff., Nachdr. Hildesheim 1961f.

- *Ausgew. Schriften,* 8 Bde. Darmstadt 1967ff.

- Auswahl u. Einltg. Fr. Heer. Fischer-Tb. 446.

- *De libero Arbitrio* (Quellenschr. z. Gesch. d. Protestantismus). Lpz 1910, Neudruck 1935.

- *Gespräche,* Hg. H. Trog (Bs 1936); Hg. Hub. Schiel (Köln 1947); Hg. W. Welzig (Darmstadt 1967); lat. u. dt.: Reclam 9822.

- *Handbüchlein d. christl. Streiters,* Auswahl. Olten 1952.

- *Ein Klag des Friedens,* übers. v. Leo Jud. 1521 u. Zch 1969.

- *Klage des Friedens.* Bs 1945.

- *Lob d. Torheit,* übers. v. Seb. Franck. 1534 u. Lpz 1884.

- *Lob d. Torheit,* übers. v. A. Hartmann. Mit d. Randzeichn. von Holbein. Bs 1929.

- *Briefe,* Hg. W. Koehler, erw. Ausg. A. Flitner, 2. Aufl. Bremen 1956.

(Über Erasmus von Rotterdam: *Gedenkschrift zum 400. Todestag.* Bs 1936.
Huizinga, Joh.: *Erasmus.* Bs 1951.
Kohls, E.W.: *Die Theologie d. Erasmus,* 2 Bde. Bs 1966.
- *Luther oder Erasmus,* 2 Bde. 1972, 1978.
Major, E.: *Erasmus von Rotterdam.* Bs 1926.
Meissinger, K.A.: *Erasmus v. R.,* 2. Aufl. Bln 1948.
Rüegg, Aug.: *Desiderius Erasmus v. R.* 115. Nbl, Bs 1937.)
Ermatinger, Emil: *Dichtung u. Geistesleben d. dt. Schweiz.* Mchn 1933.

Falk, F.: *Die deutschen Sterbebüchlein.* Köln 1890.
Feller, R., u. Bonjour, E.: *Geschichtsschreibung d. Schweiz,* 2 Bde. Bs 1962.
Flitner, A.: *Erasmus im Urteil s. Nachwelt.* Tb 1952.
Formula consensus ecclesiarum Helvetiarum. Zch 1675.
Frenzel, H.A. u. E.: *Daten dt. Dichtung.* Köln 1953 (auch dtv-Tb.).
Frenzel, E.: *Motive d. Weltliteratur.* Stg 1962.
Frenzel, H.A.: *Gesch. d. Theaters 1470–1840.* Mchn 1976.
Zur Friedensidee in d. Reformationszeit (Texte von Erasmus, Paracelsus, Franck), Hg. Wollgast. Bln (DDR) 1968.
Fueter, Ed.: *Grosse Schweizer Forscher,* 2. Aufl. Zch 1941.
- *Gesch. d. exakten Wissenschaften in d. schweiz. Aufklärung.* Aarau 1941.

Gagliardi, Ernst: *Novara und Dijon.* Zch 1907.
Gaier, U.: *Satire.* Studien z. Neidhart, Wittenwiler, Brant. Tb 1967.
Gantner, J.: *Kunstgesch. d. Schweiz,* 2 Bde. Ffd 1936, 1947.
Gauss, Karl: *Basilea reformata.* Bs 1930.
Gesch. d. dt. Literatur, Bd 1ff. Bln (DDR) 1965ff.
Gessler, Albert: *Beiträge z. Gesch. d. Entwicklung d. nhdt. Schriftsprache in Basel.* Diss. Bs 1888.
Goedeke, K.: *Grundriss z. Gesch. d. dt. Dichtung.* Dresden 1916.
Golther, Wolfg.: *Die dt. Dichtung im Mittelalter.* Stg 1912.
Greyerz, O. von, Muschg, W., u. Bernoulli, C.A.: *Berner Geist – Zürcher Geist – Basler Geist.* Zch 1926.

Hadorn, W.: *Die Reformation in d. Schweiz.* Ffd 1928.
Hagenbach, Annie: *Basel im Bilde seiner Maler 1770–1870.* Bs 1939.
Handschriftproben z. Basler Geistesgesch. d. 15. und 16. Jhdts, Hg. C. Roth u. Ph. Schmidt. Bs 1956.
Hansel, Joh.: *Personalbibliographie z. dt. Literaturgesch.* Bln 1967.
Hauck, A.: *Realenzyklopädie f. protest. Theol. u. Kirche.* 1896ff.
Hazard, P.: *Die Herrschaft d. Vernunft.* Hamburg 1949.
Hebelgabe. Ein Basler Dichterbuch an J.P. Hebel. Bs 1926.
Hebelbundes, Schriftenreihe des, mit Vorträgen von Heidegger, E. Meckel, C.J. Burckhardt, H. Trümpy, M. Stern, A. Schneider. Lörrach 1952ff.
Hettner, Herm.: *Literaturgesch. d. 18. Jhdts.* Braunschweig 1856, 1870, Neudr. Bln 1961.
His, Ed.: *Basler Gelehrte d. 19. Jhdts.* Bs 1941.
- *Basler Staatsmänner d. 19. Jhdts.* Bs 1930.
- *Handelsherren d. 19. Jhdts.* Bs 1929.
Hoffmann, K.E.: *Basler Dichterstätten.* Bs 1934.
Holstein, H.: *Die Reformation im Spiegelbild d. dramat. Lit. d. 16. Jhdts.* Halle 1886.
Huez, T.: *G.K. Pfeffels Beziehungen z. Schweiz.* Diss. Bs 1936.
Huizinga, Johan: *Herbst d. Mittelalters,* 6. Aufl. Stg 1952.

Jaspers, Karl: *Nikolaus Cusanus.* Mchn 1964.
Jedin, Hubert: *Kl. Konziliengeschichte.* Freiburg i. Br. 1959.
Jenny, E., u. Rossel, V.: *Gesch. d. schweiz. Literatur.* Be 1910.
Joël, K.: *Jacob Burckhardt als Geschichtsphilosoph.* Bs 1920.
Jundt, A.: *Les amis de Dieu au XIV siècle.* Paris 1879.

Kaegi, Werner: *Histor. Miniaturen.* Zch 1942.
- *Chronica mundi.* Einsiedeln 1954.
- *Grundformen d. Geschichtsschreibung.* Utrecht 1947.
Kaufmann, Rud.: *Die künstlerische Kultur von Basel.* 118. u. 119. Nbl, 1940f.
Klassiker d. Literaturtheorie, Hg. Horst Turk. Mchn 1979.
Kleiber, O.: *Von baslerischer Dichtung.* In: ‹Individualität›, 1928.
Kölner, Paul: *Anno dazumal.* Bs 1929.
Könneker, Barbara: *Die dt. Lit. d. Reformationszeit.* Mchn 1975.
- *Wesen u. Wandel der Narrenidee im Zeitalter d. Humanismus.* Wiesbaden 1966.
Konrad von Würzburg: *Heinrich v. Kempten, Der Welt Lohn, Das Herzmaere.* Mhdt. u. nhdt., Reclam 2855.
Kosch, Wilh.: *Dt. Literatur-Lexikon.* Be 1949ff.
Köster, A.: *Die dt. Lit. d. Aufklärung.* Hdbg 1925.
Kracauer, Siegfried: *Geschichte – Von den letzten Dingen.* Frankfurt 1973.
von Kraus, Carl: *Des Minnesangs Frühling.* Lpz 1940.
Kuhn, Hugo: *Dichtung u. Welt im Mittelalter.* Stg 1959.
Kunstdenkmäler d. Kantons Basel-Stadt, Bd 1ff. Bs 1932ff.

Laur-Belart, Rud.: *Über die Colonia Raurica.* Bs 1957.
Lendorff, G.: *Kleine Geschichte der Baslerin.* Bs 1966.
- *Basel, mittelalterl. Weltstadt.* Be 1949.
Lexikon deutschsprachiger Schriftsteller, 2 Bde. Lpz 1972–1974.
Histor.-biogr. Lexikon d. Schweiz, 7 Bde. Neuenburg 1921ff.
Lexikon f. Theologie u. Kirche. Freiburg i. Br. 1957ff.
Liliencron, Rochus von: *Die histor. Volkslieder d. Deutschen,* 3 Bde. Lpz 1865ff.
Dt. Literaturgeschichte in Grundzügen, Hg. B. Boesch. Be 1946.
Literaturkredit, 50 Jahre Staatlicher. Bs 1971.
Luginbühl, R.: *Die Basler Hochschule während d. Helvetik.* BJb 1888.
Lutz, Markus: *Gesch. d. Universität Basel.* Aarau 1826.
- *Nekrolog merkwürdiger Schweizer aus d. 18. Jhdt.* Aarau 1812.

Mattmüller, Markus: *Die Basler Täufer.* In: Zwingliana, Bd. XII, H. 7, 1967.
Mayer, H.E.: *Gesch. d. Kreuzzüge.* Stg 1965.
Meier, E.A., Pfister, M., u. Schmid, M.: *Andreas Cratander.* Bs 1966.
Meyer, Fr.: *Die Beziehungen zw. Basel u. d. Eidgenossen in d. Historiographie d. 15. u. 16. Jhdts.* Diss. Bs 1957.
Meyer, O., u. Klauser, R.: *Clavis mediaevalis.* Wiesbaden 1962.
Meyer, Werner: *Der mittelalterl. Adel u. s. Burgen.* 140. Nbl, Bs 1962.
Mommsen, Karl: *Eidgenossen, Kaiser u. Reich.* Diss. Bs 1958.
More, Thomas: *Utopia.* Löwen 1516; erste dt. Übers. v. Cantiuncula, Bs 1524.
Mörikofer, J.C.: *Die schweiz. Lit. d. 18. Jhdts.* Lpz 1861.
Müller, E.E.: *Die Basler Mundart im ausgehenden Mittelalter.* Tb 1953.
Müller, Joh.: *Quellenschr. Gesch. d. deutschspr. Unterrichts* (u.a. *Enchiridon* von Kolross). Gotha 1882.

Muschg, Walter: *Mystik in d. Schweiz.* Ffd 1935.
- *Tragische Literaturgeschichte.* Be 1948.
- u. Gessler, E.A.: *Die Schweizer Bilderchroniken.* Zch 1941.

Nadler, Jos.: *Literaturgeschichte d. Schweiz,* Zch 1932.
Naogeorgus, Thomas: *Panmachius.* Bln 1891.
Newald, Rich.: *Probleme u. Gestalten d. dt. Humanismus.* Bln 1963.
- *Erasmus Roterodamus.* Freiburg i. Br. 1947.
- *Elsässische Charakterköpfe.* Kolmar 1944.
- *Vier Gestalten aus d. Zeitalter d. Humanismus.* St. Gallen 1946.
Nicolaus von Basel: *Leben u. ausgew. Schriften,* Hg. C. Schmidt. Wien 1866.
Nordemann, Th.: *Zur Geschichte d. Juden in Basel.* Bs 1955.

Peuckert, W.E.: *Pansophie.* Bln 1956.
Pfeiffer, Rud.: *Humanitas Erasmiana.* Lpz 1931.
Piccolomini, Enea Silvio: *Ausgew. Texte,* Hg. Berthe Widmer. Bs 1960.
- *Briefe,* übers. v. Max Mell. Jena 1911.
- *Opera,* 2 Bde. Bs 1551.
Pichois, Claude: *Ecrivains français à Bâle.* Bs 1968.
- *Basel im Urteil u. Erlebnis franz. Schriftsteller.* National-Ztg., 16. 8. 1964.
Professoren d. Universität Basel, Hg. Andreas Staehelin. Bs 1960.

Raillard, Rud.: *Pamphilus Gengenbach u. d. Reformation.* Diss. Zch 1936.
Ramus, Petrus: *Basilea,* lat. u. dt. Bs 1944.
Reallexikon d. dt. Literaturgesch., Bd 1ff. 1925ff.
Ritter, Gerh.: *Erasmus u. d. Humanistenkreis am Oberrhein.* Freiburg i. Br. 1937.
Rosen, Josef: *Chronik von Basel.* Bs 1971.
Roth, Paul: *Das Basler Konzil.* Be 1931.
- *Die Reformation in Basel.* 114. u. 121. Nbl, Bs 1936, 1943.
Rüegg, Aug.: *Die beiden Blütezeiten d. Basler Humanismus.* Bs 1959.
Rupp, Heinz: *Forschung z. ahdt. Lit. 1945–1962.* Stg 1965.
- *Dt. religiöse Dichtungen d. 11. u. 12. Jhdts.* Freiburg i. Br. 1958.

Schweizer Schauspiele des XVI. Jhdts., Hg. J. Bächtold. Zch 1891.
Schmidt, Carl: *Die Gottesfreunde im 14. Jhdt.* Jena 1854.
Schneider, Hermann: *Heldendichtung, Geistlichendichtung, Ritterdichtung.* Hdbg 1943.
Schweizer, Grosse, Hg. M. Hürlimann. Zch 1942.
Schweizer, Julius: *Aus d. Gesch. d. Basler Kartause.* 113. Nbl., Bs 1935.
Singer, Samuel: *Die Dichterschule von St. Gallen.* Lpz 1922.
- *Die mittelalterl. Lit. d. dt. Schweiz.* Ffd 1930.
- *Mittelalter u. Renaissance.* Tb 1910.
- *Arabische u. europ. Lit. im Mittelalter.* Bln 1918.
Socin, Ad.: *Basler Mundart u. Basler Dichter.* 74. Nbl, Bs 1896.
Speiser, Andreas: *Leonh. Euler u. d. dt. Philosophie.* Zch 1934.
- *Die Basler Mathematiker.* 117. Nbl, Bs 1939.
Spiess, Otto: *Die Basler Universität im Ausgang d. 18. Jhdts.* BJb 1935.
Stadelmann, R.: *Vom Geist d. ausg. Mittelalters.* Halle 1929.
Staehelin, Andreas: *Gesch. d. Universität Basel 1632–1818.* Bs 1957.
- *Gesch. d. Universität Basel 1818–1835.* Bs 1959.
Staehelin, Ernst: *Das Buch d. Basler Reformation.* Bs 1929.
Staehelin, F.: *Das älteste Basel.* Bs 1921.
- *Die Schweiz in römischer Zeit.* Bs 1948.
Stamm, Alice: *Die Gestalt d. deutschschweiz. Dichters um die Mitte d. 19. Jhdts.* Diss. Zch 1936.
Stammler, Wolfgang: *Die dt. Lit. d. Mittelalters.* Verfasserlexikon, Bd 1–5. Bln 1933ff.
- *Von der Mystik zum Barock.* Stg 1950.
Von den Steinen, Wolfram: *Der Kosmos d. Mittelalters.* Be 1959.
Steinmann, Martin: *Die Handschriften d. Universitätsbibl. Basel.* Bs 1979.
Strauch, Phil.: *Margaretha Ebner u. Hch. von Nördlingen.* Tb 1882.
Streicher, Siegfried: *Basel, Geist und Antlitz.* Bs 1937.
Streuber, W.T.: *Die Stadt Basel.* Bs 1853.

Teichmann, A.: *Die Universität Basel 1835–1895.* Bs 1896.
Teucher, E.: *Die schweizerische Aufklärung.* Bs 1935.
Teuteberg, René: *Stimmen aus der Vergangenheit.* Bs 1966.
Thommen, Rud.: *Studentenleben im 16. Jhdt.* BJb 1887.
- *Gesch. d. Universität Basel 1532–1632.* Bs 1896.
Tobler, Ludwig: *Schweiz. Volkslieder,* 2 Bde. Ffd 1882–1884.
Touber, A.H.: *Die Strophenformen d. Mittelalters.* Stg 1975.

Uhland, Ludwig: *Gesch. d. dt. Dichtung im 15. u. 16. Jhdt.* Stg 1866.
Urkundenbuch d. Stadt Basel, Bd 1–11. Bs 1890–1910.

Vischer, F.: *Die Familie Vischer in Colmar u. Basel.* Bs 1933.
Vischer, Wilh.: *Die Universität Basel seit ihrer Gründung.* 89. Nbl, Bs 1911.
Voigt, Gg.: *Enea Silvio als Papst Pius II.,* 3 Bde. Bln 1856–1863.
Von der Mühll, Johanna: *Basler Sitten.* Bs 1944.
Voragine, Jacobus de: *Die Legenda Aurea.* Hdbg o. J. (1955).

Waas, Ad.: *Gesch. d. Kreuzzüge.* Freiburg i. Br. 1956.
Wackernagel, H.G.: *Basel als Zufluchtsort d. Elsässer.* Colmarer Jahrb. 1936.
Wackernagel, Jacob: *Zur Erinnerung an d. Basler Zeit von Wilh. Wakkernagel.* Bs 1933.
Weber, Robert: *Die poetische Nationalliteratur der Schweiz,* 4 Bde. Glarus 1866ff.
Wehrli, M.: *Deutsche u. lat. Dichtung im 16. u. 17. Jhdt.* Köln 1964.
Weiss, Rich.: *Das Alpenerlebnis in d. dt. Lit. d. 18. Jhdts.* Horgen 1933.
Weller, Emil: *Das alte Volkstheater d. Schweiz.* Ffd 1863.
Wernle, P.: *Der schweiz. Protestantismus im 18. Jhdt,* 3 Bde. Tb 1923–1925.
Widmer, Berthe: *Enea Silvio Piccolomini.* Bs 1963.
Wilms, H.: *Gesch. d. Dominikanerinnen.* Dülmen 1920.
Wilpert, Gero von: *Dt. Dichterlexikon.* Stg 1976.
Wolf, Rud.: *Biographien z. Kulturgesch. d. Schweiz,* 4 Bde. Zch 1858–1862.
Niklas von Wyle: *Translatzen.* Esslingen 1478, Neudruck Hildesheim 1976.
Wyss, Georg von: *Gesch. d. Historiographie in d. Schweiz.* Zch 1895.

Zäch, Alfred: *Die Dichtung d. dt. Schweiz.* Zch 1951.

Namenregister

Halbfett gedruckte Seitenzahlen bezeichnen ein Porträt, kursiv gedruckte den Namenszug des betreffenden Autors. Ein L hinter der Seitenzahl verweist auf eine Literaturangabe; der alphabetisch geordnete Literaturnachweis (S. 314–316) ist dabei nicht berücksichtigt. Nicht berücksichtigt sind in unserem Register auch Namen, mit denen gleichzeitige Entwicklungen ausserhalb Basels nur angedeutet sind (z. B. die Aufzählung dt. Barockdichter S. 208).

Bildnachweis

Aus dem Kunstmuseum Basel stammt die Abbildung auf Seite 112;

aus dem Historischen Museum Basel stammen die Abbildungen auf den Seiten 51 und 189;

aus dem Staatsarchiv Basel-Stadt die Abbildungen und Schriftzüge auf den Seiten 33, 56, 75, 87, 89, 97, 98, 99, 100 (Siegel), 130, 152, 186, 205, 218, 251, 252, 286, 290.

Alle übrigen Bilder und Unterschriften sind im Besitz der Universitätsbibliothek Basel; unsere Vorlagen wurden in deren Repro-Photographie hergestellt.
Aus technischen Gründen sind einige Unterschriften verkleinert wiedergegeben.

Carl Spitteler
A Heusler
Daniel Bernoulli
K. Bücher.
R. Wackernagel.
Nietzsche.
J. J. Bachofen
H Christ.

-Hetzel
Sebastianus Castalio.
Bonifacius Amerbach
Karl Joël
Felix Platerus
Thomas Blatter
C. F. Schoenbein
Erasmus Rot.
Jacob Sarasin.
And. Vesalius.
Wilh. Vischer
Johannes Buxtorfius.
L. Euler
Johannes de Lapide